今すぐ使える かんたん

Android《アンドロイド》スマートフォン 完全《コンプリート》ガイドブック

Android 10/9 対応版

困った解決 & 便利技

リンクアップ 著

技術評論社

本書の使い方

- 本書は、Android スマートフォンの操作に関する質問に、Q&A 方式で回答しています。
- 目次やインデックスの分類を参考にして、知りたい操作のページに進んでください。
- 画面を使った操作の手順を追うだけで、Android スマートフォンの操作がわかるようになっています。

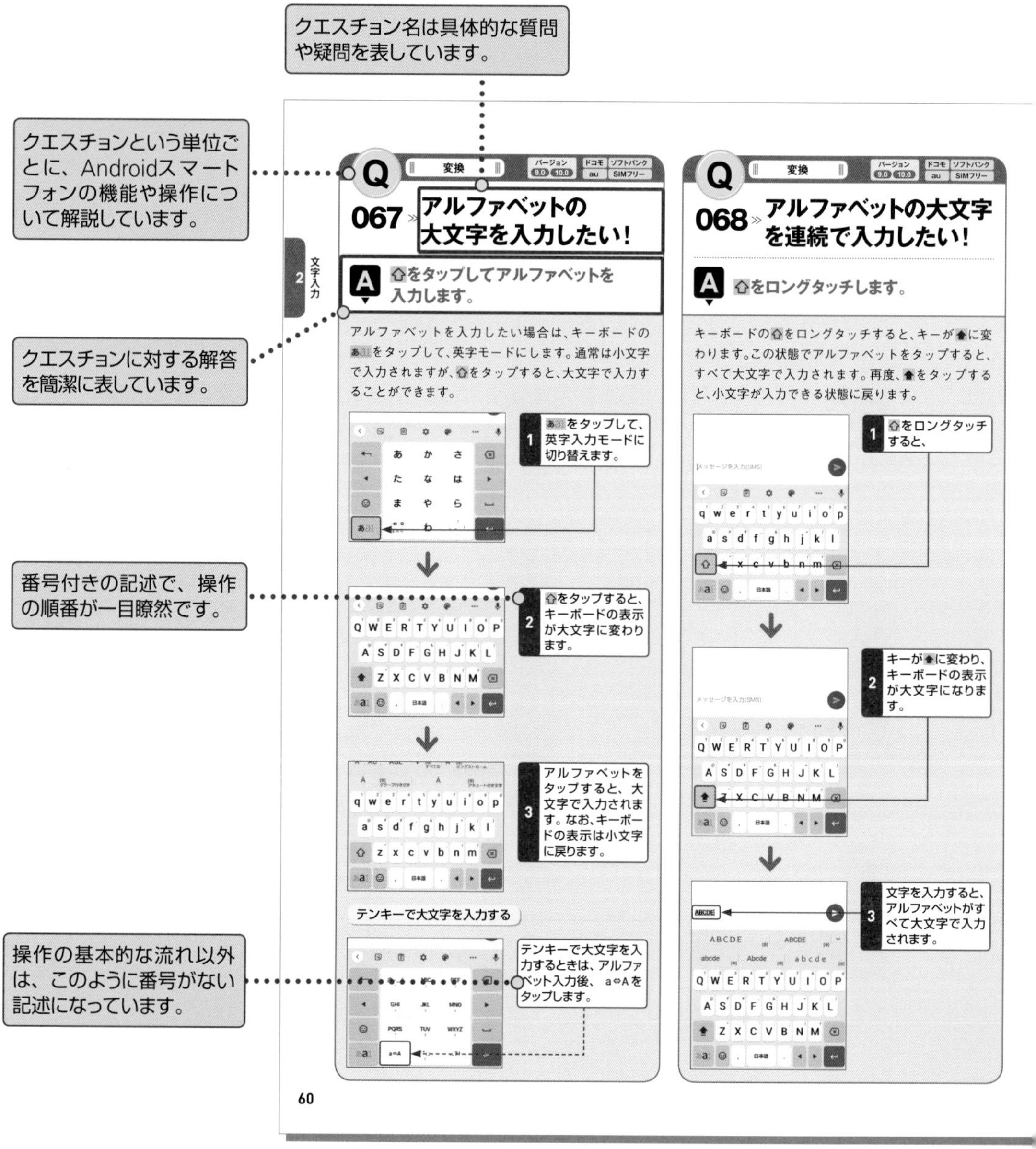
クエスチョン名は具体的な質問や疑問を表しています。
クエスチョンという単位ごとに、Androidスマートフォンの機能や操作について解説しています。
クエスチョンに対する解答を簡潔に表しています。
番号付きの記述で、操作の順番が一目瞭然です。
操作の基本的な流れ以外は、このように番号がない記述になっています。

Q 変換 バージョン 9.0 10.0 ドコモ au ソフトバンク SIMフリー

2 文字入力

067 » アルファベットの大文字を入力したい!

A ⇧をタップしてアルファベットを入力します。

アルファベットを入力したい場合は、キーボードのあa1をタップして、英字モードにします。通常は小文字で入力されますが、⇧をタップすると、大文字で入力することができます。

1 あa1をタップして、英字入力モードに切り替えます。

2 ⇧をタップすると、キーボードの表示が大文字に変わります。

3 アルファベットをタップすると、大文字で入力されます。なお、キーボードの表示は小文字に戻ります。

テンキーで大文字を入力する

テンキーで大文字を入力するときは、アルファベット入力後、a⇔Aをタップします。

Q 変換 バージョン 9.0 10.0 ドコモ au ソフトバンク SIMフリー

068 » アルファベットの大文字を連続で入力したい!

A ⇧をロングタッチします。

キーボードの⇧をロングタッチすると、キーが⬆に変わります。この状態でアルファベットをタップすると、すべて大文字で入力されます。再度、⬆をタップすると、小文字が入力できる状態に戻ります。

1 ⇧をロングタッチすると、

2 キーが⬆に変わり、キーボードの表示が大文字になります。

3 文字を入力すると、アルファベットがすべて大文字で入力されます。

60

薄くてやわらかい
上質な紙を使っているので、
開いたら閉じにくい書籍に
なっています！

クエスチョンの分類分けを示しています。

対応するOSの種類とキャリアがひと目でわかります。

Q 変換 バージョン 9.0 10.0 ドコモ ソフトバンク au SIMフリー

069 » 大文字が勝手に入力されるのを止めたい！

A 「自動大文字変換」をオフにします。

「自動大文字変換」がオンに設定されている状態で英字を入力すると、文頭文字が自動的に大文字で入力されます。そのため、1文字目から小文字で入力したいときは毎回⇧をタップする必要があります。面倒な場合は、あらかじめ「自動大文字変換」をオフにしておきましょう（Gboardの場合）。

1 ⚙をタップします。

2 <テキストの修正>をタップし、

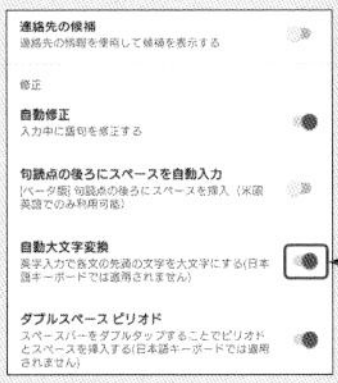

3 「自動大文字変換」の●をタップして、●にします。

Q 変換 バージョン 9.0 10.0 ドコモ ソフトバンク au SIMフリー

070 » 「ば」「ぱ」「ゃ」「っ」などを入力したい！

A ゛゜をタップします。

濁音「ば」、半濁音「ぱ」、拗音「ゃ」、促音「っ」などを入力するときは、まず「は」、「や」、「つ」を入力したあと、゛゜をタップして変換します。たとえば、「は」を入力して゛゜をタップすると「ば」、もう一度タップすると「ぱ」に変換されます。

1 ひらがなを入力し、゛゜をタップします。

2 濁音「ば」に変換されます。再度、゛゜をタップします。

3 半濁音「ぱ」に変換されます。なお、再度、゛゜をタップすると、「は」に戻ります。

文字入力 2

61

どの章を見ているかすぐわかるように、ページの両側にインデックス（見出し）を表示しています。

質問は、読者の方から
実際に寄せられたものを
参考に作成されています！

該当箇所が
よくわかるように
なっています。

Contents

第 1 章 スマホの基本の「こんなときどうする?」

スマートフォンとは

SIM

Wi-Fi

各部名称

スマートフォンの基本

充電／電源

第2章 文字入力の「こんなときどうする?」

入力

キーボード

Contents

ロック画面

マナーモード

ホーム画面

ウィジェット

画面

壁紙

ステータスバー

通知

音設定

クイック設定ツール

時間

位置情報

端末情報

第4章 アプリの設定と管理の「こんなときどうする?」

アプリ

Play ストア

アプリ情報

Contents

第5章 通話や通信の「こんなときどうする?」

第6章 インターネット利用の「こんなときどうする?」

ブラウザ

Chrome

検索

履歴／自動入力／パスワード

Gmail

便利アプリ

第8章 カメラ・写真・音楽の「こんなときどうする?」

写真

音楽再生アプリ

YT Music

音楽

第9章 Googleサービスや標準アプリの「こんなときどうする?」

Google

メモ

カレンダー

マップ

第11章 使いこなしの「こんなときどうする?」

ご注意：ご購入・ご利用の前に必ずお読みください

- 本書に記載された内容は、情報提供のみを目的としています。したがって、本書を用いた運用は、必ずお客様自身の責任と判断によって行ってください。これらの情報の運用の結果について、技術評論社および著者はいかなる責任も負いません。

- ソフトウェアに関する記述は、特に断りのないかぎり、2020年8月現在での最新バージョンをもとにしています。ソフトウェアはバージョンアップされる場合があり、本書の説明とは機能内容や画面図などが異なってしまうこともあり得ます。あらかじめご了承ください。

- インターネットの情報については、URLや画面などが変更されている可能性があります。ご注意ください。

- 本書記載の金額や料金は特に断りのないかぎり、2020年8月現在の消費税10%での税込表記です。

- 本書は以下の環境で動作を確認しています。ご利用時には、一部内容が異なることがあります。あらかじめご了承ください。
  端末：Xperia 5　Xperia 1 Ⅱ
  端末のOS：Android 10.0
  パソコンのOS：Windows 10

以上の注意事項をご承諾いただいた上で、本書をご利用願います。これらの注意事項をお読みいただかずに、お問い合わせいただいても、技術評論社および著者は対処しかねます。あらかじめご承知おきください。

第1章

スマホの基本の「こんなときどうする?」

Q スマートフォンとは

バージョン 9.0 10.0 ドコモ ソフトバンク au SIMフリー

001 » スマートフォンって何？

A 電話機能を持ったパソコンのようなものです。

スマートフォンには電話機能が搭載されているほか、インターネットに接続してWebページを閲覧したり、メールを送受信したり、写真や音楽を楽しんだりとさまざまなことができます。スマートフォン1台で何でもできてしまうため、小型のパソコンといっても過言ではありません。アプリの種類も豊富で気軽に利用できるので、日々の生活をより便利にしてくれるでしょう。また、LINEやTwitter、FacebookやInstagramといった、コミュニケーションを取るうえで欠かせないSNSツールも利用できます。さらに、最近では高機能かつ高画質のカメラやオーディオ機能が搭載されたスマートフォンが発売されており、よりリアルな映像や音楽を楽しむことができます。

さまざまなアプリを利用できる

多様なアプリがインストールできる

Google Playに公開されているアプリをインストールすることで、さまざまな機能を追加して利用することができます。アプリには無料のものと有料のものがあります。

SNS ツールも利用可能

LINEやTwitter、FacebookやInstagramなど、コミュニケーションを取るうえで便利なSNSツールが利用でき、多くの人とつながることができます。

Q スマートフォンとは

バージョン 9.0 10.0 ドコモ ソフトバンク au SIMフリー

002 スマートフォンと携帯電話の違いは？

A できること、操作性が異なります。

これまでの携帯電話とスマートフォンを比べると、インターネットでできることに大きな差があります。携帯電話では、携帯電話会社（キャリア）などのプラットフォーム上で限られたコンテンツを楽しむ程度でしたが、スマートフォンではパソコンと同じ状態でインターネットを利用できます。また、スマートフォンから見やすいよう、文字の大きさやページデザインなどを最適化したスマートフォン向けサイトが用意されていることが多く、インターネットの閲覧環境は携帯電話とは大きく異なります。

また、スマートフォンはインターネット回線を利用して、「アプリ」と呼ばれるソフトウェアの追加や削除といったカスタマイズをすることもできます。さらに操作性も大きく異なり、携帯電話では端末の物理キーを押して操作するのに対し、スマートフォンは画面をタッチして（触って）操作を行います。

そのほか、スマートフォンでは携帯電話会社以外のメールが使えたり、デジタルカメラに劣らないカメラ機能を備えていたり、WordやExcelなどのファイルを編集、閲覧できたり、4K動画が楽しめたりと、さまざまなことができます。

スマートフォンと携帯電話の比較

	携帯電話	スマートフォン
操作	物理キーを押す	画面を触る
インターネット	制限あり	パソコン同様の利用が可能
ファイル編集	できない	できる
カスタマイズ	できない	ウィジェットやアプリの追加
メール	携帯電話会社のメールのみ	携帯電話会社のメール以外も利用できる
カメラ	簡易カメラ	高性能カメラ

Q スマートフォンとは

バージョン 9.0 10.0 ドコモ ソフトバンク au SIMフリー

003 Androidって何？

A Google製のスマートフォン用基本ソフト（OS）です。

パソコンやスマートフォンには、OS（オペレーティングシステム）と呼ばれるシステム全体を管理する基本ソフトが必要です。Androidスマートフォンには「Android」という、Googleが開発したスマートフォン用のOSが搭載されています。AndroidスマートフォンはこのOSにより、電話、メール、インターネット、対応アプリが使用できるようになります。現在では、Android OSはAndroidスマートフォンだけでなく、タブレットやパソコン、自動車やテレビでも利用されるようになり、今後さまざまな電化製品での利用が期待されています。

このAndroidの最新版が2019年9月にAndroid 10.0としてリリースされました。本書では、Android 10.0を搭載したスマートフォンおよびAndroid 10.0にアップデート可能なスマートフォンを元に解説を行っています。

Android

https://www.android.com/intl/ja_jp/
AndroidはGoogleが開発しているOSです。スマートフォンだけでなく、タブレットやパソコン、自動車、テレビなどにも搭載されています。

Q スマートフォンとは　バージョン 9.0 10.0　ドコモ ソフトバンク au SIMフリー

004 » Androidと iPhoneって違うの？

A OSや販売メーカーが異なります。

AndroidのスマートフォンはGoogleが開発しているAndroidというOSにより動いていますが、iPhoneはAppleが開発しているiOSというOSで動いているという違いがあります。それぞれに互換性はなく、対応アプリも異なります。Androidのスマートフォンは多数のメーカーがさまざまなモデルを生産、販売していますが、iPhoneを生産しているのはAppleのみです。
また、Androidのスマートフォンはウィジェット（Q.106参照）と呼ばれる簡易アプリのようなものをホーム画面などに自由に追加したり、カスタマイズの幅が広いのですが、iPhoneではAndroidスマートフォンに比べると、カスタマイズは制限されています。さらに、Androidのスマートフォンは「おサイフケータイ」機能（Q.462参照）を搭載したものもあり、「楽天Edy」や「WAON」「nanaco」など、さまざまな電子マネーが利用できますが、iPhoneの同じようなサービスである「Apple Pay」は現在、iDやQUICPay、Suicaのみとなっています。
さらに、Androidのスマートフォンはワンセグ／フルセグのテレビが見られたり、microSDカードを挿入して外部のメディアにデータを保存したりする機能を持つものもありますが、iPhoneでは周辺機器を利用しないと、これらのことはできません。

Android と iPhone の比較

	Android	iPhone
OS	Android	iOS
メーカー	ソニーモバイル コミュニケーションズ、サムスン など多数	Apple
ウィジェット	利用できる	制限がある
おサイフケータイ	対応が多い	対応が少ない
テレビ	利用できる機種がある	利用できない
外部ストレージ	利用できる機種がある	利用できない

Q スマートフォンとは　バージョン 9.0 10.0　ドコモ ソフトバンク au SIMフリー

005 » Androidの バージョンって何？

A 数字が大きいほど新しく、10.0が最新版（2020年8月現在）です。

Androidは現在もGoogleにより開発が進められており、基本的には年に1回大型のバージョンアップが行われ、新しい機能の追加やセキュリティが向上しています。ただし、スマートフォンのAndroid OSをバージョンアップできるタイミングは利用している機種のメーカーや携帯電話会社によって異なります。
2016年8月にリリースされたAndroid 7.0では、マルチウィンドウ機能やChormeアプリなどでのデータセーバー機能などが利用できるようになりました。
2017年8月にはAndroid 8.0がリリースされ、通知のスヌーズ機能や動画を小さなウィンドウで再生させて別のアプリを利用できるピクチャインピクチャ機能、省電力機能の改善などが実装されました。
また、2018年8月にリリースされたAndroid 9.0では、ナビゲーションバーが刷新されたほか、バッテリーの消費を最適化する自動調整バッテリー機能などが実装されました。
さらに、2019年9月にはAndroid 10.0がリリースされ、Wi-Fiパスワードの共有や、指定したアプリを一時的に停止させるフォーカスモード、消費電力を抑えるダークモードが利用できるようになりました。

Android のバージョン

	更新年月	おもな追加機能、改善点
7.0	2016年8月	・マルチウィンドウ ・データセーバー　など
8.0	2017年8月	・通知スヌーズ ・ピクチャインピクチャ ・省電力機能の改善　など
9.0	2018年8月	・ナビゲーションバー ・自動調整バッテリー
10.0	2019年9月	・Wi-Fiパスワードの共有 ・フォーカスモード ・ダークモード

スマートフォンとは

バージョン 9.0 10.0 | ドコモ ソフトバンク au SIMフリー

Q 006 どんな周辺機器が利用できる？

A USBやBluetoothに対応した周辺機器を利用できます。

AndroidスマートフォンにはUSBとBluetoothが搭載されており、USBやBluetoothに対応した周辺機器の一部を使用することができます。Bluetoothとは、周辺機器をワイヤレスで接続するための規格のことで、ヘッドセットやキーボード、ウェアラブルデバイスなどの機器とスマートフォンを、ワイヤレスで接続できます。お気に入りの音楽や映画を外出先でも楽しみたいなら、スマートフォンのスピーカーから直接音を出すのではなく、ヘッドセットなどを利用するとよいでしょう。

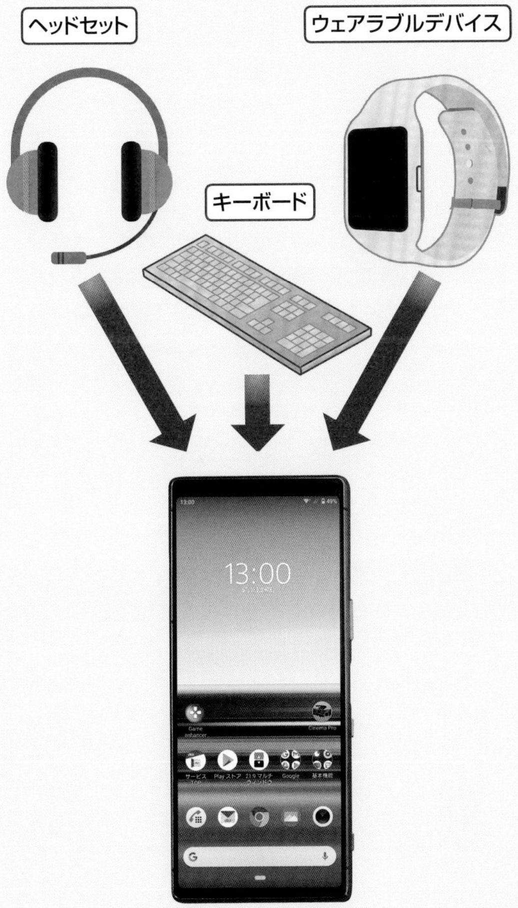

スマートフォンとは

バージョン 9.0 10.0 | ドコモ ソフトバンク au SIMフリー

Q 007 スマートフォンを利用する際に必要なものは？

A 充電機器とmicroSDカードを、購入時に準備しましょう。

スマートフォンを充電するのに必要なACアダプタやUSBケーブルは、機種によっては別売りです。すでにあるもので代用できる場合は問題ありませんが、あらかじめ確認し、持っていない場合は購入しておきましょう。また、データをバックアップしたり、画像の保存で内部ストレージの保存容量を使い過ぎたりしないように、microSDカードなどの外部ストレージも準備しておくと安心です。なお、一部機種には外部ストレージへの保存ができないものもあるので、事前に確認しておきましょう。

スマートフォンの充電に必要なUSBケーブルやACアダプタは、基本的に別売りです。持っていない場合はあらかじめ購入しておきましょう。

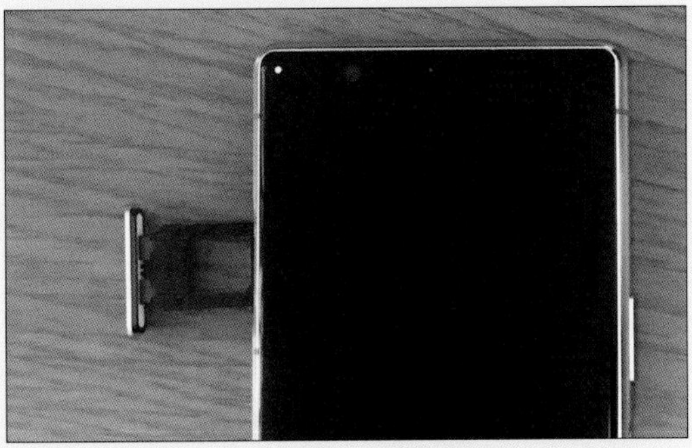

別売りのmicroSDカードなどの外部ストレージがあれば、写真や音楽などのデータをメモリーカードに保存して、スマートフォンの使用容量を削減することができます。

スマートフォンとは | バージョン 9.0 10.0 | ドコモ ソフトバンク au SIMフリー

Q 008 スマートフォンとパソコン・タブレットって違うの？

A キーボードなどのデバイスや、アプリの利用などに違いがあります。

スマートフォンとパソコンやタブレットでは、見た目だけでなく、機能や役割も異なっています。パソコンにはキーボードが搭載されているため、文書作成などビジネスでの利用には適しているといえるでしょう。一方、スマートフォンはほぼ全体がディスプレイで、操作もタッチスクリーン上で行うため、文書作成などにはあまり適しているとはいえません。しかし、スマートフォンは片手で持ち運べる大きさ、重量なので、持ち運びには便利です。パソコンで作成した文書ファイルなどを外出先でスマートフォンから確認するといったように、目的や状況に合わせて使い分けましょう。

また、タブレットはスマートフォンと形状が似ているだけでなく、搭載しているOSもAndroidのものが多数あります。アプリの互換性もあり、さながらスマートフォンの大型版ともいえます。スマートフォンよりも大きな画面で作業したい、動画を楽しみたい、といったときにはタブレットを利用するのがおすすめです。

タブレット

スマートフォン同様、タッチスクリーンによる感覚的な操作が可能です。OSがAndroidであればアプリの互換性もあり、大きな画面での作業や動画鑑賞などに適しています。

パソコン

文書、表、スライドなどのビジネスファイルの作成や編集を行う場合などには、パソコンが便利です。

スマートフォンとは | バージョン 9.0 10.0 | ドコモ ソフトバンク au SIMフリー

Q 009 スマートフォンはどこで買えるの？

A 携帯電話会社のショップや家電量販店、オンラインストアで購入できます。

スマートフォンは、携帯電話会社のショップや家電量販店、オンラインストアで購入することができます。購入はこれまでの携帯電話と同じように、「新規購入」「機種変更」「MNP」(電話番号はそのままで携帯電話会社を変更して購入する制度)のいずれかの方法で行います。

携帯電話会社のショップの場合、専門性の高いスタッフによる接客や、修理・アフターサービスが充実しており、安心感があります。しかし、その携帯電話会社が取り扱うスマートフォンしか購入することができないことや、混雑時には待たされること、分割購入の場合、頭金の支払いが発生する場合もあります。

家電量販店では、各携帯電話会社のスマートフォンやSIMフリーのスマートフォン(Q.031参照)などを幅広く取り扱っていて比較できるので、選択肢の幅が広まります。また、多くの店舗では携帯電話会社のショップも併設されています。

さらに、携帯電話会社が運営する公式のオンラインストアからも、実店舗と同じように新規、機種変更、MNPのいずれかで購入することができます。待ち時間もなく、分割購入時の頭金が発生することもありません。ただ、現物に触れず専門スタッフからの説明もなく購入するので、思っていたものと違った、ということもあるかもしれません。

スマートフォンを購入する際には、それぞれ自分に合った購入先を選びましょう。

au Online Shop

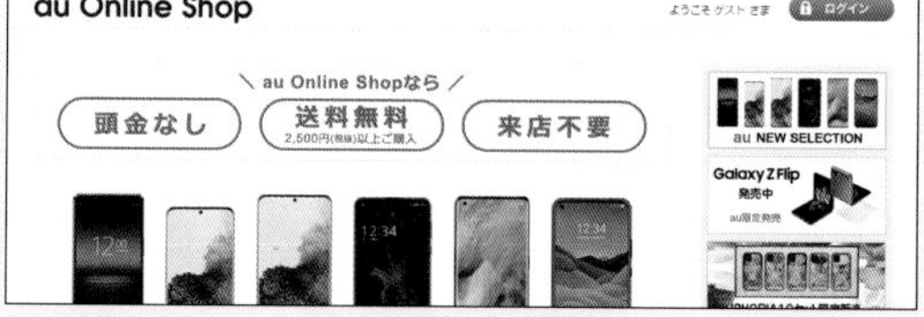

https://onlineshop.au.com/

Q スマートフォンとは

バージョン 9.0 10.0 ドコモ ソフトバンク au SIMフリー

Q 010 スマホは携帯電話会社のショップで買ったほうがいいの?

A 詳しくない人は携帯電話会社のショップで購入しましょう。

はじめてスマートフォンを購入する場合は、携帯電話会社のショップでの購入がおすすめです。家電量販店とは違い、携帯電話会社のショップは全国に多数店舗があるので、読者の自宅の近所にもあるかもしれません。

携帯電話会社のショップでは、その携帯電話会社が取り扱ってるスマートフォンの機能や使い方に詳しいスタッフが接客を行うので、わからないことなどがあれば対面で相談することができます。また、パンフレットなどではわかりづらい料金プランについても相談することができ、自分に合ったものを提案してもらうことも可能です。

さらに、携帯電話会社のショップではアフターサービスが充実しており、万が一スマートフォンが故障した場合に持ち込むと、修理を受け付けてくれます。修理期間中には代替機を貸してくれることもあります。

ドコモショップ

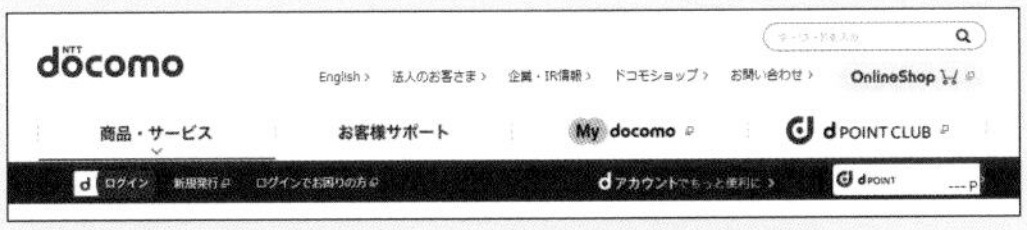

https://www.nttdocomo.co.jp/support/shop/

au ショップ

https://www.au.com/aushop/

ソフトバンクショップ

https://www.softbank.jp/shop/search/

Q スマートフォンとは

バージョン 9.0 10.0 ドコモ ソフトバンク au SIMフリー

Q 011 スマホの性能は何で決まるの?

A CPUの種類やメモリ、ストレージの容量やディスプレイの解像度で決まります。

スマートフォンは、パソコンと同じように内蔵されているCPUの種類やメモリ、ストレージの容量などにより、性能に差が出ます。高機能なスマートフォンほど、処理速度の速いCPUを搭載し、RAMと呼ばれる内蔵されている記憶メモリの容量が大きいものを搭載しています。高機能なものは動作がカクカクすることなく、画面をスムーズに操作することができます。

基本的には新しくて価格が高い機種ほど高性能なCPUを搭載しています。スマートフォンの性能はCPUによって決まる部分が大きいのですが、RAMと呼ばれる一時的メモリの大きさや(Q.012参照)、ROMやストレージと呼ばれるデータを保存するためのメモリ、ディスプレイの解像度なども使い心地に差が出る部分です。たとえば、RAMが大きければ、同時にいくつものアプリを起動したままにすることができるので、アプリの切替時にすぐに利用することができます。また、ストレージが大きければ、カメラで撮影した写真や動画をたくさん保存することができます。最新のスマートフォンはカメラ機能が充実しており、鮮明できれいな写真が撮れます(機種によって性能は異なります)。

電話やメール、インターネット、SNSを楽しむ程度であれば、それほど高性能の機種にこだわる必要はありません。

ホームページで確認

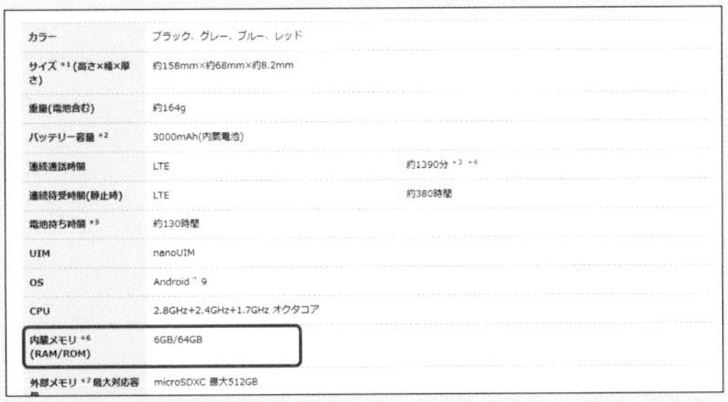

CPUやRAMなどの情報は、メーカーの商品紹介ページなどに記載されています(写真は「https://www.sonymobile.co.jp/xperia/docomo/so-03k/spec.html」)。

Q スマートフォンとは

バージョン 9.0 10.0 ドコモ ソフトバンク au SIMフリー

012 » メモリは大きいほうがいいの？

A 大きいほうがよいですが、ROMは外部ストレージでも代替可能です。

スマートフォンには、RAM（Random Access Memory）と、ROM（Read Only Memory）の2種類のメモリが内蔵されています。RAMはスマートフォンの操作に関する情報をCPUが処理する際に、一時的にデータを記憶しておく作業領域となるメインメモリです。RAMに書き込まれたデータはそのつど書き換えられ、データがそのまま残り続けるということはありません。電源をオフにしたり、再起動したりすると、RAMに書き込まれたデータはすべてリセット（消去）されます。一方のROMは電話帳のデータや写真、音楽、動画ファイルなど、残しておくことを前提としたデータを記録する領域のことをいい、ストレージとも呼ばれています。

いずれもその容量によって性能に差が出ます。最近のスマートフォンではRAMは6～8GBを搭載しています。一方のROMは64GB、128GBといった容量のものが多くなっています。なお、ROMにはAndroidのOSやすでにインストールされているアプリなどのデータ容量も含まれています。写真や音楽ファイルを多くスマートフォンに入れたいという人や、たくさんのアプリを使いたいという人は、容量の大きいROMがおすすめです。ただ、microSDカードなど外部ストレージを利用できるスマートフォンであれば、そちらにデータを保存することもできるので、それほど大容量である必要はありません。

RAMとROMの容量例

機種名	RAM	ROM
AQUOS R3 SHV44（au）	6GB	128GB
HUAWEI Mate 20 Pro（ソフトバンク）	6GB	128GB
Google Pixel 4（ソフトバンク）	6GB	64GB 128GB
arrows 5G F-51A（ドコモ）	8GB	128GB
Xperia 1 II SOG01（au）	8GB	128GB
Galaxy S20 5G SC-51A（ドコモ）	12GB	128GB

Q スマートフォンとは

バージョン 9.0 10.0 ドコモ ソフトバンク au SIMフリー

013 » 格安スマホって何？

A 端末本体と毎月の電話料金が格安なスマートフォンです。

スマートフォン端末本体を格安で購入することができ、また、通信料金も格安なプランで契約することが可能な格安スマホが人気です。端末本体とSIMをセットで販売しているケースもあります。

端末は最低限必要な機能だけを搭載しているものが多く、高性能なカメラやおサイフケータイ、テレビなどの機能が利用できないものもあります。電話やメール、インターネット、SNSが問題なく動作する程度のCPUやメモリをあえて搭載することで、コストを削減しています。また、格安スマホはSIMフリースマートフォン（Q.031参照）でもあり、ドコモやau、ソフトバンクといった大手携帯電話会社ではないMVNOが提供している格安SIMを利用することで、毎月支払う携帯電話料金を格安に抑えることができます。

ただし、購入後の初期設定は自分で行う必要があることが多く、また、キャリアメールが使えず、一般的に通信速度が遅いというデメリットもあります。大手携帯電話会社が行っている端末本体の使い方や料金プランの相談、故障時の修理などの手厚いサービスを受けることもできません。格安スマホを利用する際には、しっかり自分で対処できることが前提となります。

OCN モバイル ONE 格安スマホセット購入

https://www.ntt.com/personal/services/mobile/one/set.html

スマートフォンとは
バージョン 9.0 10.0
ドコモ ソフトバンク au SIMフリー

Q 014 スマホでインターネットを利用するには？

A 携帯電話会社と契約するか、Wi-Fiに接続します。

スマートフォンでインターネットを利用するには、携帯電話会社などと契約して、携帯電話の電波を使ったモバイルネットワーク通信を利用する方法と、Wi-Fi（無線LAN）に接続する方法があります。

ドコモやau、ソフトバンクなどの大手携帯電話会社やMVNOなどと契約すると、モバイルネットワーク通信を利用してインターネットを利用することができます。モバイルネットワーク通信とは、大手携帯電話会社が全国各地に建てている携帯電話の基地局からの電波を利用し、通信を行う通信回線のことをいいます。普段私達が、スマートフォンで屋外や屋内から自由に電話やメール、インターネットなどを利用できているのは、このモバイルネットワーク通信を利用しているからです。なお、この方法で通信を行うと、大手携帯電話会社の電波を利用しているので、通信料が発生します（料金体系は各契約携帯電話会社により異なります）。

また、スマートフォンのWi-Fi接続機能（Q.223参照）を使うことでも、インターネットの利用が可能です。モバイルネットワーク通信とは違い、Wi-Fiはスマートフォンを利用している側は通信料が発生しません（Wi-Fiを提供する側は料金が発生します）。

有効なSIMを挿入後、＜設定＞アプリから＜ネットワークとインターネット＞→＜モバイルネットワーク＞の順にタップし、＜モバイルデータ＞をオンにすると、インターネットを利用できます（通常は設定済）。

Wi-Fi接続ができればインターネットが利用可能です。

スマートフォンとは
バージョン 9.0 10.0
ドコモ ソフトバンク au SIMフリー

Q 015 通話と通信って違うの？

A 用いられている方式が異なります。

音声通話には「回線交換方式」と呼ばれる、端末間でデータの送受信を行う方式が用いられています。1つの回線を占有して通信を行うため、通話中はほかの通話をいっさい受け付けません。また、SMSにもこの方式が用いられているため、電話番号のみでメッセージの送受信が可能となっています。一方のデータ通信には「パケット交換方式」と呼ばれる方式で、主にインターネット上の通信に用いられています。複数人で同じ回線を共有できるため、Webサイトの閲覧や動画の視聴、メールの送受信などをスムーズに行えます。なお、VoLTE（Q.221参照）と呼ばれるデータ通信を用いて通話をする方式もあります。

回線交換方式

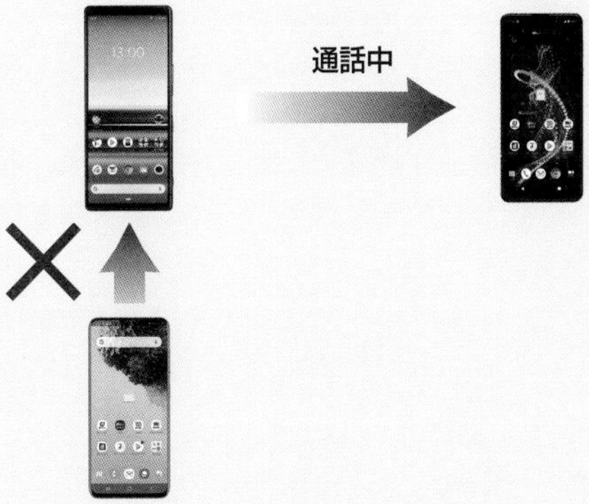

パケット交換方式

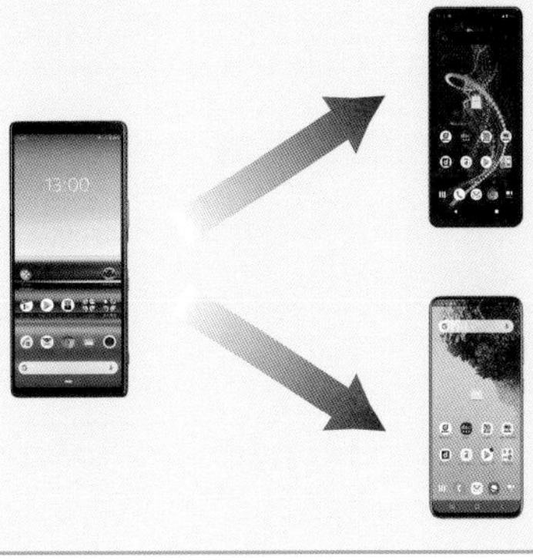

Q スマートフォンとは

バージョン 9.0 10.0 ドコモ ソフトバンク au SIMフリー

016 ≫ パケットって何？

A データ通信時に分割したデータの1単位のことです。

パケットとは「小包」という意味の英語で、スマートフォンを使用し、インターネットやメールなどモバイルネットワーク通信でデータのやり取りを行う際に、データを小さく一定のサイズに分割した1単位のことをいいます。スマートフォンでインターネットの閲覧など電話以外の用途でモバイルネットワーク通信を利用すると、パケット通信を行うこととなり、パケット通信料が発生します。ただし、現在はデータ通信やデータ通信で使用した容量全体を指して「パケット」という言葉を使うことが多く、携帯電話会社も利用者も「今月のデータ使用量100万パケット」というようないい方はせず、「データ使用量1GB」のようにデータの容量で表現することがほとんどです。

各携帯電話会社からは、先月は4GB分使ったから4GB分の料金、今月は2GB使ったから2GB分の料金、といったような実際に使ったパケット量分だけの料金を支払う料金プランや、毎月一定料金で20GB、50GBといった大容量のパケットが使い放題の大容量プラン、家族でパケットを分け合うシェアプランなどが提供されています。

なお、定額プランで契約容量を超過して利用した場合、モバイルネットワーク通信に速度制限がかけられ、携帯電話会社の指定する期日まで低速(128kbps)での利用を強いられることがあります。指定料金を支払って使用可能なパケット量を加算させたり、速度制限の解除料金を支払ったりすることで、もとに戻すことができます。

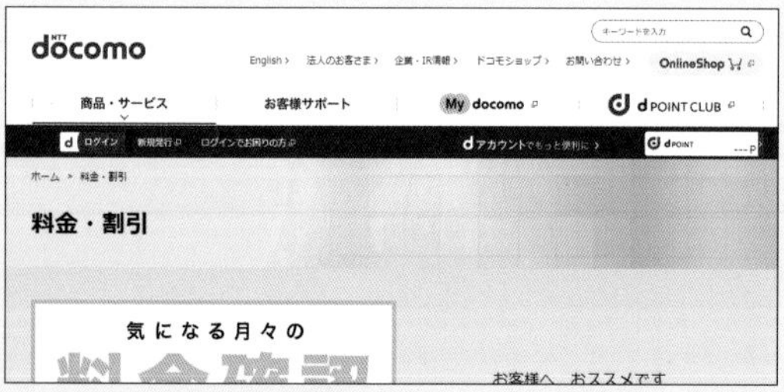

https://www.nttdocomo.co.jp/charge/promotion/basic_pack_share/

Q スマートフォンとは

バージョン 9.0 10.0 ドコモ ソフトバンク au SIMフリー

017 ≫ スマホの利用料はどれぐらいかかるの？

A 6,000～9,000円+αが相場です。

携帯電話会社を利用した場合のスマートフォンの利用料は、各社が提供している料金プランや使用状況、端末代金の一括支払いの有無などにより異なりますが、相場として「6,000～9,000円＋端末の分割代金」になるでしょう。その内訳は各携帯電話会社共通して、「基本プラン」＋「データ通信プラン」という構造になっています。基本プランは通話など電話としての基本的な部分に関する料金です。通話し放題の定額制と、通話した分だけ料金がかかる従量制がありますが、まったく通話をしなくても一定の金額がかかります。「データ通信プラン」は、インターネット利用料といってもよいでしょう。毎月利用するデータ量を決めて、その範囲では定額という定額プランを利用するのが普通です。また、これ以外にインターネット接続料や留守番電話などのオプション料金、端末を分割で購入しているなら、分割代金が加算されます。一方、格安SIMなどと呼ばれるMVNOの場合は、これよりずっと安くなります。

ドコモ料金プラン

https://www.nttdocomo.co.jp/charge/

au 料金プラン

https://www.au.com/mobile/charge/smartphone/plan/

ソフトバンク料金プラン

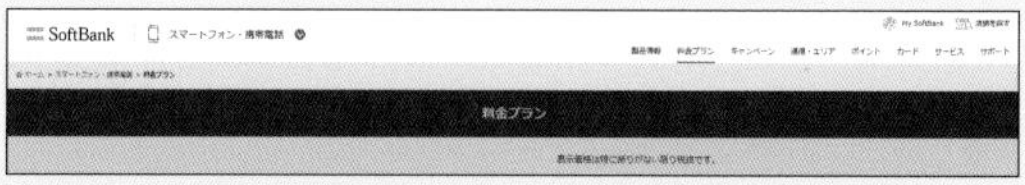

https://www.softbank.jp/mobile/price_plan/

Q スマートフォンとは

バージョン 9.0 10.0 ドコモ ソフトバンク au SIMフリー

018 » 通信量って1カ月どれぐらい使うもの？

A スマホの使い方により大きく異なります。

スマートフォンをどのように利用するかにより、通信量は大きく異なります。たとえば動画やゲーム、ストリーミング音楽を楽しむ人と、メールやインターネットの閲覧程度という人とでは、3～4GBぐらいの差が出てくるかもしれません。また、Wi-Fiへ接続して利用することが多い人とも差が出るでしょう。多くの人は平均すると月3～5GBの定額プランを契約しているようです。

ソフトバンクのホームページに、2GBと7GBの目安が掲載されています。それによると、1日あたりの目安として、メールの送受信は2GBは139通、7GBは488通、ホームページの閲覧は2GBは233ページ、7GBは814ページ、動画の視聴は2GBは18分、7GBは1時間3分、音楽のダウンロードは2GBは17曲、7GBは58曲のパケット通信量を利用するとしています。あくまでもこれは目安の数値ですが、参考にしてみるとよいでしょう。

ソフトバンクFAQ

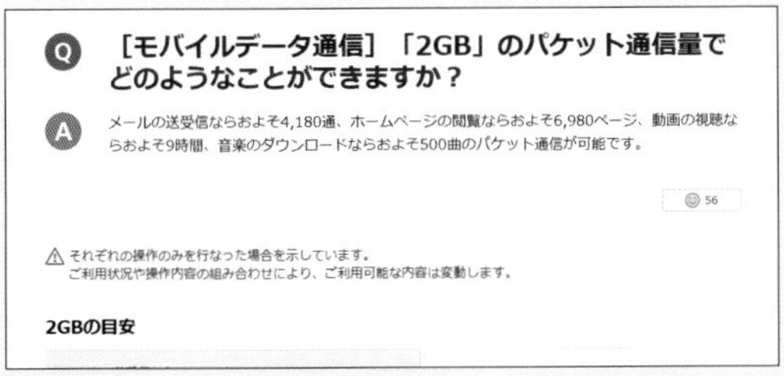
Q ［モバイルデータ通信］「2GB」のパケット通信量でどのようなことができますか？
A メールの送受信ならおよそ4,180通、ホームページの閲覧ならおよそ6,980ページ、動画の視聴ならおよそ9時間、音楽のダウンロードならおよそ500曲のパケット通信が可能です。
56
それぞれの操作のみを行なった場合を示しています。
ご利用状況や操作内容の組み合わせにより、ご利用可能な内容は変動します。
2GBの目安

https://www.softbank.jp/support/faq/view/12357

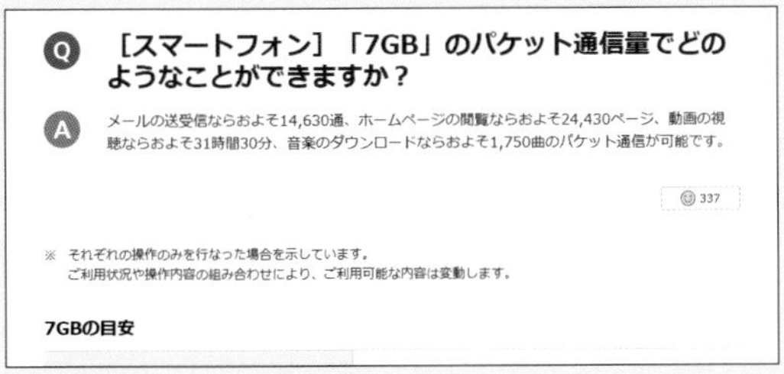
Q ［スマートフォン］「7GB」のパケット通信量でどのようなことができますか？
A メールの送受信ならおよそ14,630通、ホームページの閲覧ならおよそ24,430ページ、動画の視聴ならおよそ31時間30分、音楽のダウンロードならおよそ1,750曲のパケット通信が可能です。
337
※ それぞれの操作のみを行なった場合を示しています。
ご利用状況や操作内容の組み合わせにより、ご利用可能な内容は変動します。
7GBの目安

https://www.softbank.jp/support/faq/view/11062

Q スマートフォンとは

バージョン 9.0 10.0 ドコモ ソフトバンク au SIMフリー

019 » 通信速度って何？

A 1秒間に送受信できるデータ量のことです。

通信速度とは、1秒間にどれくらいのデータを送受信できるかを指し、「bps」という単位で表します。数字が大きいほど速度は速くなります。また、同じ通信速度でも「上り」と「下り」の2種類があります。「上り」とは、サーバーへの保存といった「アップロード」を指します。写真をスマートフォンからFacebookにアップロードするのも、「上り」の通信速度が影響します。一方「下り」とは、Webページを閲覧したり、アプリを＜Play ストア＞アプリからインストールする際などの「ダウンロード」を指します。最新のスマートフォンなどは規格上は、最大1.7Gbpsの高速データ通信が利用できます。ただし、ネットワーク機器や回線の状況にも影響を受けるので、実際に利用できる速度は変動します。

ドコモ PREMIUM 4G

docomo
English › 法人のお客さま › 企業・IR情報 › ドコモショップ ›
商品・サービス
お客様サポート
My docomo
ログイン 新規発行 ログインでお困りの方
アカウントでもっと便利に
ホーム > 通信・エリア > ドコモの電波の技術情報 > PREMIUM 4G
PREMIUM 4G
4G
受信時最大1.7Gbps 2020年3月より提供開始
モバイルの通信速度はギガを超える
PREMIUM 4G対応機種
LTE高速化の主な要素技術
ご注意事項
モバイルの通信速度はギガを超える
受信時最大1.7Gbpsを2020年3月より提供※1

ドコモでは、LTE-Advanced技術を利用した通信方式「PREMIUM 4G」を提供し、受信時最大1.7Gbps、送信時最大131.3Mbpsの高速化を実現しています。

Q スマートフォンとは

バージョン 9.0 10.0 ドコモ ソフトバンク au SIMフリー

020 » 緊急速報はどのスマホでも受信できる？

A Android 8.1からは格安スマホでも受信できます。

ドコモやau、ソフトバンクのスマートフォンでは、地震や津波などの災害情報や弾道ミサイル発射の情報などを知らせる「緊急速報メール」（ドコモはエリアメールの名称）を受信することができます。これは政府や気象庁、消防庁、各自治体などが発する各種警報を、各携帯電話会社がそれぞれ独自の「緊急速報メール」として送信しているというものです。これまで受信には専用のアプリが必要で、格安SIMでは利用できませんでしたが、2017年12月、各携帯電話会社はAndroid 8.1向けに共通受信仕様を策定したことを発表しました。これにより、現在は格安SIMを利用しているSIMフリースマートフォンなどにも、地震発生などの緊急時には緊急速報メールが配信されます。

auのスマートフォンには、あらかじめ「au災害対策」アプリがインストールされています。初期状態では緊急時に緊急速報メールが配信されるように設定されています。

音声お届けサービスでは、災害時に音声を録音して届けたり、相手の音声を受信したりすることができます。

Q スマートフォンとは

バージョン 9.0 10.0 ドコモ ソフトバンク au SIMフリー

021 » Googleアカウントにログインしないと使えない？

A 利用できますが、登録することでより便利に利用できます。

Googleアカウントとは、Googleが提供しているアプリやサービスを利用する際に必要なアカウントです（Q.084参照）。AndroidのスマートフォンはGoogleが開発しているOSにより動いています。そのため、スマートフォン上のさまざまな機能を利用する際にはGoogleアカウントの取得とログインがほぼ必須となります。たとえば、スマートフォンにアプリを追加（インストール）したい場合、＜Play ストア＞アプリを利用してアプリを追加しますが、その際に必要となるのがGoogleアカウントです。Play ストアではアプリの追加のほか、アプリを更新するときや、気になるアプリを「ほしいものリスト」に追加するときなども、Googleアカウントにログインしていないと行うことができません。さらに、＜マップ＞や＜Chrome＞、＜YouTube＞などそのほかのGoogleが提供しているアプリやサービスも、Googleアカウントにログインすることで、より便利に利用することができます。アカウントを持っていない場合は、Q.086を参考に登録しましょう。

スマートフォンからGoogleアカウントにログインすることで、さまざまな機能を利用できるようになり、さらに便利に使うことができます。

Q スマートフォンとは

バージョン 9.0 10.0 | ドコモ ソフトバンク au SIMフリー

022 » Androidスマホは全部使い方は同じ？

A 基本的には同じですが、機種によって異なります。

Androidスマートフォンの機能や使い方は基本的には同じですが、機種ごとに「Android OSのバージョン」「本体製造メーカーのカスタマイズ」「携帯電話会社のカスタマイズ」の3つの要素によって、多少異なってきます。Android OSはGoogleが提供している、Androidスマートフォンを制御する基本ソフトですが、バージョンによって機能が少しずつ異なります。たとえば、Andorid 9.0とAndroid 10.0とでは画面や機能が異なります。また、本体製造メーカーは、その機種の機能に合わせて使いやすいように「設定」画面などのAndroid OSのメニューを変えたり、その機種の機能を活かすためのアプリを追加したりしています。たとえば、ソニーが製造するXperiaシリーズと、サムスンが製造するGalaxyシリーズでは、画面やインストールされているアプリが異なります。携帯電話会社と契約してスマートフォンを購入すると、その携帯電話会社の独自アプリがインストールされています。また、ドコモでは、ホーム画面の見た目や操作をするアプリを「docomo LIVE UX」に統一しており、本体製造メーカーが用意した「UI」とは別のものになっています。
とはいえ、Wi-Fiなどの基本的な機能やアプリなどを利用するうえでの操作は同じなので、別の機種を使ってもそれほど操作に迷うことはないでしょう。

Xperia 5 の<カメラ>アプリ

Galaxy S20 の<カメラ>アプリ

同じ写真を撮影することが目的の<カメラ>アプリですが、使い方や機能は多少異なります。しかし、操作のルールはどのAndroidスマートフォンも同じです。

Q SIM

バージョン 9.0 10.0 | ドコモ ソフトバンク au SIMフリー

023 » SIMって何？

A 電話やインターネットを利用するために必要なICカードです。

「SIM」とは、電話番号を特定するための固有のID番号が記録されたICカードです。スマートフォンにSIMを挿入することで、契約した内容で電話やメールなどを利用できるようになります。携帯電話会社でスマートフォンを購入すると、通常はSIMがすでに装着された状態なので、SIMを意識することはないかもしれませんが、SIMはいつでも取り外すことが可能です。一方、格安SIMと呼ばれるMVNOで契約すると、SIMのみが送られてきます。電話番号や契約情報はSIMのID番号で管理されているので、用意したスマートフォンにSIMを装着することで、利用できるようになります。ただし、携帯電話会社のスマートフォンは、「SIMロック」（Q.025参照）がかかっていることがほとんどなので、そのままでは自由にSIMを差し替えて使うことはできません。

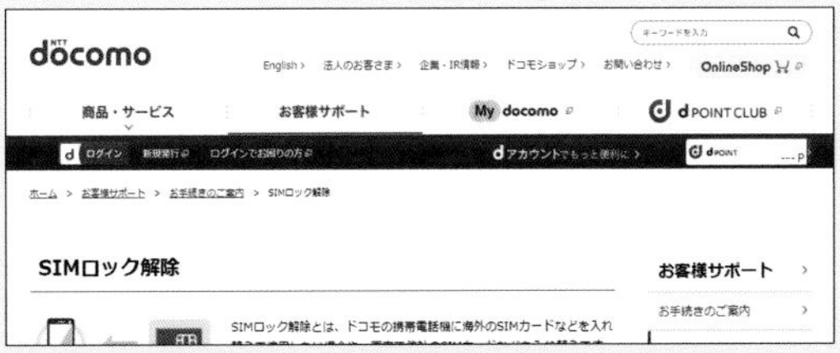

SIMロック解除の方法は、携帯電話会社のWebページから確認することができます（Q.033参照）。

(税別)

プラン種別	音声通話SIM	データSIM	
	音声通話+データ通信+SMS タイプA タイプD	データ通信+SMS タイプA タイプD	データ通信のみ*1 タイプD
1ギガ 音声通話スタートプラン	1,400円	-	-
3ギガプラン	1,600円	1,020円	900円
6ギガプラン 人気	2,150円	1,570円	1,450円
12ギガプラン	3,400円	2,820円	2,700円
20ギガプラン	5,200円	4,620円	4,500円
30ギガプラン	7,450円	6,870円	6,750円
データ追加チャージ	+100MBごと300円		

MVNOのSIM（格安SIM）は、携帯電話会社のSIMに比べると安価ですが、データの通信速度や音声通話の可／不可などがさまざまなので、自分に合ったサービスを見つけて契約しましょう。

Q SIM

バージョン 9.0 10.0 ドコモ ソフトバンク au SIMフリー

024 » SIMがないと利用できないの？

A モバイルデータ通信を利用する機能や電話以外は利用できます。

SIMの入っていないスマートフォンでは、「SIMカードが挿入されていません」というメッセージが表示され、電話の発信・着信ができなくなります。ただし、Wi-Fi（無線LAN）に接続すれば、インターネットやWebメールを利用したり、Bluetooth接続して音楽を聴いたり、カメラを使って写真を撮ったりなど、電話以外の機能は継続して利用することができます。なお、携帯電話会社のアプリの設定など一部の機能は利用できなくなります。

SIMが入っていない状態でスマートフォンの電源を入れると、「SIMカードなし－通信サービスはありません」と表示されます。

SIMが入っていない状態でも、Wi-Fi（Q.035参照）に接続すれば、インターネットのWebページを閲覧したり、GmailなどのWebメールを利用することができます。

Q SIM

バージョン 9.0 10.0 ドコモ ソフトバンク au SIMフリー

025 » ほかのスマートフォンのSIMは使える？

A SIMフリーでない場合、同じ携帯電話会社のSIM以外は使えません。

スマートフォンのSIMをほかのスマートフォンに挿入すると、SIMロックがかかっているスマートフォンの場合、その携帯電話会社、またはその携帯電話会社のネットワーク通信回線を利用しているMVNO（Q.029参照）のSIMでなければ利用することができません。たとえば現在、ドコモのスマートフォンを利用しているのであれば、そのSIMをauのスマートフォンに挿入しても、利用できないしくみになっています。しかし、挿入先がSIMフリーのスマートフォンであれば、携帯電話会社やMVNOのSIMを挿入することで、インターネットの利用が可能となります（SIMにより利用開始時にスマートフォンからAPN（接続先）設定をする必要があるものもあります）。

挿入先が SIM ロック端末の場合

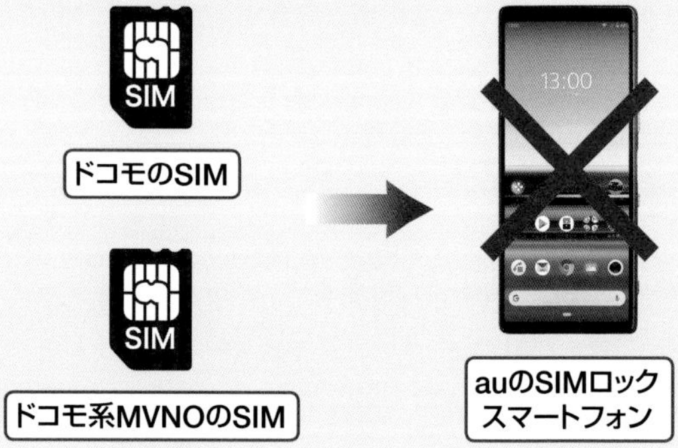

挿入先が SIM フリーの場合

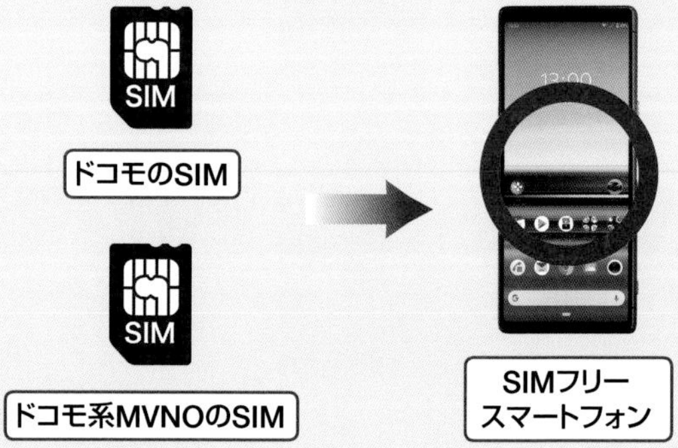

Q SIM

バージョン 9.0 10.0 ドコモ ソフトバンク au SIMフリー

026 » 格安SIMって何？

A MVNOが提供している安価で利用できるSIMです。

携帯電話会社のSIMよりも安く利用できるのが、MVNO（Q.029参照）が提供するSIM、いわゆる格安SIMです。格安SIMには、「通話SIM」「SMS対応データSIM」「データSIM」の3種類があります（Q.027参照）。自分のライフスタイルに合った種類のSIMを利用することで、無駄なく必要な分だけの通信料を安く支払うことができます。これらの格安SIMは、MVNOの公式オンラインストアやAmazonなどの通販サイトのほか、MVNOの直営店や家電量販店などの実店舗で購入することができます。なお、利用にはMVNOのサイトからの開通手続きやスマートフォン上でのAPN設定が必要です。

OCN モバイル ONE

https://www.ntt.com/personal/services/mobile/one/sim.html

Q SIM

バージョン 9.0 10.0 ドコモ ソフトバンク au SIMフリー

027 » データSIMって何？

A データ通信のみを行えるSIMです。

MVNOが提供するSIMには、大きく分けて「通話SIM」と「データSIM」の2種類があります。通話SIMは、携帯電話会社のSIMと同じように電話番号を持つことができ、インターネット以外に通話やSMS（Q.298参照）を利用できます。一方のデータSIMはデータ通信のみを行うためのSIMで、インターネットは利用できますが、通話やSMSを利用することはできません。MVNOによっては、音声通話はできないがSMSは利用できる「SMS対応データSIM」もあります。音声通話は不要だがSMSが必要な場合は、SMS対応データSIMを選ぶとよいでしょう。

データSIM	データ通信
SMS対応データSIM	データ通信、SMS
通話SIM	データ通信、SMS、通話

データSIMの料金は通話SIMの料金と比べると割安ですが、音声通話ができないなどの制約があります。

Q SIM

バージョン 9.0 10.0 ドコモ ソフトバンク au SIMフリー

028 » eSIMって何？

A **次世代のSIM規格です。**

eSIMとは「Embedded SIM」の略で、従来のSIM（Q.023参照）では記録情報の書き換えができなかったのに対し、書き換えることができるSIMです。カード形状のeSIMもありますが、現在は主に端末にeSIM機能を組み込む形で提供されています。eSIMは、物理的な交換が必要ないので、手軽に利用できるという利点がありますが、現在日本国内でeSIMサービスを提供する会社はわずかで、対応端末も最新のiPhone以外はほとんどありません。

従来の SIM

SIMカードを装着することで利用できるようになります。

eSIM

最初から端末にSIM機能が組み込まれており、情報を書き換えて使用するため、物理的なSIMカードが不要です。

Q SIM

バージョン 9.0 10.0 ドコモ ソフトバンク au SIMフリー

029 » MVNOって何？

A **通話やモバイル通信のサービスを借りて提供する事業者の総称です。**

MVNO（Mobile Virtual Network Operator）とは「仮想移動体通信サービス事業者」のことで、携帯電話などの通信インフラを、ドコモなどの携帯電話会社（MNO）から借り受けてサービスを提供する事業者のことです。MVNO＝格安SIMと考えて問題ありません。MVNOはいずれかの携帯電話会社の設備を借りるため、ドコモ系やau系などのように分かれています（複数取り扱いもあり）。代表的なMVNOに、「楽天モバイル」や「OCNモバイル ONE」、「mineo（マイネオ）」などがあります。

MVNO のしくみ

MVNOは、無線ネットワークをドコモやau、ソフトバンクなどの携帯電話会社からまとめて借り、借りた回線をユーザーに提供しています。事業者自身は無線ネットワークを構築・運営していません。

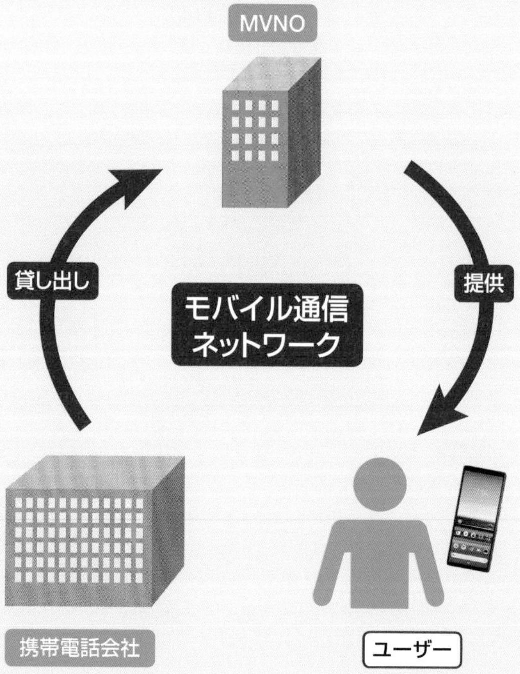

Q SIM バージョン 9.0 10.0 ドコモ ソフトバンク au SIMフリー

030 » どうしてMVNOの料金は携帯電話会社より安いの？

A 設備投資が必要ないなど、コストを削減しているからです。

MVNOはドコモやauなどの携帯電話会社から通信インフラを一括で借り受け、利用者に提供しています。通信に必要なアンテナ基地局の運営や管理などのコストがかからないため、その分、利用料金を安く設定することができています。また、携帯電話会社が行っているような大規模なショップ展開は行わず、店舗数を絞り、契約などの手続きは基本的にオンライン上で行うスタイルを取っているので、この面でもコストを削減しています。さらに、携帯電話会社はスマートフォンメーカーと共同で商品開発を行うなどしていますが、MVNOは通信サービスのみを販売しているため、その必要はありません。SIMとスマートフォンをセットで販売している場合も、スマートフォンは既成品のSIMフリースマートフォンを採用しています。このようにして、MVNOではコストを減らすことで、通信料金を安く抑えています。

MVNOはオンライン手続きが主流

ほとんどのMVNOは、申し込みの手続きから利用までをインターネットで完結させ、コスト削減を図っています。

Q SIM バージョン 9.0 10.0 ドコモ ソフトバンク au SIMフリー

031 » SIMフリーって何？

A 好きなSIMを選んで使えるスマホのことです。

ドコモ、au、ソフトバンクなどの携帯電話会社のスマートフォンは、その携帯電話会社のSIMしか使えないようにする制限がかかっており、それを「SIMロック」といいます。一方、このSIMロックがかかっていないスマートフォンをSIMフリー（SIMロックフリー）と呼び、購入者が好きなMVNOを選んで使用することができます。携帯電話会社のスマートフォンは一定期間が過ぎるとSIMロックを解除することができますが、SIMロック解除の手続き方法などは携帯電話会社によって異なります（Q.033参照）。SIMフリー版のスマートフォンは携帯電話会社のショップでは販売しておらず、家電量販店やAmazon、楽天市場などのオンラインストア、メーカー直販のオンラインストアなどで購入することができます。格安SIMを利用したい人や、海外で現地のSIMを挿入して利用したい人などを中心に、SIMフリー版の人気は高まっています。

ファーウェイ楽天市場店

https://www.rakuten.ne.jp/gold/huawei-store/

ASUS Store

https://jp.store.asus.com/

SIM　バージョン 9.0 10.0　ドコモ ソフトバンク au SIMフリー

Q 032 » SIMフリーの利点は？

A SIMやスマホを自由に組み合わせられ、海外SIMも利用できます。

携帯電話会社によるSIMロック制限がされたスマートフォンでは、他社のSIMを挿入して利用することができません。しかし、SIMフリーのスマートフォンでは、特定の携帯電話会社以外のMVNOなどのSIMでも自由に挿入して利用できるという利点があります。MVNOのSIMを利用すれば、毎月の電話代を大幅に削減することが可能となるでしょう。携帯電話会社が2年ごとの2カ月間以外の解約に対して解約金を求める、いわゆる「2年縛り」はありますが（ドコモとauは解約金が1,000円に減額、ソフトバンクは2年縛りが廃止となっています）、SIMフリーであれば、MVNOを含む他携帯電話会社への変更がかんたんにできます。
さらに、海外旅行などで外国へ行ったときに現地でSIMを購入し、それをスマートフォンに挿入することでインターネットなどを安く利用することも可能です。

SIMやスマートフォンを変えやすい

SIMやスマートフォンなどを制約なく、自由に変更することが可能です。

海外の現地SIMが利用できる

現地のアンテナ基地局の回線が使えるSIMを挿入すると、スマートフォンでインターネットなどが利用できるようになります。

SIM　バージョン 9.0 10.0　ドコモ ソフトバンク au SIMフリー

Q 033 » 携帯電話会社のスマホはSIMフリーじゃないの？

A SIMロックがかかっており、SIMフリーではありません。

携帯電話会社で購入したスマートフォンは、すべてSIMロックがかかっており、ほかの携帯電話会社のSIMやMVNOの格安SIMを挿入しても、モバイルネットワーク通信を利用することはできません。ただ、一定の条件を満たしていれば、携帯電話会社にSIMロックを解除してもらうことができます。各携帯電話会社ともに公式サイト、またはキャリアショップで手続きを行うことが可能で（キャリアショップでの手続きの場合は解除手数料3,000円がかかります）、①購入から100日以上経過していること、②2015年5月以降に購入したSIMロック解除対象機種であること、③ネットワーク利用制限がかかっていないこと、④契約者本人が手続きをしていること、⑤スマートフォンが故障していないこと、などの条件を満たしていれば、SIMロック解除を行ってくれます。なお、携帯電話会社によって手続き方法や条件の詳細が異なるので、SIMロックを解除する場合は、事前にホームページで確認するようにしましょう。

ドコモ

https://www.nttdocomo.co.jp/support/procedure/simcard/

au

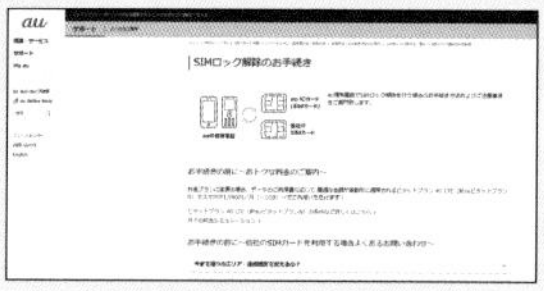

https://www.au.com/support/service/mobile/procedure/simcard/unlock/

ソフトバンク

https://www.softbank.jp/mobile/support/usim/unlock_procedure/

Q SIM

バージョン 9.0 10.0 ドコモ ソフトバンク au SIMフリー

034 » SIMロックを解除したい！

A Webサイトまたは店舗で行います。

SIMロックの解除は、Webサイトまたは店舗で行うことができます。SIMロック解除の条件などは、各社のホームページを確認してください（Q.033参照）。なお、Webサイトから自分でSIMロックを解除するには、IMEI番号が必要です。ここではIMEI番号を確認する方法を解説します。

1 アプリ一覧画面で＜設定＞をタップします。

2 ＜デバイス情報＞をタップすると、

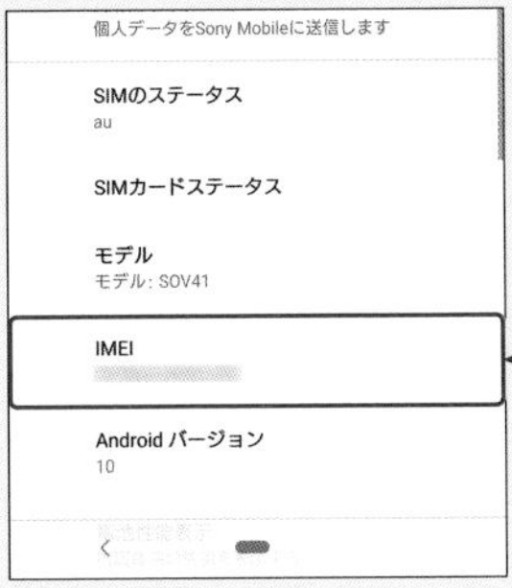

3 IMEI番号を確認できます。

Q Wi-Fi

バージョン 9.0 10.0 ドコモ ソフトバンク au SIMフリー

035 » Wi-Fiって何？

A ケーブルを使わない通信でインターネットを使えるネットワークのことです。

Wi-Fi（無線LAN）とは、ケーブルを使わない通信（無線通信）でデータの送受信を可能にするネットワークのことです。Wi-Fiの電波が届く範囲内にスマートフォンがあれば、インターネットに接続することができます。壁などの障害物の影響も比較的受けにくいので、場所を選ばずにインターネットを楽しめます。SIMの入っていないスマートフォンでも、Wi-Fiに接続すればデータ通信を行うことができます。

モバイルネットワーク通信につなぐ必要なし！ Wi-Fiなら場所を選ばず接続可能！

スマートフォンをWi-Fiに接続すると、このような電波アイコンが表示されます。

Q Wi-Fi

バージョン 9.0 10.0 ドコモ ソフトバンク au SIMフリー

036 » Wi-Fiを利用するには？

A 「SSID」と「パスワード」が必要です。

スマートフォンを自宅などのWi-Fiに接続したい場合は、「SSID」と「パスワード」の2つが必要になります。SSIDは、Wi-Fiルーターの識別のためにつけられた名前で、ネットワーク名とも呼ばれます。Wi-Fiは電波でデータを送受信するため、電波が届く範囲内のどのネットワークにつなぐのか、名前を指定する必要があります。SSIDは、一般的にWi-Fiのルーター購入時に同梱されているシールや書面に記載されていることが多いです。

スマートフォンをWi-Fiに接続するには、<設定>アプリを起動し、<Wi-Fi>をタップして、「OFF」になっている場合は「ON」にします。現在接続できるネットワークの候補がSSIDで表示されるので、任意のSSIDをタップし、必要に応じてパスワードを入力します。パスワードはセキュリティキーとも呼ばれ、ルーターの購入後に自身でパソコンから設定するか、接続先のネットワークのWebサイトなどで確認できるので、事前に調べておきましょう。

Wi-Fiに接続する際、ネットワーク（接続するSSID）の候補が表示されます。表示されない場合は、Q.235を参照してください。

Q Wi-Fi

バージョン 9.0 10.0 ドコモ ソフトバンク au SIMフリー

037 » ローミングって何？

A 主に海外渡航時に利用されます。

ローミングとは、契約している携帯電話会社の電波が届かないところで通信しようとしたときに、現地の通信事業者のネットワークを利用して通信を行うことで、主に海外に行った際などに利用されます。この設定をオンにしておけば、海外でもそのまま利用できるため便利ですが、通話料や通信量が非常に高額になるおそれがあります。海外へ行く際には、この機能をオフにしておくのがおすすめです。

1 <設定>アプリを起動して<ネットワークとインターネット>をタップし、

2 <モバイルネットワーク>をタップします。

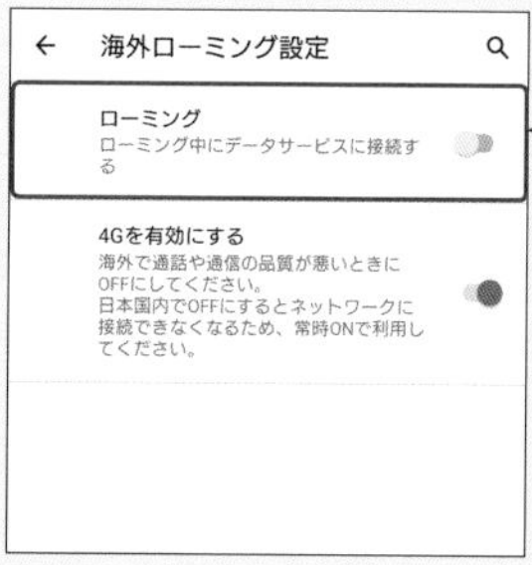

3 <ローミング>をタップして、オン／オフを切り替えます。

Q 各部名称

バージョン 9.0 10.0　ドコモ ソフトバンク au SIMフリー

038 » スマホの各部名称が知りたい！

A 各部の名称と基本的な役割を理解してスマホを使いこなしましょう。

スマートフォン本体には、ボタンやマイク、カメラなどが搭載されています。スマートフォンを使用する前に、各部の名称と基本的な役割を理解しておきましょう。ここでは、Xperia 5を例に、各部の名称について紹介します。なお、機種によっては名称やボタンなどの位置が異なる場合があります。

右側面

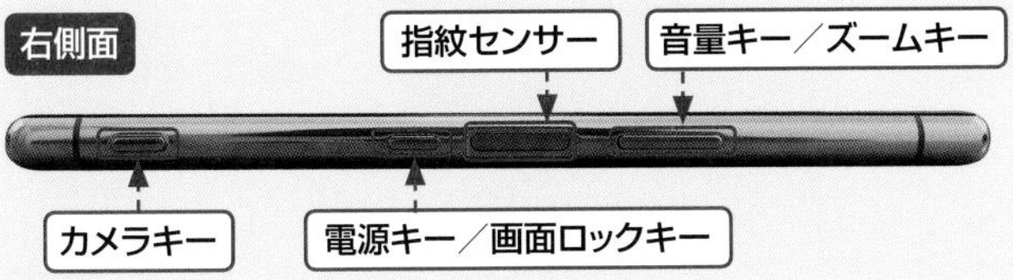

上面

左側面

底面

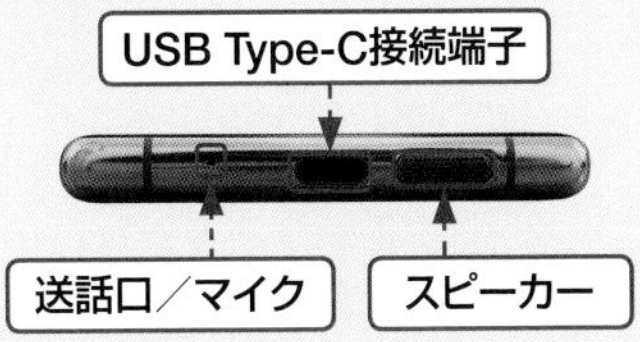

正面

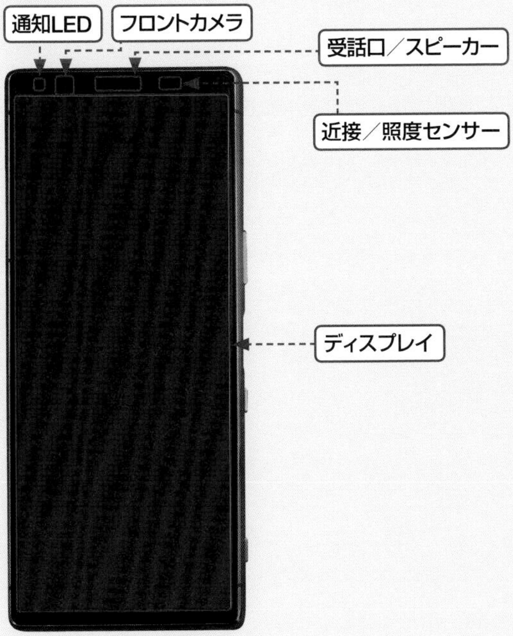

背面

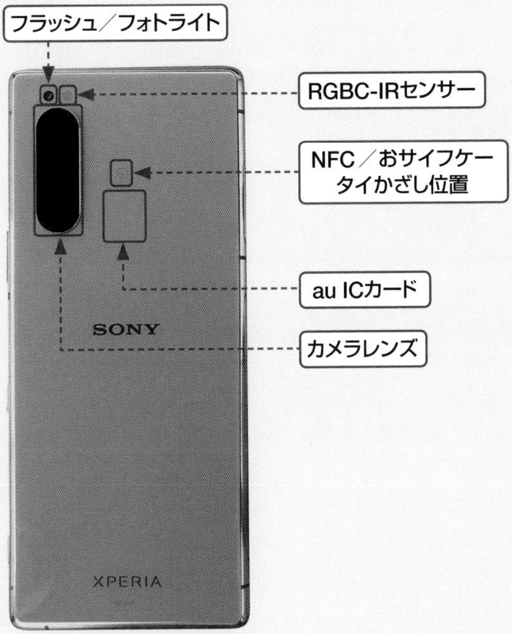

Q スマートフォンの基本

バージョン 9.0 10.0　ドコモ ソフトバンク au SIMフリー

039 » ホーム画面って何？

A スマートフォンの基本となる画面です。ここからアプリを起動できます。

ホーム画面は、スマートフォンの基本となる画面で、ホームボタンをタップすると表示することができます（Q.040参照）。ホーム画面にはアイコンが並んでおり、アイコンをタップするとアプリが起動します。ホーム画面は複数利用することができ、増やすことも可能です。画面下部の表示を見ると、現在表示しているホーム画面のページを確認できます。

なお、スマートフォンの種類により、ホーム画面の見た目は異なります。配置されているアプリも＜Play ストア＞や＜カメラ＞、＜Chorme＞などおおよそは共通していますが、まったく同じではありません。

AQUOS R5G SH-51A（ドコモ）

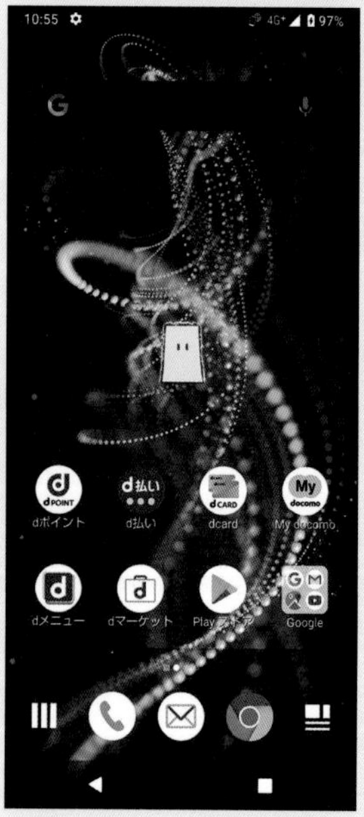

2020年3月発売のドコモで利用できるシャープ製スマートフォン。ドコモのサービスが利用できるアプリがホーム画面に配置されています。左下のアイコンをタップすると、最近使ったアプリやホーム画面一覧が表示されます。

Galaxy S20 5G SCG01（au）

2020年3月発売のauで利用できるサムスン製スマートフォン。アプリ画面へ移動するアイコンはなく、画面を上下にスワイプすることで、アプリ画面へと移動します。

Xperia 5 SOV41（au）

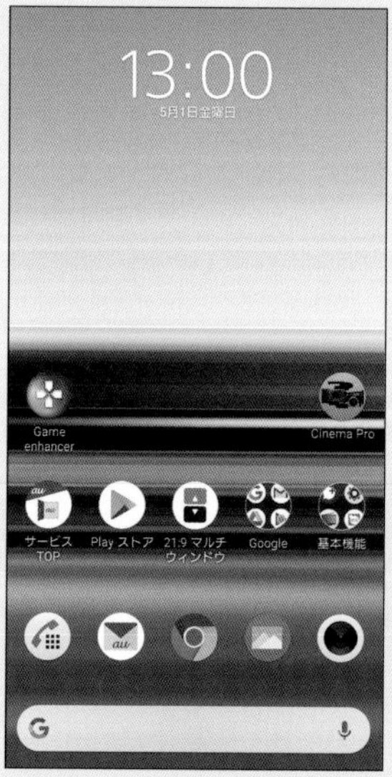

2019年10月発売のauで利用できるソニーモバイルコミュニケーションズ製スマートフォン。画面下部のバーを上方向にスワイプすると、アプリ画面を表示できます。

Q スマートフォンの基本 バージョン 9.0 10.0 ドコモ ソフトバンク au SIMフリー

040 » ホーム画面の操作が知りたい!

A スワイプで左右のホーム画面に切り替えることができます。

ホーム画面は通常いちばん左にあるものがメインとなり、メインのほかにあらかじめ何画面かが用意されています。ホーム画面には自由にアプリやウィジェットを配置できるほか(Q.103、107参照)、ホーム画面自体も追加して利用することができます(Q.099参照)。ホーム画面の移動は、画面を右方向、または左方向へフリックすることででき、現在表示しているホーム画面が何枚目かを画面下部の位置情報で確認できます。なお、画面下部のバー、もしくはホームボタンをタップすると、メイン(いちばん左)のホーム画面に表示が切り替わります。

1 ホーム画面を左方向にフリックすると、

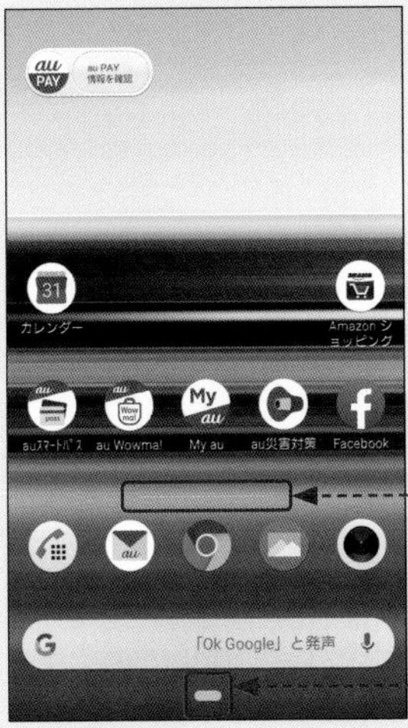

2 ホーム画面が1つ右の画面に切り替わります。

現在見ているホーム画面の位置を示しています。

画面下部のバーをタップすると、メイン(いちばん左)のホーム画面に切り替わります。

Q スマートフォンの基本 バージョン 9.0 10.0 ドコモ ソフトバンク au SIMフリー

041 » タップとかスワイプって何?

A 指で画面を操作する方法です。

スマートフォンには、タッチスクリーンのディスプレイが搭載されています。タッチスクリーン上を指で触れることで、アプリを実行したり、画面を移動したりすることができます。

タップ/ダブルタップ

タッチスクリーンを指で軽く1回叩くことを「タップ」といいます。軽く2回叩くことを「ダブルタップ」といいます。

ロングタッチ

タッチスクリーンを指で長押し(1秒以上)することを「ロングタッチ」といいます。

ピンチイン/ピンチアウト

タッチスクリーンの上で2本の指を開くことを「ピンチアウト」、閉じることを「ピンチイン」といいます。

フリック/スワイプ

タッチスクリーンで指をはじくように滑らせることを「フリック」もしくは「スワイプ」といいます。

ドラッグ

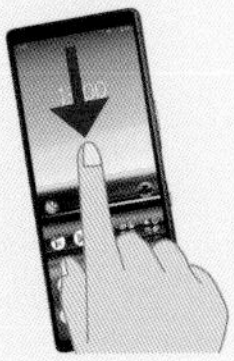

アイコンやバーに触れたまま指を特定の位置までなぞることを「ドラッグ」といいます。

Q スマートフォンの基本

バージョン 9.0 10.0 ドコモ ソフトバンク au SIMフリー

042 ステータスバーって何？

A スマートフォンの状態や通知情報が表示されるエリアです。

スマートフォンの画面上部にある、電波状況や電池残量などのアイコンが表示されているエリアを、「ステータスバー」といいます。ステータスバーの左右に表示されるさまざまなアイコンは、端末の状態や通知の情報を表しています。なお、ステータスバーを下方向にドラッグすると、通知の一覧が表示されます。

ステータスバーの左側には、電話やメールなどの通知アイコンが表示されます。

ステータスバーの右側には、電波状況や電池残量など、端末の状態が表示されます。

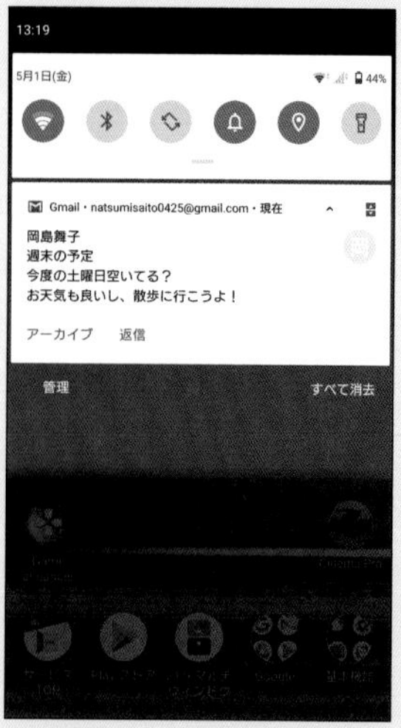

ステータスバーを下方向にドラッグすると、通知の一覧が表示されます（Q.122参照）。

Q スマートフォンの基本

バージョン 9.0 10.0 ドコモ ソフトバンク au SIMフリー

043 ステータスバーに表示される項目を知りたい！

A 「通知アイコン」と「ステータスアイコン」が表示されます。

スマートフォンのステータスバーは、左に新着メールや不在着信などを知らせる「通知アイコン」が、右に電池残量や電波レベルなど端末の状態を表す「ステータスアイコン」が表示されます。ステータスバーはアプリを起動しているときにも常に表示され、ステータスアイコンはロック画面の状態でも確認することができます。

ステータスバーの見方

通知アイコン	ステータスアイコン
新着Eメールあり	マナーモード（ミュート）設定中
不在着信あり	マナーモード（バイブレーション）設定中
伝言メモあり	Wi-Fi接続中
アップデート通知あり	4G（LTE）使用可能
データを受信／ダウンロード	電池の状態
インストール完了	Bluetooth接続中

Q スマートフォンの基本

バージョン 9.0 10.0 ／ ドコモ ソフトバンク au SIMフリー

044 » 画面下部にアイコンがある機種とない機種があるけど？

A 機種によって表示が異なります。

Android 8.0までは3つのボタン操作を基本としていましたが、Android 9.0でナビゲーションバーが刷新され、これまでのアイコン表示ではなく、バーが表示される仕様になりました。しかし、Galaxyなどの一部機種では従来のアイコンが表示されています。アイコンは戻るボタン、ホームボタン、履歴ボタンの3つから構成されており、それぞれに機能が割り振られています。アプリを起動中にワンタップで操作が可能です（機種によって戻るボタンと履歴ボタンの位置が異なるものもあります）。

Xperia 5 SOV41

Android 9.0以降では基本的にバー表示に変わっています。

Galaxy S20 5G SC-51A

Galaxyなど一部の機種では3つのアイコンが表示されています。

Q スマートフォンの基本

バージョン 9.0 10.0 ／ ドコモ ソフトバンク au SIMフリー

045 » ナビゲーションボタンの操作を知りたい！

A 戻るボタン、ホームボタン、履歴ボタンの3つがあります。

Q.044でも解説したとおり、Galaxyなどの一部機種には画面下に操作ボタンが表示されています。たとえば戻るボタンをタップすると、操作中の画面の1つ前に操作していた画面に戻ることができます。連続してタップすれば、開いているアプリ画面からホーム画面に表示が切り替わります。ホームボタンをタップすると、アプリを利用中にホーム画面に戻ることができます。また、履歴ボタンをタップすると、最近操作したアプリがサムネイルで表示されます。

操作ボタンの機能

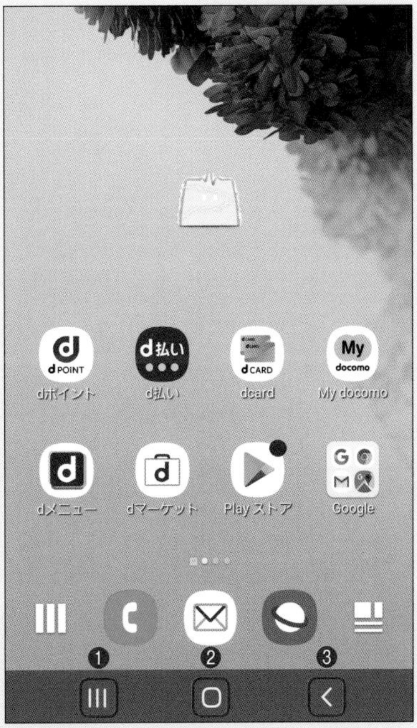

❶ 履歴ボタン	最近操作したアプリのリストがサムネイルで表示されます。サムネイルをタップすると、そのアプリを起動します。
❷ ホームボタン	ホーム画面が表示されます。中央の画面以外を表示している場合は、中央の画面に戻ります。
❸ 戻るボタン	直前に操作していた画面に戻ります。

Q スマートフォンの基本

バージョン 9.0 10.0 ドコモ ソフトバンク au SIMフリー

046 ≫ ナビゲーションバーの操作を知りたい！

A スワイプで操作が可能です。

Android 9.0では、従来のホームボタンの代わりに、画面下部の中央に細いバーが表示されるようになりました。バーをタップするとホーム画面が表示され、バーを上方向にスワイプすると、アプリ画面を表示したりアプリを切り替えたりすることができます。また、従来の戻るボタンは不等号の形に変わり、必要に応じて表示されるようになっています。

Android 10.0ではジェスチャー操作が基本で、画面を上方向にスワイプしてホーム画面を表示したり、左右にスワイプして画面を移動したりすることが可能です。なお、この操作は＜設定＞アプリを起動し、＜システム＞→＜操作＞→＜システムナビゲーション＞の順にタップすることで変えることができます。

画面下部のバーを上方向にドラッグすると、アプリ画面を表示したり、アプリを切り替えたりできます。

画面によって戻るボタンが表示されます。

Q 充電／電源

バージョン 9.0 10.0 ドコモ ソフトバンク au SIMフリー

047 ≫ Androidスマホを充電するには？

A 家庭用コンセントか、パソコンに接続して充電します。

スマートフォンの充電には購入時に同梱されている、または別売りのUSBケーブルやACアダプターを利用します。スマートフォンの種類によって、microUSBケーブルとUSB Type-Cケーブルがあるので確認しましょう。USBケーブルを接続し、スマートフォンと家庭用コンセントまたはパソコンを接続すると充電が始まります。また、新しいスマートフォンにはQi規格に対応したワイヤレス充電ができるものもあります。こちらは専用の充電パットの上にスマートフォンを置くだけで、充電が始まります。

USB ケーブルによる充電

スマートフォンのUSB端子に挿入し、パソコン、または家庭用コンセントと接続して充電します。

ワイヤレス充電

Qi規格に対応したワイヤレス充電パットの上に乗せるだけで、充電ができるスマートフォンもあります。

Q 充電／電源　バージョン 9.0 10.0　ドコモ ソフトバンク au SIMフリー

048 » スマホの電源を入れるには？

A スマートフォン本体の電源キーを長押しします。

スマートフォンの電源がオフの状態で、本体脇などにある電源キーを一定時間以上長押しすると、電源がオンになります。なお、電源キーの位置は機種によって異なります。

1 電源キーを一定時間長押しすると、

2 メーカーや携帯電話会社のロゴなどが表示され、電源が入ります。

Q 充電／電源　バージョン 9.0 10.0　ドコモ ソフトバンク au SIMフリー

049 » 電源を入れてもホーム画面が表示されないけど？

A 画面を上方向にフリックします。

スマートフォンの電源を入れるとロック画面が表示されます。ロック画面を解除するには、機種によって操作は異なりますが、多くのスマートフォンの場合は初期状態では、画面を上方向もしくは左方向にフリックします。

1 ロック画面が表示されたら、画面を上方向もしくは左方向にフリックします。

2 ロック画面が解除されます。

Q 充電／電源

バージョン 9.0 10.0 ドコモ ソフトバンク au SIMフリー

050 » スマホの電源を切るには？

A スマートフォン本体の電源キーを長押しします。

映画館や飛行機内など、スマートフォンを使用できない環境では、本体脇などにある電源キーを一定時間以上長押しして電源をオフにしておきましょう。再度電源キーを長押しすると、電源がオンになります。なお、電源をオフにするだけでなく再起動したり、「緊急省電力モード」に設定したりすることもできます。

1 本体右側の電源キーを長押しします。

2 <電源を切る>をタップします。

3 電源がオフになります。

再度電源キーを長押しすると、電源がオンになります。

Q 充電／電源

バージョン 9.0 10.0 ドコモ ソフトバンク au SIMフリー

051 » 使わないときは電源を切ったほうがいい？

A 電話やメールを受け取れるように、スリープモードにしましょう。

スマートフォンの電源を切ると、電話やメールを受け取れなくなってしまいます。音楽を聴くこともできません。スマートフォンを使わないときは、スリープモードにしておきましょう。

スリープモードとは、画面を真っ暗にした状態のことです。アイコンなどもいっさい表示されないため、バッテリーの消費をかなり抑えることができます。スリープモード中でも音楽は再生され、電話がかかってきたり、メールを受信したりした場合は通知が自動表示されます。通常スマートフォンは、1分間何も操作せずにいるとスリープモードへ切り替わるよう設定されています。この切り替わる時間は、変更することもできます（Q.090参照）。また、電源ボタンを押すことで、スリープモードにしたり、解除したりすることもできます。スリープモードを解除するとロック画面が表示され、ロックを解除すると続きの操作が行えます。

もちろん、電源を切ったほうがバッテリーの消費量を抑えられます。音楽を聴かない場合や、電話やメールを受ける必要がない場合は、電源を切っておくのも1つの方法といえるでしょう。

スリープモード中は、画面に何も表示されません。

第2章

文字入力の「こんなときどうする?」

Q 入力 バージョン 9.0 10.0 ドコモ ソフトバンク au SIMフリー

052 » スマホで文字を入力するには？

A キーボードをタップします。

スマートフォンを操作するときに欠かせないのが、文字入力です。文字を入力するには、画面下に表示されるキーボードをタップします。なお、初期設定では一般的な携帯電話と同様に、「テンキー」キーボードでキーをタップするごとに「あ→い→う→え→お」と文字が切り替わる「トグル入力」に設定されています。

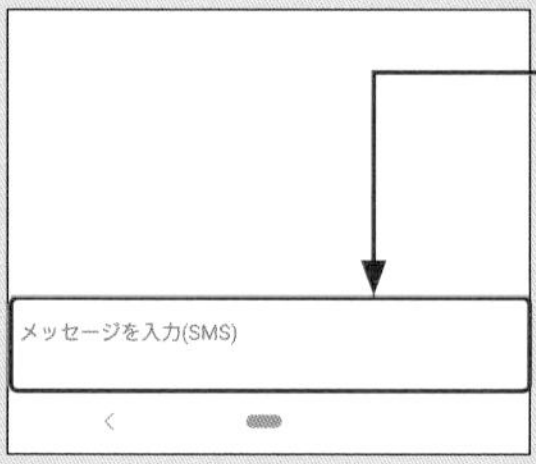

1 文字入力欄をタップします。

2 キーボードが表示されます。

3 キーボードのあをタップすると、「あ」が入力されます。タップするごとに「い→う→え→お」の順に文字が切り替わります。

Q 入力 バージョン 9.0 10.0 ドコモ ソフトバンク au SIMフリー

053 » スマホで利用できる入力方法は？

A 主にテンキー入力、QWERTYキーボード入力、音声入力の3種類です。

スマートフォンには、一般的な携帯電話で使用されるかな入力の「テンキー」、パソコンと同じ配列でローマ字入力ができる「QWERTYキー」、マイクに向かって話をすることで入力できる「音声入力」の3種類の入力方法があります。

テンキー

QWERTYキー

音声入力

054 » ほかの機種とキーボードの見た目が違うけど？

A 機種によって日本語入力アプリが異なります。

スマートフォンのキーボードは同じように見えて、機種によって日本語入力アプリが異なります。そのため、設定画面の開き方や、文字種の変更方法など機種によってキーボードの位置や見た目はさまざまです。自分が普段使っている端末の日本語入力アプリを覚えておくと便利です。ここでは、代表的なAndroidスマートフォンの日本語入力アプリを紹介します。なお、本書では主に「Gboard」を使って解説しています。

Gboard（ソニーの Xperia シリーズなど）

Super ATOK ULTIAS（富士通の arrows シリーズなど）

S-Shoin（シャープの AQUOS シリーズなど）

Galaxy 日本語入力キーボード（サムスンの Galaxy シリーズなど）

iWnn IME（ファーウェイや京セラなど）

Q 入力 バージョン 9.0 10.0 ドコモ ソフトバンク au SIMフリー

055 » テンキーとQWERTYキーを切り替えたい！

A 日本語入力アプリによって異なります。

日本語入力アプリによって切り替え方法は異なります。ここでは、GboardとS-ShoinとGalaxy日本語入力キーボードの切り替え方法を紹介します。

Gboard

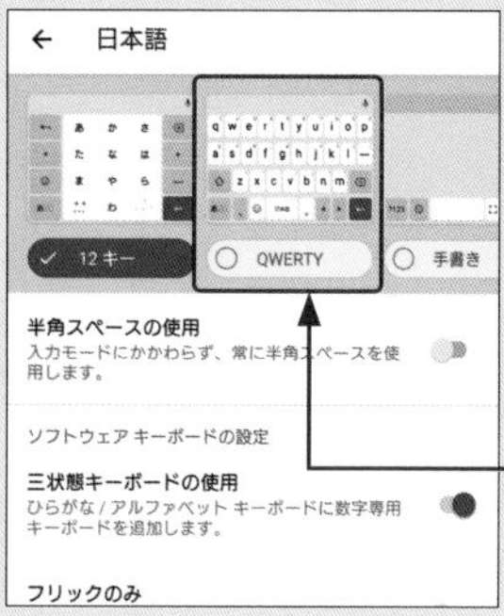

1 キー入力が可能な画面を表示し、

2 →＜言語＞→＜日本語＞の順にタップし、

3 ＜QWERTY＞をタップします。

S-Shoin

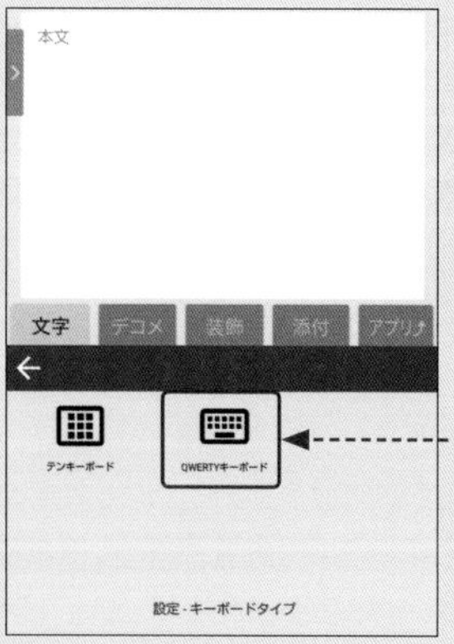

キーボードのをタップし、＜キーボードタイプ＞→＜QWERTYキーボード＞の順にタップすると、切り替えられます。

Galaxy 日本語入力キーボード

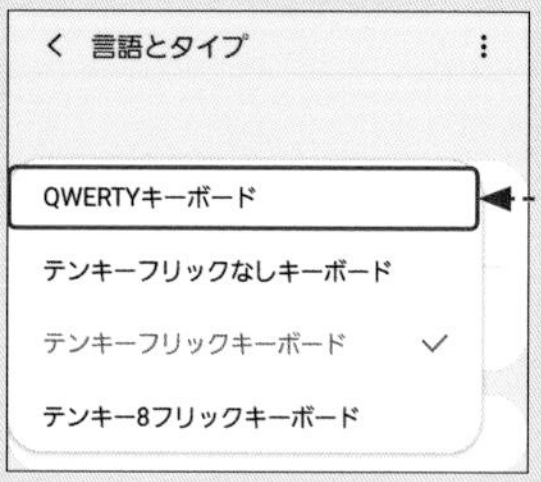

キーボードのをタップし、＜言語とタイプ＞→＜日本語＞→＜QWERTYキーボード＞の順にタップすると、切り替えられます。

Q 入力 バージョン 9.0 10.0 ドコモ ソフトバンク au SIMフリー

056 » かな入力で入力したい！

A 日本語入力アプリによって異なります。

日本語入力アプリによって切り替え方法は異なります。ここでは、GboardとS-ShoinとGalaxy日本語入力キーボードの切り替え方法を紹介します。

Gboard

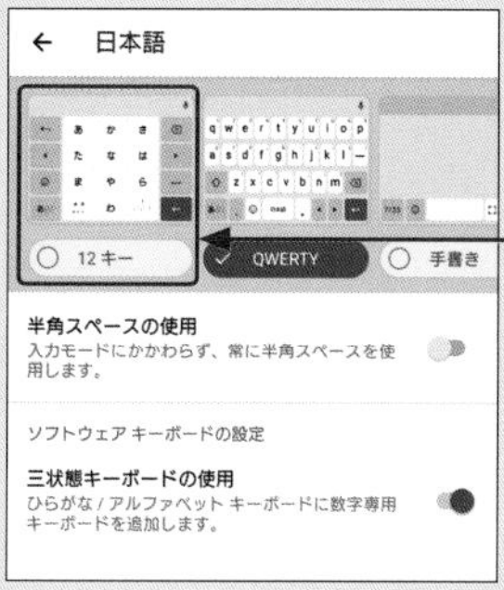

1 →＜言語＞→＜日本語＞の順にタップし、

2 ＜12キー＞をタップします。

S-Shoin

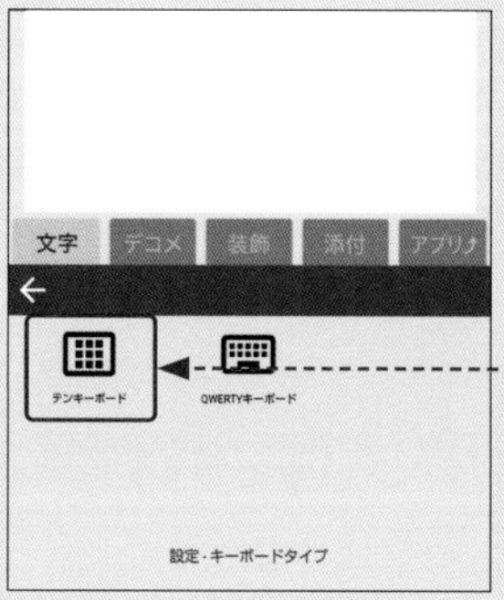

キーボードのをタップし、＜キーボードタイプ＞→＜テンキーボード＞の順にタップすると、かな入力で入力できます。

Galaxy 日本語入力キーボード

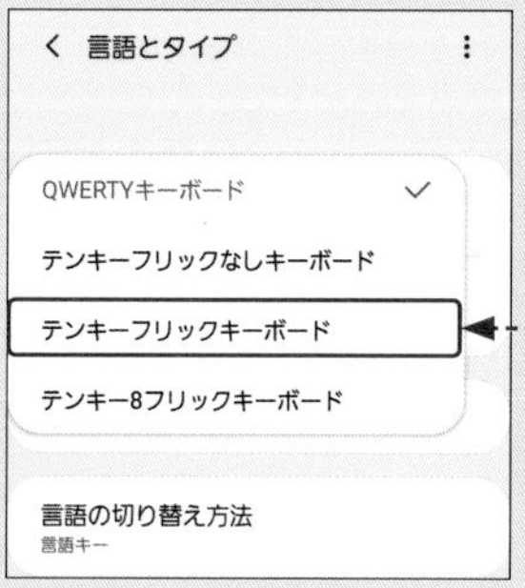

キーボードのをタップし、＜言語とタイプ＞→＜日本語＞→＜テンキーフリックキーボード＞の順にタップすると、かな入力で入力できます。

Q 入力

バージョン 9.0 10.0 ドコモ ソフトバンク au SIMフリー

057 ≫ ローマ字入力で入力したい！

A 日本語入力アプリによって異なります。

日本語入力アプリによって切り替え方法は異なります。ここでは、GboardとS-ShoinとGalaxy日本語入力キーボードの切り替え方法を紹介します。

Gboard

Q.055を参考に<QWERTY>をタップすると、ローマ字入力で入力できます。

S-Shoin

Q.055を参考にQWERTYキーボードに切り替えると、ローマ字入力で入力できます。

Galaxy日本語入力キーボード

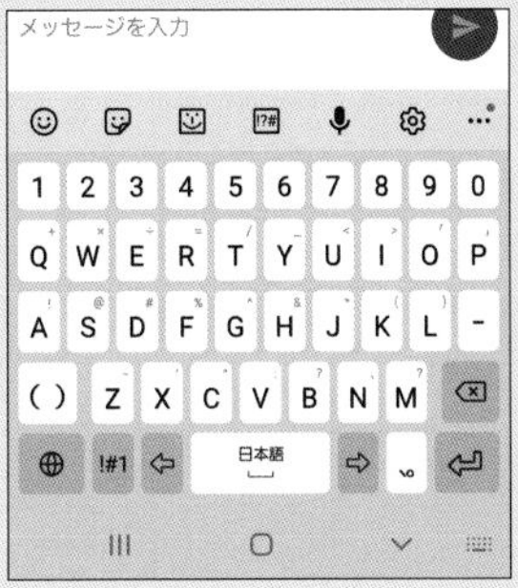

Q.055を参考にQWERTYキーボードに切り替えると、ローマ字入力で入力できます。

Q キーボード

バージョン 9.0 10.0 ドコモ ソフトバンク au SIMフリー

058 ≫ キーボードが消えてしまった！

A 文字入力欄をタップします。

操作中にキーボードが突然非表示になってしまったときには、まず、文字入力欄をタップしてみましょう。なお、非表示にしたい場合は、Q.059を参考に∨をタップします。

1 メッセージ入力欄をタップすると、

2 キーボードが表示されます。

Q キーボード　バージョン 9.0 10.0　ドコモ ソフトバンク au SIMフリー

059 » キーボードを隠したい！

A ∨をタップして隠します。

キーボードの表示中に、画面下部に表示される∨をタップすると、キーボードを隠すことができます。また、キーボードを再表示させたい場合は、Q.058を参考に入力欄をタップします。

1 画面下部に表示されている∨をタップすると、

2 キーボードが非表示になります。再表示させたい場合は、Q.058を参考に入力欄をタップします。

Q キーボード　バージョン 9.0 10.0　ドコモ ソフトバンク au SIMフリー

060 » キーボードの操作音が鳴らないようにしたい！

A 「キー操作音」をオフにするか、音量をマナーモードまたはミュートにします。

Gboardでキーボードの操作音が鳴らないようにするには、アプリ一覧画面で＜設定＞→＜システム＞→＜言語と入力＞→＜画面上のキーボード＞→＜Gboard＞の順にタップして、＜設定＞をタップし、「キー操作音」をオフにします。

1 アプリ一覧画面で＜設定＞をタップして、＜システム＞→＜言語と入力＞→＜画面上のキーボード＞→＜Gboard＞の順にタップし、

2 ＜設定＞をタップします。

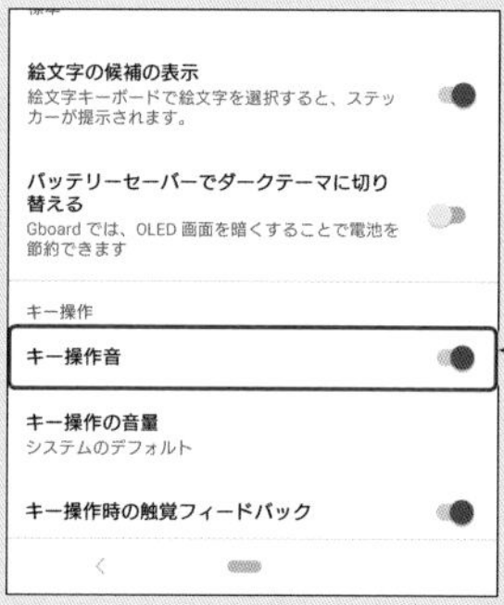

3 ＜キー操作音＞をタップすると、オフになります。

Q キーボード　バージョン 9.0 10.0　ドコモ ソフトバンク au SIMフリー

061 ≫ ほかの言語のキーボードを使いたい!

A 使いたい言語のキーボードを追加します。

ほかの言語のキーボードを使いたい場合は、<設定>→<システム>→<言語と入力>→<画面上のキーボード>→<Gboard>の順にタップします。<言語>をタップし、<キーボードを追加>をタップして追加すると、ほかの言語のキーボードが使えるようになります。

1 <設定>→<システム>→<言語と入力>→<画面上のキーボード>→<Gboard>の順にタップし、

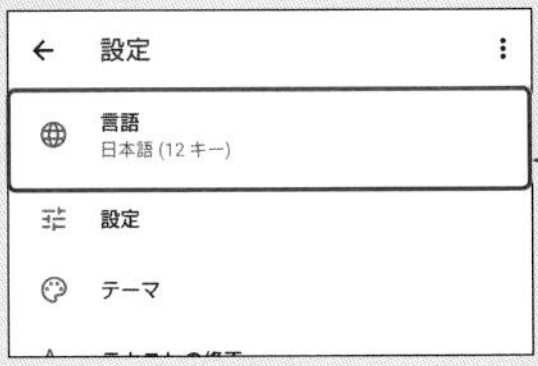

2 <言語>をタップし、

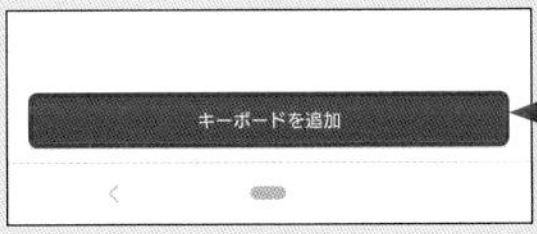

3 <キーボードを追加>をタップします。

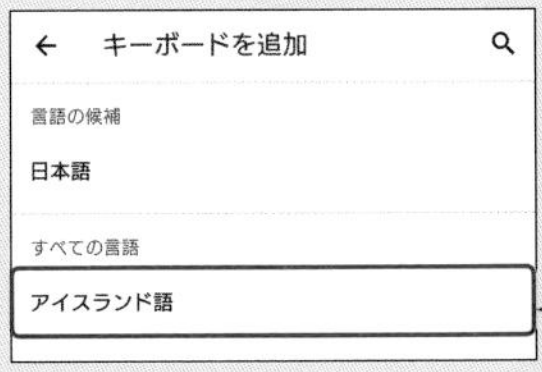

4 使いたい言語(ここでは<アイスランド語>)→<完了>の順にタップすると、追加されます。

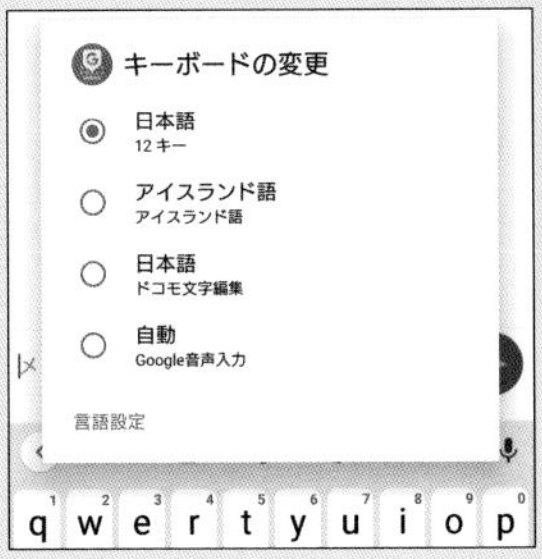

5 入力画面で<日本語>をロングタッチすると、キーボードの切り替え画面が表示されます。

Q キーボード　バージョン 9.0 10.0　ドコモ ソフトバンク au SIMフリー

062 ≫ いろいろな日本語入力アプリを使ってみたい!

A Play ストアで日本語入力アプリをインストールします。

標準の日本語アプリでもさまざまな機能を利用することができますが、使い勝手が合わなかったり、より多くの機能を求める場合は、Play ストアで日本語入力アプリを検索してみるとよいでしょう。さまざまな入力方法や機能を持った日本語入力アプリが数多く紹介されているので、自分に合ったものを探してインストールしてみましょう。ここでは、代表的な日本語入力アプリを紹介します。

Google 日本語入力

Googleの開発した日本語入力アプリです。検索データを生かした語彙が豊富で、変換がスムーズに行えます。

ATOK(日本語入力システム)

Android用のATOK日本語入力アプリです。有料ですが、無料の試用版も用意されています。

Simeji

シンプルな日本語入力アプリです。顔文字や絵文字の種類が多いほか、拡張機能も充実しています。

キーボード

バージョン 9.0 10.0　ドコモ ソフトバンク au SIMフリー

Q 063 必要ないキーボードを削除したい！

A 不要なキーボードは非表示にします。

必要のないキーボードでも削除することはできません。不要な場合は、非表示にしましょう。なお、もう一度表示させたい場合は、Q.061を参考に追加します。

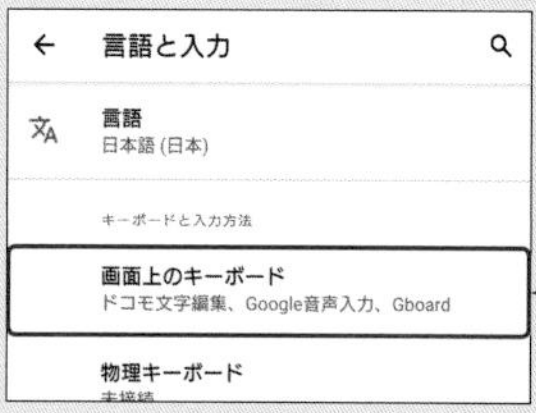

1 ＜設定＞→＜システム＞→＜言語と入力＞の順にタップして、＜画面上のキーボード＞をタップします。

2 ＜キーボードを管理＞をタップし、

3 不要なキーボード（ここではGoogle音声入力）の●をタップして○にします。

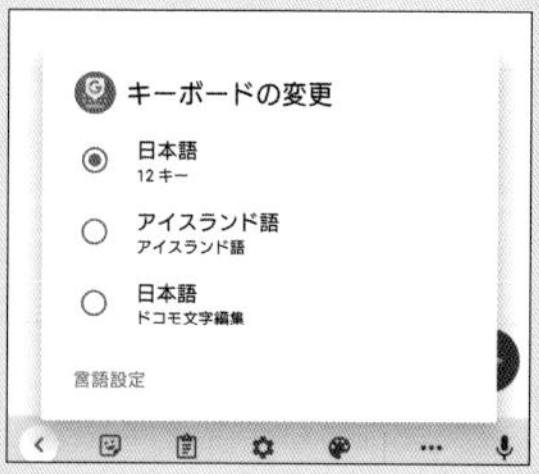

4 キーボード変更メニューから削除されます。

キーボード

バージョン 9.0 10.0　ドコモ ソフトバンク au SIMフリー

Q 064 もっとすばやく入力する方法はないの？

A フリック入力を使います。

「トグル入力」の場合、たとえば「お」と入力するには、あ段のキーを5回タップする必要があります。しかし「フリック入力」を使えば、入力したい段のキーを上下左右にフリックすることで、キーをタップし続けるよりもすばやく、正確に文字を入力することができます。

1 「あ」のキーをロングタッチすると、い（左）、う（上）、え（右）、お（下）の文字が表示されます。

2 入力したい文字の方向にフリックします。

3 指を離すと文字が入力されます。

変換　バージョン 9.0 10.0　ドコモ ソフトバンク au SIMフリー

Q 065 » 変換候補に目的の文字が見つからない！

A ⌄をタップして変換候補の一覧を表示します。

入力した文字を変換する際、<変換>をタップして候補を絞り込むことができます。それでも表示された変換候補の中に目的の文字が見つけられないときは、画面右側の⌄をタップすると、変換候補の一覧を表示することができます。

1 ⌄をタップします。

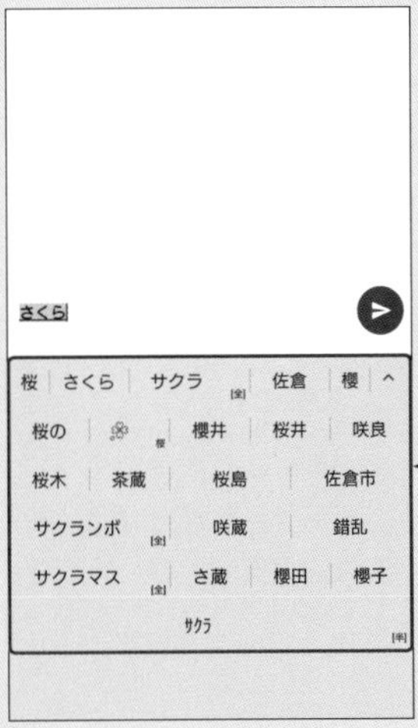

2 変換候補が一覧で表示されます。

変換　バージョン 9.0 10.0　ドコモ ソフトバンク au SIMフリー

Q 066 » 単語の変換位置を変更したい！

A ◀／▶をタップして変更します。

長い文章や単語などを入力する際、変換位置が区切られずに自動で単語が変換されてしまいます。その場合は、自分で変換位置を変更することが可能です。入力後に◀／▶をタップすることで変換位置を変更することができます。

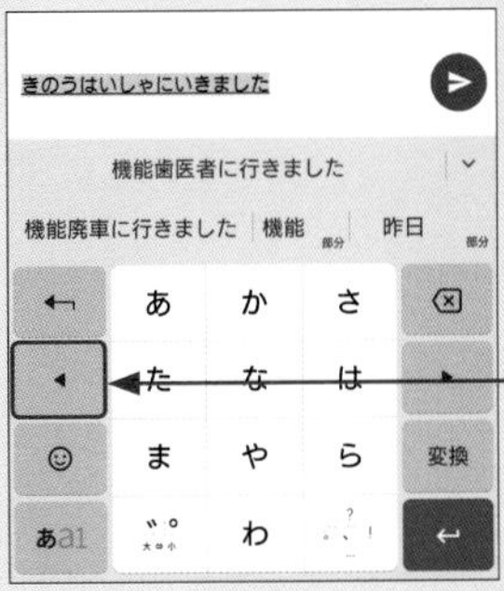

1 区切りたい変換位置まで◀をタップし、

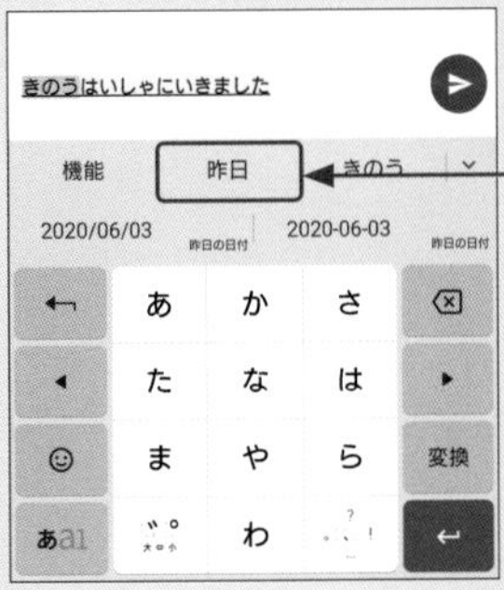

2 単語を変換します。

同じ要領で変換すると、単語を区切りながら変換できます。

Q 変換 バージョン 9.0 10.0 ドコモ ソフトバンク au SIMフリー

067 » アルファベットの大文字を入力したい！

A ⇧をタップしてアルファベットを入力します。

アルファベットを入力したい場合は、キーボードのあa1をタップして、英字モードにします。通常は小文字で入力されますが、⇧をタップすると、大文字で入力することができます。

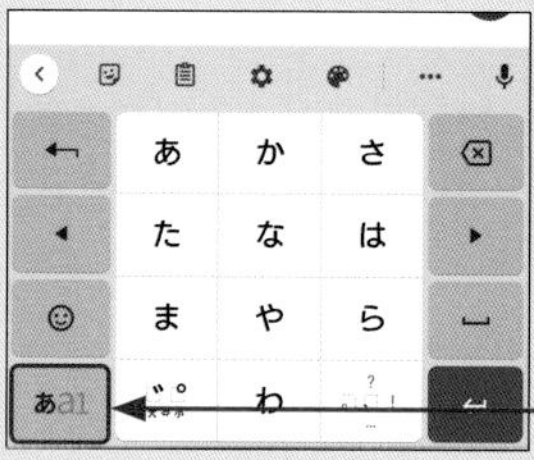

1 あa1をタップして、英字入力モードに切り替えます。

2 ⇧をタップすると、キーボードの表示が大文字に変わります。

3 アルファベットをタップすると、大文字で入力されます。なお、キーボードの表示は小文字に戻ります。

テンキーで大文字を入力する

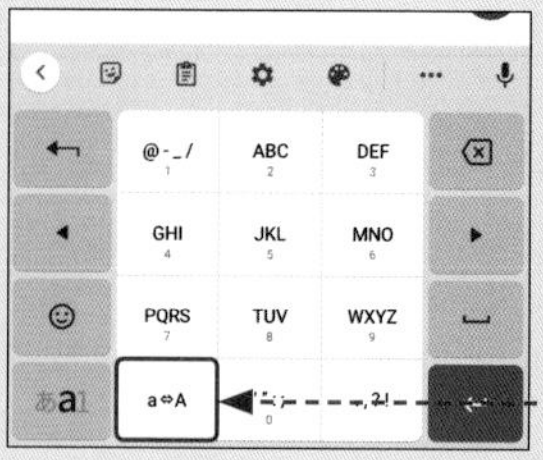

テンキーで大文字を入力するときは、アルファベット入力後、a⇔Aをタップします。

Q 変換 バージョン 9.0 10.0 ドコモ ソフトバンク au SIMフリー

068 » アルファベットの大文字を連続で入力したい！

A ⇧をロングタッチします。

キーボードの⇧をロングタッチすると、キーが⬆に変わります。この状態でアルファベットをタップすると、すべて大文字で入力されます。再度、⬆をタップすると、小文字が入力できる状態に戻ります。

1 ⇧をロングタッチすると、

2 キーが⬆に変わり、キーボードの表示が大文字になります。

3 文字を入力すると、アルファベットがすべて大文字で入力されます。

Q 変換 バージョン 9.0 10.0 ドコモ ソフトバンク au SIMフリー

069 » 大文字が勝手に入力されるのを止めたい!

A 「自動大文字変換」をオフにします。

「自動大文字変換」がオンに設定されている状態で英字を入力すると、文頭文字が自動的に大文字で入力されます。そのため、1文字目から小文字で入力したいときは毎回をタップする必要があります。面倒な場合は、あらかじめ「自動大文字変換」をオフにしておきましょう(Gboardの場合)。

1 をタップします。

2 <テキストの修正>をタップし、

3 「自動大文字変換」の をタップして、 にします。

Q 変換 バージョン 9.0 10.0 ドコモ ソフトバンク au SIMフリー

070 » 「ば」「ぱ」「ゃ」「っ」などを入力したい!

A をタップします。

濁音「ば」、半濁音「ぱ」、拗音「ゃ」、促音「っ」などを入力するときは、まず「は」、「や」、「つ」を入力したあと、をタップして変換します。たとえば、「は」を入力してをタップすると「ば」、もう一度タップすると「ぱ」に変換されます。

1 ひらがなを入力し、をタップします。

2 濁音「ば」に変換されます。再度、をタップします。

3 半濁音「ぱ」に変換されます。なお、再度、をタップすると、「は」に戻ります。

Q 記号／顔文字／絵文字　バージョン 9.0 10.0　ドコモ ソフトバンク au SIMフリー

071 » 数字や記号を入力したい！

A あa1をタップして数字モードにします。

数字や記号を入力するときは、入力画面のあa1をタップしてあa1にし、数字モードにします（Gboardの場合）。数字モードに切り替えると、数字や「#」、「/」などの記号を入力することができます。キーボードにない記号を入力する場合は、キーボードの!?#をタップします。

テンキーの場合

1 テンキーのあa1を2回タップすると、

2 数字モードになります。

QWERTYキーの場合

1 QWERTYキーの?123をタップすると、

2 数字モードになります。

Q 記号／顔文字／絵文字　バージョン 9.0 10.0　ドコモ ソフトバンク au SIMフリー

072 » 記号を全角で入力したい！

A [全]をタップして、入力します。

記号や数字は、テンキーとQWERTYキーいずれの場合も半角で入力されます。Gboardでは、記号入力の画面で[全]をタップすると、全角記号や全角数字が表示されます。また、変換候補にも全角記号や全角数字、漢数字、ローマ数字が表示されます。

1 入力画面の☺をタップし、

2 ☆をタップします。

3 [全]をタップすると、

4 全角数字と記号が表示されます。

5 タップして入力します。

Q ||| 記号/顔文字/絵文字 ||| バージョン 9.0 10.0 ドコモ ソフトバンク au SIMフリー

073 » 顔文字を入力したい!

A ☺をタップして:-)をタップします。

Gboardで顔文字を入力するときは、入力画面の☺をタップし、:-)をタップします。表示された顔文字の候補から目的の顔文字をタップすると、入力できます。なお、キーボードで「かお」と入力しても、顔文字の候補を表示することができます。

1 ☺をタップします。

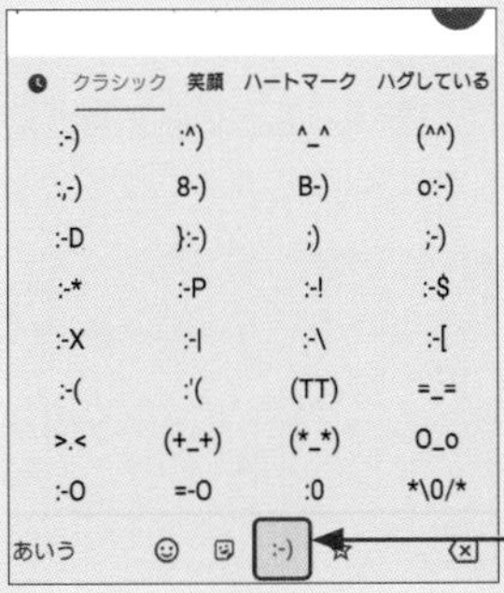

2 :-)をタップし、

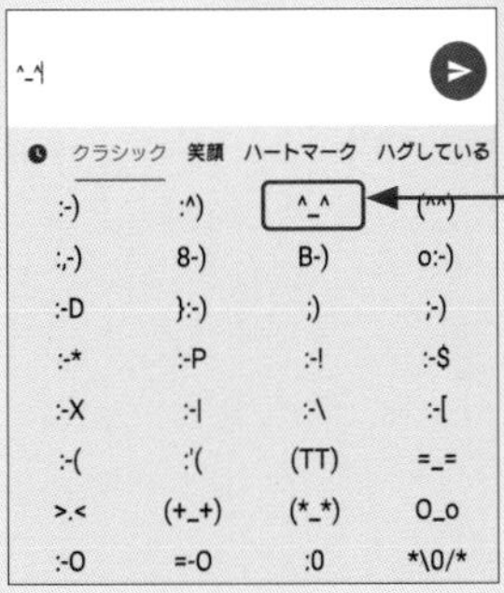

3 入力したい顔文字をタップすると、顔文字が入力されます。

Q ||| 記号/顔文字/絵文字 ||| バージョン 9.0 10.0 ドコモ ソフトバンク au SIMフリー

074 » よく使う単語をかんたんに入力したい!

A よく使う単語を単語リストに登録します。

よく使う単語やすぐに変換できないような単語は、「単語リスト」を利用するとかんたんに入力できます。あらかじめ単語リストに「単語」と「よみ」を登録しておけば、登録した「よみ」を入力するだけで、「単語」に登録された漢字が変換候補として表示されるようになります。以下は、Gboardで単語リストを利用する手順です。

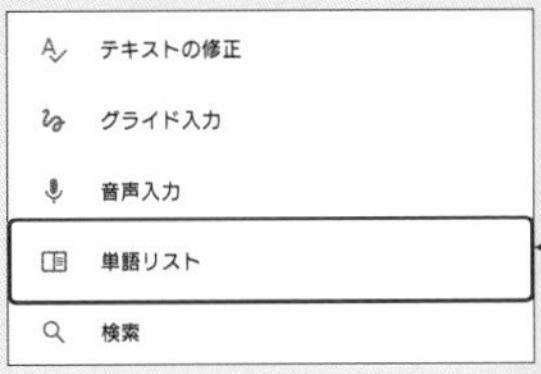

1 入力画面の⚙をタップし、

2 <単語リスト>をタップします。

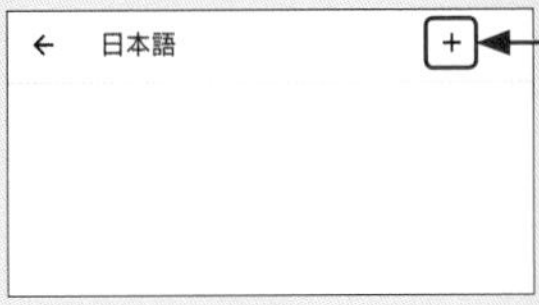

3 <単語リスト>→<日本語>→+の順にタップします。

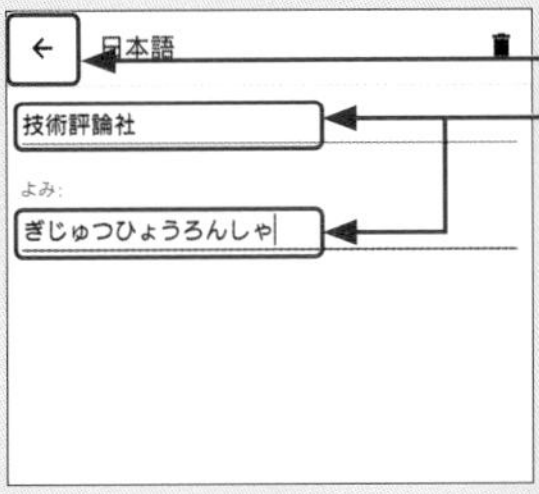

4 登録する「単語」と「よみ」を入力して、

5 ←をタップします。

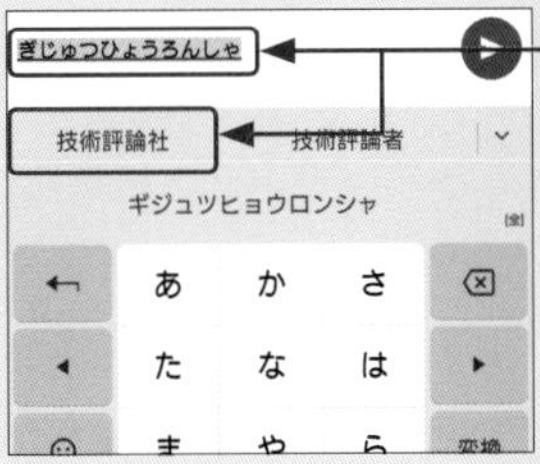

6 入力画面で、「よみ」を入力すると、「単語」が表示されます。

Q ‖記号／顔文字／絵文字‖ バージョン 9.0 10.0 ドコモ ソフトバンク au SIMフリー

075 ≫ 自作の顔文字を登録したい！

A 自作の顔文字を単語リストに登録します。

Gboardの「単語リスト」には、文字だけでなく自作の顔文字を登録することもできます。「よみ」に自作の顔文字を表示するための「かな」、「単語」に自作の「顔文字」を入力して登録します。

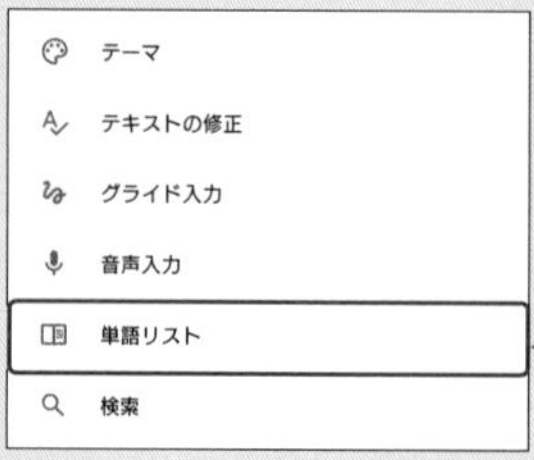

1 入力画面の⚙をタップし、

2 ＜単語リスト＞をタップします。

3 ＜単語リスト＞→＜日本語＞→＋の順にタップします。

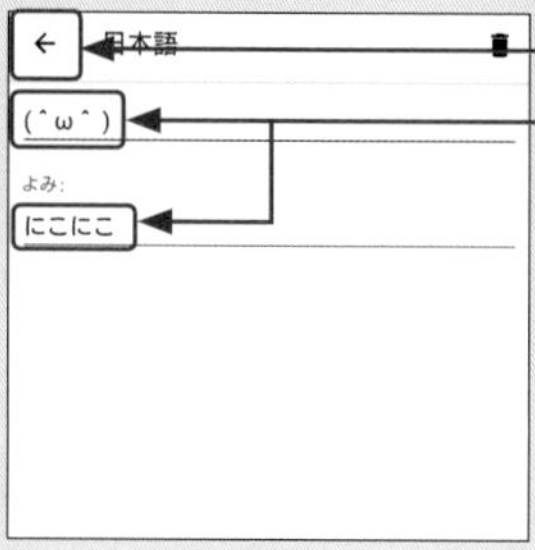

4 登録する「顔文字」と「よみ」を入力して、

5 ←をタップします。

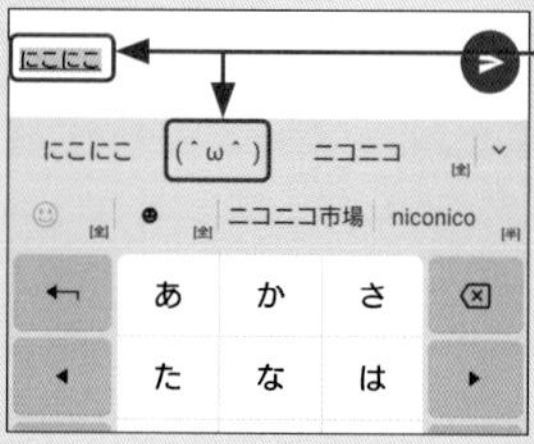

6 入力画面で、「よみ」を入力すると、「顔文字」が表示されます。

Q ‖記号／顔文字／絵文字‖ バージョン 9.0 10.0 ドコモ ソフトバンク au SIMフリー

076 ≫ 絵文字を入力したい！

A ☺をタップして☺をタップします。

Gboardで絵文字を入力するときは、キーボードの☺をタップし、☺をタップします。画面を上下にスクロールすると、「顔・表情」、「気持ち・からだ」、「乗物・建物・地図」などのカテゴリーから絵文字をタップして入力することができます。入力後は、あいうをタップすると、もとの画面に戻ります。

1 ☺をタップし、

2 ☺をタップして、

3 入力する絵文字をタップします。

便利技

バージョン 9.0 10.0 ドコモ ソフトバンク au SIMフリー

Q 077 ≫ 手書きで文字を入力できないの？

A 手書き入力に切り替えます。

Gboardでは、標準で手書き入力機能が搭載されています。テンキーやQWERTYキーのキーボード切り替え操作と同じ手順で切り替えることができます。手書き入力を有効にすることで、読み方がわからない単語の変換や検索ができ、便利です。

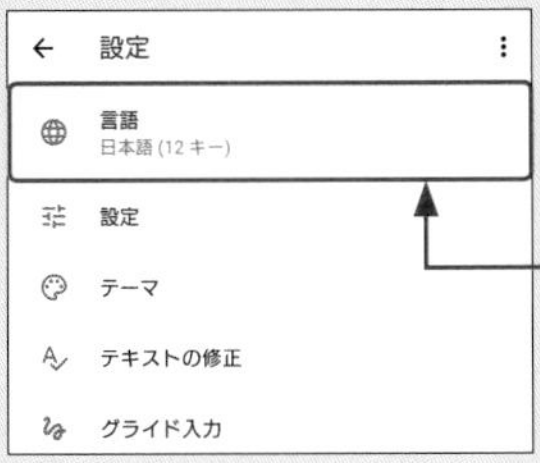

1 入力画面の⚙をタップし、

2 <言語>をタップします。

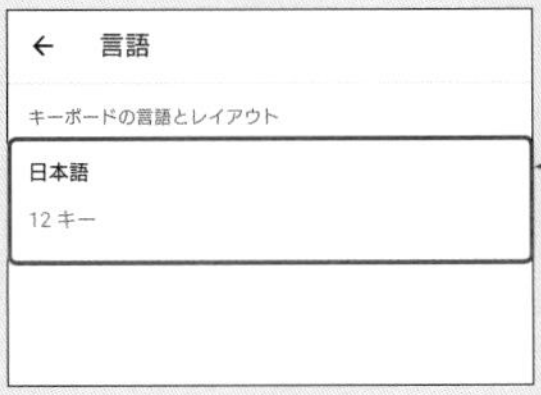

3 使用している言語（ここでは<日本語>）をタップします。

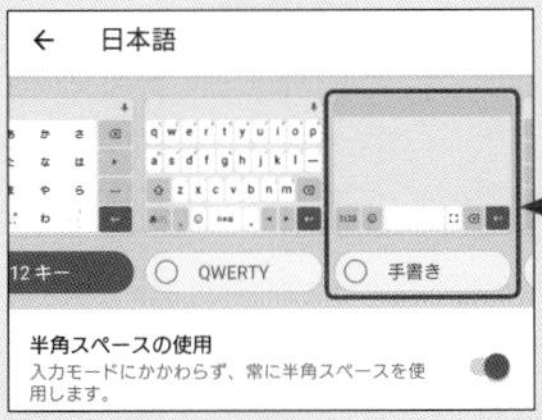

4 <手書き>をタップします。

5 文字を書くと、入力されます。

便利技

バージョン 9.0 10.0 ドコモ ソフトバンク au SIMフリー

Q 078 ≫ 片手で入力しやすくしたい！

A 「片手キーボード」に切り替えられるものがあります。

日本語入力アプリによっては、「片手キーボード」機能でキーボードを片手でも使いやすくすることができます。片手キーボードでは、＜または＞をタップすると、利き手に合わせてキーボードを使いやすい方向に寄せることができます。ここではGboardの例を紹介します。

1 入力画面の⋯をタップし、

2 <片手モード>をタップして、

3 ＞をタップすると、キーボードの位置が変更できます。

4 ⛶をタップすると、通常のキーボードに切り替わります。

Q 便利技 バージョン 9.0 10.0 ドコモ ソフトバンク au SIMフリー

079 » テキストをコピー&ペーストしたい！

A ダブルタップとドラッグでテキストを選択するとコピー&ペーストできます。

コピーしたいテキストをダブルタップすると単語が選択され、●と●が表示されます。これらをドラッグしてコピーする範囲を選択し、＜コピー＞をタップすると選択範囲がコピーされます。さらに、貼り付けたい場所をタップし、●→＜貼り付け＞の順にタップすると、コピーしたテキストをペーストできます。

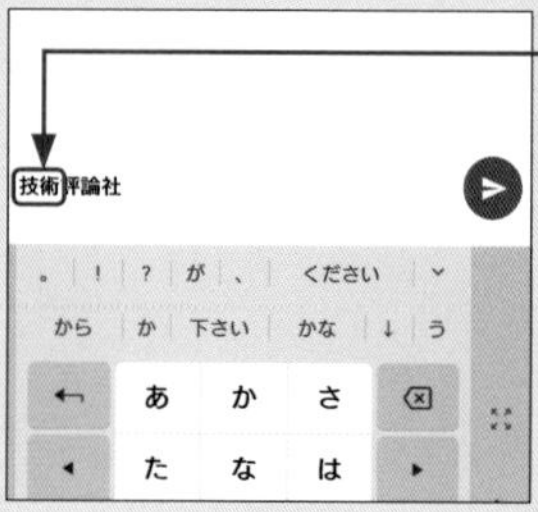

1 コピーしたい部分をダブルタップします。

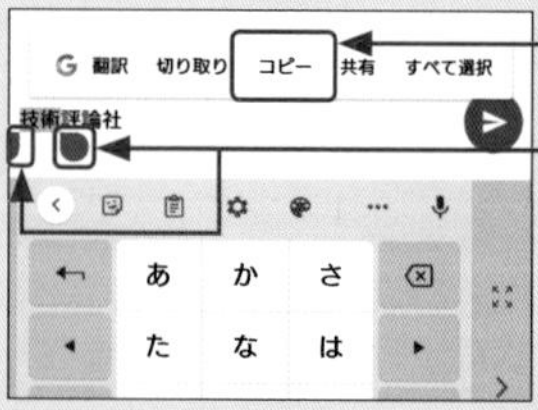

2 ●と●をドラッグしてコピーする範囲を選択し、

3 ＜コピー＞をタップします。

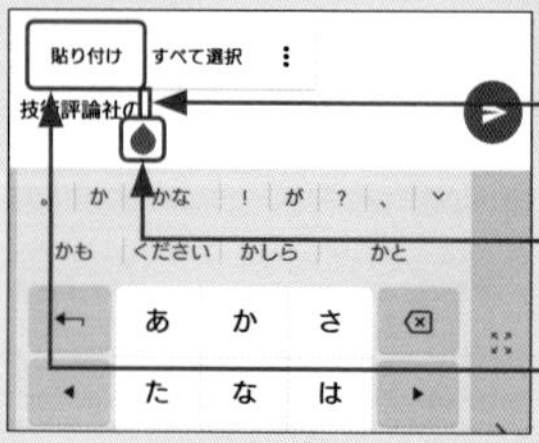

4 ペーストしたい位置をタップして、

5 ●をタップし、

6 ＜貼り付け＞をタップします。

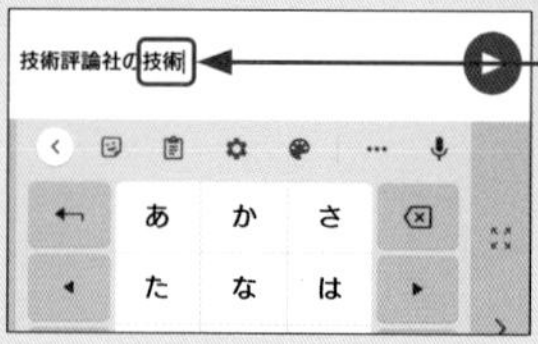

7 コピーしたテキストがペーストされます。

Q 便利技 バージョン 9.0 10.0 ドコモ ソフトバンク au SIMフリー

080 » コピーするテキストをまとめて選択したい！

A ＜すべて選択＞をタップするとすべてのテキストを選択できます。

範囲を選択したいテキストの一部をダブルタップし、＜すべて選択＞をタップすると、入力されているすべてのテキストを一度に選択することができます。すべてのテキストを削除したり、コピーしたりしたいときなどに便利です。なお、すべてのテキストを削除するには、全テキストを選択してから⌫をタップします。

1 テキストの一部をダブルタップし、

2 ＜すべて選択＞をタップすると、

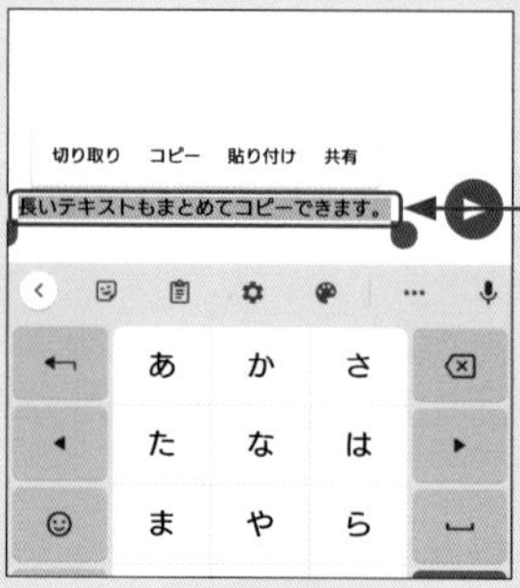

3 テキスト全体が選択されます。

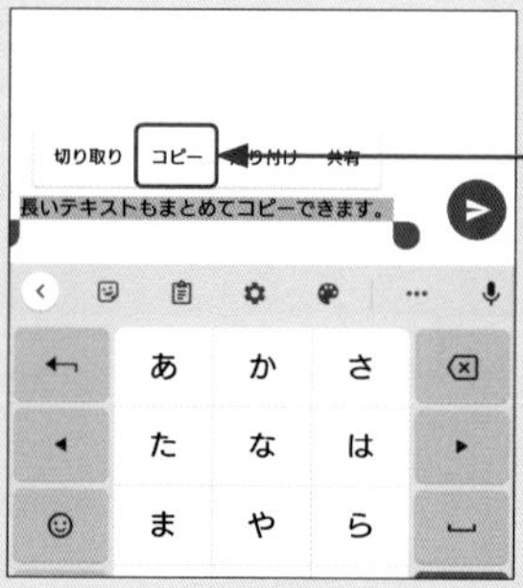

4 ＜コピー＞をタップすると、テキスト全体がコピーされます。

081 » 日付や時間をかんたんに入力したい!

A 「きょう」、「いま」と入力して変換します。

日本語入力アプリによっては、今日の日付を入力したいときは「きょう」、現在の時刻を入力したいときは「いま」と入力すると、変換候補に現在の日付や時刻が表示されます。今日の日付を忘れてしまったり、現在の時刻がわからなかったりする場合に便利です。変換候補に表示される時間は、スマートフォンの<日付と時刻>で設定されているシステム時計に従います。

今日の日付を入力する

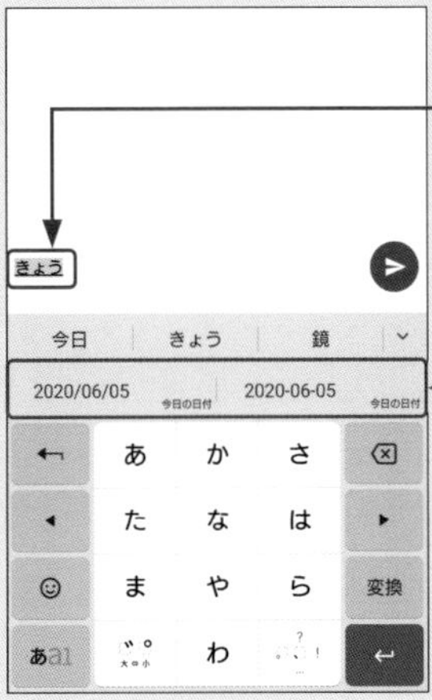

1 「きょう」と入力すると、今日の日付の変換候補が表示されます。

2 入力したい候補をタップすると、

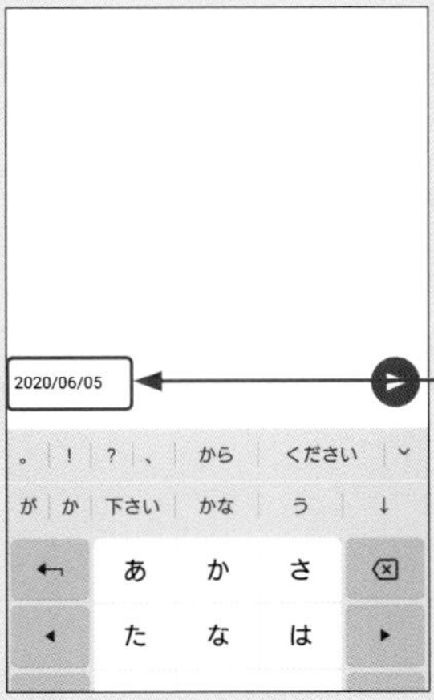

3 今日の日付が入力できます。

現在の時刻を入力する

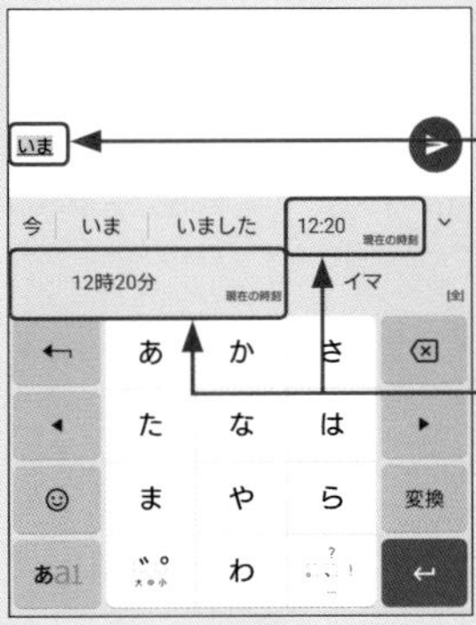

1 「いま」と入力すると、現在の時刻の変換候補が表示されます。

2 入力したい候補をタップすると、

3 現在の時刻が入力できます。

日付や時刻に関する検索候補が表示される単語

過去	現在	未来
きのう(昨日)	いま(今)	あす(明日)
おととい(一昨日)	きょう(今日)	あした(明日)
せんげつ(先月)	ことし(今年)	あさって(明後日)
きょねん(去年)	こんげつ(今月)	らいげつ(来月)
		らいねん(来年)
		さらいねん(再来年)

Q 音声入力　バージョン 9.0 10.0　ドコモ ソフトバンク au SIMフリー

082 » 音声で文字を入力したい！

A 「Google音声入力」で入力できます。

スマートフォンでは「Google音声入力」で音声入力することができます。なお、Google検索で音声入力を使用した場合、話した言葉だけでなく、流れている音楽から曲のタイトルを検索することもできます。

1 入力画面の🎤をタップし、

2 「お話しください」と表示されたら、入力したい文字を話します。

3 話した文字が入力されます。

Q 音声入力　バージョン 9.0 10.0　ドコモ ソフトバンク au SIMフリー

083 » 音声入力でできないことは？

A 句読点や ()「」は入力できません。

現在の「Google音声入力」では、音声入力で「かっこ」「とうてん」「くとうてん」などと話しかけても記号を入力することはできません。また、「かいぎょう」と話しかけても文章を改行できません。一方、日本の地名や歴史上の人物名などは正しく変換することができます。

音声入力画面で「かっこ」「かぎかっこ」などと話しかけも、意図する記号を入力することはできません。

音声入力画面で日本の地名や歴史上の人物などは正しく変換されます。

第3章

設定と操作の「こんなときどうする?」

Q ‖ Googleアカウント ‖ バージョン 9.0 10.0 ドコモ ソフトバンク au SIMフリー

084 » Googleアカウントとは？

A **Googleのサービスを利用するために必要なアカウントです。**

検索エンジンとして有名なGoogleですが、検索以外にもさまざまなサービスを提供しています。「Googleアカウント」は、それらのサービスを利用するために必要なアカウントです。Googleアカウントを作成すると、「@gmail.com」のメールアドレスが発行され、メールアドレスとパスワードでアカウントにログインできます。また、Googleアカウントをスマートフォンに登録すると、さまざまな機能を便利に利用できます。

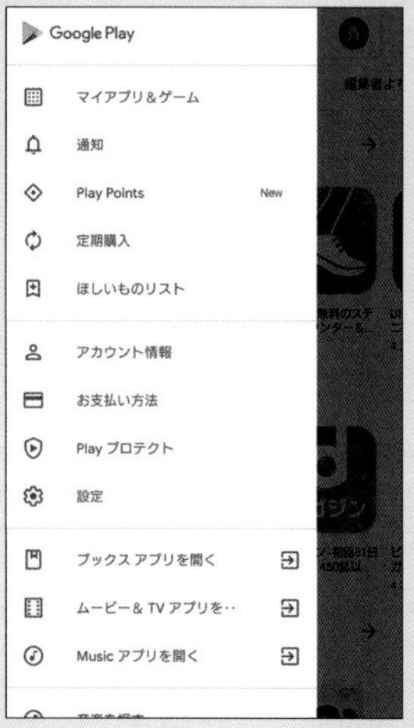

Google Play（Q.153参照）からアプリをインストールするには、Googleアカウントでのログインが必要です。

Googleアカウントを作成すると「@gmail.com」のメールアドレスが発行され、Gmailでメールのやり取りができます。

Q ‖ Googleアカウント ‖ バージョン 9.0 10.0 ドコモ ソフトバンク au SIMフリー

085 » Googleのサービスには何があるの？

A **メールや地図など、多様なサービスを提供しています。**

Googleは、検索エンジン以外にもメールやカレンダー、地図、翻訳など、さまざまなサービスを提供しています。Googleアカウントを作成することで、サービス間での連携を行ったり、複数の端末でデータを共有したりすることができます。Googleアカウントは無料で作成できるので、どのサービスを利用する場合でも、まずはQ.086を参考にGoogleアカウントを作成しましょう。すでにGoogleアカウントを持っている人は、Q.086手順3の画面でGoogleアカウントのメールアドレスを入力します。

Google の代表的なサービス

Webサービス・アプリ	
Google Play	アプリを購入、インストールできます。
Google Chrome	Googleが提供しているWebブラウザです。Googleアカウントにより、複数の端末で検索履歴やブックマークを同期することができます。
Googleマップ	地図の表示や目的地までの経路検索ができます。
YouTube	世界最大の動画投稿サービスです。動画の視聴はもちろん、アップロードや共有もできます。
Googleフォト	写真や動画をアップロードし、共有できます。

メール・仕事関係	
Gmail	Googleが提供しているWebメールサービスです。パソコンなどのほかの端末からメールを確認することもできます。
Googleカレンダー	オンラインカレンダーです。予定を登録して、ほかの端末から確認することもできます。
Googleドライブ	文書、プレゼンテーション、スプレッドシートなどをオンライン上で作成・共有できます。

086 » Googleアカウントを登録したい！

A <設定>アプリでGoogleアカウントを作成することができます。

Googleアカウントを新規作成するには、アプリ一覧画面から<設定>→<アカウント>→<アカウントを追加>→<Google>の順にタップし、設定を行います。氏名やメールアドレスなどを入力していくだけで、無料でかんたんに作成することができます。

1 アプリ一覧画面で<設定>→<アカウント>→<アカウントを追加>の順にタップして、

2 <Google>をタップします。

3 <アカウントを作成>→<自分用>の順にタップして、

4 <次へ>をタップします。

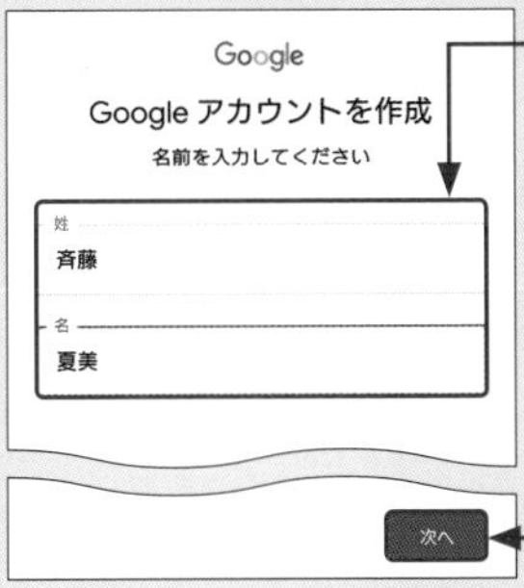

5 姓と名を入力し、

6 <次へ>をタップします。

7 生年月日と性別を入力し、

8 <次へ>をタップします。

9 <自分でGmailアドレスを作成>をタップし、

10 希望するメールアドレスを入力して、

11 <次へ>をタップします。

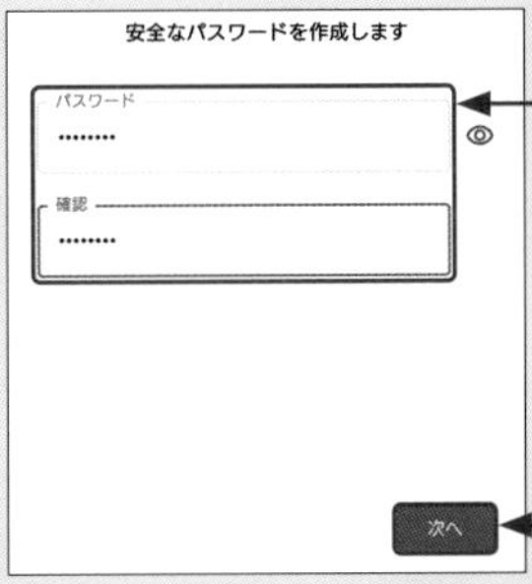

12 パスワードを入力し、

13 <次へ>をタップします。

14 画面の指示に従って進むと、アカウントが登録されます。

Q Googleアカウント

バージョン 9.0 10.0 ドコモ ソフトバンク au SIMフリー

087 » Googleアカウントを追加したい！

A Q.086をもう一度行うと追加することができます。

Googleアカウントは1つのスマートフォンに複数登録できます。Q.086の手順をもう一度行うと追加でアカウントを作成でき、各種Googleサービスなども新しいアカウントでログインすることが可能です。アカウントは、<設定>アプリの<アカウント>をタップすると確認できます。

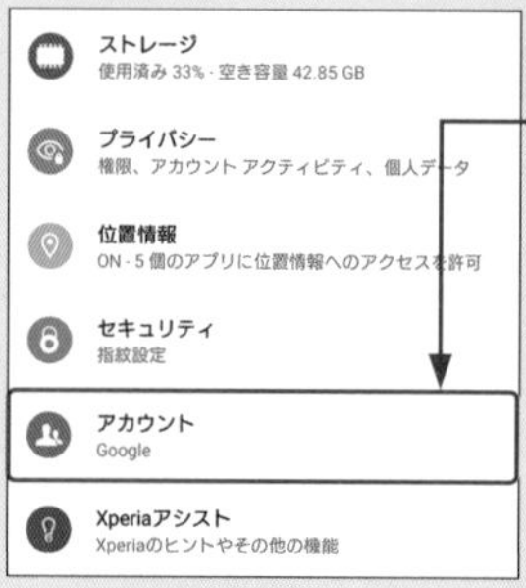

1 <設定>アプリから<アカウント>をタップして、

2 <アカウントを追加>をタップします。

3 Q.086を参考にして、追加したいアカウントを作成します。

4 追加したアカウントは、<設定>アプリの「アカウント」画面で確認できます。

Q Googleアカウント

バージョン 9.0 10.0 ドコモ ソフトバンク au SIMフリー

088 » Googleアカウントを削除したい！

A <設定>アプリでGoogleアカウントを削除することができます。

作成したGoogleアカウントは削除することができます。<設定>アプリから<アカウント>をタップして、削除したいアカウントを選択し、<アカウントを削除>をタップすると、アカウントを削除できます。

1 <設定>アプリから<アカウント>をタップして、

2 削除したいアカウントをタップします。

3 <アカウントを削除>をタップし、

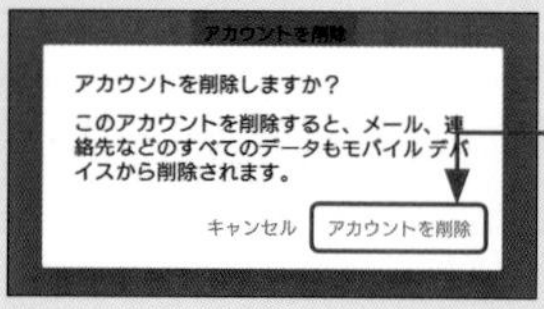

4 <アカウントを削除>をタップすると、アカウントが削除されます。

Googleアカウント

バージョン 9.0 10.0 ドコモ ソフトバンク au SIMフリー

Q 089 » Googleアカウントのパスワードがわからなくなった!

A ＜パスワードをお忘れの場合＞をタップすると、復元できます。

Googleアカウントのパスワードを忘れてしまったときは、パスワードを再設定する必要があります。＜パスワードをお忘れの場合＞をタップし、画面の指示に従って入力していくと、データが復元できます。

1 ＜パスワードをお忘れの場合＞をタップします。

2 覚えているパスワードがあれば入力できますが、覚えていない場合は＜別の方法を試す＞をタップします。

3 「アカウントを復元しようとしていますか?」と表示されたら、＜はい＞をタップし、

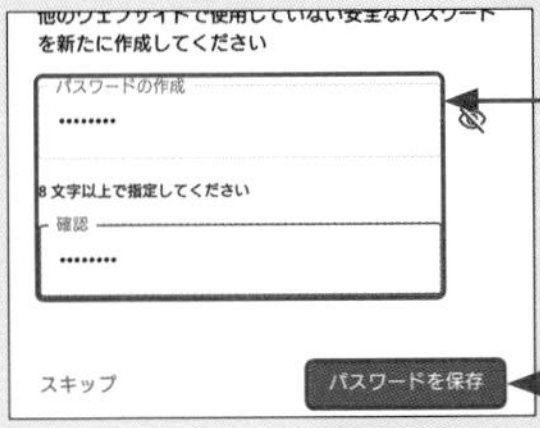

4 パスワードを再入力して、

5 ＜パスワードを保存＞をタップするとアカウントを復元できます。

ロック画面

バージョン 9.0 10.0 ドコモ ソフトバンク au SIMフリー

Q 090 » 使っていないと、すぐにディスプレイが暗くなる!

A ＜設定＞アプリで15秒〜10分の間で変更できます。

画面のバックライトが消灯した状態のことをスリープモードといい、キーの誤動作を防止したり、電力の消費を低減したりすることができます。一定時間無操作の状態が続くと、画面が自動的にスリープモードになります。このスリープモードになるまでの時間は変更することができます。

1 ＜設定＞アプリから＜画面設定＞をタップし、

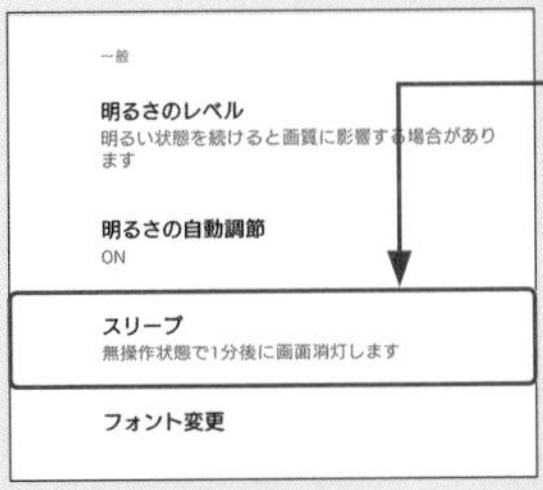

2 ＜スリープ＞をタップして、

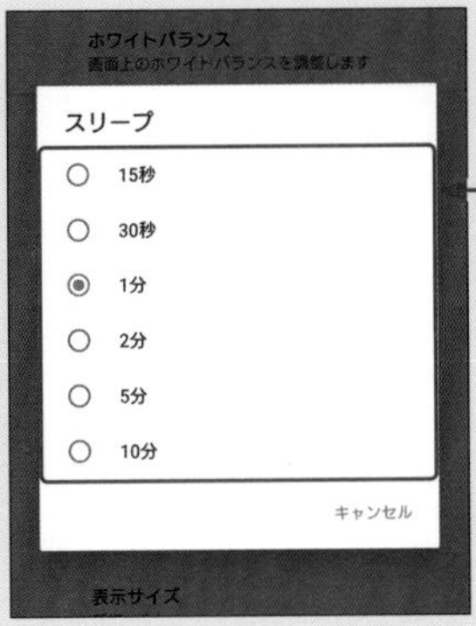

3 設定したい時間をタップすると、スリープモードになるまでの時間が変更されます。

ロック画面

バージョン 9.0 10.0

ドコモ ソフトバンク au SIMフリー

Q 091 自動ロックの時間を変更したい！

A <設定>アプリで0秒～30分の間で変更できます。

画面ロックを設定していると、通常、Q.090のスリープ状態になったときに同時にロックされ、再度使用する場合は、ロックを解除する必要があります。ただし、スリープになる時間とは別にロックされる時間を設定することができます。ただし、「画面ロック」を設定していない場合や「スワイプ」を設定している場合は、自動ロックの時間を変更することができません。

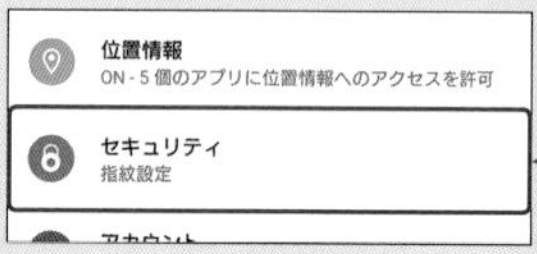

1 <設定>アプリから<セキュリティ>をタップし、

2 「画面のロック」の右側にある⚙をタップします。

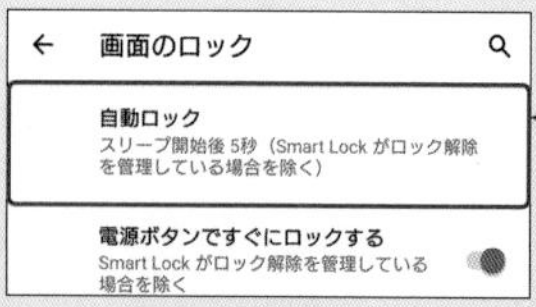

3 <自動ロック>をタップして、

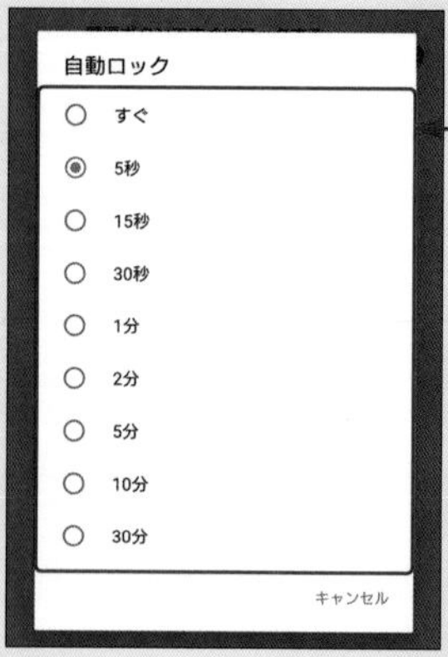

4 ロックするまでの時間をタップすると、ロックされるまでの時間が変更されます。

ロック画面

バージョン 9.0 10.0

ドコモ ソフトバンク au SIMフリー

Q 092 セキュリティロックの種類は？

A 「ロックNo.」や「指紋認証」などの方法があります。

スマートフォンには、スワイプ以外のロック解除方法があります。代表的なものは、「生体認証」「パターン」「ロックNo.（PIN）」「パスワード」で、<設定>→<セキュリティ>の順にタップすることで設定できます。

ロック No.

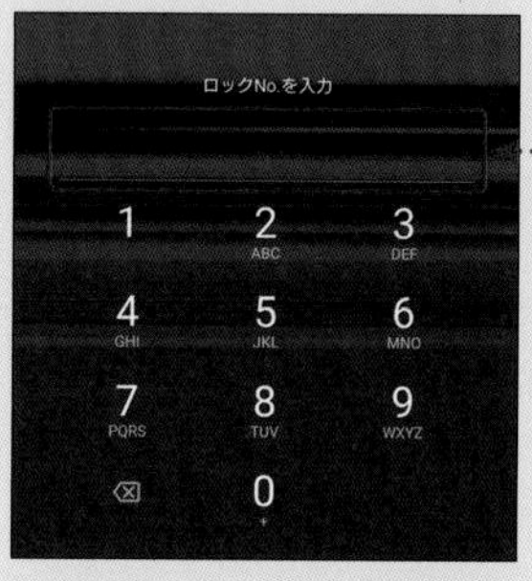

4桁以上の数字を暗証番号として登録し、同じロックNo.を入力するとロックが解除されます。

パターン

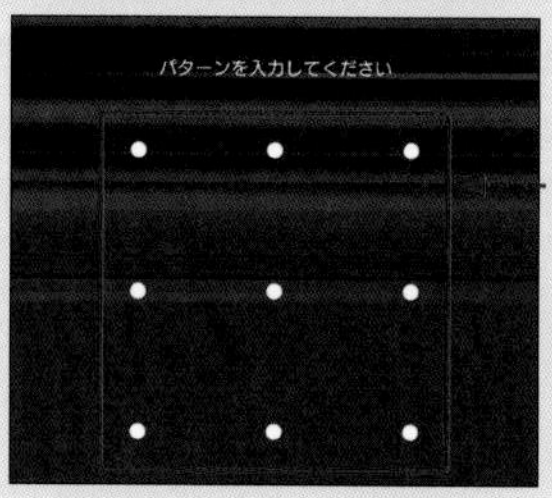

9つの点をなぞるパターンを登録し、同じパターンでなぞるとロックが解除されます。

パスワード

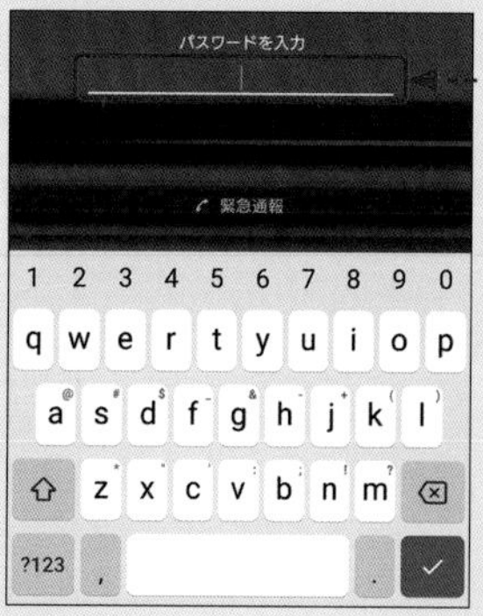

4文字以上のパスワードを登録し、同じパスワードを入力するとロックが解除されます。

093 » ロック画面にセキュリティを設定したい!

A ＜設定＞アプリで「ロックNo.」や「パスワード」が設定できます。

ロック画面を解除するときに暗証番号の入力を求めるようにしたいときは、＜設定＞アプリの「セキュリティ」から、「ロックNo.」または「パスワード」を設定します。ロックNo.では4文字以上の数字が、パスワードでは4文字以上の英数字が設定できます。ここでは、パスワードの設定方法を解説します。

1 ＜設定＞アプリから＜セキュリティ＞をタップし、

2 ＜画面のロック＞をタップして、

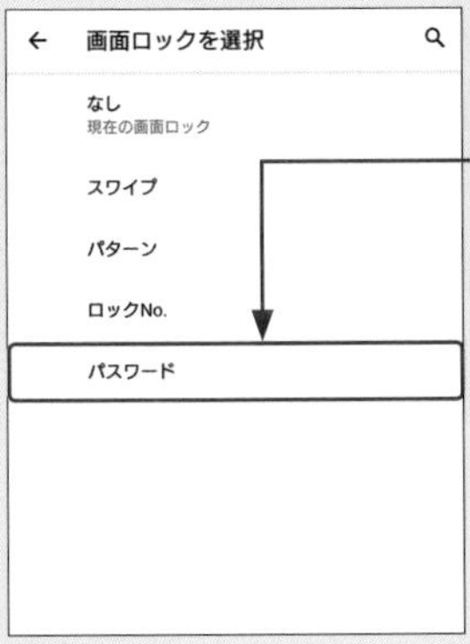

3 ロック方法（ここでは＜パスワード＞）をタップします。

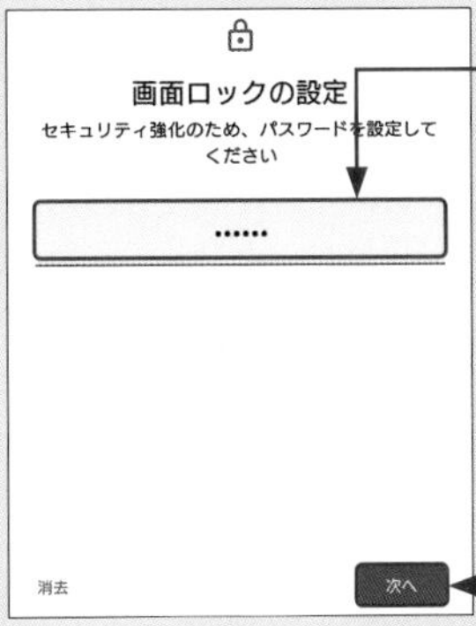

4 パスワードを入力し、

5 ＜次へ＞をタップします。

6 再度パスワードを入力し、＜確認＞をタップします。

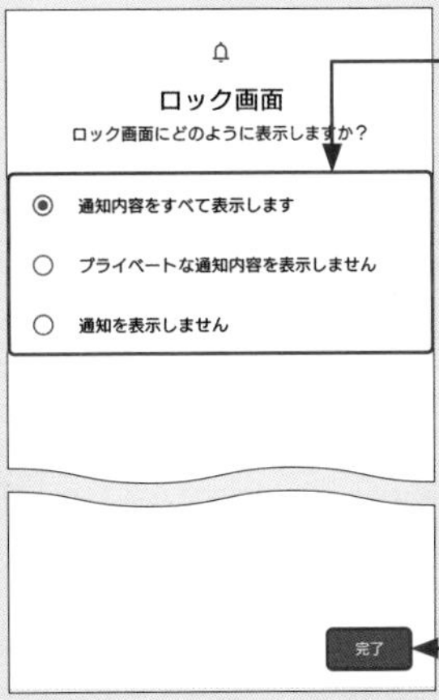

7 通知の表示方法をタップして選択し、

8 ＜完了＞をタップします。

9 ロック画面を解除しようとすると、パスワードの入力を求められるようになります。

094 » 指紋認証を使いたい!

A <設定>アプリで指紋を登録することができます。

ロック解除の方法に指紋認証機能や顔認証機能が搭載されているスマートフォンがあります。指紋や顔を登録することですばやく画面ロックが解除できるようになるので便利です。なお、指紋認証機能や顔認証機能を使用する際は、「パターン」「ロックNo.」「パスワード」のいずれかのロック設定が必要です。ここでは指紋を登録する方法を解説します。

1 <設定>アプリから<セキュリティ>をタップし、

2 <指紋設定>をタップしてパスワードを入力します。

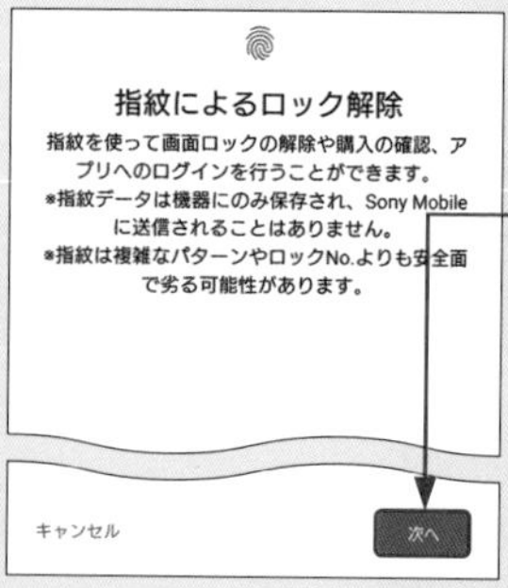

3 「指紋によるロック解除」画面が表示されるので、<次へ>→<次へ>の順にタップし、

4 登録する指を指紋センサーに置き、指を少しずつ動かして指の指紋全体を登録します。

5 <完了>をタップすると、

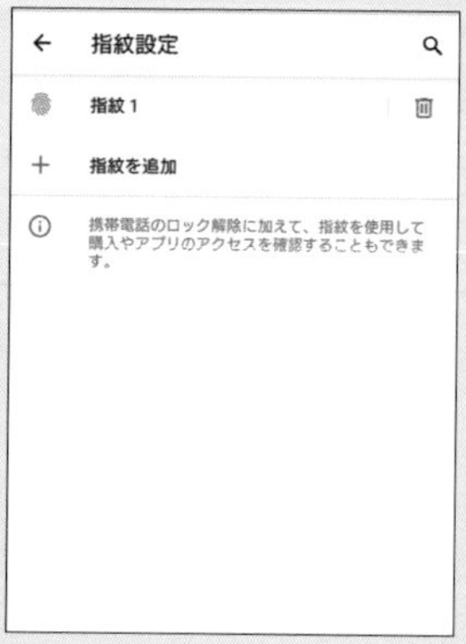

6 指紋が登録されます。

Q マナーモード

バージョン 9.0 10.0 ドコモ ソフトバンク au SIMフリー

095 » マナーモードにしたい!

A 音量キーを押します。

電車の中や公共の場所など、着信音や通知音が鳴るのを避けたい場所では、スマートフォンを「マナーモード」に設定しましょう。マナーモード設定中は着信音や通知音が鳴らずに、バイブレーションなどで知らせてくれます。ただし、カメラやビデオカメラのシャッター音、アラーム音変更時の音など、マナーモードに設定していても消すことのできない音もあります。マナーモードにするには、音量キーを押して、が表示されるまでタップします。

1 音量キーを押して、が表示されるまでタップすると、

2 マナーモードを示すが表示されます。

Q マナーモード

バージョン 9.0 10.0 ドコモ ソフトバンク au SIMフリー

096 » マナーモード中に特定の相手からの着信は鳴らしたい!

A <設定>アプリで着信する相手を指定します。

マナーモード中でも、連絡先に登録してある緊急の連絡先や家族だけを指定して着信音を鳴らすことができる機種があります。Xperiaでは、<設定>アプリから<音設定>をタップして設定を行います。

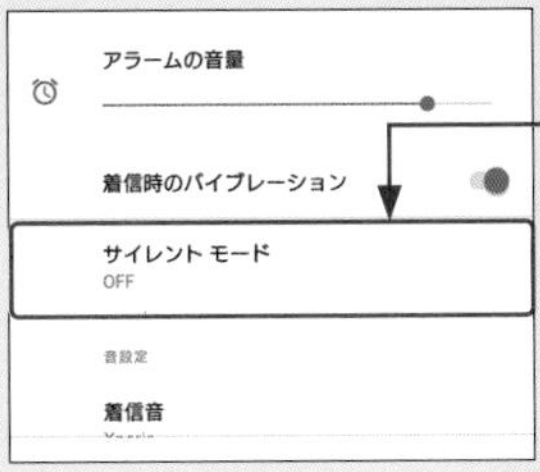

1 <設定>アプリから<音設定>→<サイレントモード>の順にタップし、

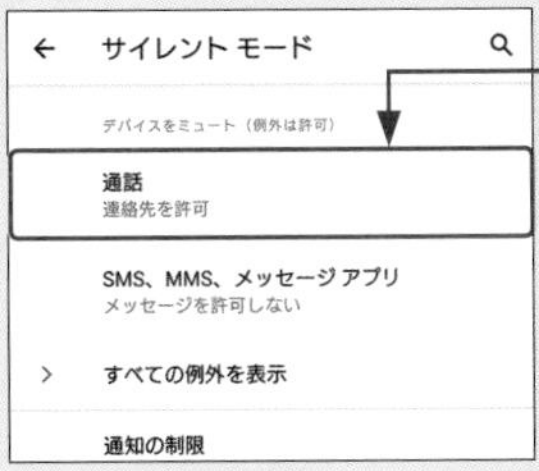

2 <通話>をタップします。

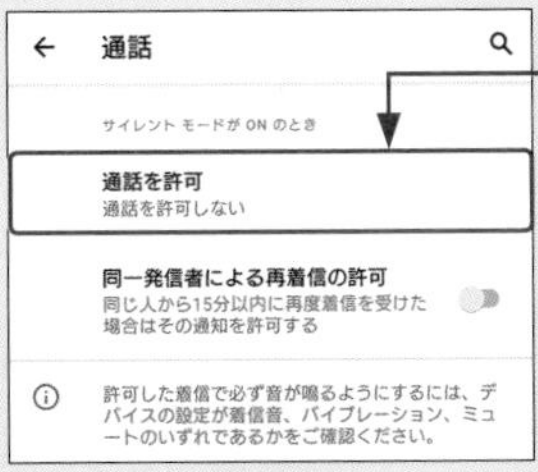

3 <通話を許可>をタップして、

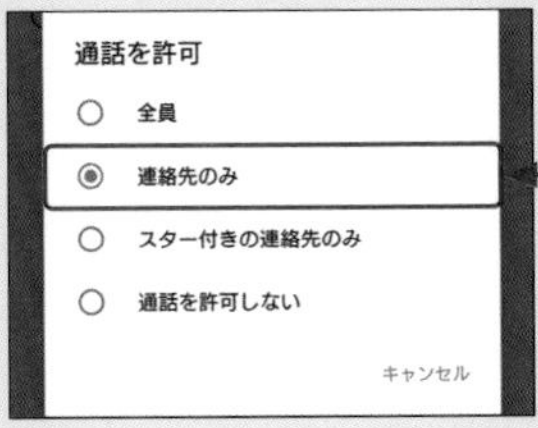

4 <連絡先のみ>をタップすると、マナーモードでも連絡先に登録している人からの着信音は鳴るように設定できます。

Q マナーモード バージョン 9.0 10.0 ドコモ ソフトバンク au SIMフリー

097 » マナーモードでバイブレーションも消したい！

A マナーモードの状態で再度アイコンをタップします。

音量キーを押してをタップするとマナーモードになります。さらにをタップすると、音もバイブレーションも消すことができます。

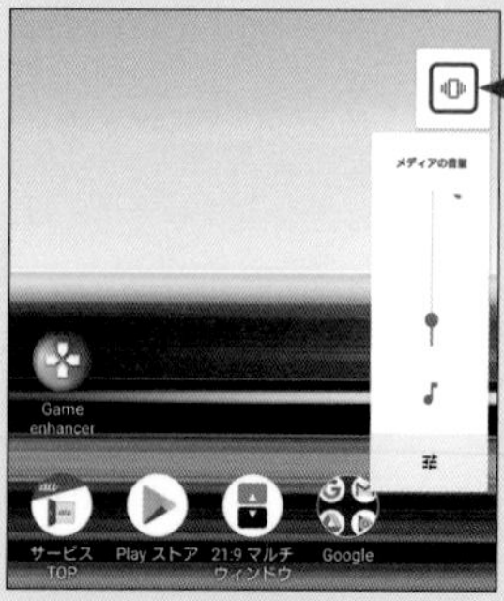

1 音量キーを押してをタップするとが表示され、音が鳴らずにバイブレーションのみで通知されるようになります。

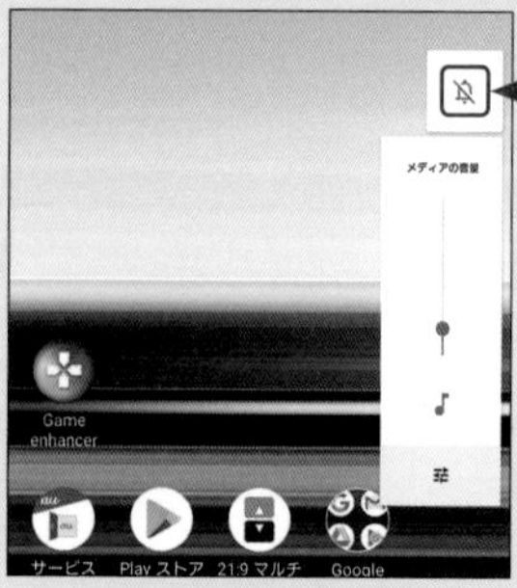

2 さらにをタップするとになり、音やバイブレーションによる通知がされなくなります。

クイック設定ツールで消音にする

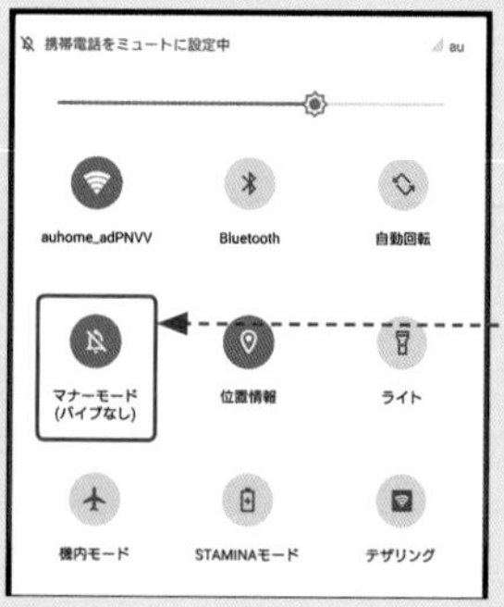

クイック設定ツール（Q.133参照）を表示して<マナーモード>をタップする方法でも、バイブあり→バイブなし→OFFを切り替えることができます。

Q マナーモード バージョン 9.0 10.0 ドコモ ソフトバンク au SIMフリー

098 » 着信時にバイブレーションを有効にしたい！

A <設定>アプリで着信バイブレーションを設定できます。

着信音を変更した際、バイブレーションも同時に振動させると着信時に気付きやすくなります。<設定>アプリから<音設定>をタップして、<着信時のバイブレーション>をオンにすると、設定した着信音と同時にバイブレーションが振動するようになります。

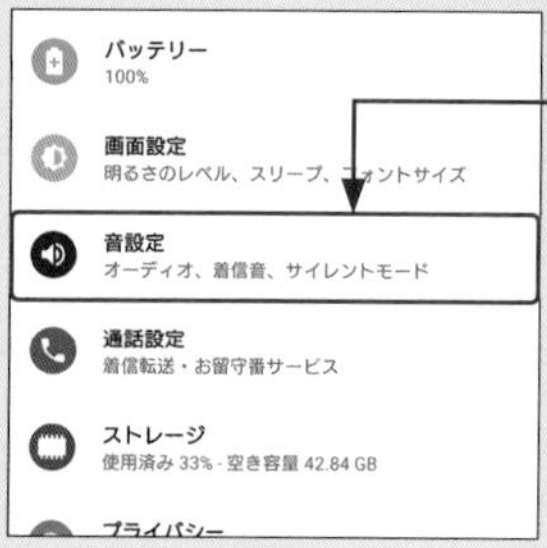

1 <設定>アプリから<音設定>をタップします。

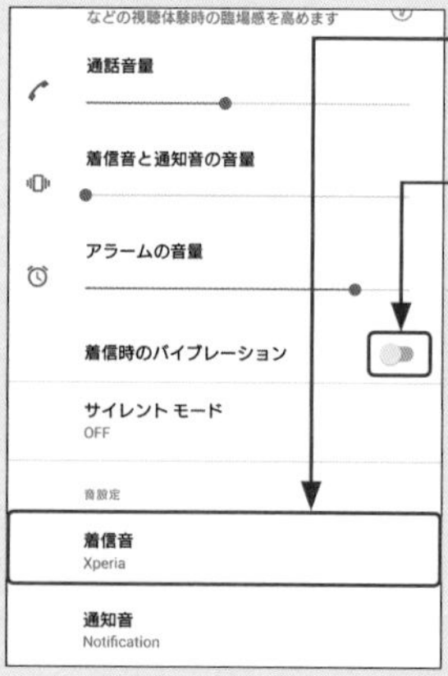

2 着信音を設定し、

3 「着信時のバイブレーション」のをタップして、

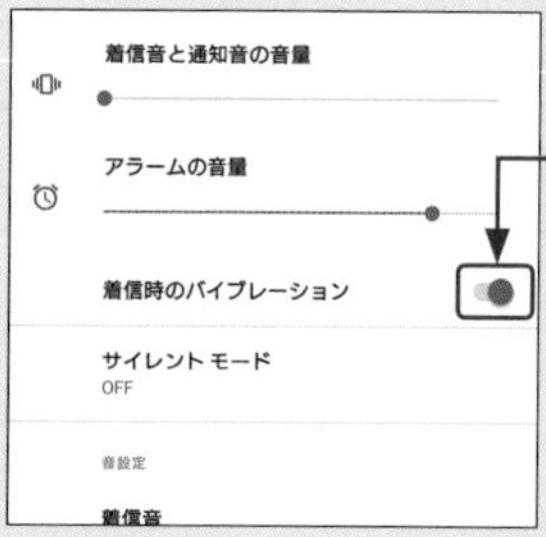

4 にすると、設定した着信音と同時にバイブレーションが振動するようになります。

Q ホーム画面

バージョン 9.0 10.0 | ドコモ ソフトバンク au SIMフリー

099 » ホーム画面のアイコンを削除・移動したい！

A アイコンをドラッグして配置を変更します。

ホーム画面のアプリアイコンは、ロングタッチしてドラッグすることで好きな位置に移動したり、削除したりすることができます。画面の右端や左端にドラッグすると、アプリアイコンを隣のホーム画面に移動することもできます。

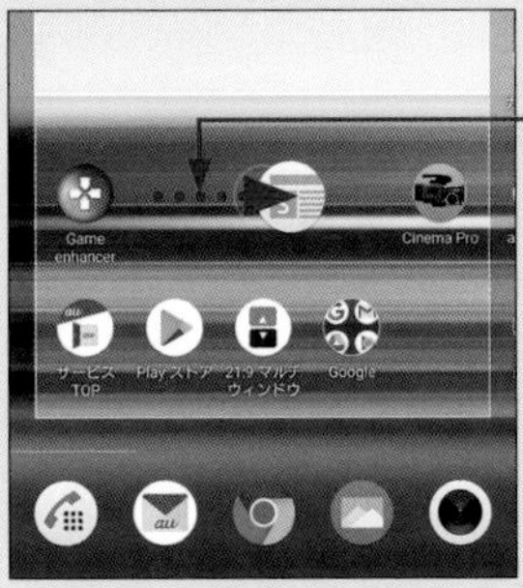

1 アプリアイコンをロングタッチし、配置したい位置までドラッグして、

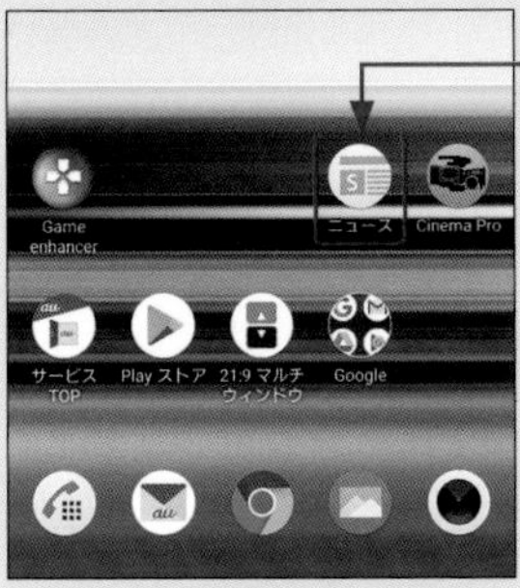

2 指を離すと、アプリアイコンが移動します。

3 削除したい場合は、アプリアイコンを画面上部の「削除」までドラッグします。

Q ホーム画面

バージョン 9.0 10.0 | ドコモ ソフトバンク au SIMフリー

100 » ホーム画面のページを増やしたい！減らしたい！

A アイコンを移動することで増減できます。

ホーム画面の数は1枚ではありません。ホーム画面を左右いずれかにフリックすると、ほかのホーム画面を表示させることができます。ホーム画面を増やしたいときはアプリアイコンを右端までドラッグし、減らしたいときは左端までドラッグします。

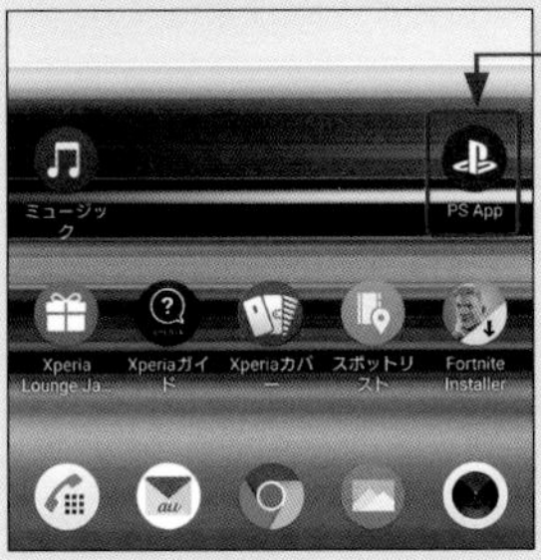

1 アプリアイコンをロングタッチし、

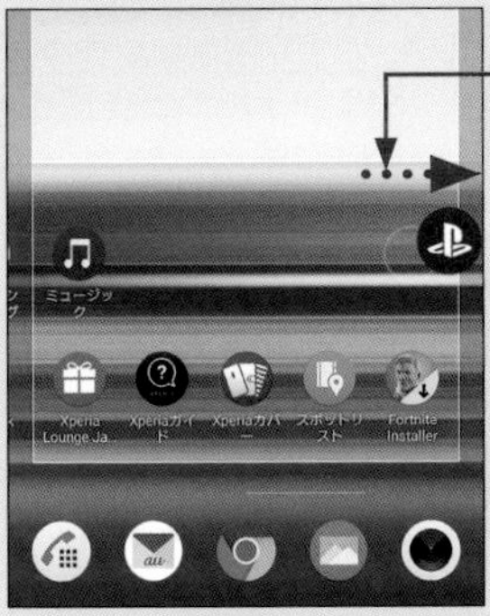

2 右端までドラッグします。

3 新しいホーム画面で指を離すと、ホーム画面が追加されます。

Q ホーム画面

バージョン 9.0 10.0　ドコモ ソフトバンク au SIMフリー

101 » アイコンをまとめて整理したい！

A アプリアイコンをロングタッチして別のアプリアイコンへドラッグします。

関連するアプリはフォルダにまとめて整理できます。アプリアイコンをロングタッチし、フォルダにまとめたいアプリアイコンまでドラッグすると、フォルダが作成されて同じフォルダ内に格納されます。また、作成されたフォルダをタップして開き、フォルダ名をタップすると、フォルダ名を変更することができます。

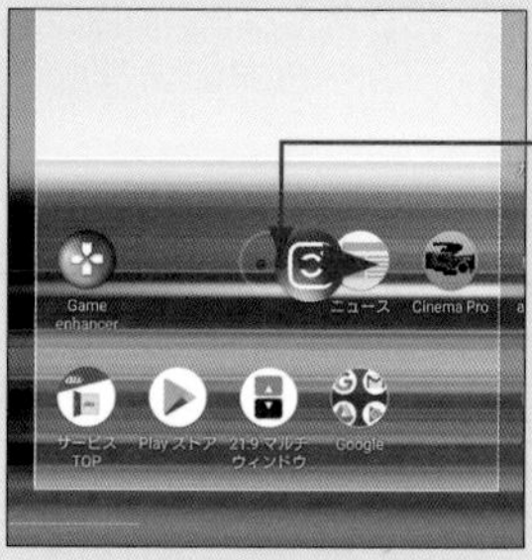

1 アプリアイコンをロングタッチし、まとめたいアプリアイコンへドラッグして指を離すと、

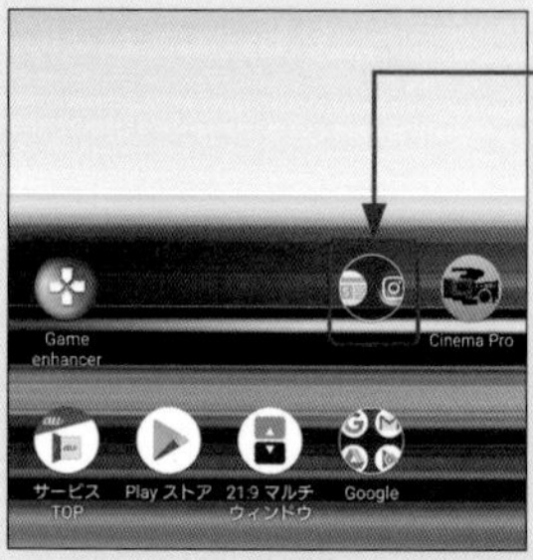

2 フォルダが作成されます。

フォルダにはアプリアイコンを数多く収容できます。

Q ホーム画面

バージョン 9.0 10.0　ドコモ ソフトバンク au SIMフリー

102 » フォルダの中身を表示したい！

A フォルダをタップします。

丸いアイコンに複数のアプリアイコンが表示されているのがフォルダです。フォルダには、関連する複数のアプリアイコンをまとめて格納することができます。フォルダアイコンをタップするとフォルダが開き、保存されているアプリが表示されます。

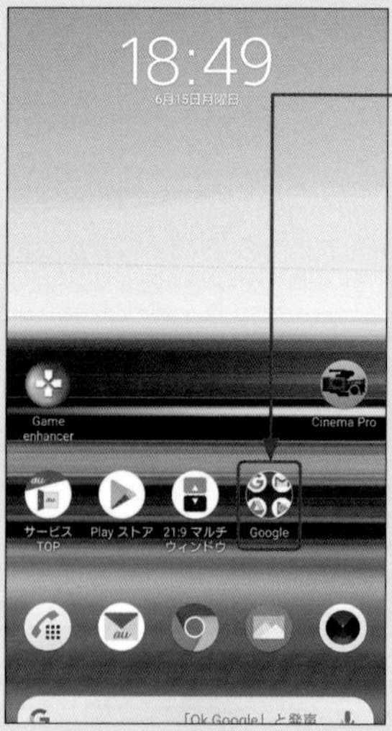

1 ホーム画面やアプリ一覧画面のフォルダをタップすると、

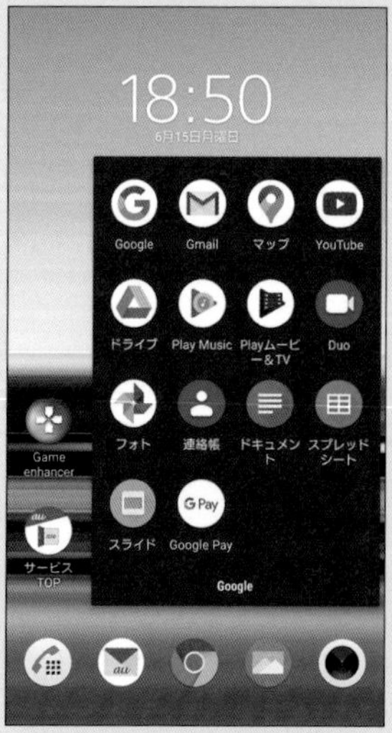

2 フォルダが開き、格納されているアプリが表示されます。

Q ホーム画面 バージョン 9.0 10.0 ドコモ ソフトバンク au SIMフリー

103 » ホーム画面にアプリのアイコンを追加したい！

A アプリ一覧画面でアイコンをホーム画面までドラッグします。

よく使うアプリのアイコンをホーム画面に置いておくと、すばやく起動することができて便利です。ホーム画面にアプリアイコンを追加するには、アプリ一覧画面でホーム画面に追加したいアプリをロングタッチし、ホーム画面に切り替わったら指を離すと、ホーム画面にアプリアイコンが追加されます。

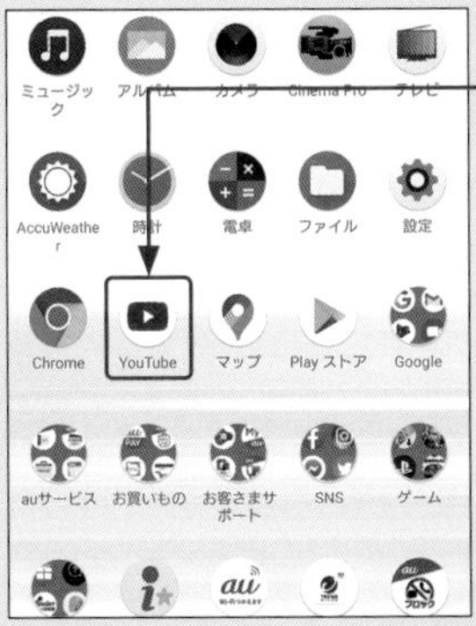

1 アプリ一覧画面でアプリアイコンをロングタッチし、

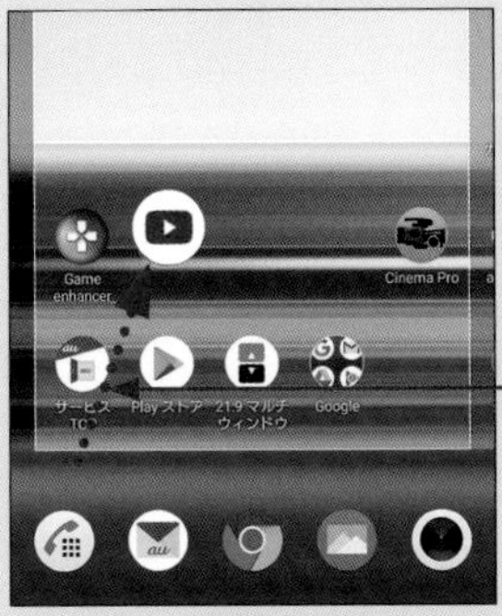

2 ホーム画面に切り替わったら、好きな場所までドラッグして、

3 指を離すと、ホーム画面にアプリアイコンが追加されます。

Q ホーム画面 バージョン 9.0 10.0 ドコモ ソフトバンク au SIMフリー

104 » よく使うアプリをすぐに起動させたい！

A アイコンをドラッグしてホーム画面下のドックに配置します。

ホーム画面下部にある横一列に並んだ部分を「ドック」といいます。ドックはどのホーム画面でも表示されるので、よく使うアプリや、緊急時にすばやく開きたいアプリがある場合などに便利です。なお、ドックには標準で5個までのアプリアイコンを配置できます。

1 アプリ一覧画面から、よく使うアプリアイコンをロングタッチし、

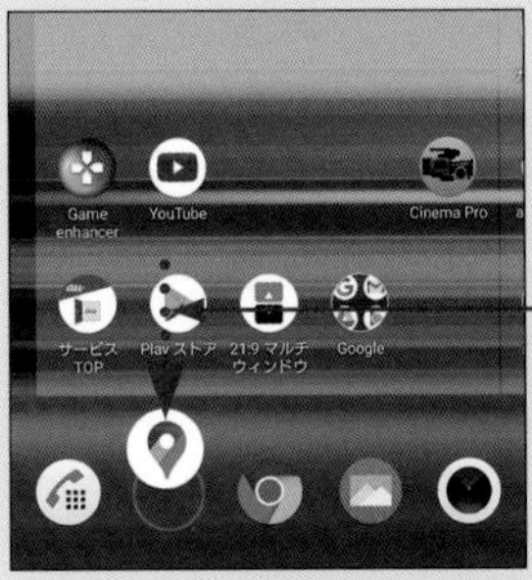

2 ホーム画面下部のバーまでドラッグして指を離すと配置されます。

3 配置したアプリは、どのホーム画面からでも起動することができます。

Q ホーム画面

バージョン 9.0 10.0 ドコモ ソフトバンク au SIMフリー

105 » ドコモのmy daizのアイコンを消したい！

A my daizをロングタッチして「キャラ表示」の設定を変更します。

ドコモのアプリ「my daiz」のキャラは、ホーム画面やメール画面などを自由に動き回るキャラクターで、着信やメール受信を知らせてくれます。my daizを非表示にするには、my daizをロングタッチして「キャラ」画面を表示し、「キャラ表示」をオフにします。

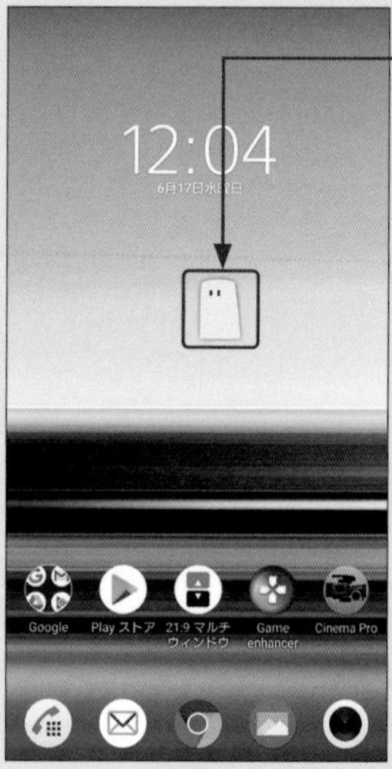

1 my daizをロングタッチし、

2 「キャラ」画面を表示して、「キャラ表示」の をタップしてオフにします。

Q ウィジェット

バージョン 9.0 10.0 ドコモ ソフトバンク au SIMフリー

106 » ウィジェットって何？

A ホーム画面に置くことができる簡易アプリです。

スマートフォンでは、「ウィジェット」と呼ばれる簡易アプリをホーム画面上に置くことができます。ウィジェットを設置しておくと、ひと目で情報を確認したり機能を利用したりできるので便利です。ウィジェットには、カレンダーや時計、天気、ニュースなどを表示できるので、常に最新の情報を取得することができます。

ホーム画面にカレンダーのウィジェットを置くと、カレンダーをすばやく確認できます。

頻繁に使う連絡先を、ホーム画面から直接呼び出せるウィジェットもあります。

Q ウィジェット

バージョン 9.0 10.0 ドコモ ソフトバンク au SIMフリー

107 » ウィジェットを追加したい！

A ホーム画面の何もない部分をロングタッチします。

ウィジェットを置くには、ホーム画面の何もない部分をロングタッチし、<ウィジェット>をタップします。追加できるウィジェットの一覧が表示されるので、上下にスワイプして、追加したいウィジェットをロングタッチしたままホーム画面にドラッグすると、ウィジェットが追加されます。なお、ホーム画面のどの位置に配置されるかは、ウィジェットによって異なります。

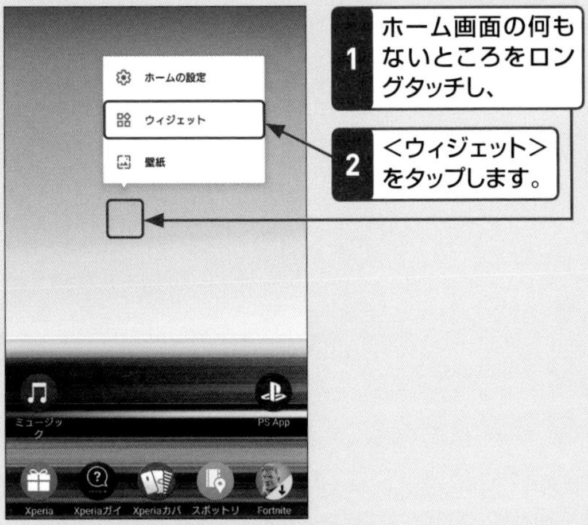

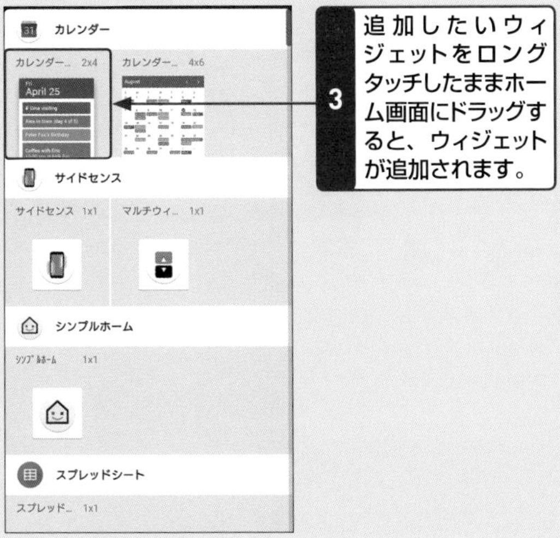

Q ウィジェット

バージョン 9.0 10.0 ドコモ ソフトバンク au SIMフリー

108 » ウィジェットの大きさを変更したい！

A ウィジェットをロングタッチして◯をドラッグします。

ウィジェットの大きさを変更するには、大きさを変更したいウィジェットをロングタッチすると表示される◯をドラッグします。ただし、大きさを変更できないウィジェットもあります。

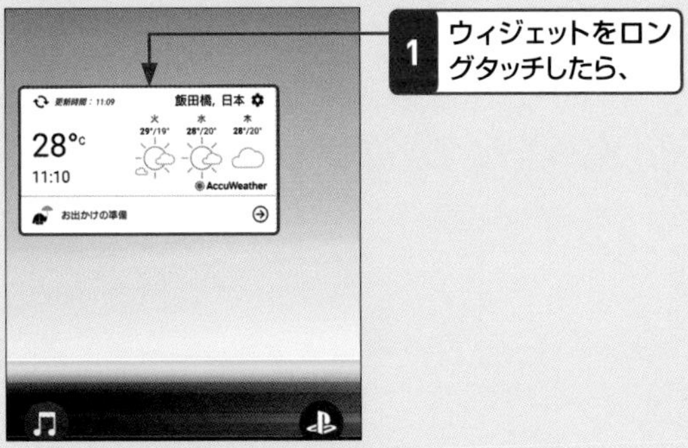

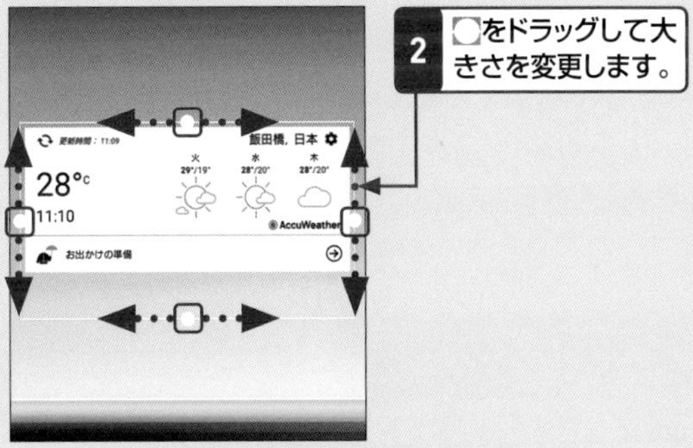

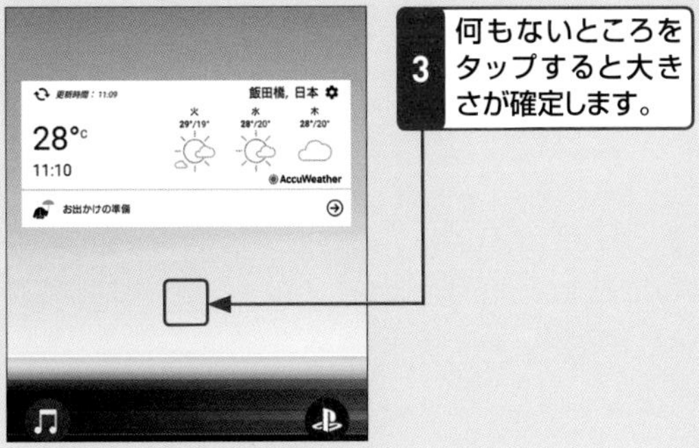

Q ウィジェット
バージョン 9.0 10.0 ドコモ ソフトバンク au SIMフリー

109 » ウィジェットを移動・削除したい！

A ロングタッチして、「削除」までドラッグします。

ウィジェットを削除したり移動したりしたいときは、ウィジェットをロングタッチしましょう。画面上部の「削除」までドラッグするとウィジェットが削除され、移動したい場所までドラッグするとウィジェットが移動します。なお、機種によっては、ウィジェットをロングタッチして表示されるメニューで＜削除＞などをタップする場合もあります。

1 削除したいウィジェットをロングタッチし、

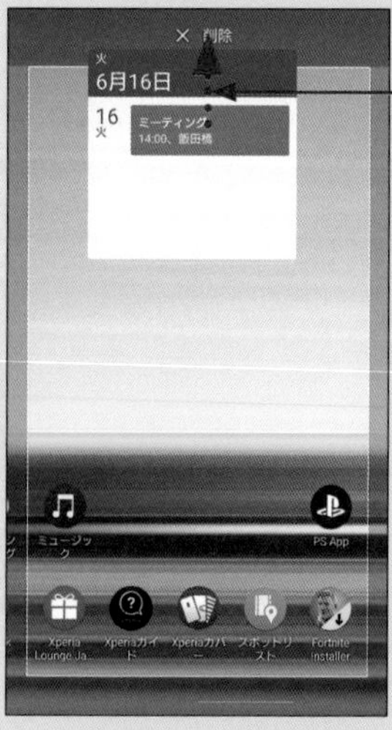

2 「削除」までドラッグすると、ウィジェットが削除されます。

Q 画面
バージョン 9.0 10.0 ドコモ ソフトバンク au SIMフリー

110 » 画面の向きは変えられる？

A 画面を横向きにしたときに表示されるをタップします。

スマートフォンを回転したときに、画面もあわせて回転するようにしておくと、常に同じ表示状態で画面を見られるので便利です。画面の向きは、本体を横向きにしたときに表示されるをタップします。なお、クイック設定ツール（Q.133参照）からも自動回転の設定を行えます。

本体を横向きにする

本体を横向きにし、をタップします。

クイック設定ツールから行う

Q.133を参考にクイック設定ツールを表示し、＜自動回転＞をタップします。

Q 画面 バージョン 9.0 10.0 ドコモ ソフトバンク au SIMフリー

111 ≫ 画面の向きを固定したい！

A 「画面の自動回転」をオフにします。

初期状態では、スマートフォンの回転とともに画面も回転するように設定されていますが、画面の表示向きを変えずに固定しておくこともできます。たとえば、地図などを見る際、端末を進行方向に回転させたときに画面も回転してしまうことがあります。画面を縦向きに固定するには、<設定>アプリから<画面設定>をタップするほか、クイック設定ツールからも変更できます。

「画面設定」で画面の向きを固定する

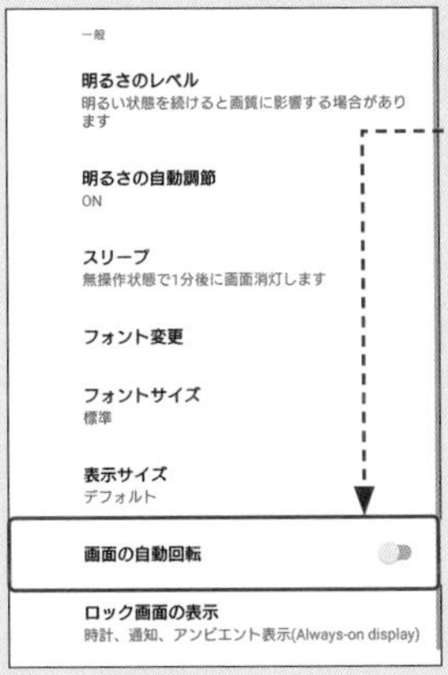

<設定>アプリから<画面設定>をタップし、<画面の自動回転>をタップしてオフにします。

クイック設定ツールで画面の向きを固定する

Q.133を参考にクイック設定ツールを表示し、<自動回転>をタップすることで、画面の向きの固定を切り替えることができます。

Q 画面 バージョン 9.0 10.0 ドコモ ソフトバンク au SIMフリー

112 ≫ スリープ状態でも日付や時計を確認したい！

A 「アンビエント表示」から設定します。

有機ELディスプレイの「アンビエント表示(Always on Display)」が利用できる機種であれば、スリープ状態でも日付や時計を確認することができます。そのつどスマートフォンのロックを解除する必要もありません。「常に有効」にしておけば、常に画面上に情報が表示されるので便利ですが、バッテリーを消費する点に注意しましょう。

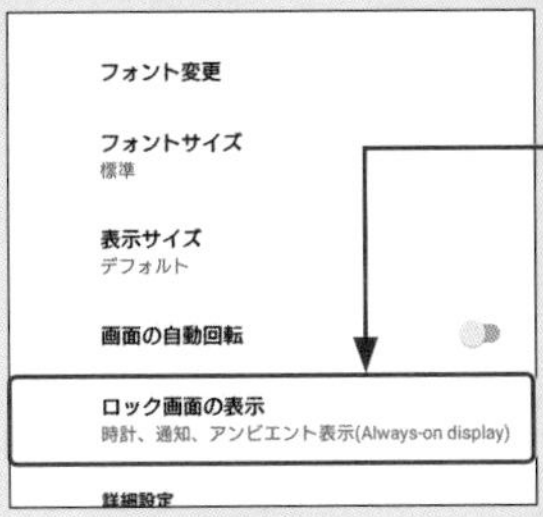

1 <設定>アプリから<画面設定>→<ロック画面の表示>の順にタップし、

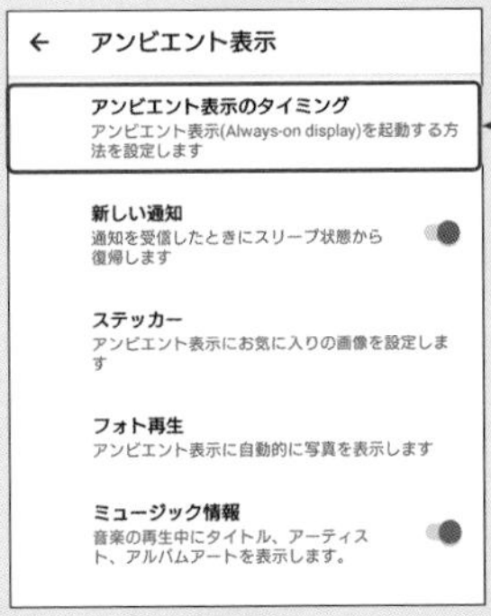

2 <アンビエント表示>→<アンビエント表示のタイミング>の順にタップしたら、

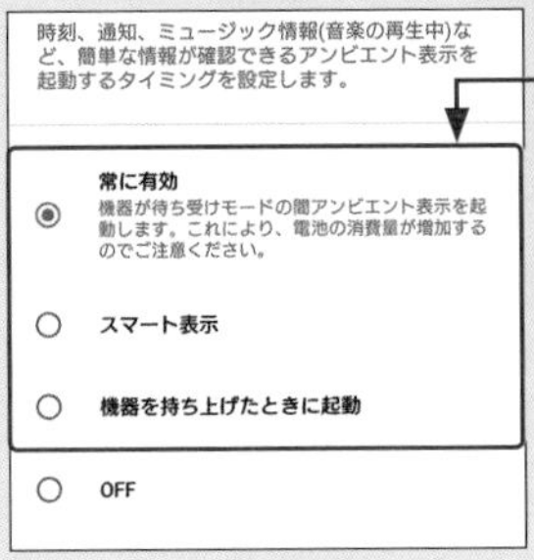

3 <常に有効><スマート表示><機器を持ち上げたときに起動>のいずれかをタップします。

Q 画面 バージョン 9.0 10.0 ドコモ ソフトバンク au SIMフリー

113 » 画面の明るさを変更したい！

A クイック設定ツールで変更できます。

画面の明るさは、自分のちょうどよい明るさに手動で調整することができます。明るさを手動で調整するには、ステータスバーを下方向にドラッグしてクイック設定ツールを表示し、⚙を左右にドラッグして設定します。右にドラッグすると明るく、左にドラッグすると暗くなります。

1 ステータスバーを下方向にドラッグすると、

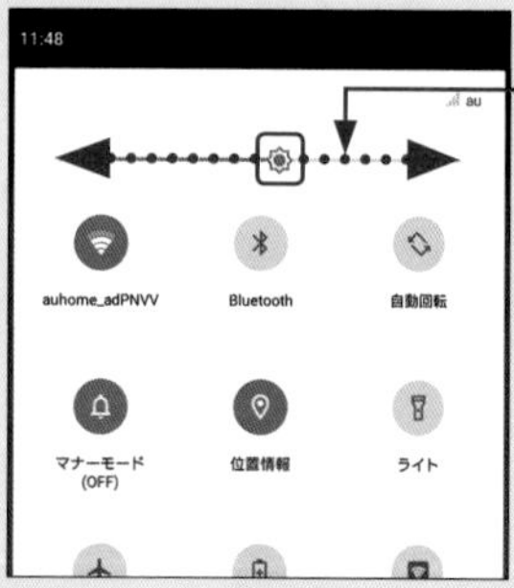

2 クイック設定ツールが表示されるので、⚙を左右にドラッグして画面の明るさを変更します。

3 右にドラッグすると画面が明るくなり、左にドラッグすると画面が暗くなります。

Q 画面 バージョン 9.0 10.0 ドコモ ソフトバンク au SIMフリー

114 » 画面の明るさを周りの明るさに合わせたい！

A ＜設定＞アプリの「明るさの自動調節」をオンにします。

画面の明るさを周りの明るさに合わせて調整すると、画面が見やすくなり、目も疲れにくくなります。しかし、そのつど調整するのは大変です。「明るさの自動調節」をオンにしておくと、薄暗い場所や直射日光が当たるような明るい場所でも、明るさを自動調整し、最適な状態で表示されます。

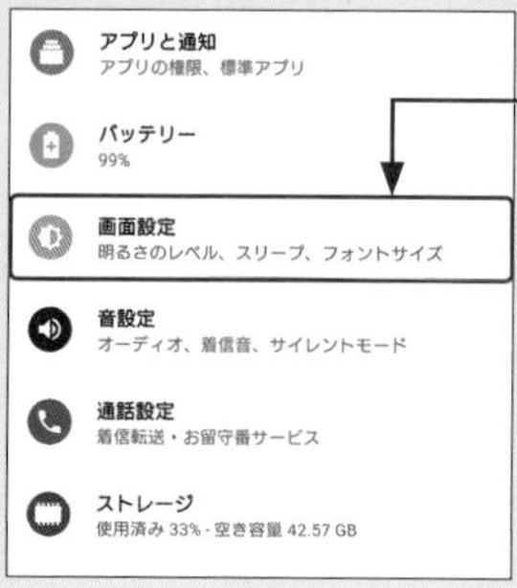

1 ＜設定＞アプリから＜画面設定＞をタップし、

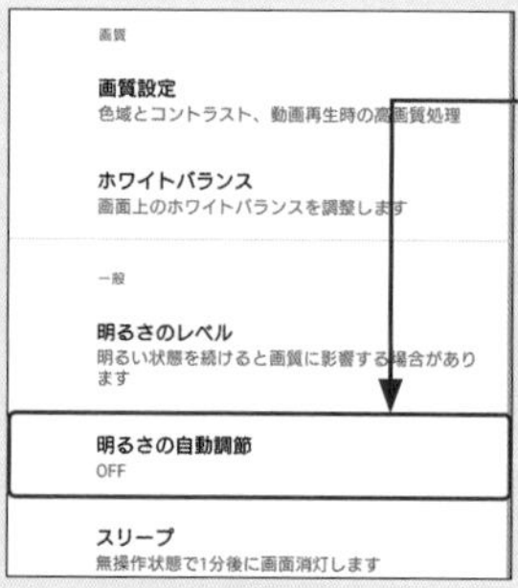

2 ＜明るさの自動調節＞をタップします。

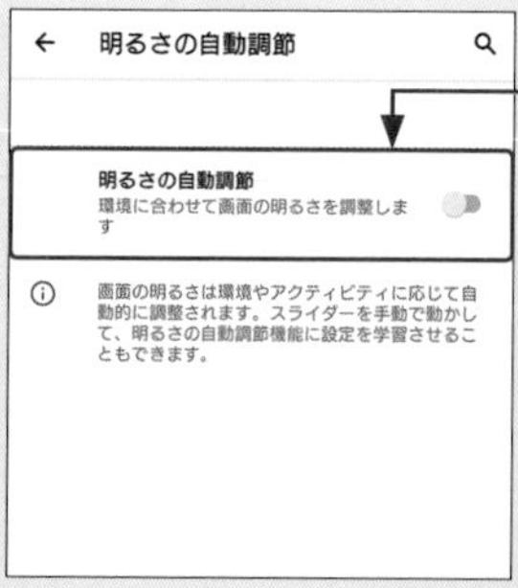

3 ＜明るさの自動調節＞をタップしてオンにします。

Q 画面

バージョン 9.0 10.0 ドコモ ソフトバンク au SIMフリー

115 » 目に優しい表示にしたい!

A ホワイトバランスの調節やブルーライトカットを利用します。

パソコンやスマートフォンのディスプレイから発せられる青色の光（ブルーライト）は、目に負担がかかるといわれています。スマートフォンでは、青色の色調が強めに設定されていますが、「ブルーライトカット」機能がある機種では、この青色光を軽減することができます。そのほか、画面の色調調整や「ダークモード」機能（Q.116参照）を持つ機種もあります。ここではXperiaのホワイトバランス調整の方法を解説します。

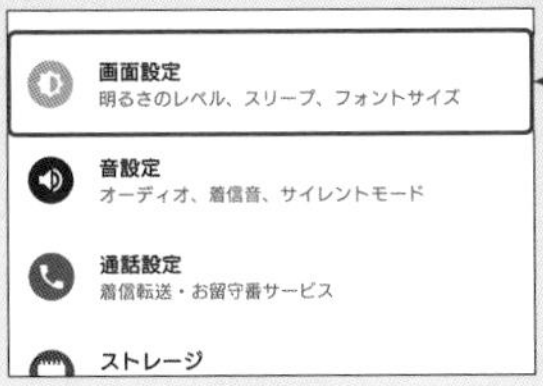

1 <設定>アプリから<画面設定>をタップし、

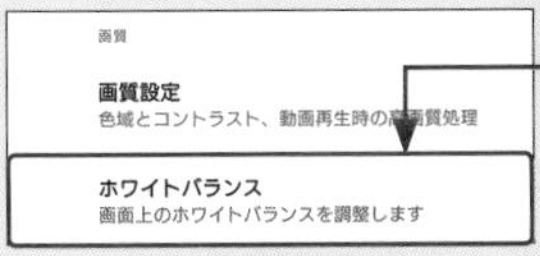

2 <ホワイトバランス>をタップします。

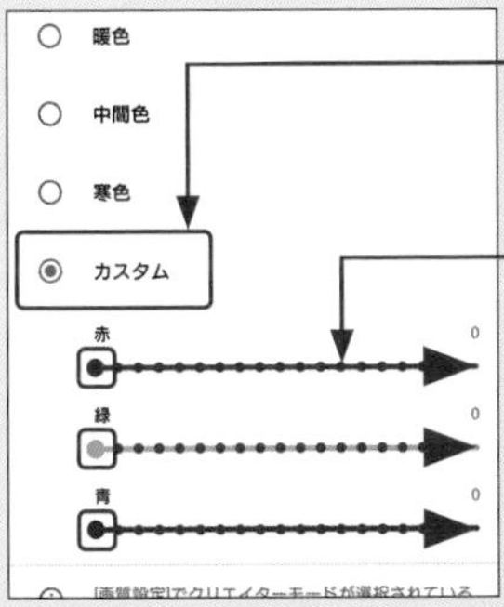

3 <カスタム>をタップし、

4 赤、緑、青の3つのバーを左右にドラッグして色合いを調整します。

変更した設定は、画面の上側で白やグレーの色で確認できます。

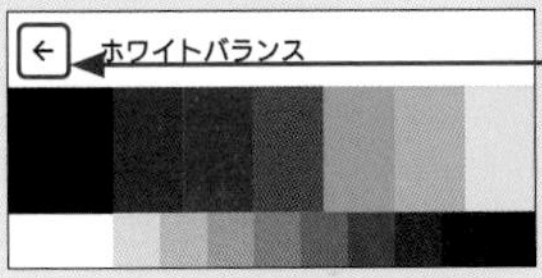

5 ←をタップすると、色合いが変更されます。

Q 画面

バージョン 9.0 10.0 ドコモ ソフトバンク au SIMフリー

116 » ダークモードって何？

A 黒を基調としたデザインです。

Android 10.0では「ダークモード」機能が追加されました。初期状態では白を基調としたデザインになっていますが、「ダークモード」機能をオンにすると、対応アプリを含め、黒を基調としたデザインに切り替えることができます。発光量が少ないため目に優しく、暗い場所でも画面を見やすくなります。バッテリー消費を抑えることも可能なので、ぜひ活用してみるとよいでしょう。

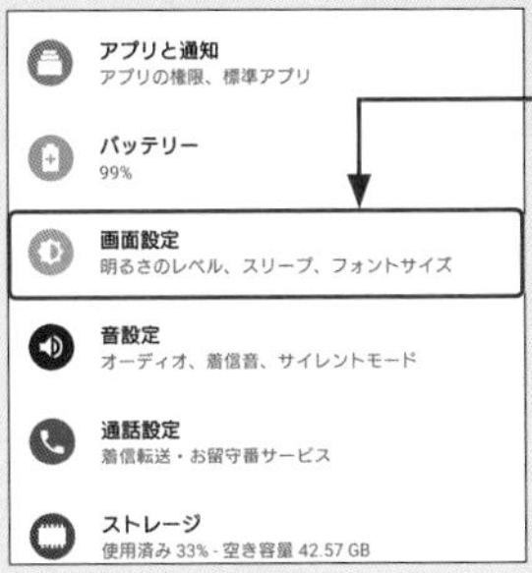

1 <設定>アプリから<画面設定>をタップし、

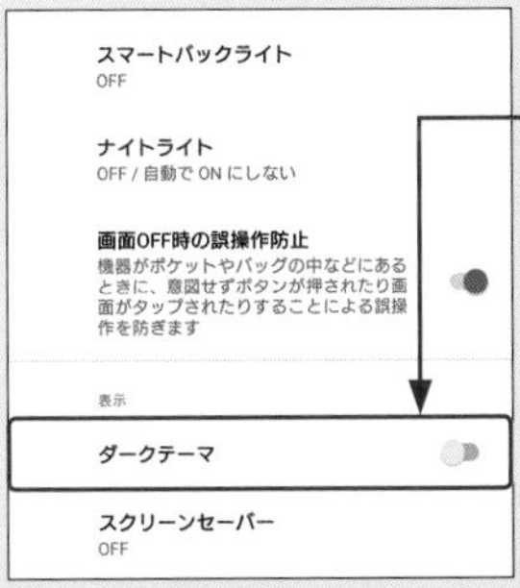

2 <詳細設定>→<ダークテーマ>の順にタップすると、

3 黒を基調とした画面に切り替わります。

Q 画面 バージョン 9.0 10.0 ドコモ ソフトバンク au SIMフリー

117 » 文字の大きさを変更したい！

A 4種類のフォントサイズから変更できます。

フォントのサイズを変更するには、<設定>アプリで<画面設定>→<フォントサイズ>の順にタップし、設定したいフォントサイズを「小」「中」「大」「特大」から選択します。フォントを大きくすれば見やすくなり、小さくすれば多くの情報を一度に表示させることができます。

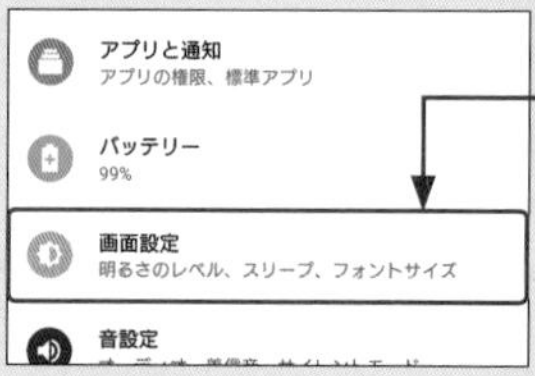

1 <設定>アプリから<画面設定>をタップし、

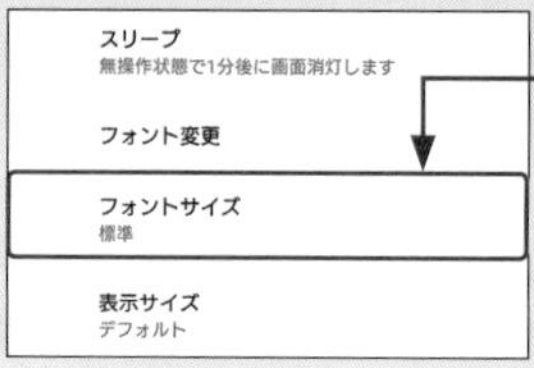

2 <フォントサイズ>をタップしたら、

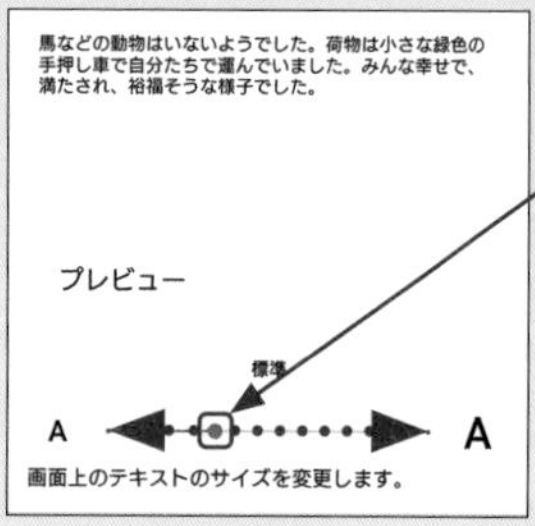

3 プレビューのところにある●を左右にスライドするか、タップしてサイズを変更します。

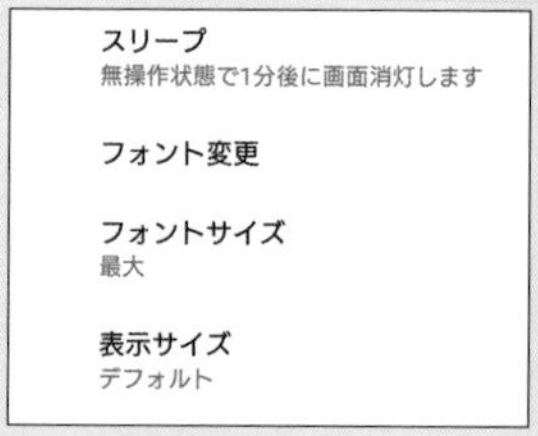

4 フォントのサイズが変更されます。

Q 壁紙 バージョン 9.0 10.0 ドコモ ソフトバンク au SIMフリー

118 » ホーム画面の背景を変更したい！

A ホーム画面の何もないところをロングタッチして<壁紙>をタップします。

壁紙を変更するには、ホーム画面の何もないところをロングタッチし、<壁紙>をタップして設定したい画像を選択します。なお、壁紙選択の画面で<マイフォト>をタップすると、スマートフォンに保存されている画像や写真を壁紙に設定することができます。

1 ホーム画面の何もないところをロングタッチし、

2 <壁紙>をタップします。

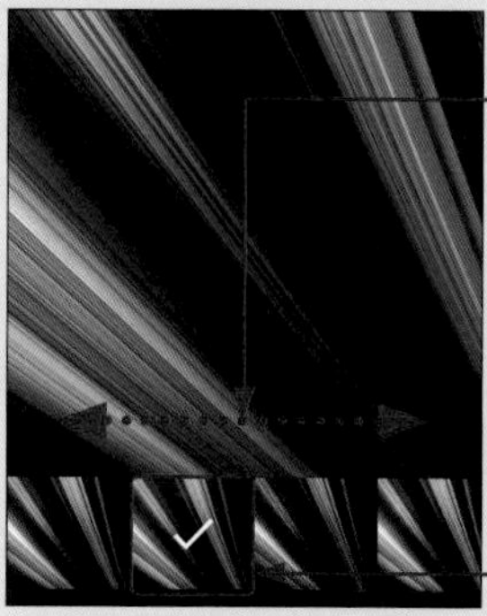

3 一覧を左右にスワイプし、

4 壁紙に設定したい画像をタップして、

5 <壁紙を設定>→<ホーム画面>の順にタップします。

6 ホーム画面の壁紙が変更されます。

壁紙 バージョン 9.0 10.0 ドコモ ソフトバンク au SIMフリー

Q 119 ≫ ライブ壁紙を利用したい!

A 壁紙の設定時に<ライブ壁紙>をタップします。

ライブ壁紙は、アニメーションなどの動く要素が追加された壁紙で、ホーム画面やユーザーの操作に合わせて壁紙が動きます。ライブ壁紙を設定するには、<設定>アプリから<外観>→<壁紙>→<ライブ壁紙>の順にタップし、好みのライブ壁紙をタップします。機種によっては、Q.118の壁紙の設定からライブ壁紙を選択できます。

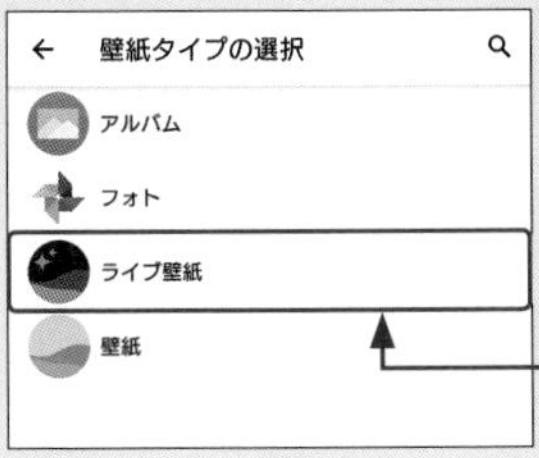

1 <設定>アプリから<外観>→<壁紙>の順にタップし、

2 <ライブ壁紙>をタップします。

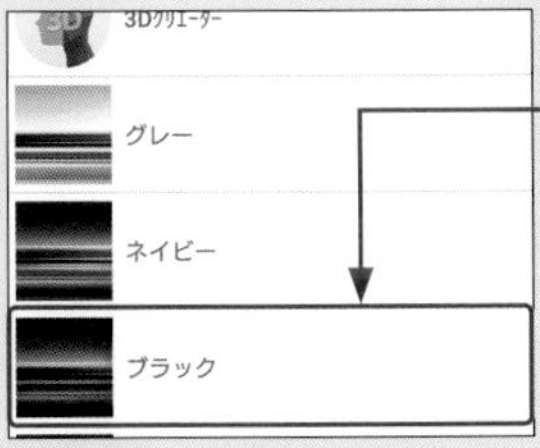

3 使用可能なライブ壁紙をタップします。

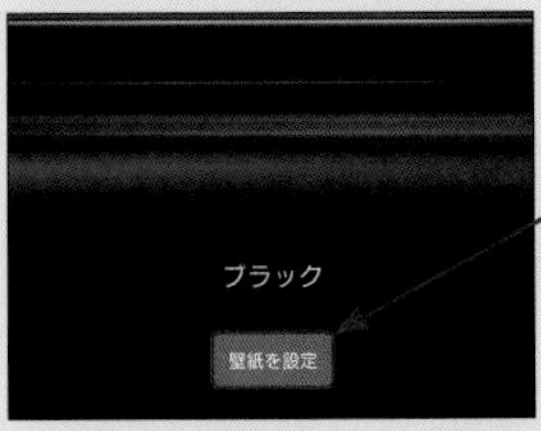

4 プレビューが表示されるので、問題なければ<壁紙を設定>をタップし、

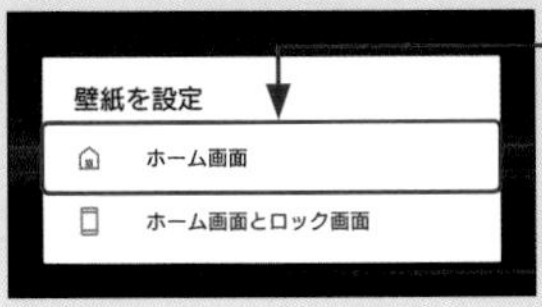

5 <ホーム画面>をタップします。

壁紙 バージョン 9.0 10.0 ドコモ ソフトバンク au SIMフリー

Q 120 ≫ ロック画面の壁紙を変更したい!

A ホーム画面の何もないところをロングタッチして<壁紙>をタップします。

「ロック画面」は、スリープモードを解除したときに表示される画面です。ロック画面の壁紙は、ホーム画面の何もないところをロングタッチし、<壁紙>をタップして設定したい画像を選択します。既存の画像を選択して設定したり、<マイフォト>をタップして自分の撮影した画像を設定したりすることもできます。

1 ホーム画面の何もないところをロングタッチし、

2 <壁紙>をタップします。

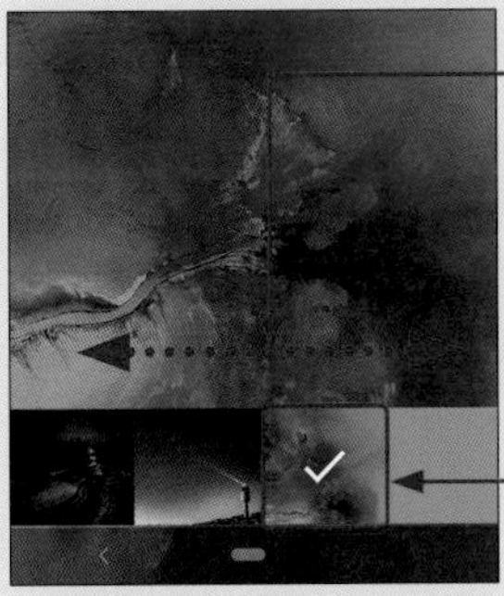

3 一覧を左右にスワイプし、

4 壁紙に設定したい画像をタップして、

5 <壁紙を設定>をタップします。

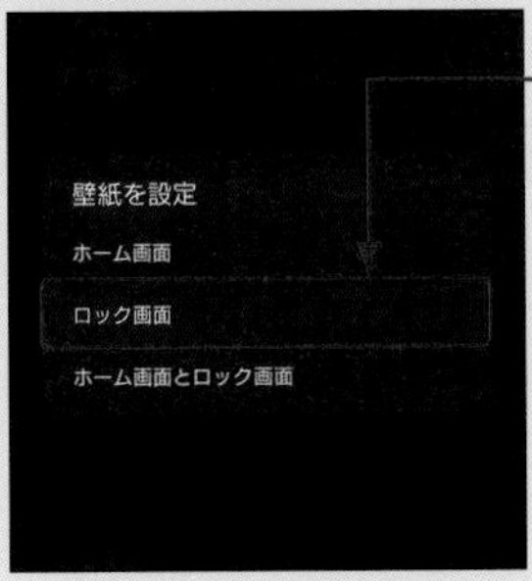

6 <ロック画面>をタップします。

Q ステータスバー バージョン 9.0 10.0 ドコモ ソフトバンク au SIMフリー

121 » スマホの状態をかんたんに確認したい！

A 「ステータスバー」で確認できます。

端末の状態は、画面上部に表示されている「ステータスバー」でかんたんに確認できます。ステータスバーでは、新着メールや不在着信などを知らせる「通知アイコン」と、電池残量や電波レベルなど端末の状態を表す「ステータスアイコン」が表示されます。

通知アイコンの例	ステータスアイコンの例
新着Eメールあり	マナーモード（アラームのみ）
不在着信あり	マナーモード（バイブレーション）
アプリのアップデート通知あり	Wi-Fi接続中
伝言メモあり	電波の状態
データを受信／ダウンロード	電池の状態
インストール完了	NFCをオンに設定中

Q 通知 バージョン 9.0 10.0 ドコモ ソフトバンク au SIMフリー

122 » 通知って何？

A メールやアプリからの情報などを受け取ることができる機能です。

通知とは、メールの着信やアプリなどの情報をお知らせする機能です。通知が届くと画面上部のステータスバーにアイコンが表示され、ポップアップのお知らせがロック中や操作中でも表示されます。画面上部を下方向にスワイプすると通知パネルが表示され、メール差出人など、通知のより詳しい情報を確認できます。

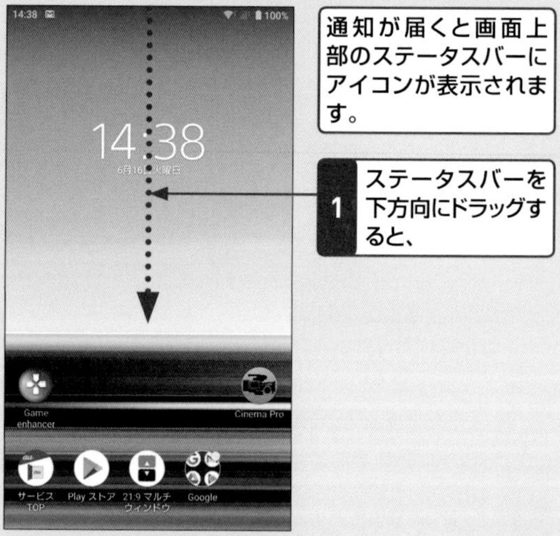

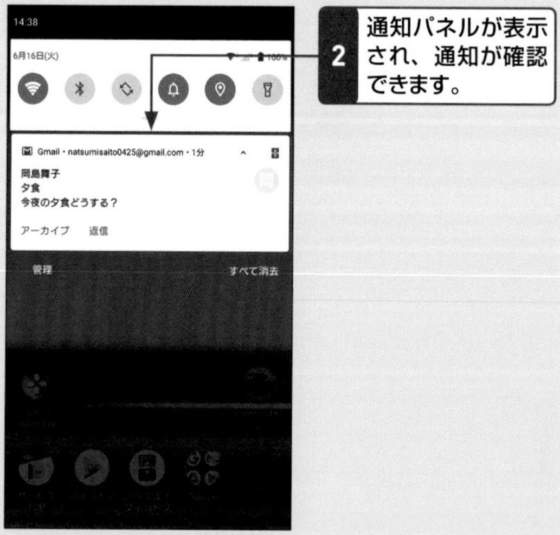

Q 通知

バージョン 9.0 10.0 ドコモ ソフトバンク au SIMフリー

123 » アイコンに表示される数字は何？

A 未確認の新着情報があるものです。

アプリアイコンの右上に丸い印や数字が表示されているものは、そのアプリに未確認の新着情報があることを意味します。「通知ドット」と呼ばれており、新着情報を確認することで消えます。なお、通知ドットを表示させたくないときは、以下の方法で設定を行いましょう。

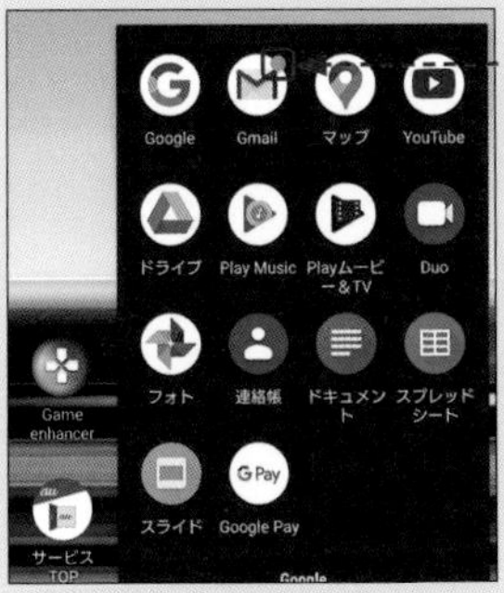

未確認の新着情報があると丸い印や数字などのドットが表示されます。

1 ＜設定＞アプリから＜アプリと通知＞→＜通知の設定＞→＜詳細設定＞の順にタップし、

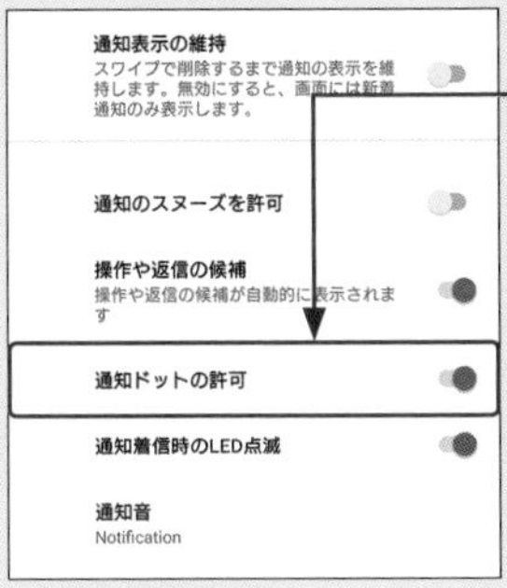

2 ＜通知ドットの許可＞をタップしてオフにします。

Q 通知

バージョン 9.0 10.0 ドコモ ソフトバンク au SIMフリー

124 » 通知を削除したい！

A 消したい通知を右または左方向にフリックします。

通知パネルやステータスバーに表示されている通知を消すには、通知パネルを表示して、消したい通知を右または左方向にフリックします。また、＜すべて消去＞をタップすることで、すべての通知を一括して削除することもできます。ただし、確認していない通知も削除されてしまうので注意しましょう。また、通知によっては削除できないものもあります。

通知を個別に消す

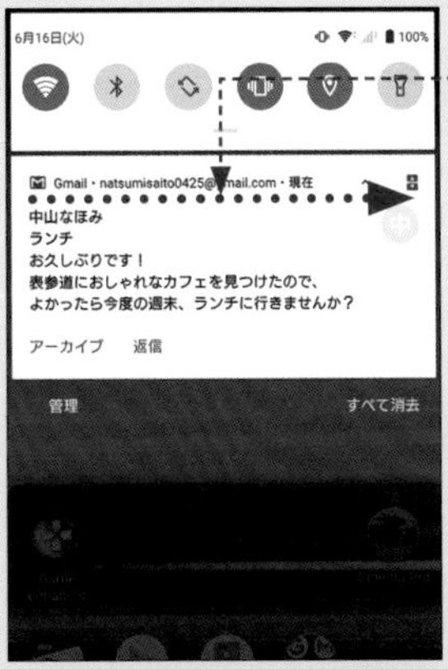

通知を右方向にフリックすると、通知を個別に削除できます。

すべての通知を消す

＜すべて消去＞をタップすると、すべての通知が削除されます。

Q 通知 バージョン 9.0 10.0 ドコモ ソフトバンク au SIMフリー

125 » 通知をかんたんに処理したい！

A 通知パネルから処理できます。

メールや不在着信などの通知は、通知パネルから処理できます。また、すぐに返せないときやあとから確認したいときなどは、再通知設定をしておくと便利です。時間を指定できるので忘れてしまう心配もありません。

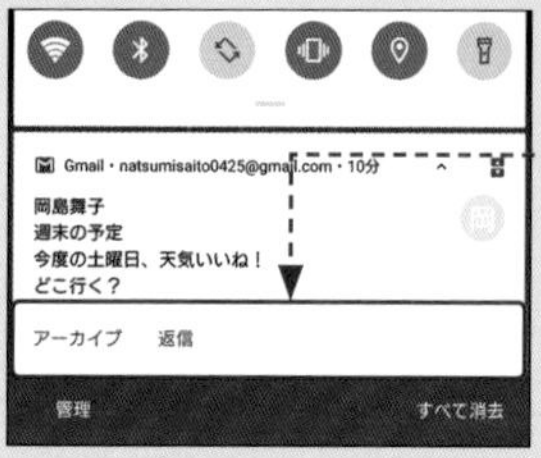

通知パネルを表示し、該当する項目をタップすると、アプリを開かずに処理することができます。

再通知設定

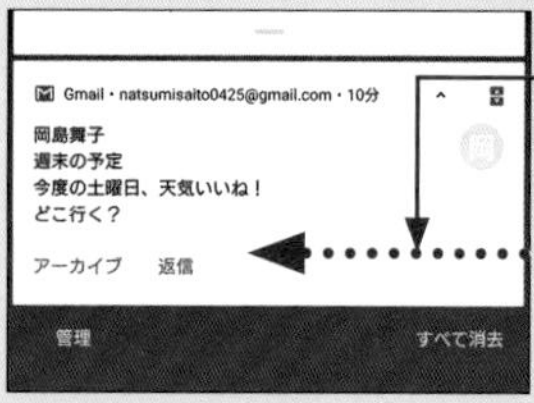

1 通知を左方向にスワイプし、

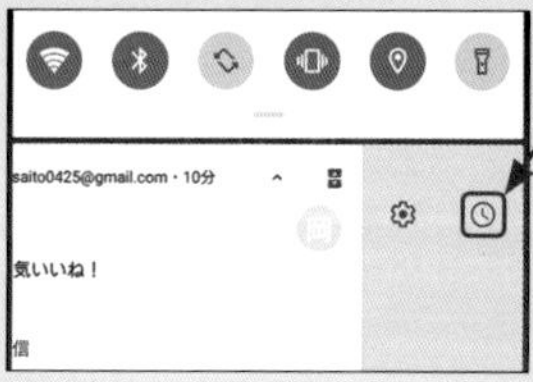

2 ◷をタップします。

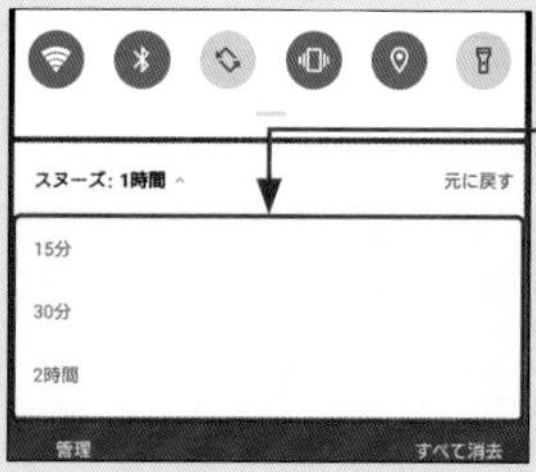

3 再通知したい時間をタップすると、再通知設定が完了します。

Q 通知 バージョン 9.0 10.0 ドコモ ソフトバンク au SIMフリー

126 » 通知の表示を変更したい！

A アプリの通知内容は変更できます。

表示される通知は変更することができます。通知を表示させたくないときは、アプリの通知をオフにしましょう。また、アプリによって「重要度」などを設定できるので、細かい通知の設定が可能です。

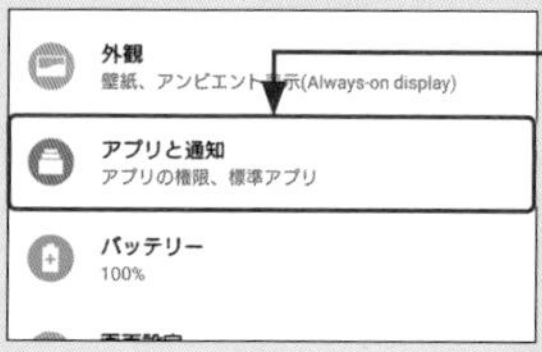

1 ＜設定＞アプリから＜アプリと通知＞→＜○○個のアプリをすべて表示＞の順にタップします。

2 通知設定を変更したいアプリをタップし、

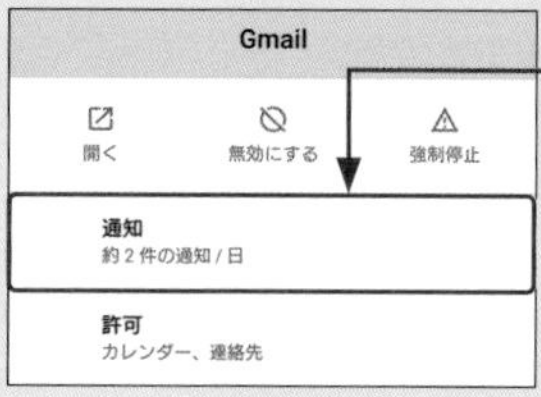

3 ＜通知＞をタップします。

4 ＜通知の表示＞をタップしてオフにすると、通知がオフになります。

Q 通知 バージョン 9.0 10.0 ドコモ ソフトバンク au SIMフリー

127 ≫ ロック画面に通知が表示されたら？

A 通知をダブルタップすると、通知されたアプリが表示されます。

ロック画面にアプリからの通知が表示されることがあります。たとえば電話に出られないときに着信があった場合でも、ロック画面の通知を見ることで誰からの電話なのかを確認することが可能です。気になる通知であれば、その通知をダブルタップすることでアプリが起動し、詳しい内容を確認できます。

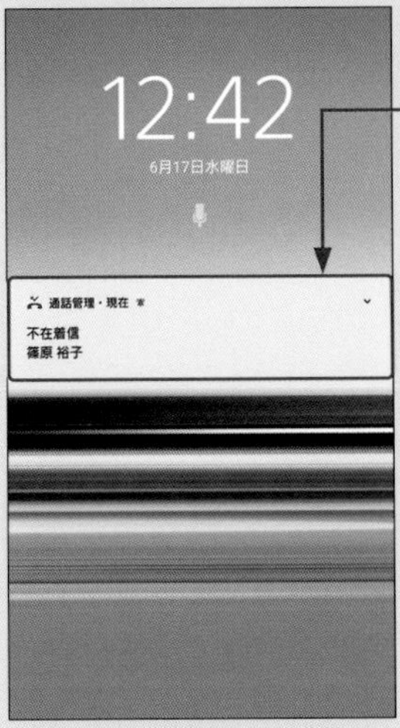

1 ロック画面に表示された通知（ここでは＜不在着信＞）をダブルタップすると、

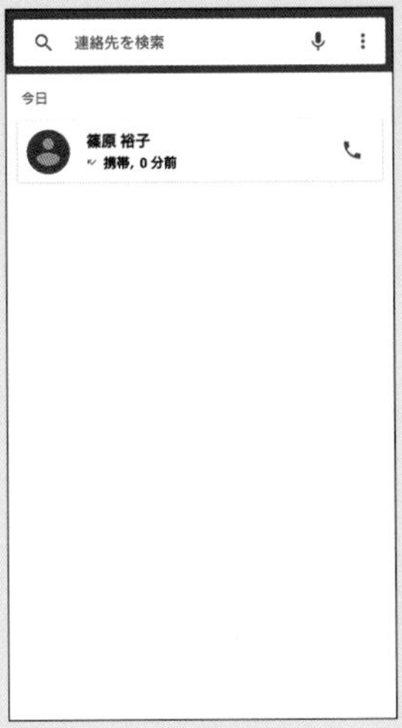

2 ＜電話＞アプリが起動します。

Q 通知 バージョン 9.0 10.0 ドコモ ソフトバンク au SIMフリー

128 ≫ ロック画面の通知を非表示にするには？

A ＜設定＞アプリで通知の表示／非表示が設定できます。

ロック画面に通知を表示しないようにするには、＜設定＞アプリで＜アプリと通知＞をタップし、＜通知の設定＞→＜ロック画面上の通知＞→＜通知を表示しない＞の順にタップして設定します。なお、通知を表示するように設定していても、「アプリと通知」画面で＜○○個のアプリをすべて表示＞をタップすることで、アプリごとに通知の表示／非表示を設定できます。

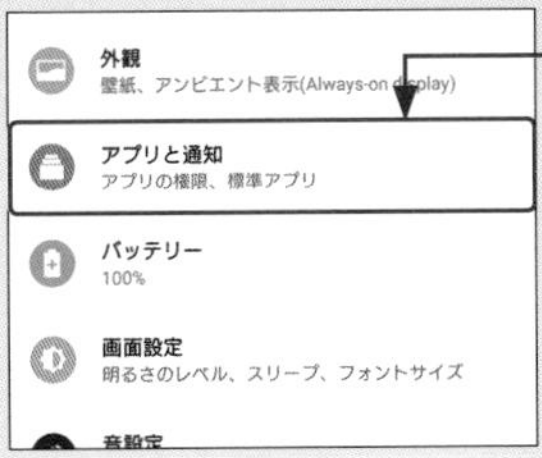

1 ＜設定＞アプリから＜アプリと通知＞をタップし、

2 ＜通知の設定＞→＜ロック画面上の通知＞の順にタップします。

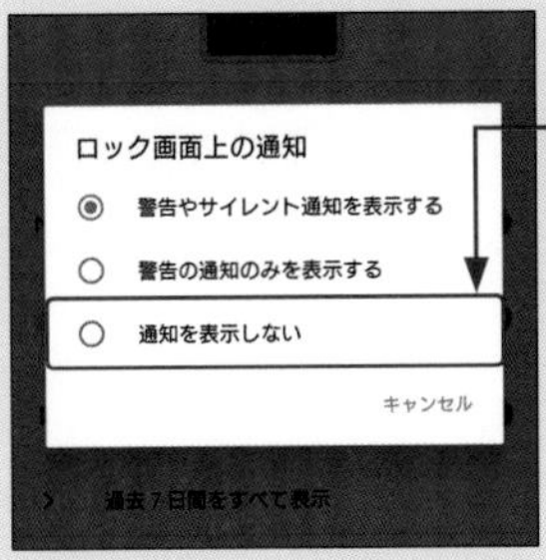

3 ＜通知を表示しない＞をタップします。

Q 通知

バージョン 9.0 10.0　ドコモ ソフトバンク au SIMフリー

129 » ロック画面の通知を残したい！

A ＜設定＞アプリの「通知表示の維持」をオンにします。

＜設定＞アプリで＜アプリと通知＞→＜通知の設定＞の順にタップして、「通知表示の維持」をオンにすると、ロック画面の通知の表示を削除するまで残しておくことができるようになります。オフにすると、ロック画面には新着通知のみが表示されます。なお、ロック画面に通知自体を表示したくない場合は、Q.128を参考に非表示にします。

1 ＜設定＞アプリから＜アプリと通知＞→＜通知の設定＞の順にタップします。

2 「通知表示の維持」のをタップすると、

3 「通知表示の維持」がオンになります。

Q 音設定

バージョン 9.0 10.0　ドコモ ソフトバンク au SIMフリー

130 » 通知を細かく設定したい！

A アプリごとに細かく設定できます。

Android 10.0で新たに「サイレント通知」機能が追加され、アプリごとに通知を細かく設定できるようになりました。たとえば、メッセージが届いたときは音やバイブレーションで通知し、いいねやコメントが付いたときはサイレント通知にするなどといったカスタマイズが可能です。

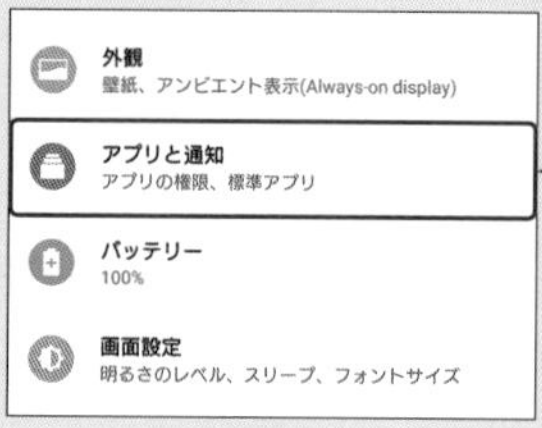

1 ＜設定＞アプリから＜アプリと通知＞→＜○○個のアプリをすべて表示＞の順にタップし、

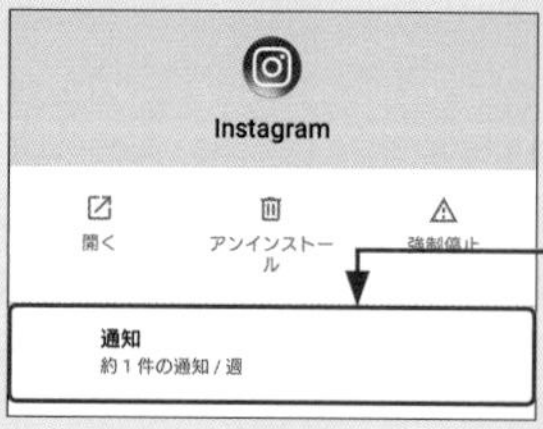

2 設定を変更したいアプリを選んで、

3 ＜通知＞をタップします。

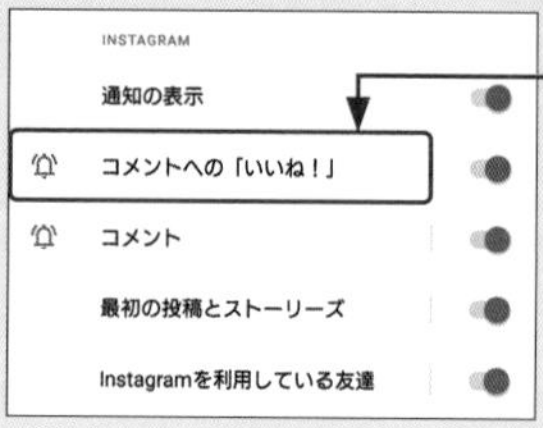

4 任意の項目をタップし、

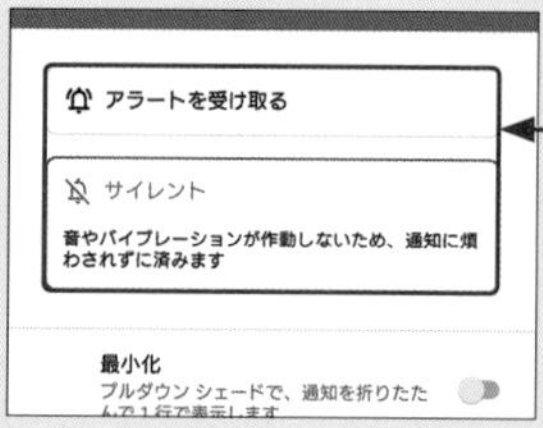

5 ＜アラートを受け取る＞または＜サイレント＞をタップします。

Q 音設定 バージョン 9.0 10.0 ドコモ ソフトバンク au SIMフリー

131 » タップ時やロック時の音を消したい！

A <設定>アプリで個別にオン／オフできます。

<設定>アプリで<音設定>→<詳細設定>の順にタップすると、画面をタップしたときや画面ロックしたときの操作音を鳴らさないように設定することができます。そのほか、ダイヤルパッドの操作音や、タップ操作時のバイブレーションのオン／オフを切り替えることもできます。

1 <設定>アプリから<音設定>をタップし、

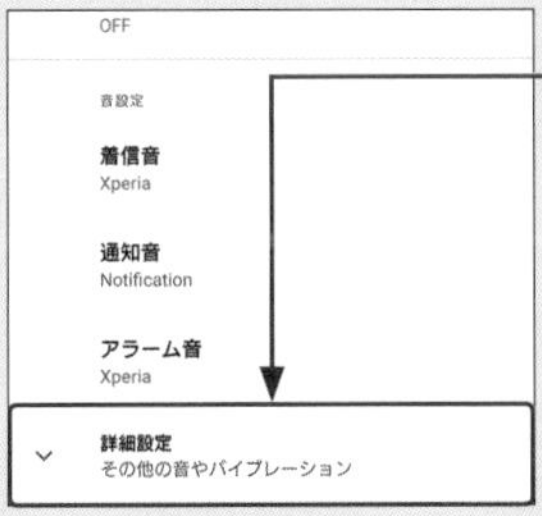

2 <詳細設定>をタップしたら、

3 「画面ロック音」と「タッチ操作音」の をタップして にします。

Q 音設定 バージョン 9.0 10.0 ドコモ ソフトバンク au SIMフリー

132 » 通知音を変更したい！

A <設定>アプリから<音設定>をタップすると変更できます。

メールの通知音や電話の着信音は変更することができます。<設定>アプリから<音設定>をタップして、音設定の項目内にある「着信音」「通知音」「アラーム音」からそれぞれ変更が可能です。また、利用可能なコンテンツであれば、好きな音楽に設定することもできます。

1 <設定>アプリから<音設定>をタップし、

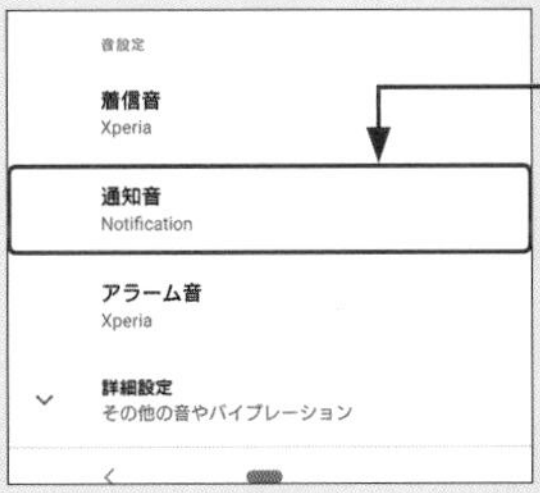

2 音設定の項目から変更したい項目（ここでは<通知音>）をタップします。

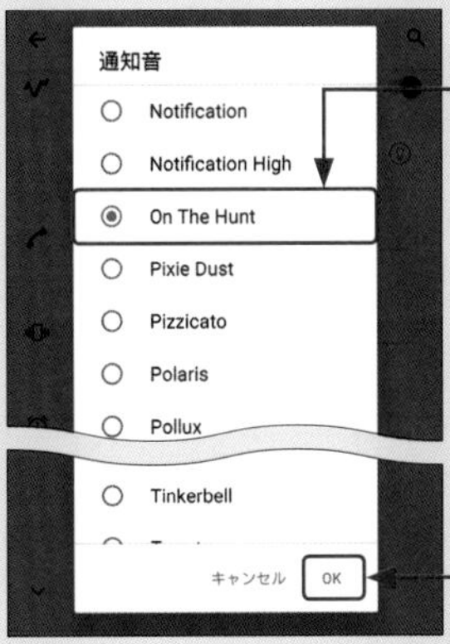

3 通知音のリストから好きな通知音を選択し、

4 <OK>をタップすると変更されます。

Q クイック設定ツール バージョン 9.0 10.0 ドコモ ソフトバンク au SIMフリー

133 » スマホの設定をかんたんに切り替えたい！

A クイック設定ツールを利用します。

スマートフォンの主な設定は、クイック設定ツールから設定できます。クイック設定ツールは、ステータスバーを2本指で下方向にドラッグすると表示されます。使わない機能をオフにすることで、バッテリーの節約にもなります。また、をタップすると、設定できる機能をカスタマイズすることができます。

1 ステータスバーを2本指で下方向にドラッグすると、

2 クイック設定ツールが表示されるので、該当する設定をタップして機能のオン／オフを切り替えます。

3 をタップし、設定アイコンをドラッグすると、クイック設定ツールをカスタマイズすることができます。

Q 時間 バージョン 9.0 10.0 ドコモ ソフトバンク au SIMフリー

134 » 日付と時刻を設定したい！

A 日付と時刻の自動設定をオフにし、手動で設定します。

スマートフォンの標準状態では、「ネットワークの時刻を使用する」がオンになっており、ネットワークから提供される日付と時刻が常に表示されています。日付と時刻を自分で設定したいときは、自動設定をオフにし、カレンダーや時計をタップして、日付や時刻を設定しましょう。ここでは、日付の変更方法を解説します。

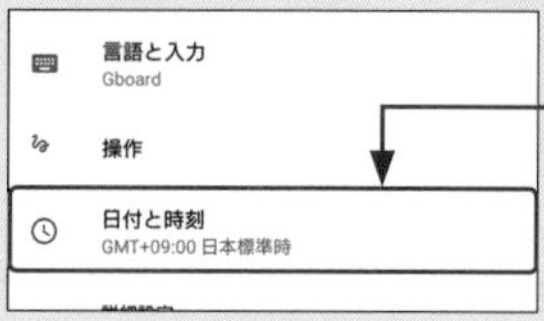

1 ＜設定＞アプリから＜システム＞→＜日付と時刻＞の順にタップし、

2 「ネットワークの時刻を使用する」のをタップしてにしたら、

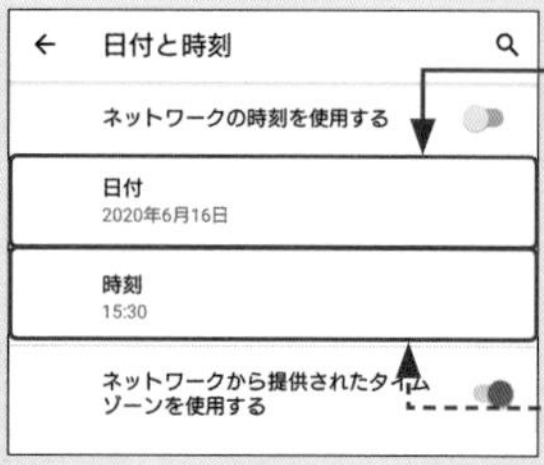

3 ＜日付＞をタップします。

＜時刻＞をタップすると、時刻を変更できます。

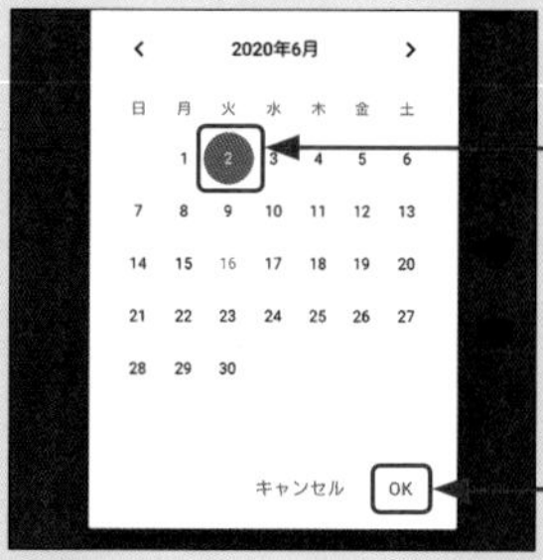

4 カレンダーで設定したい日付をタップし、

5 ＜OK＞をタップします。

位置情報 | バージョン 9.0 10.0 | ドコモ ソフトバンク au SIMフリー

Q 135 » 位置情報サービスって何？

A ネットワークやGPSなどで取得した位置情報を利用するサービスです。

「位置情報サービス」は、ネットワークやGPSを利用して現在の位置情報を取得し、さまざまなアプリで活用できるようにしたサービスのことです。この機能により、地図アプリで現在地を表示したり、撮影した写真に撮影場所を自動的に登録したり、SNSで今いる場所をかんたんに指定したりすることができます。これまで位置情報へのアクセスは許可する／しないの2つだけでしたが、Android 10.0ではこれに加えて「アプリの使用中のみ許可」が追加されました。そのため、アプリを開いていないときは位置情報を共有することがありません。バッテリーの消費を抑えることもできるので、より快適に使うことができるでしょう。

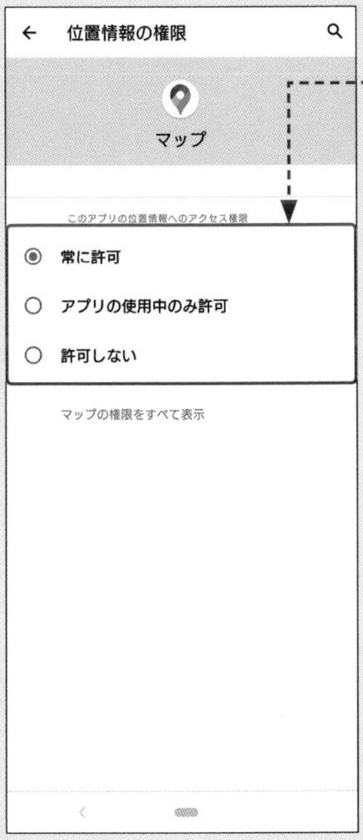

「常に許可」「アプリの使用中のみ許可」「許可しない」の3つから選択できます。

位置情報 | バージョン 9.0 10.0 | ドコモ ソフトバンク au SIMフリー

Q 136 » 位置情報サービスのモードを変更したい！

A 「位置情報」画面から変更できます。

「位置情報サービス」では、精度を向上させるためにWi-FiやBluetoothの電波をスキャンして使用しています。位置情報を使用するサービスの改善に役立つため、この機能はオンにしておくとよいでしょう。

1 ＜設定＞アプリから＜位置情報＞をタップし、

2 ＜Wi-FiのスキャンとBluetoothのスキャン＞をタップして、

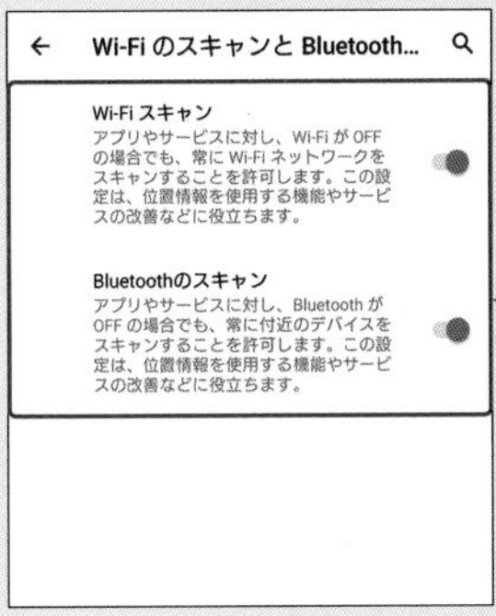

3 ＜Wi-Fiスキャン＞と＜Bluetoothのスキャン＞をタップしてオンにします。

Q 位置情報　バージョン 9.0 10.0　ドコモ ソフトバンク au SIMフリー

137 » アプリごとに位置情報の権限を設定したい！

A 「アプリの権限」から設定できます。

位置情報はアプリごとに設定することができます。＜設定＞アプリから＜位置情報＞→＜アプリの権限＞の順にタップしましょう。「常に許可」「アプリの使用中のみ許可」「許可しない」のいずれかに設定できるので、アプリによって設定を変えてみるとよいでしょう。

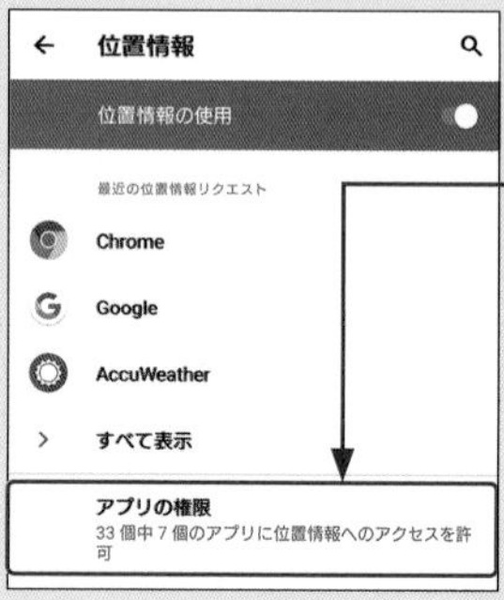

1 ＜設定＞アプリから＜位置情報＞→＜アプリの権限＞の順にタップし、

2 任意のアプリをタップしたら、

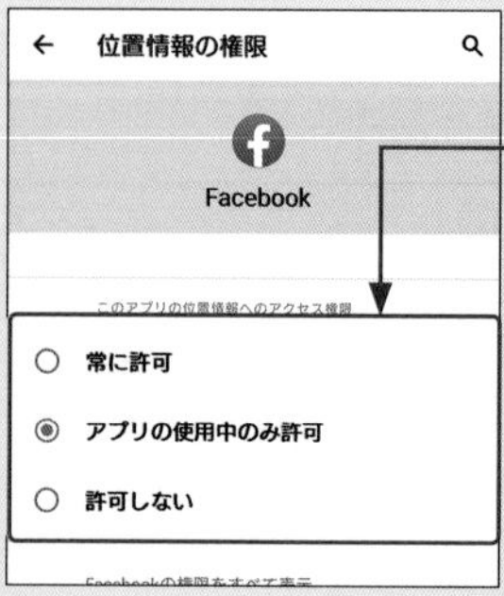

3 ＜常に許可＞＜アプリの使用中のみ許可＞＜許可しない＞のいずれかをタップします。

Q 端末情報　バージョン 9.0 10.0　ドコモ ソフトバンク au SIMフリー

138 » Androidのバージョンを確認したい！

A ＜設定＞アプリの「デバイス情報」で確認できます。

Android OSのバージョンは、アプリ一覧画面から＜設定＞→＜デバイス情報＞の順にタップすると表示される、「Androidバージョン」の下部に記載されています。Android OSのバージョンが10.0未満で、Android10.0以上が提供されている場合は、Q.468を参考にアップデートを行ってください。

1 アプリ一覧画面で＜設定＞をタップし、

2 ＜デバイス情報＞をタップします。

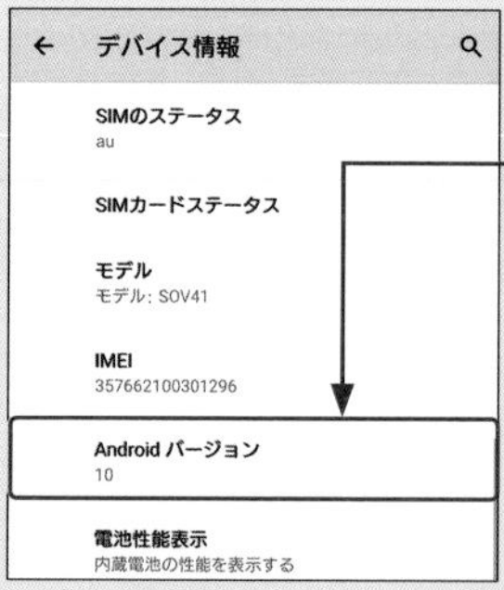

3 「Androidバージョン」に、インストールされているAndroid OSのバージョンが表示されています。

第4章

アプリの設定と管理の「こんなときどうする?」

Q アプリ

バージョン 9.0 10.0 ドコモ ソフトバンク au SIMフリー

139 » アプリを利用したい！

A 利用したいアプリのアイコンをタップします。

ホーム画面やアプリ一覧画面には、インストールされているアプリのアイコンが表示されます。ホーム画面下部から上方向にスワイプ（ホームアプリをdocomo LIVE UXに設定している場合は、画面左下の▦をタップ）してアプリ一覧画面を表示し、それぞれのアイコンをタップすると、アプリを起動することができます。

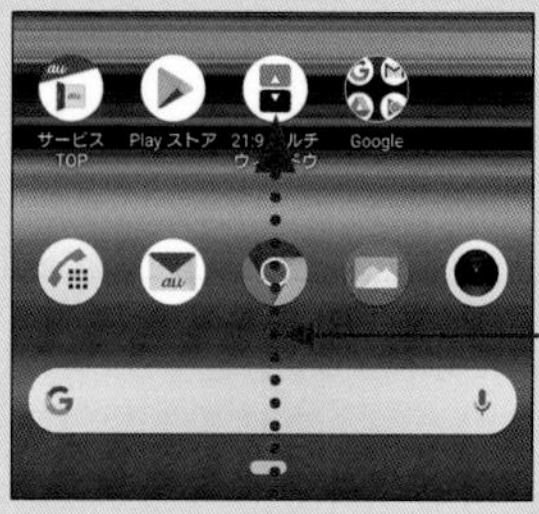

1 ホーム画面下部から上方向にスワイプします。

2 アプリ一覧画面で、任意のアプリアイコン（ここでは＜Chrome＞）をタップすると、

3 アプリが起動します。

Q アプリ

バージョン 9.0 10.0 ドコモ ソフトバンク au SIMフリー

140 » ホーム画面にアプリが見つからない！

A ＜アプリを検索＞からアプリを探します。

起動したいアプリがホーム画面に見つからない場合は、Q.139手順1を参考にしてアプリ一覧画面を開き、アプリを探してみましょう。さまざまなアプリをインストールしていて特定のアプリを見つけにくい場合は、アプリ一覧画面上部の「アプリを検索」から検索することができます。

アプリ一覧画面では端末にインストールされているすべてのアプリが表示されます（ドコモのホーム画面では異なります）。

1 任意のアプリが見つからない場合は画面上部の＜アプリを検索＞をタップして、

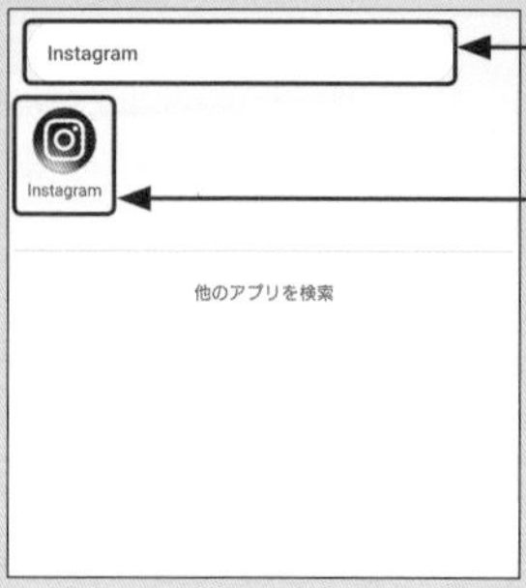

2 探したいアプリ名を入力すると、

3 アプリが表示されます。表示されたアプリのアイコンをタップすると、

4 アプリが起動します。

Q アプリ

バージョン 9.0 10.0　ドコモ ソフトバンク au SIMフリー

141 ≫「アプリで開く」が毎回出てわずらわしい！

A 利用したいアプリをタップし、<常時>をタップします。

写真やURLなどを開こうとすると、どのアプリで開くのかを選択する画面が表示されることがあります。今後、常に同じアプリを使って開きたい場合は、利用したいアプリをタップし、<常時>をタップします。

1 たとえばメール内のリンクをタップしたときに、

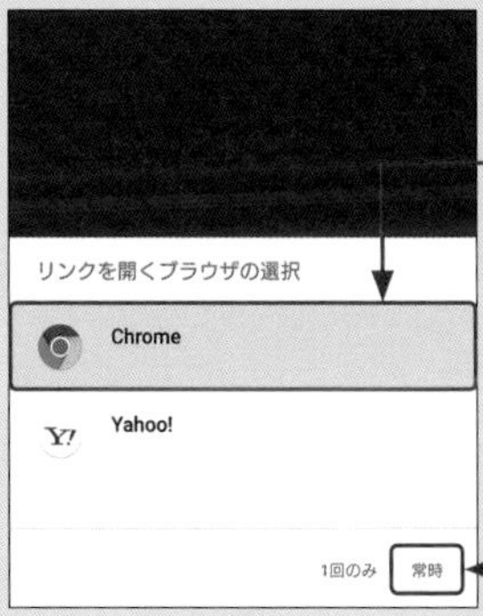

2 「リンクを開くブラウザの選択」が表示される場合があります。利用したいアプリをタップし、

3 <常時>をタップすると、

4 これ以降常に選択したアプリでページが開きます。

Q アプリ

バージョン 9.0 10.0　ドコモ ソフトバンク au SIMフリー

142 ≫アプリをすばやく切り替えたい！

A 画面下部から上方向に短くスワイプして切り替えます。

アプリを切り替えたいときは、画面下部から上方向に短くスワイプ（ナビゲーションアイコンのある機種は履歴ボタンをタップ）し、表示される最近使用していたアプリの履歴の一覧から、切り替えたいアプリをタップします。表示しきれていない履歴は、左右にフリックすると表示することができます。

1 画面下部から上方向に短くスワイプします。

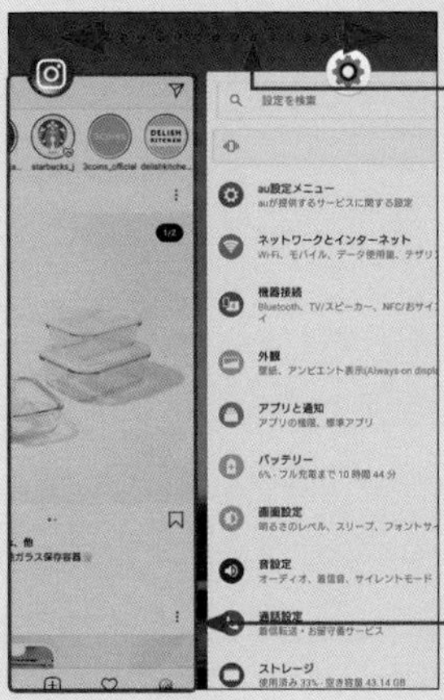

2 画面を左右にフリックして、

3 使用したいアプリをタップすると、

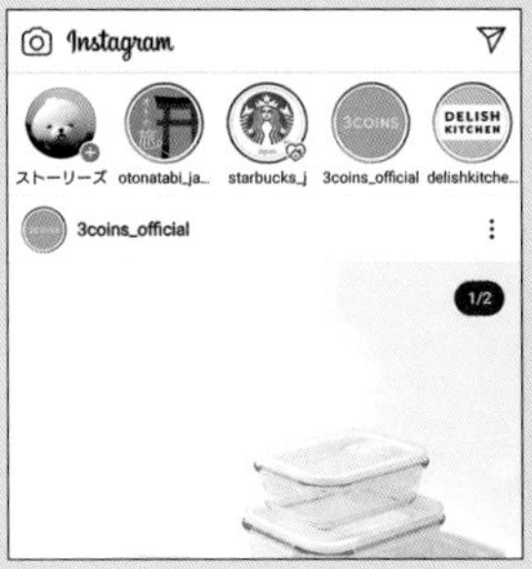

4 アプリが表示されます。

Q アプリ バージョン 9.0 10.0 ドコモ ソフトバンク au SIMフリー

143 » アプリの起動時に許可確認の画面が表示される！

A 内容を確認して＜許可＞をタップします。

アプリを起動した際に、「～へのアクセスを許可しますか？」画面が表示される場合があります。＜許可＞をタップすることで、そのアプリの機能を最大限に利用することができます。通常は＜許可＞、または＜アプリの使用中のみ許可＞をタップしますが、位置情報など、場合によっては許可したくない情報もあるので、その場合は＜許可しない＞をタップしましょう。なお、＜許可＞をタップしないと利用できないアプリもあります。

1 ＜アルバム＞アプリをタップすると、

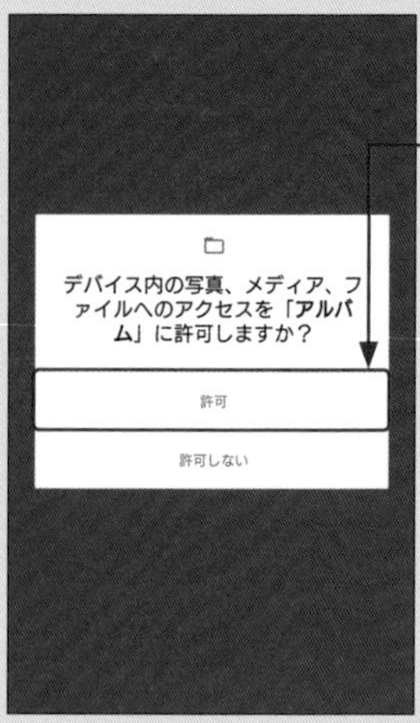

2 本体の写真などを利用する許可画面が表示されるので、確認して＜許可＞をタップします。

Q アプリ バージョン 9.0 10.0 ドコモ ソフトバンク au SIMフリー

144 » アプリを終了するには？

A ホームボタンをタップ、またはアプリの履歴一覧から終了します。

アプリを終了するには、2つの方法があります。1つはアプリの利用中に ホームボタンをタップしてホーム画面に戻る方法です。この操作はアプリを一時的に閉じるものであり、アプリ自体は起動したままになります。もう1つは画面下部から上方向に短くスワイプ（ナビゲーションアイコンのある機種は履歴ボタンをタップ）し、終了したいアプリを上方向にスワイプして終了する方法です。この操作は、アプリを完全に終了させることができます。

アプリを閉じる

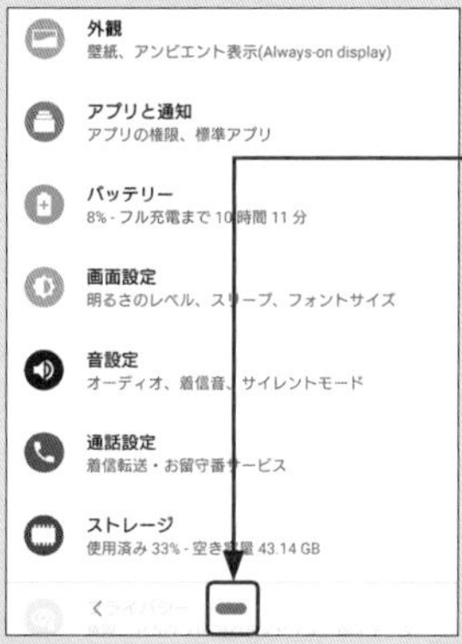

1 アプリの利用中にホームボタンをタップすると、アプリが閉じてホーム画面に戻ります。

アプリを終了する

1 画面下部から上方向に短くスワイプし、

2 終了したいアプリを上方向にスワイプすると、アプリが完全に終了します。なお、メールアプリなどのように、終了しても常に通信を行うアプリもあります。

Q 145 アプリ

バージョン 9.0 10.0 ドコモ ソフトバンク au SIMフリー

145 » アプリは終了しなきゃいけないの？

A スマートフォン側で調整してくれます。

Androidスマートフォンには電池を最適化するための「省電力機能」が搭載されています。アプリを起動中にホームボタンをタップしてホーム画面に戻ってもアプリは起動したままですが、省電力機能の対象になっているアプリでは、スマートフォンを使っていないときはバッテリーの使用を制限してくれます。ただし、一定時間使っていないと自動的にスリープ設定になってしまうため、LINEなど常に動作していることが望ましいアプリは対象外にしておくようにしましょう。

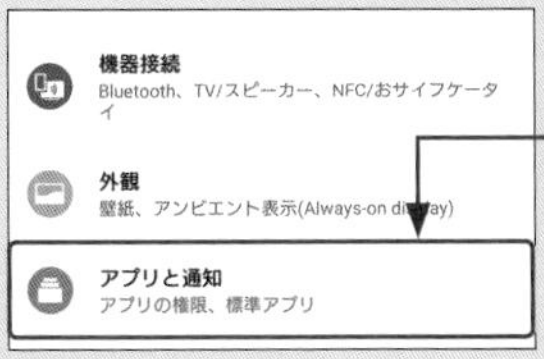

1 ＜設定＞アプリを起動して＜アプリと通知＞→＜○○個のアプリをすべて表示＞の順にタップします。

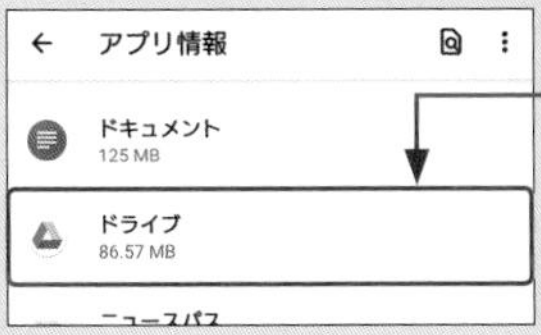

2 任意のアプリ（ここでは＜ドライブ＞）をタップし、

3 ＜詳細設定＞→＜バッテリー＞の順にタップします。

4 「省電力機能」が「対象アプリ」になっている場合は、アプリを起動中にホーム画面に戻っても自動でバッテリーを調整してくれます。

Q 146 アプリ

バージョン 9.0 10.0 ドコモ ソフトバンク au SIMフリー

146 » 2つのアプリを同時に表示したい！

A アプリアイコンをタップすると分割表示できます。

2つのアプリを画面に同時に表示することができます。たとえば、Webページを見ながら動画を楽しむことも可能です。なお、下の手順はAndroid標準の画面分割方法ですが、機種によって操作が異なる場合があります。また、テレビなど画面の分割表示に対応していないアプリもあります。

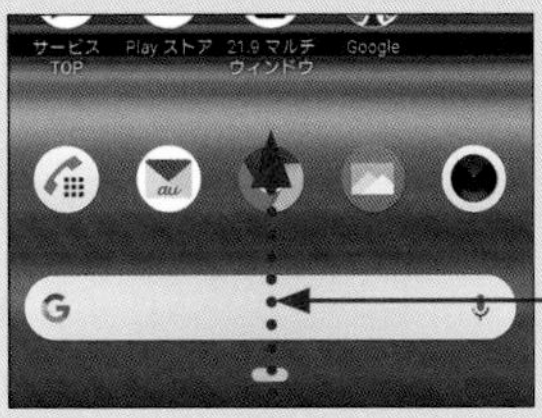

1 Q.142手順1を参考にアプリの履歴を表示し、

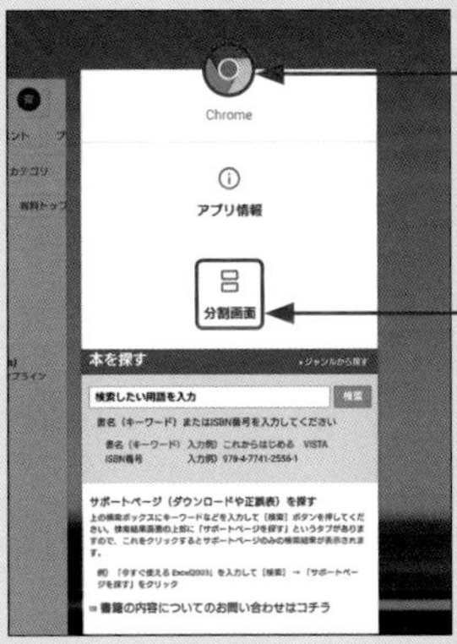

2 分割表示したいアプリのサムネイル上部のアプリアイコンをタップしたら、

3 ＜分割画面＞をタップします。

4 下部に表示したいアプリをタップします。

ホームボタンをタップすれば、履歴にないアプリを選択することもできます。

アプリ

バージョン 9.0 10.0 ドコモ ソフトバンク au SIMフリー

Q 147 » 分割表示を終了したい!

A ▬をドラッグします。

分割表示を終了する場合は、アプリの仕切り線の▬を上下どちらかにドラッグします。▬を上方向にドラッグすると下の画面が全表示に、下方向にドラッグすると上の画面が全表示になります。

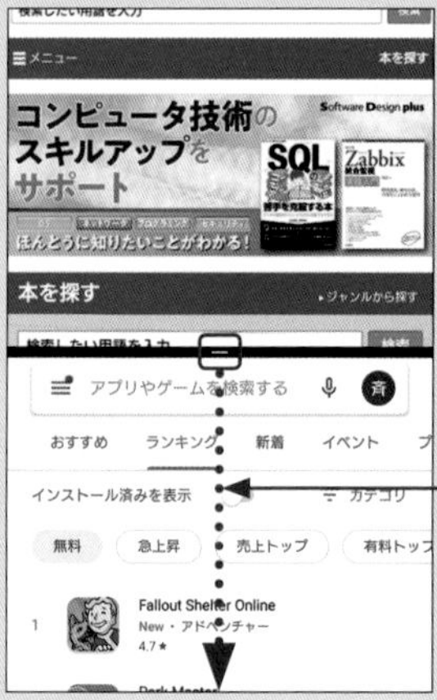

1 ▬を下方向にドラッグすると、

2 ドラッグした方向と反対の画面が全表示になります。

アプリ

バージョン 9.0 10.0 ドコモ ソフトバンク au SIMフリー

Q 148 » アプリのバージョンなど情報を確認したい!

A アプリのアイコンをロングタッチします。

アプリのバージョンなどの情報を確認したい場合は、ホーム画面やアプリ一覧画面でアプリのアイコンをロングタッチし、<アプリ情報>をタップすると、アプリの許可設定やバージョンを確認することができます。

1 ホーム画面やアプリ一覧画面で、情報を確認したいアプリのアイコンをロングタッチします。

2 表示されるメニューから<アプリ情報>をタップすると（ⓘをタップする場合もあります）、

3 アプリ情報が表示されます。アプリのバージョンは画面の最下部で確認できます。

Q Play ストア

バージョン 9.0 10.0　ドコモ　ソフトバンク　au　SIMフリー

149 » Play ストアって何？

A **アプリや音楽・動画といったコンテンツを利用できるアプリです。**

＜Play ストア＞アプリは、Androidスマートフォン向けのアプリや音楽・動画などを提供しているGoogle Playを利用するためのアプリです。Google Playには、多くのアプリや音楽、動画、電子書籍などが公開されており、無料のものや有料のものが用意されています。スマートフォンにアプリをインストールするときは＜Play ストア＞アプリを利用しますが、その際はGoogleアカウントが必要です。アプリは、「無料」「急上昇」「売上トップ」「有料トップ」などのランキング形式で探索できるだけでなく、「ゲーム」「仕事効率化」などカテゴリ別で探すこともできます。また、アプリの名前を直接入力して検索し、インストールすることも可能です。

1 アプリ一覧画面で＜Play ストア＞をタップすると、

2 Google Playにアクセスできます。

Q Play ストア

バージョン 9.0 10.0　ドコモ　ソフトバンク　au　SIMフリー

150 » アプリの種類を知りたい！（有料、無料、インストール済）

A **有料と無料に大別され、さまざまなジャンルのアプリが用意されています。**

アプリは無料のアプリと有料のアプリに大別され、ゲームや娯楽、趣味用のアプリから、仕事で使えるようなアプリまでさまざまなものがあります。ゲームなどの娯楽用アプリ、SNSの専用アプリ、生活の役に立つユーティリティ系アプリ、ファイルの共有や管理に役立つクラウド系アプリなどがあり、Play ストアではさまざまな方法で探すことができます。

有料アプリと無料アプリの違い

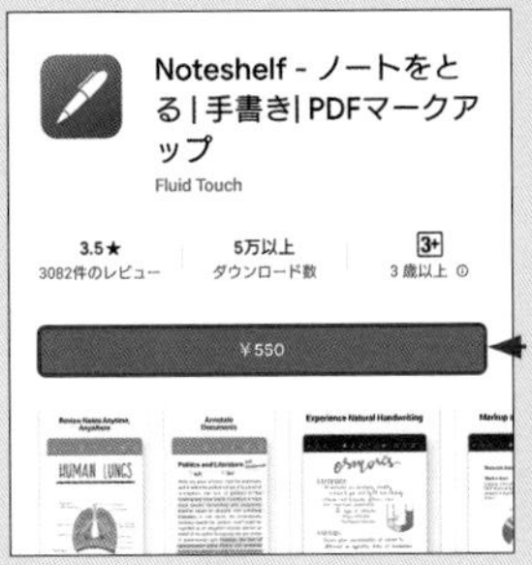

アプリの有料・無料表示は、ここを見ます。有料アプリの場合は金額が表示されています。

すでにインストールされているアプリ

インストール済みのアプリは「開く」と表示されます。アプリのアンインストール（削除）を行う場合も＜Play ストア＞アプリを使用します（Q.160参照）。

Q Play ストア

バージョン 9.0 10.0　ドコモ ソフトバンク au SIMフリー

151 » Playストアでアプリをかんたんに見つけたい！

A ＜カテゴリ＞をタップします。

Play ストアでは、アプリをカテゴリ別に探すことができます。具体的にインストールするアプリは決めていないが、目的ははっきりしているといったときに便利です。カテゴリ検索を利用する場合、＜Plya ストア＞アプリで＜カテゴリ＞をタップします。

1 ＜Play ストア＞アプリを起動して＜ゲーム＞をタップし、

2 「おすすめ」を左方向にフリックします。

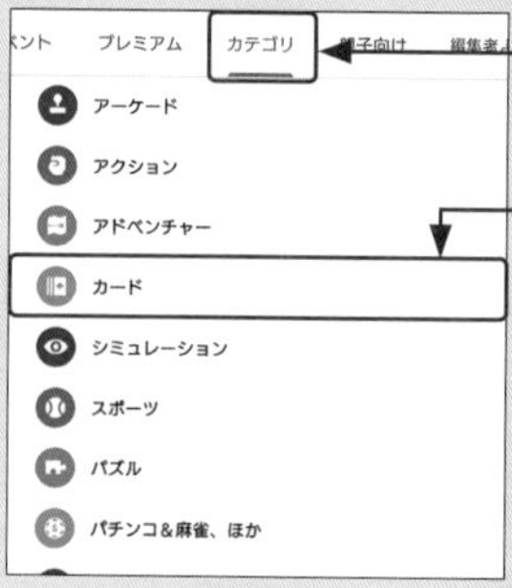

3 ＜カテゴリ＞をタップして、

4 閲覧したいカテゴリ（ここでは＜カード＞）をタップします。

5 選択したカテゴリのアプリが表示されます。

Q Play ストア

バージョン 9.0 10.0　ドコモ ソフトバンク au SIMフリー

152 » キーワードを入力してアプリを検索したい！

A 検索ボックスにキーワードを入力します。

Play ストアでは、キーワード検索でアプリを探すこともできます。アプリ名のほか、カテゴリ、用途、提供元の企業名など、さまざまな単語を使用して絞り込むことができます。より詳細な絞り込み検索を行いたい場合は、Google検索と同様に、複数のキーワードをスペースで区切って入力してみましょう。

1 ＜Play ストア＞アプリを起動して画面上部の検索ボックスをタップし、

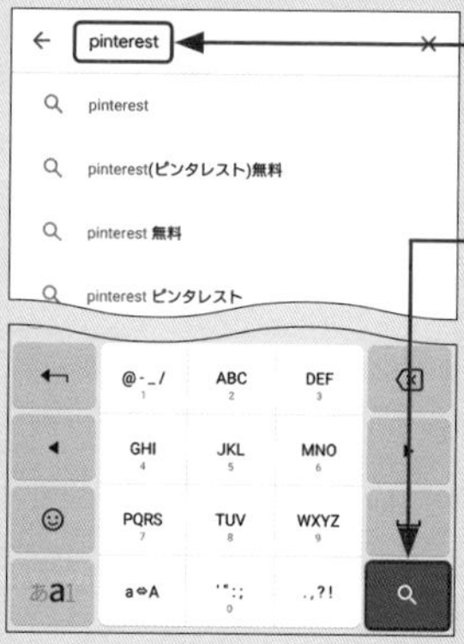

2 検索したいキーワードを入力したら、

3 🔍をタップします。

4 キーワードに関連するアプリが検索結果に表示されます。アプリの名称をタップすると、詳細画面が表示されます。

Q Play ストア

バージョン 9.0 10.0 ドコモ ソフトバンク au SIMフリー

153 » アプリをインストールしたい！

A アプリの詳細画面を表示し、<インストール>をタップします。

アプリをインストールしたい場合、Play ストアで任意のアプリを検索し、インストールします。その際、スマートフォンに十分な空き容量があるかどうかを確認しましょう。ここでは、例として無料アプリをインストールする手順を解説します。

1 Q.152を参考にアプリを検索し、

2 任意のアプリの<インストール>をタップします。

Googleアカウントの設定が完了していない場合、支払い方法の選択画面が表示されます。支払い方法をタップして選択し、<次へ>をタップします。

3 アプリのインストールが始まります。

4 インストールが完了したら、<開く>をタップします。

Q Play ストア

バージョン 9.0 10.0 ドコモ ソフトバンク au SIMフリー

154 » 気になるアプリをリストに入れたい！

A <ほしいものリストに追加>をタップします。

気になるアプリは、アプリの詳細画面で ⋮ →<ほしいものリストに追加>の順にタップして保存しておくことができます。リストに追加したアプリは、≡→<ほしいものリスト>の順にタップすることで確認できます。

1 リストに追加したいアプリの詳細画面を表示し、画面右上の ⋮ をタップします。

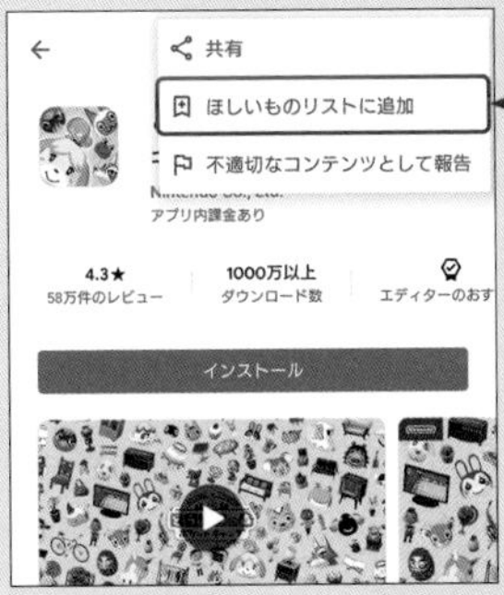

2 <ほしいものリストに追加>をタップします。

ほしいものリストを確認する

ほしいものリストを確認するには、≡→<ほしいものリスト>の順にタップして、リストの一覧を表示します。

Q Play ストア　バージョン 9.0 10.0　ドコモ ソフトバンク au SIMフリー

155 » リリース前のアプリを試したい！

A ＜早期アクセス＞をタップしてアプリをインストールします。

Play ストアでは、正式にリリースされる前のアプリをインストールすることができます。リリース前として提供されているアプリの中には開発途中のものもあり、アプリが強制終了したり、一部の機能が利用できなかったりする場合もあります。

1 ＜Play ストア＞アプリを起動して＜アプリ＞をタップし、

2 「おすすめ」を左方向にフリックします。

3 ＜早期アクセス＞をタップし、

4 ＜リリース前のアプリ＞をタップします。

5 任意のアプリをタップして＜インストール＞をタップします。

Q Play ストア　バージョン 9.0 10.0　ドコモ ソフトバンク au SIMフリー

156 » パソコンからアプリをインストールしたい！

A スマートフォンと同じGoogle アカウントでインストールします。

パソコンのブラウザでGoogle Play を表示し、スマートフォンで利用しているGoogle アカウントでサインインすれば、パソコンのGoogle Playからスマートフォンにアプリをインストールすることが可能です。

1 パソコンのブラウザで「https://play.google.com/store/apps/」にアクセスし、＜ログイン＞をクリックして、スマートフォンと同じGoogleアカウントにログインします。

2 任意のアプリをクリックして＜インストール＞をクリックします。

3 「デバイスの選択」に表示されている端末を確認し、＜次へ＞→＜OK＞の順にクリックします。

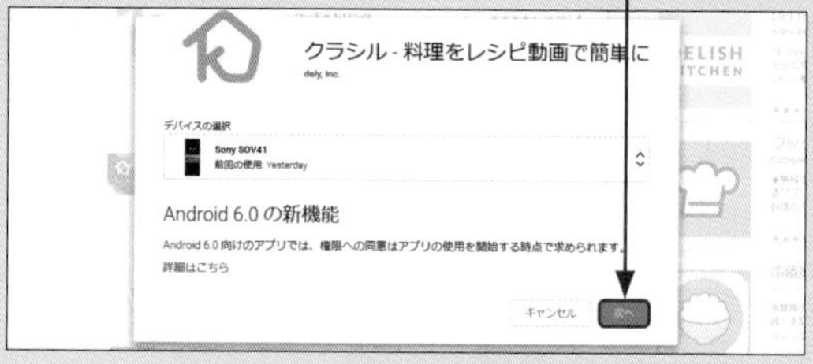

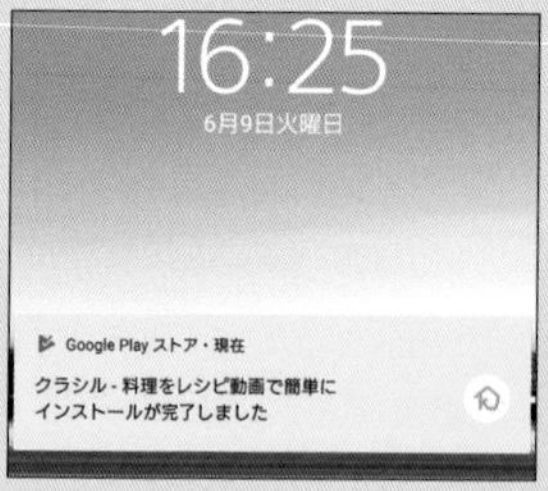

4 スマートフォンにアプリがインストールされます。

Play ストア　バージョン 9.0 10.0　ドコモ ソフトバンク au SIMフリー

Q 157 » 怪しいアプリを使わないようにしたい！

A 「Play プロテクト」をオンにします。

インストールできるアプリは必ずしもすべてが安全とは限りません。中にはウイルスに感染してしまうアプリや、個人情報を抜き取られてしまうような怪しいアプリもあります。「Play プロテクト」をオンにすると、端末内の怪しいアプリを検出することができます。

1 <Play ストア>アプリを起動して≡をタップし、

2 <Play プロテクト>をタップします。

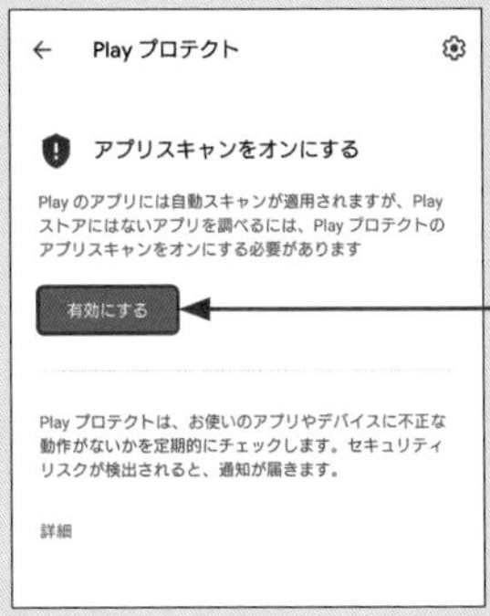

3 <有効にする>をタップすると、

4 スキャンの結果が表示されます。

Play ストア　バージョン 9.0 10.0　ドコモ ソフトバンク au SIMフリー

Q 158 » アプリのインストールで許可画面が出るけど？

A 表示される項目はアプリの起動時に必要な権限です。

アプリをインストールする際、<インストール>をタップしたあとにアプリの権限を求める画面が表示される場合があります。ここで表示される項目は、アプリを起動するうえで必要な権限となるので、しっかり確認しておきましょう。すでにインストールしてあるアプリのアクセス情報を確認する場合は、アプリ一覧画面で<設定>→<アプリと通知>→<○○個のアプリをすべて表示>の順にタップし、任意のアプリをタップして<許可>→⋮→<すべての権限>の順にタップします。なお、インストール前にアプリの権限を確認したいときは、以下の方法で確認できます。

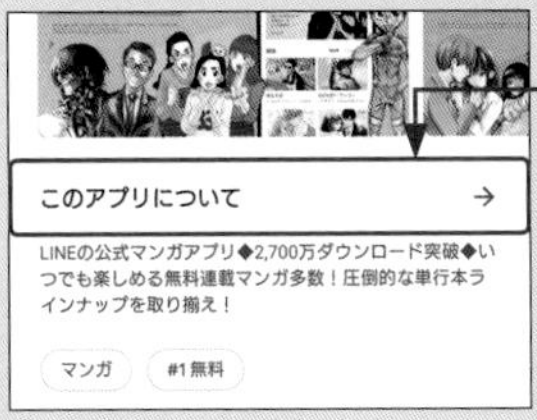

1 アプリの詳細画面を開き、<このアプリについて>をタップします。

2 画面を上方向にスワイプして、

3 「アプリの権限」の<詳細>をタップします。

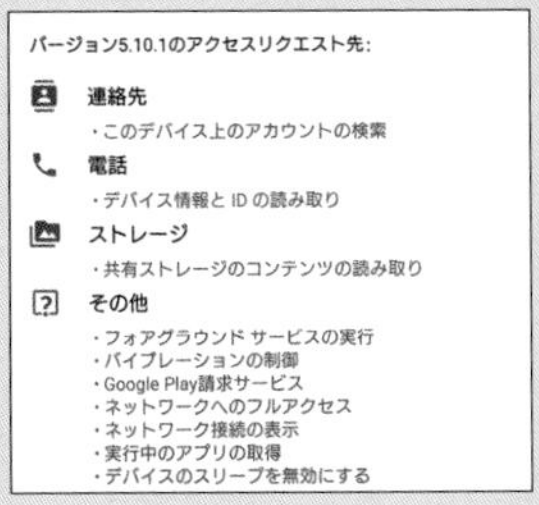

4 アプリの権限を確認できます。

Q Play ストア バージョン 9.0 10.0 ドコモ ソフトバンク au SIMフリー

159 » アプリの検索履歴を削除したい！

A <設定>から一括削除できます。

Play ストアでアプリを検索すると履歴が保存され、次の検索時に検索ボックスをタップすると、候補として前回の検索履歴が表示されます。検索履歴を表示したくない場合は、≡→<設定>→ <このデバイスにある検索履歴を消去する>の順にタップすることで、一括で削除することができます。

1 <Play ストア>アプリを起動し、≡をタップします。

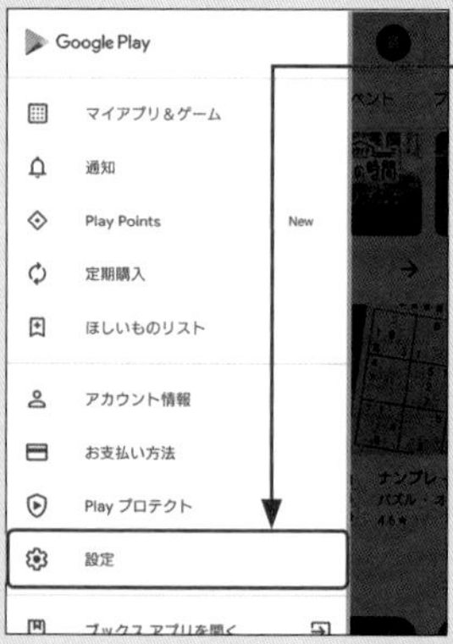

2 <設定>をタップします。

3 <このデバイスにある検索履歴を消去する>をタップすると、検索履歴が削除されます。

Q Play ストア バージョン 9.0 10.0 ドコモ ソフトバンク au SIMフリー

160 » アプリをアンインストールしたい！

A ホーム画面やアプリ一覧画面でアプリをロングタッチします。

不要になったアプリはアンインストールすることができます。ホーム画面やアプリ一覧画面でアンインストールしたいアプリをロングタッチし、<アプリ情報>→<アンインストール>の順にタップします。なお、Play ストアの「マイアプリ＆ゲーム」からアンインストールすることもできます。

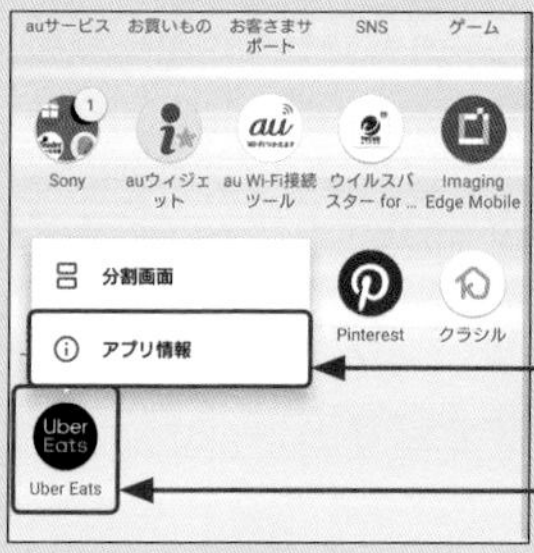

1 ホーム画面やアプリ一覧画面で、アンインストールしたいアプリをロングタッチし、

2 <アプリ情報>をタップします。

3 <アンインストール>（機種によっては手順1で<アンインストール>）をタップし、

4 <OK>をタップします。

手順1の画面で、アプリをロングタッチしたままホーム画面上部の「アンインストール」にドラッグすることでもアンインストールできます。

Q Play ストア | バージョン 9.0 10.0 | ドコモ ソフトバンク au SIMフリー

161 » アプリを間違えてアンインストールしてしまった!

A 「マイアプリ＆ゲーム」から削除されたアプリを再インストールできます。

誤ってアンインストールしてしまったアプリは、Playストアの「マイアプリ＆ゲーム」から再度インストールできます。「マイアプリ＆ゲーム」には、設定しているGoogleアカウントでインストールされた、すべてのアプリが表示されます。

1 ≡をタップして、＜マイアプリ＆ゲーム＞をタップします。

2 ＜ライブラリ＞をタップし、

3 再度インストールしたいアプリの＜インストール＞をタップします。

Q Play ストア | バージョン 9.0 10.0 | ドコモ ソフトバンク au SIMフリー

162 » 有料アプリを購入したい!

A インストール時に支払い方法を選択します。

有料アプリをインストールするときは、アプリのインストール時に支払い方法を選択します。選択できる支払い方法は、キャリア決済、クレジットカード（デビットカード）、コード、PayPalなどです。なお、Googleアカウントにすでに支払い情報を登録していれば、無料アプリをインストールするときと同様の手順でかんたんに購入することができます。

1 購入したい有料アプリの詳細画面を表示し、

2 表示価格をタップします。

3 ＜購入＞をタップしたら、

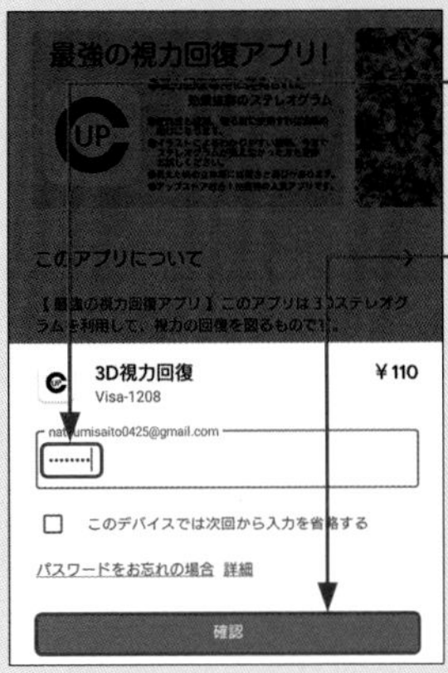

4 Googleアカウントのパスワードを入力し、

5 ＜確認＞をタップします。

「お支払いが完了しました」と表示されたら、アプリの購入が完了です。

Q Play ストア

バージョン 9.0 10.0 ドコモ ソフトバンク au SIMフリー

163 ≫「アプリ内課金あり」とは？

A アプリ内で購入できるコンテンツがあります。

アプリの詳細画面に「アプリ内課金あり」と表示されているアプリは、インストールは無料であっても、アプリ内で自身で購入できるコンテンツがあるものです。<このアプリについて>をタップして最下部までスワイプすると、どれくらいの課金が必要なのかを確認することもできます。

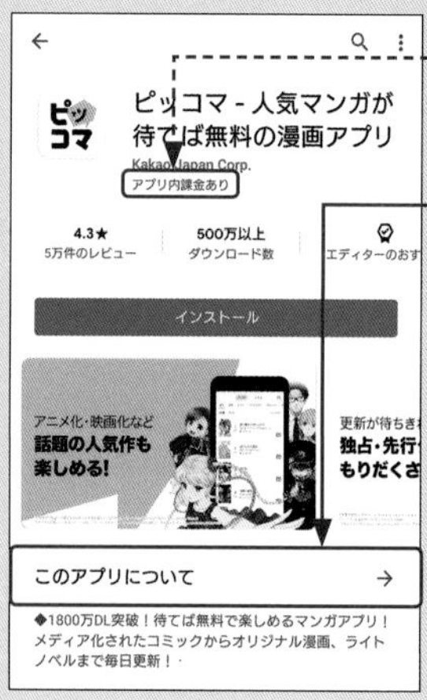

「アプリ内課金あり」と表示されています。

1 <このアプリについて>をタップし、

2 画面を上方向にスワイプすると、

3 「アプリ内課金あり」の詳細を確認できます。

Q Play ストア

バージョン 9.0 10.0 ドコモ ソフトバンク au SIMフリー

164 ≫ ギフトカードを利用したい！

A <コードの利用>からコードを登録して利用します。

Google Play ギフトカードは、全国のコンビニエンスストアやスーパーマーケットなどで販売されています。Play ストアにコードを追加しておけば、アプリ、書籍、音楽、映画などのコンテンツを購入する際に利用できます。

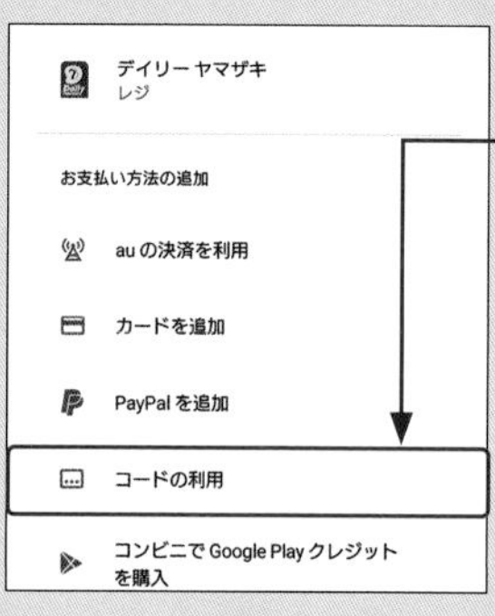

1 ≡→<お支払い方法>→<コードの利用>の順にタップし、

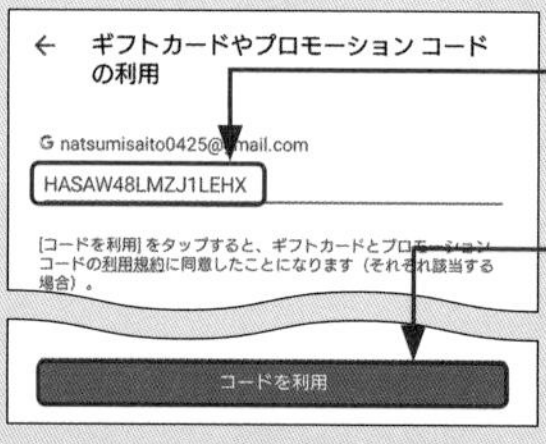

2 ギフトカードのコードを入力して、

3 <コードを利用>をタップします。

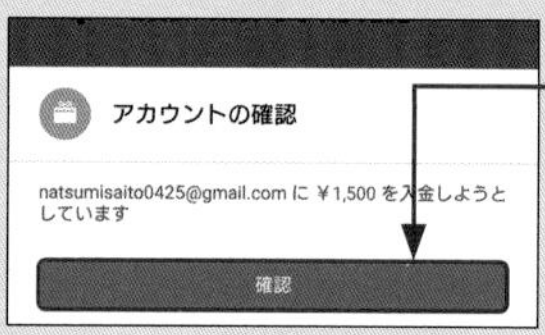

4 <確認>をタップすると、

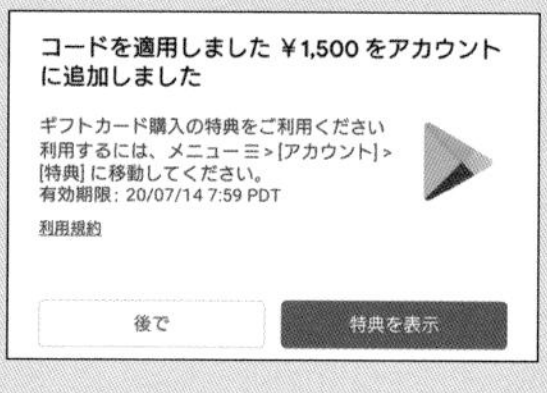

5 Google Playにギフトカード分の残高が追加されます。

Q Play ストア

バージョン 9.0 10.0　ドコモ ソフトバンク au SIMフリー

165 » 支払い情報を変更したい！

A <Playストア>アプリで支払い方法を表示して編集できます。

Play ストアの支払い情報は、＜Play ストア＞アプリから変更できます。＜Playストア＞アプリを起動し、≡→＜お支払い方法＞→＜お支払いに関するその他の設定＞の順にタップします。確認画面が表示されたら、変更したい支払い情報をタップして選択し、画面に従って編集します。

1 ≡→＜お支払い方法＞→＜お支払いに関するその他の設定＞の順にタップし、

2 変更したい支払い情報の＜編集＞をタップします。

3 内容を編集したら、＜更新＞をタップします。

Q Play ストア

バージョン 9.0 10.0　ドコモ ソフトバンク au SIMフリー

166 » 購入したアプリを払い戻ししたい！

A 購入後2時間以内なら払い戻しできます。

購入したアプリは2時間以内であれば、全額払い戻しを受けることができます。ただし、ゲームアプリ内でのアイテムの購入や、定期購読などには適応されません。2時間以上経過した場合は、払い戻しの対象になるかどうかをデベロッパーに問い合わせましょう。デベロッパーの連絡先情報は、アプリやゲームの詳細ページで確認できます。なお、アプリやゲームの返品で払い戻しが受けられるのは一度だけです。同じアプリやゲームを再度購入した場合、払い戻しはできません。

1 ≡→＜マイアプリ&ゲーム＞の順にタップし、

2 払い戻したいアプリ（ここでは＜3D視力回復＞）をタップします。

3 ＜払い戻し＞をタップして、

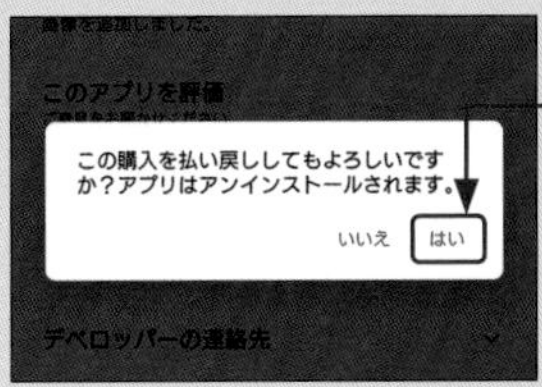

4 ＜はい＞をタップすると、払い戻しが完了します。

Q Play ストア

バージョン 9.0 10.0　ドコモ ソフトバンク au SIMフリー

167 » アプリは端末ごとに購入しなきゃいけないの?

A 同一Googleアカウントを利用すれば、無料で再インストールできます。

Play ストアで購入したアプリは、購入時のGoogleアカウントに関連付けられています。そのため、端末が異なる場合でも、同じGoogleアカウントを利用すればアプリを再インストールすることが可能です。有料アプリの場合でも、再インストール時に再び料金を支払う必要はありません。ここでは、アプリの再インストール方法を解説します。

1 ≡→<マイアプリ&ゲーム>の順にタップします。

2 <ライブラリ>をタップし、

3 再インストールしたいアプリをタップします。

4 <インストール>または<有効にする>をタップします。

Q Play ストア

バージョン 9.0 10.0　ドコモ ソフトバンク au SIMフリー

168 » アプリを最新の状態に更新したい!

A 「マイアプリ&ゲーム」から更新できます。

最新のバージョンがリリースされた場合は、「マイアプリ&ゲーム」の「アップデート」から更新することができます。アプリをアップデートしないと、うまくアプリが動作しなかったり、スマートフォンの機能に影響したりする場合があります。とくに理由がない限り、アプリは常に最新版を利用するとよいでしょう。

1 ≡→<マイアプリ&ゲーム>の順にタップします。

2 <アップデート>をタップし、

3 「アップデート利用可能」に表示されているアプリの<更新>をタップします。

4 更新が始まります。

手順2で<すべて更新>をタップすると、すべてのアプリが更新されます。

Q Play ストア バージョン 9.0 10.0 ドコモ ソフトバンク au SIMフリー

169 » アプリが自動で更新されないようにしたい！

A 「アプリの自動更新」から自動更新をオフにします。

アプリの自動更新をオンにしておくと、最新版のアプリがリリースされたときに自動でアップデートされます。自動でアップデートされたくない場合は、自動更新をオフにしておきましょう。Wi-Fiに接続したときのみ自動アップデートを行うといった設定も可能なので、データ通信量が気になる場合でも安心です。

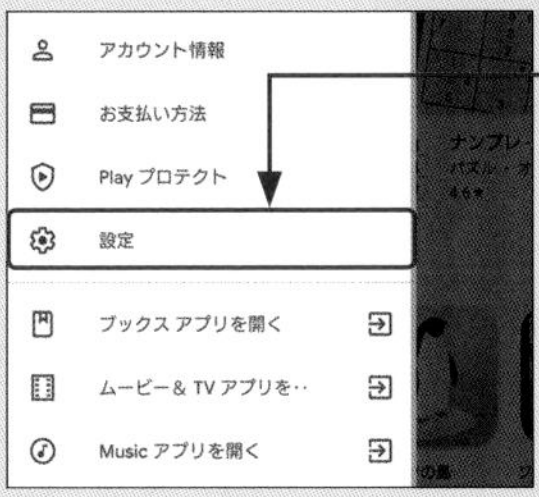

1 ≡→＜設定＞の順にタップし、

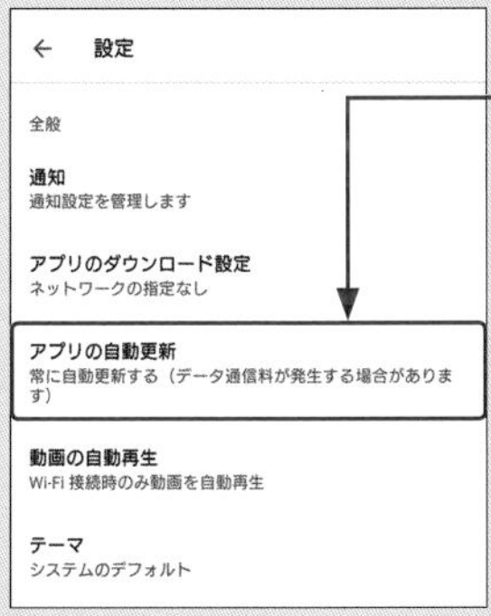

2 ＜アプリの自動更新＞をタップします。

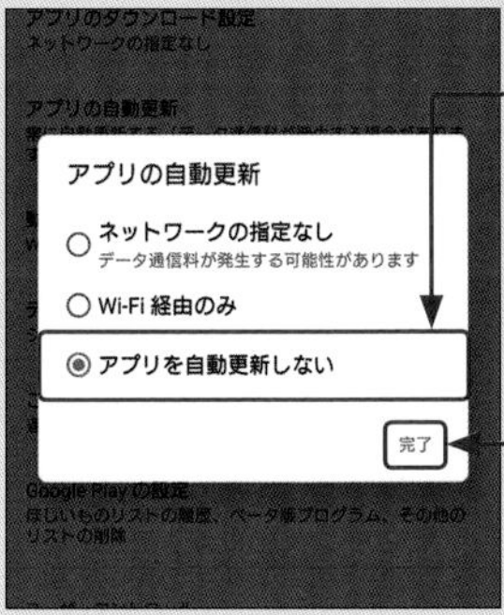

3 ＜アプリを自動更新しない＞をタップし、

4 ＜完了＞をタップします。

Q Play ストア バージョン 9.0 10.0 ドコモ ソフトバンク au SIMフリー

170 » アプリの通知方法を変更したい！

A Play ストアの「通知」または「設定」から変更します。

アプリのアップデートや自動更新があった場合、端末のステータスバーに通知が表示されます。この通知を表示させないようにしたり、Play ストアからのお得な情報を受け取ったりしたい場合は、≡→＜設定＞→＜通知＞の順にタップして設定を行います。

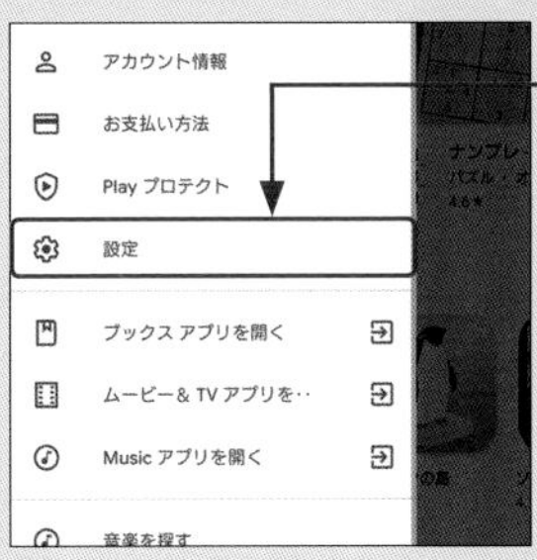

1 ≡→＜設定＞の順にタップし、

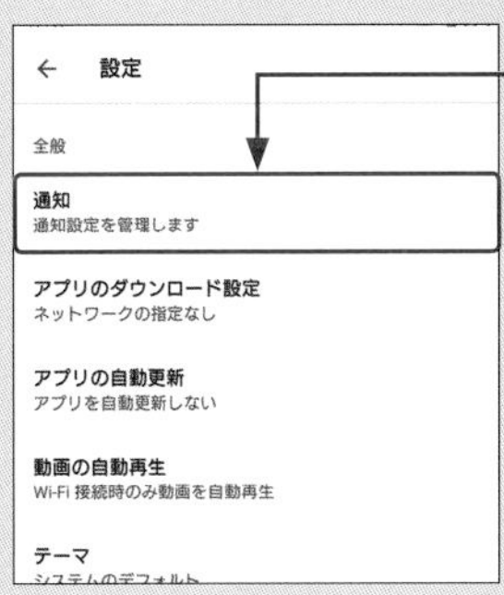

2 ＜通知＞をタップします。

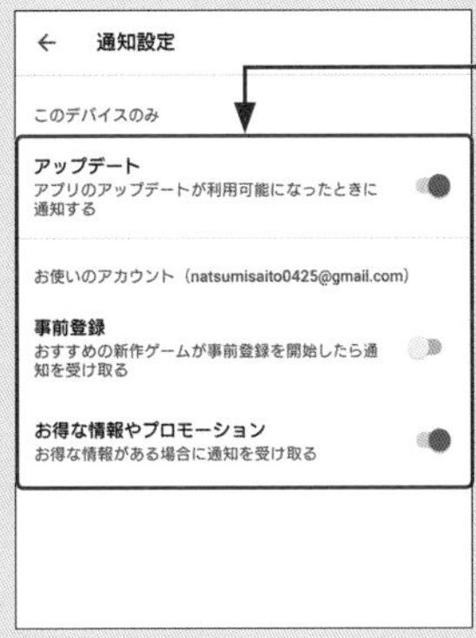

3 通知を表示したくない項目をタップしてオフにします。

Play ストア　バージョン 9.0 10.0　ドコモ ソフトバンク au SIMフリー

Q 171 ≫ アプリを共有したい！

A アプリをメールやSNSでシェアすることができます。

アプリの詳細画面で ⋮ →＜共有＞の順にタップすると、SNSやメールで知り合いにアプリの情報を共有することができます。シェアする方法を選択すると自動的にリンクが作成され、シェアされた相手がAndroid端末の場合はそのリンクをタップするだけで＜Play ストア＞アプリを起動できます。友人におすすめしたいアプリがあればシェアしてみましょう。

1 アプリの詳細画面を開き、⋮ をタップして、

2 ＜共有＞をタップします。

3 共有するアプリ（ここでは＜Gmail＞）をタップします。

4 選択したアプリが起動し、自動的にリンクが作成されます。

Play ストア　バージョン 9.0 10.0　ドコモ ソフトバンク au SIMフリー

Q 172 ≫ 子どもが使うアプリを制限したい！

A 「保護者による使用制限」を設定します。

Play ストアの「保護者による使用制限」をオンにすると、利用するアプリに制限をかけることができます。子どもの年齢層を選択できるので、年齢に合わせた最適なアプリのみが表示されるようになります。

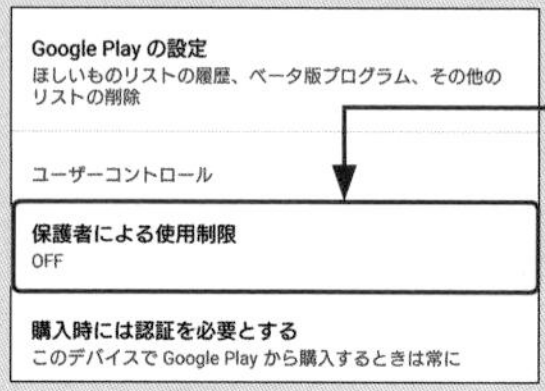

1 ＜Play ストア＞アプリを起動し、≡ →＜設定＞→＜保護者による使用制限＞の順にタップします。

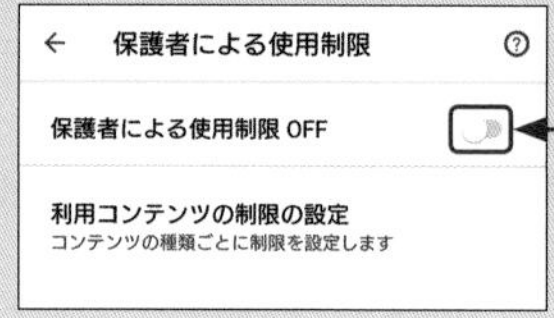

2 「保護者による使用制限」の ◯ をタップしてオンにし、

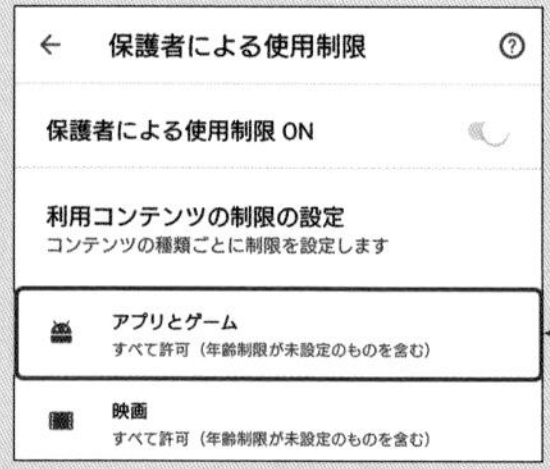

3 暗証番号を2回入力したら、＜アプリとゲーム＞をタップします。

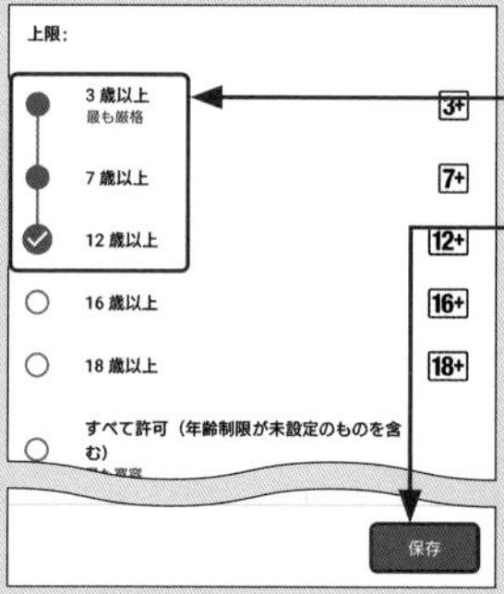

4 子どもの年齢層をタップして選択し、

5 ＜保存＞をタップします。

Q アプリ情報

バージョン 9.0 10.0 ドコモ ソフトバンク au SIMフリー

173 » インストールしているアプリを確認したい！

A ＜設定＞アプリの「アプリと通知」からすべてのアプリを確認できます。

スマートフォンにインストールされているすべてのアプリを確認するには、アプリ一覧画面から＜設定＞→＜アプリと通知＞→＜○○個のアプリをすべて表示＞の順にタップします。アプリは50音順に表示され、アプリ一覧画面には表示されていないアプリも確認できます。

1 ＜設定＞アプリを起動して＜アプリと通知＞をタップします。

2 ＜○○個のアプリをすべて表示＞をタップすると、

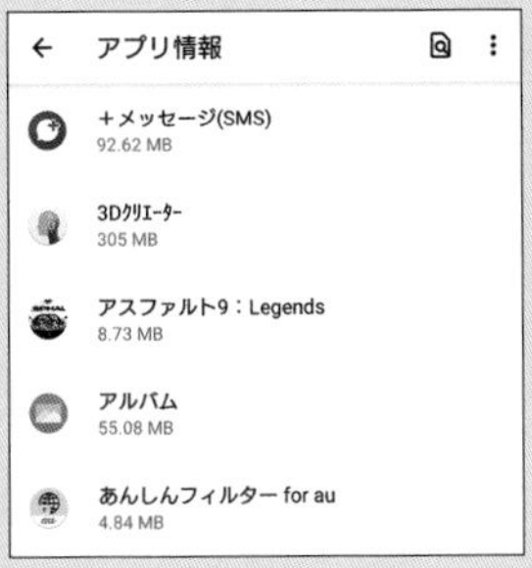

3 インストール済みのアプリが表示されます。

Q アプリ情報

バージョン 9.0 10.0 ドコモ ソフトバンク au SIMフリー

174 » アプリのデータを削除したい！

A データや通知の設定などを初期状態に戻せます。

アプリの設定を初期状態に戻したいときは、アプリの設定をすべてリセットしましょう。アプリの設定をリセットするには、＜設定＞アプリから＜アプリと通知＞→＜アプリ情報＞→⋮→＜アプリの設定をリセット＞の順にタップし、＜設定リセット＞をタップします。

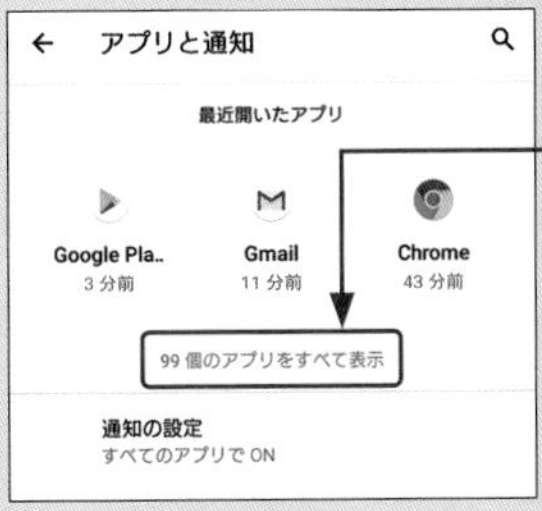

1 ＜設定＞アプリを起動して＜アプリと通知＞→＜○○個のアプリをすべて表示＞の順にタップし、

2 ⋮→＜アプリの設定をリセット＞の順にタップします。

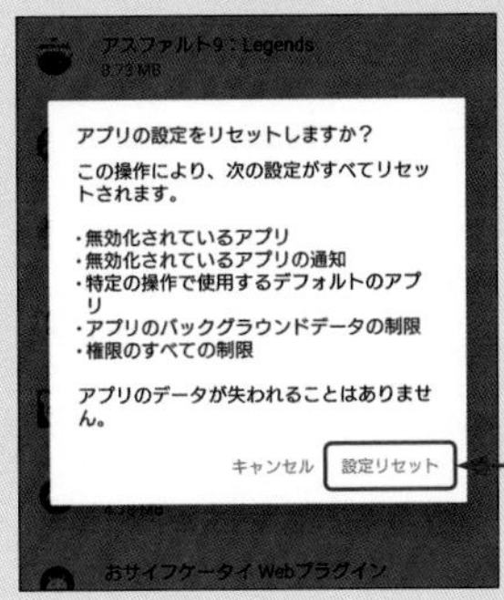

3 ＜設定リセット＞をタップします。

Q アプリ情報 | バージョン 9.0 10.0 | ドコモ ソフトバンク au SIMフリー

175 » アプリのアクセス許可を設定したい!

A アプリごとに必要な権限を個別に設定できます。

Q.143で表示されるアクセス許可は、あとから内容を確認／変更することも可能です。変更するときは、<設定>アプリで<アプリと通知>→<○○個のアプリをすべて表示>の順にタップし、アクセス許可を変更するアプリを選択して<許可>をタップします。

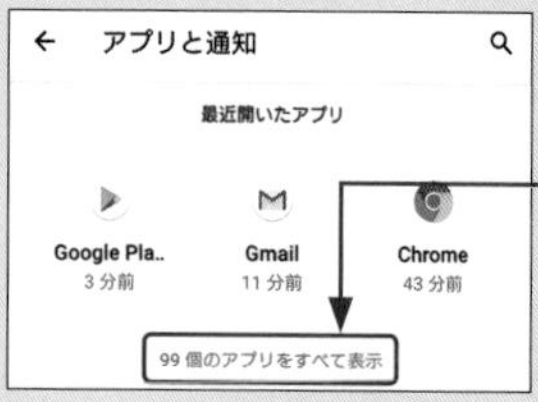

1 <設定>アプリを起動して<アプリと通知>→<○○個のアプリをすべて表示>の順にタップし、

2 アクセス許可を設定したいアプリ(ここでは<アルバム>)をタップします。

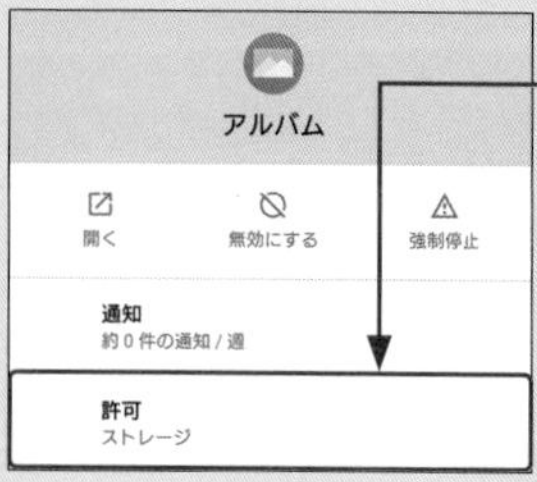

3 <許可>をタップしたら、

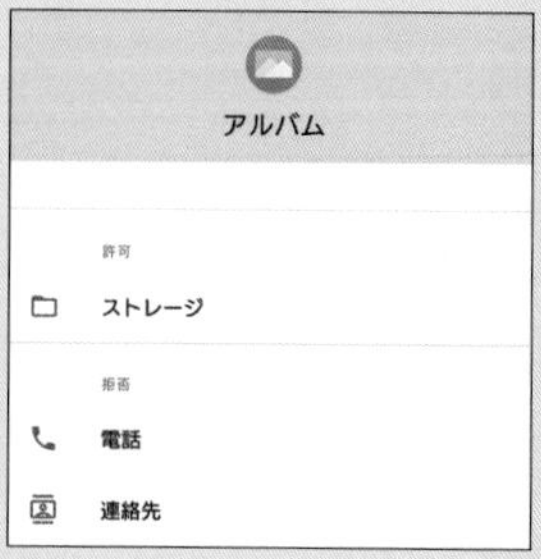

4 各項目をタップし、<許可>または<許可しない>をタップすることで、アクセス権限を変更できます。

Q アプリ情報 | バージョン 9.0 10.0 | ドコモ ソフトバンク au SIMフリー

176 » アプリの選択画面が表示されない!

A <設定を消去>をタップします。

Q.141のように、使用するアプリを選択する画面が表示されなくなってしまった場合は、<設定>アプリで再表示させることができます。<設定>アプリを起動し、<アプリと通知>→<○○個のアプリをすべて表示>→任意のアプリの順にタップして行いましょう。設定がリセットされ、再度アプリの選択画面が表示されるようになります。

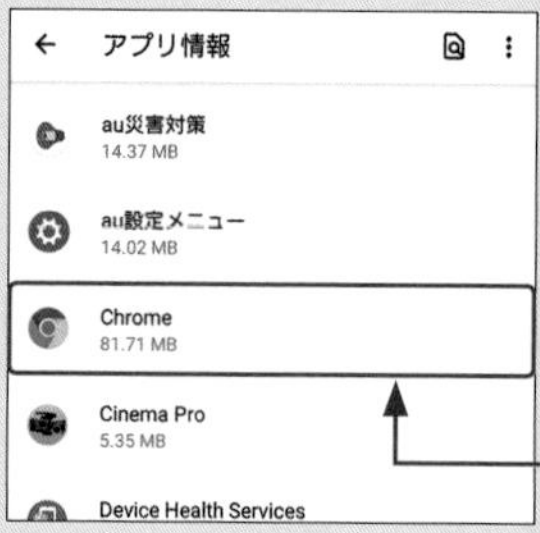

1 <設定>アプリを起動し、<アプリと通知>→<○○個のアプリをすべて表示>の順にタップして、

2 任意のアプリをタップします。

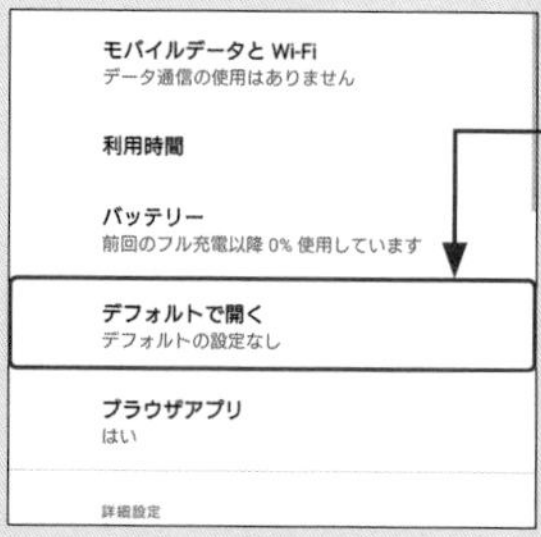

3 <詳細設定>→<デフォルトで開く>の順にタップし、

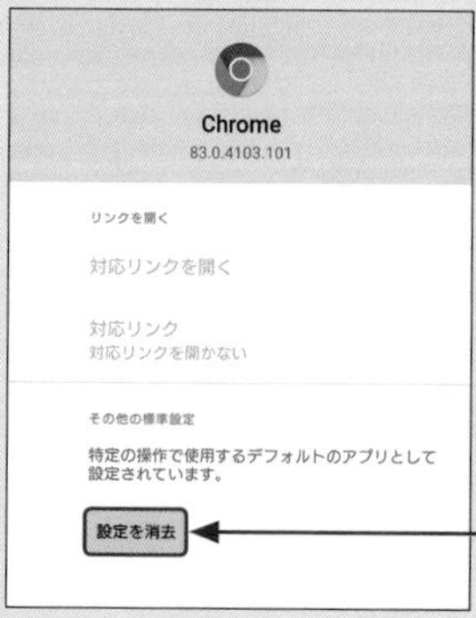

4 <設定を消去>をタップします。

Q アプリ情報

バージョン 9.0 10.0

ドコモ ソフトバンク au SIMフリー

177 » アプリを強制終了したい！

A アプリの＜強制停止＞をタップします。

アプリの不具合で端末全体に影響をおよぼす動作不良を起こした場合、一度問題のあるアプリを強制終了しましょう。場合によってはアプリの提供元に確認し、必要に応じてアップデートしたり、アップデートの削除を行ったりしましょう。

1 ＜設定＞アプリを起動し、

2 ＜アプリと通知＞→＜○○個のアプリをすべて表示＞の順にタップします。

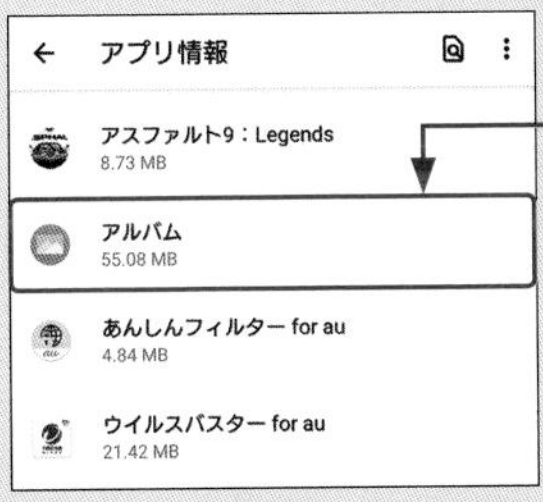

3 強制終了したいアプリ（ここでは＜アルバム＞）をタップし、

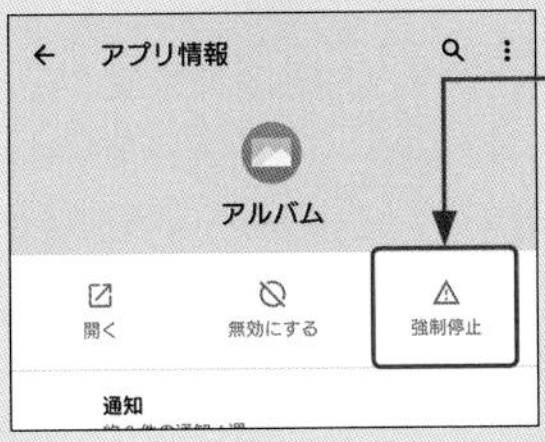

4 ＜強制停止＞をタップします。

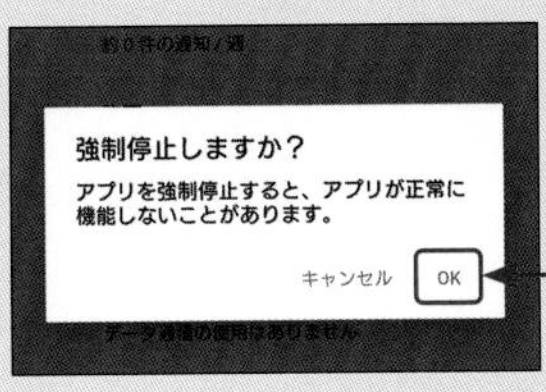

5 ＜OK＞をタップするとアプリが強制終了します。

Q アプリ情報

バージョン 9.0 10.0

ドコモ ソフトバンク au SIMフリー

178 » 標準のアプリを変更したい！

A ＜設定＞アプリで標準のアプリを変更できます。

Webブラウザアプリや電話アプリ、メッセージアプリなどは、同じ種類のアプリが複数インストールされている場合があります。どのアプリを標準で使用するかは、「標準のアプリ」から選択することができます。標準のアプリを設定するには、＜設定＞アプリから＜アプリと通知＞→＜標準のアプリ＞の順にタップし、アプリの種類をタップして選択します。

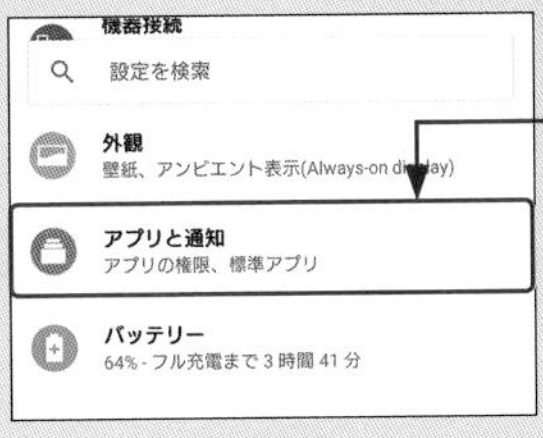

1 ＜設定＞アプリを起動して＜アプリと通知＞をタップし、

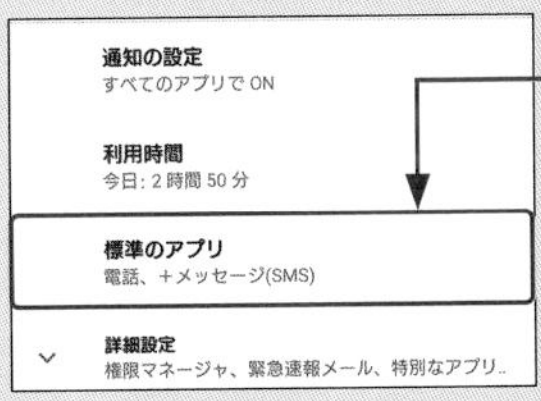

2 ＜標準のアプリ＞をタップしたら、

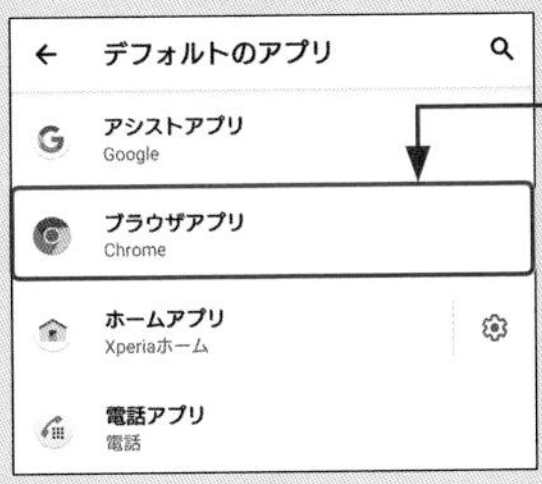

3 標準のアプリを設定するアプリ（ここでは＜ブラウザアプリ＞）をタップします。

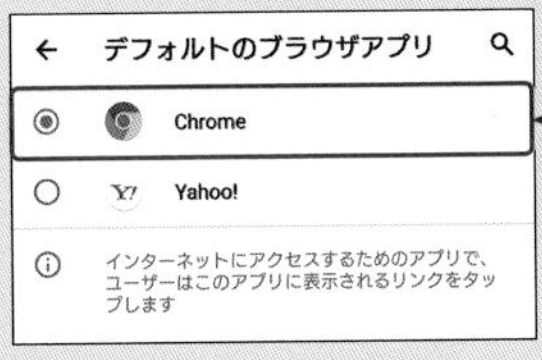

4 標準で使用したいアプリをタップして設定します。

アプリ情報　バージョン 9.0 10.0　ドコモ ソフトバンク au SIMフリー

Q 179 » 削除できないアプリがあるけど？

A 標準アプリはアンインストールできないので、無効にしましょう。

端末に標準搭載されているアプリは、不要だと感じてもアンインストールすることができません。不要なアプリは＜設定＞アプリから無効にしましょう。アプリを無効にすると、ホーム画面やアプリ一覧画面で非表示になります。

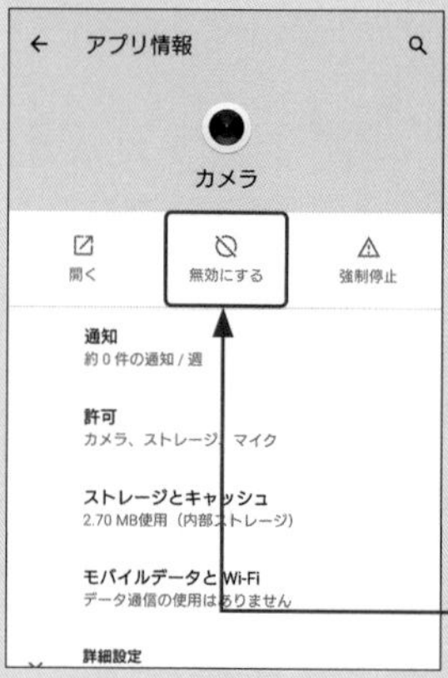

1 アプリ一覧画面で＜設定＞→＜アプリと通知＞→＜○○個のアプリをすべて表示＞の順にタップし、

2 無効にしたいアプリ（ここでは＜カメラ＞）をタップして、

3 ＜無効にする＞をタップします。

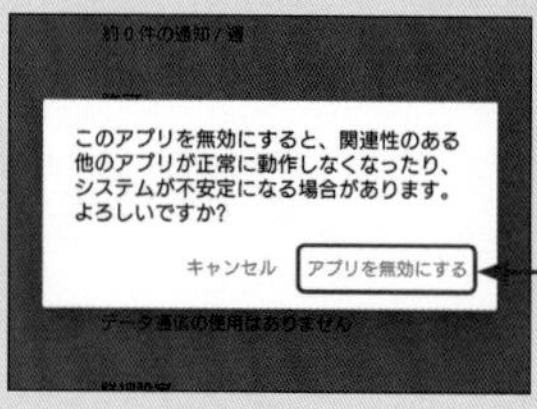

4 ＜アプリを無効にする＞をタップします。

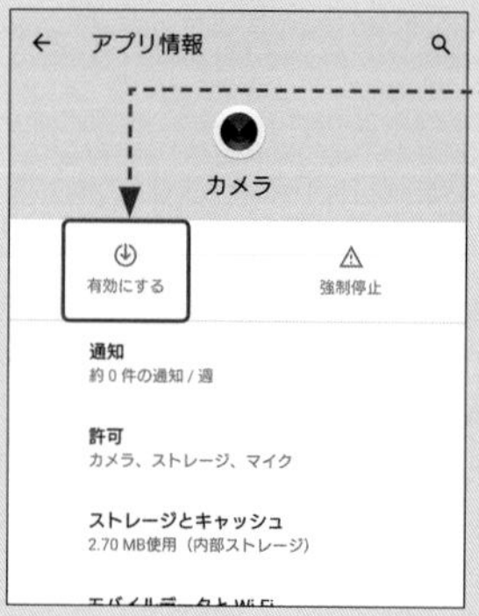

一度無効にしたアプリを再度有効にするには、＜有効にする＞をタップします。

アプリ情報　バージョン 9.0 10.0　ドコモ ソフトバンク au SIMフリー

Q 180 » 携帯電話会社のアプリを止めることはできないの？

A アンインストールできないアプリは「無効」にします。

ドコモ、au、ソフトバンクといった各携帯電話会社のスマートフォンには、携帯電話会社独自のアプリ（キャリアアプリ）がインストールされています。不要と感じるアプリは、ホーム画面またはアプリ一覧画面でアプリをロングタッチし、＜アプリ情報＞をタップして削除しましょう。ただし、中にはアンインストールできないアプリもあります。その場合は、Q.179の手順を参考にアプリを無効にしましょう。

アプリをアンインストールする

1 アプリをロングタッチし、

2 ＜アプリ情報＞→＜アンインストール＞の順にタップします。

アプリを無効にする

Q.179を参考に操作を進め、＜無効にする＞をタップします。

第5章

通話や通信の「こんなときどうする？」

Q 発信／着信 バージョン 9.0 10.0 ドコモ ソフトバンク au SIMフリー

181 » 電話をかけたい！

A ホーム画面の<電話>をタップして発信します。

電話をかけたいときは、ホーム画面で<電話>アプリのアイコンをタップして、<電話>アプリを起動します。(キーパッド)をタップすると表示されるダイヤルキーで、相手の電話番号を入力し、をタップすると発信できます。相手が電話に出たら通話開始です。通話を終了したいときは、画面下部のをタップします。

1 アプリ一覧画面で<電話>→の順にタップしたら、

2 相手の電話番号を入力し、

3 をタップして発信します。

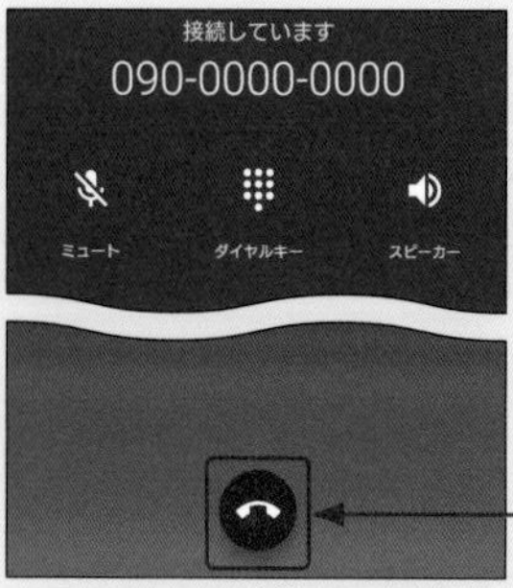

4 相手が応答すると通話が開始されます。をタップすると、通話が終了します。

Q 発信／着信 バージョン 9.0 10.0 ドコモ ソフトバンク au SIMフリー

182 » かかってきた電話に出るには？

A 画面をスワイプして応答します。

電話がかかってくると着信画面が表示されます。画面をスワイプしたり、応答ボタンをタップやスワイプしたりすると、電話に応答することができ、通話が開始されます。なお、スワイプの方向は機種によって、異なります。ホーム画面やアプリが表示されている場合は、通知エリアに着信が表示されるため、<電話に出る>や<応答>などをタップして電話に応答します。

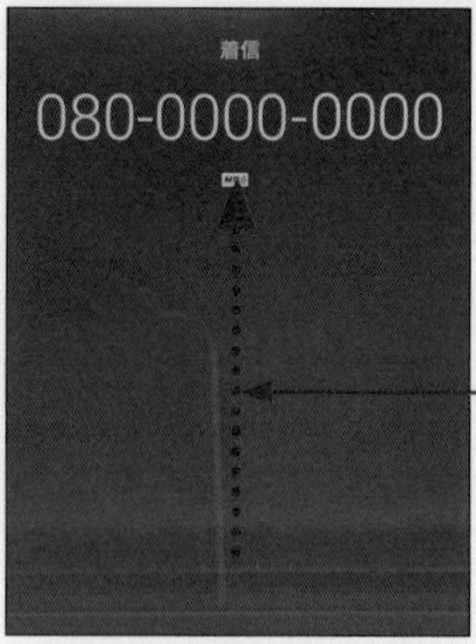

1 上方向にスワイプします。

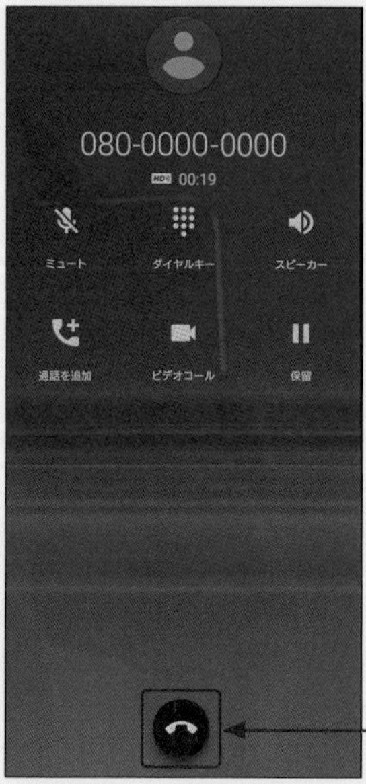

2 通話を終了するときは、をタップします。

Q 発信／着信

バージョン 9.0 10.0 ｜ ドコモ ソフトバンク au SIMフリー

183 » 電話に出たくない！

A 着信拒否機能があります。

着信画面や通知エリアに表示される着信には、電話に応答するほかに、かかってきた電話への応答を拒否する機能もあります。機種によって操作は異なりますが、Xperiaでは、下方向にスワイプすると、電話に出ることなく着信を終了することができます。なお、スワイプの方向は機種によって、異なります。

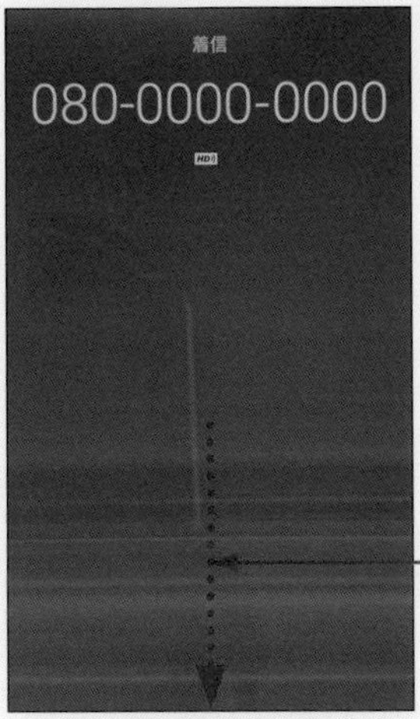

1 下方向にスワイプすると、

2 ロック画面に戻ります。

Q 発信／着信

バージョン 9.0 10.0 ｜ ドコモ ソフトバンク au SIMフリー

184 » 着信拒否のときにメッセージを送りたい！

A 着信拒否時にSMSを送信できます。

電話に出られないときには、着信への応答を拒否するだけでなく、SMSを利用して相手にメッセージを送信することができます。既存のメッセージの中から選択できるため、かんたんに送信できるうえ、状況を知らせることもできて便利です。なお、操作は機種によって、異なります。

1 Xperiaでは、画面左下のを上方向にスワイプし、

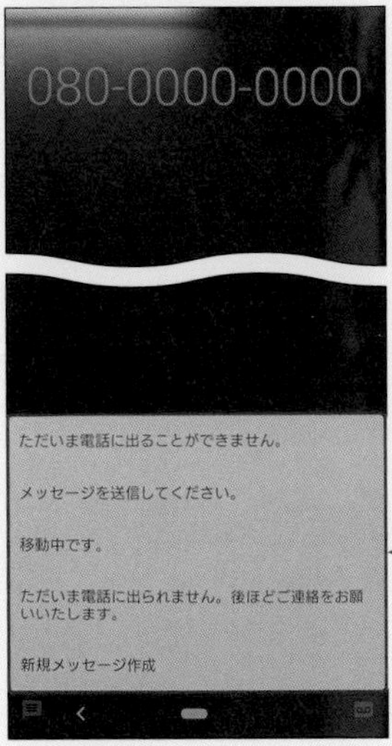

2 一覧から状況を伝えるメッセージをタップすると、SMSでメッセージが送信されます。

Q 発信／着信

バージョン 9.0 10.0 ドコモ ソフトバンク au SIMフリー

185 » 着信音を変更したい！

A ＜設定＞アプリから変更できます。

電話の着信音は、＜設定＞アプリから変更します。アプリ一覧画面から＜設定＞アプリを起動し、＜音設定＞→＜着信音＞の順にタップして、着信音を設定します。また、＜連絡先＞アプリから着信相手ごとに着信音を設定することもできます（Q.218参照）。

1 アプリ一覧画面で＜設定＞→＜音設定＞の順にタップし、

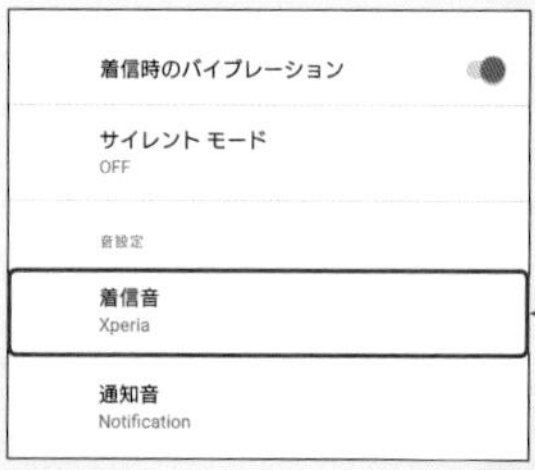

2 ＜着信音＞をタップしたら、

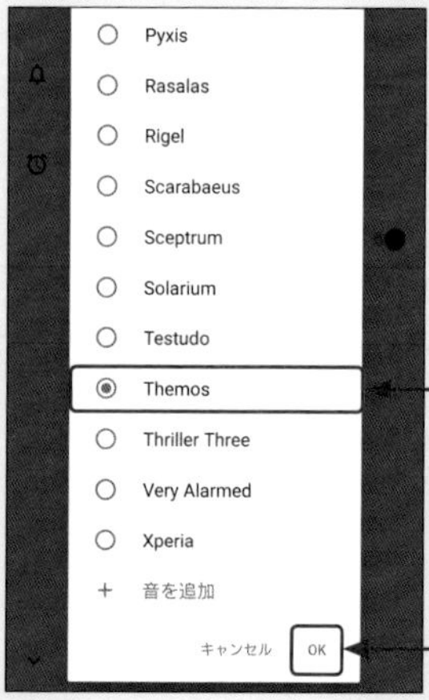

3 任意の着信音をタップすると音が再生されるので確認し、

4 ＜OK＞をタップします。

Q 発信／着信

バージョン 9.0 10.0 ドコモ ソフトバンク au SIMフリー

186 » 通話中に音量を変更したい！

A 通話中に音量ボタンを押します。

通話中でも音量を変更することが可能です。通話中に音量ボタンの上部を押すと音量が大きくなり、下部を押すと小さくなります。相手との通話環境に合わせて音量を調節するとよいでしょう。

1 通話中に音量ボタンを押します。

2 上部を押すと音量が大きくなり、下部を押すと小さくなります。

Q 発信／着信

バージョン 9.0 10.0 | ドコモ ソフトバンク au SIMフリー

187 » 着信音が鳴らないようにしたい！

A マナーモードに設定します。

着信音が鳴らないようにするには、マナーモードに設定します。アプリ一覧画面で＜設定＞→＜音設定＞の順にタップし、「着信音と通知音の音量」から設定したり、音量ボタンの下部を押し続けることで設定したりすることができます。ここでは、通知パネルからマナーモード機能をオンにする方法を紹介します。

1 ステータスバーを下方向にドラッグし、

2 をタップしてにすると、バイブレーションのみのマナーモードに設定されます。

Q 発信／着信

バージョン 9.0 10.0 | ドコモ ソフトバンク au SIMフリー

188 » 着信時に着信音をすぐに消したい！

A Xperiaでは音量ボタンを押します。

マナーモードに設定していないときにかかってきた電話の着信音をすぐに消す機能を持った機種があります。たとえばXperiaでは、音量ボタンか電源ボタンを押すと、すぐに着信音が鳴りやみます。また、Galaxyでは本体を伏せると消音できます。利用している機種の取扱説明書を確認してみましょう。

1 着信時に音量ボタンを押すと、

2 着信音が消えます。ただし、着信状態は続いています。をスワイプすると、メッセージの送信、をスワイプすると、伝言メモを起動できます。

Q 発信／着信 バージョン 9.0 10.0 ドコモ ソフトバンク au SIMフリー

189 » 通話を保留にしたい！

A <保留>をタップします。

通話画面で<保留>をタップすると、通話中の電話が一時的に保留状態になります。保留中は、相手もこちらも音声をやり取りしない状態となります。保留を解除したいときは、もう一度<保留>をタップします。

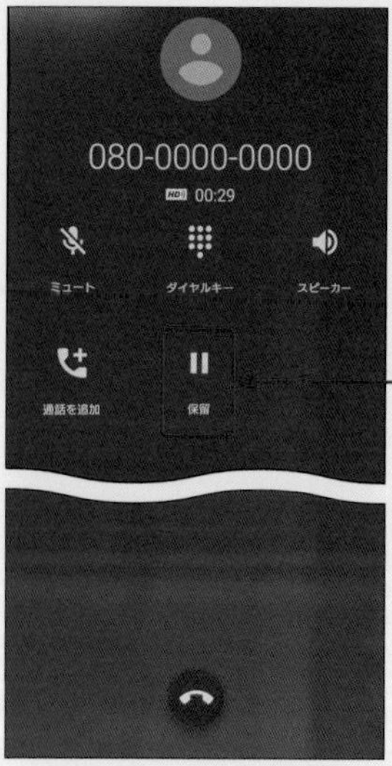

1 通話中に<保留>をタップします。

2 一時的に保留になります。もう一度<保留>をタップすると保留が解除されます。

Q 発信／着信 バージョン 9.0 10.0 ドコモ ソフトバンク au SIMフリー

190 » 通話中にスマホの操作はできる？

A 通話中でも操作可能です。

スマートフォンで通話中にホームボタンや戻るボタンをタップするとホーム画面に戻るので、<設定>アプリや<連絡先>アプリなどほかのアプリを起動して、調べものをすることができます。また、履歴ボタンをタップしてアプリ履歴画面を表示し、操作したいアプリをタップすることで、通話をしながらアプリを切り替えられます。

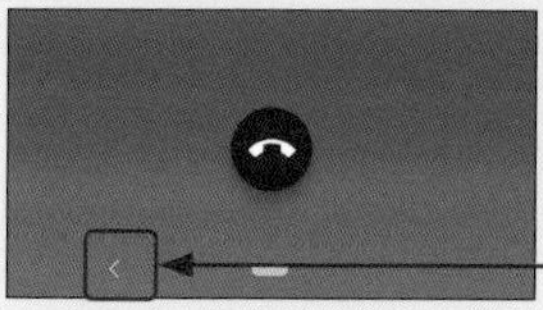

1 通話中に戻るボタンをタップします。

2 ホーム画面が表示されます。アプリを起動するなど、さまざまな操作が可能です。

3 通話を終了するときは、ステータスバーを下方向にドラッグし、

4 <終了>をタップします。

発信／着信

バージョン 9.0 10.0 ドコモ ソフトバンク au SIMフリー

Q 191 通話中にダイヤルキーを表示したい！

A <ダイヤルキー>をタップします。

音声ガイダンスなどに従って、電話番号や暗証番号を入力しなければいけない場合、ダイヤルキーを表示しなければ入力できません。ダイヤルキーを表示するには、通話中に<ダイヤルキー>や<キーパッド>をタップします。

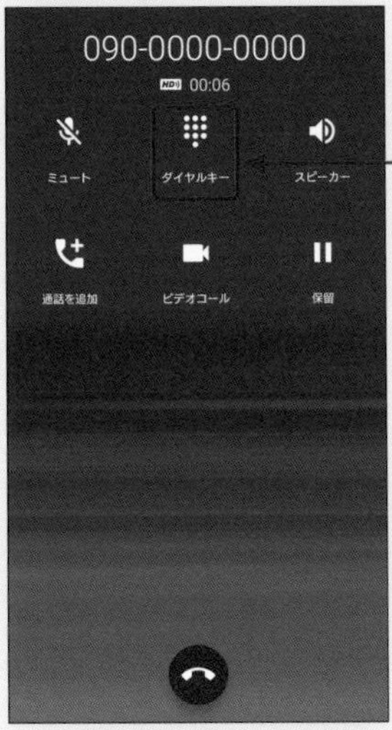

1 通話中に<ダイヤルキー>をタップします。

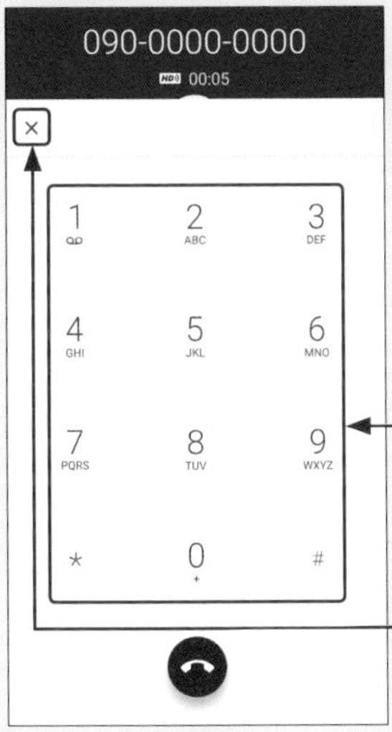

2 ダイヤルキーが表示されます。

3 ×をタップすると、前の画面に戻ります。

発信／着信

バージョン 9.0 10.0 ドコモ ソフトバンク au SIMフリー

Q 192 ダイヤルキーの操作音を消したい！

A <ダイヤルパッドの操作音>をオフにします。

ダイヤルパッドの操作音は消すことが可能です。<設定>アプリを開き、<音設定>→<詳細設定>の順にタップし、<ダイヤルパッドの操作音>をタップして にするとダイヤルキーの操作音を消すことができます。

1 アプリ一覧画面で<設定>→<音設定>の順にタップして、

2 <詳細設定>をタップします。

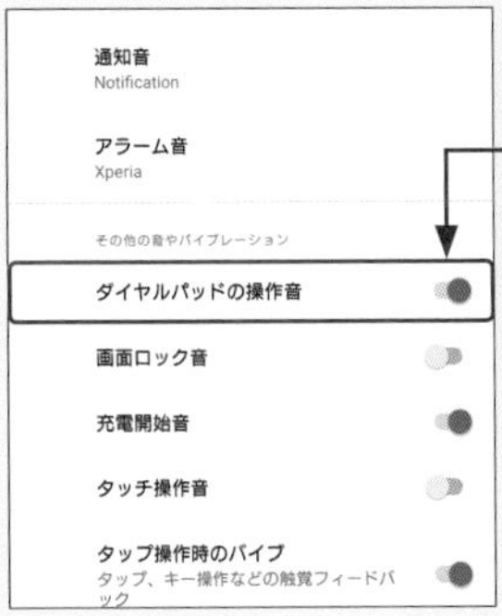

3 <ダイヤルパッドの操作音>をタップして にするとダイヤルパッドの操作音を消すことができます。

Q 発信／着信

バージョン 9.0 10.0

ドコモ ソフトバンク au SIMフリー

193 通話中に画面が暗くなったけど？

A 近接センサーが反応し、スリープ状態になっています。

画面を触らない状態で通話時間が長くなると、スリープ状態に移行し、画面が暗くなることがあります。ただし、スリープ状態でも通話は続けることができます。また、機種によっては、誤操作を防ぐために近接センサーが搭載されており、画面に顔や指が近づくと自動的にスリープ状態になります。この場合も、通話は続けることができますし、近接センサーから顔や指を離せば、スリープ状態が解除されます。

通話中、近接センサー付近に顔や指が近づくと、画面が暗くなります。

顔や指を離すと、画面が点灯します。

Q 発信／着信

バージョン 9.0 10.0

ドコモ ソフトバンク au SIMフリー

194 電源ボタンを押して通話を終了させたい！

A ＜電源ボタンで通話を終了＞をオンにします。

をタップする以外にも通話を終了する方法はあります。機種によっては、「電源ボタンで通話を終了」をオンにすると、電源ボタンを押すだけでかんたんに通話を終了することができます。機種によって通話終了に割り振れるボタンは異なるので、確認してみましょう。

1 アプリ一覧画面で＜設定＞→＜ユーザー補助＞の順にタップします。

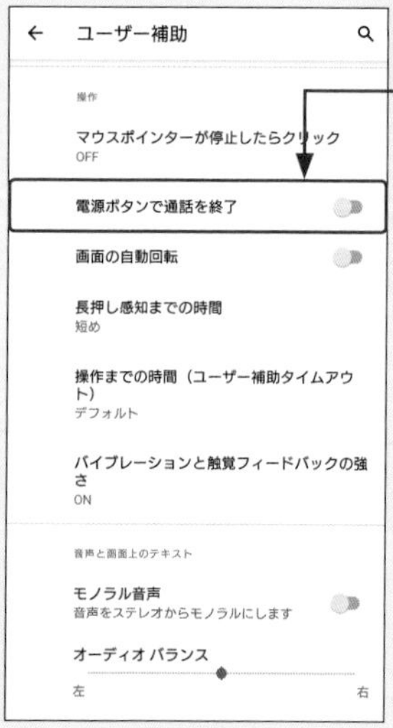

2 ＜電源ボタンで通話を終了＞をタップして にすると、電源ボタンを押すだけで通話が終了できるように設定できます。なお、機種によってはこの項目がない場合もあります。

195 » 留守番電話を使いたい！（ドコモ）

A 「留守番電話サービス」に申し込みます。

ドコモで契約したスマートフォンで留守番電話を使うには、ドコモの「留守番電話サービス」に申し込む必要があります。留守番電話サービスは、月額300円の有料サービスですが、「メロディコール」「キャッチホン」「転送でんわ」とセットになった「オプションパック割引」（月額400円）でも利用できます。なお、契約時にこれらのサービスに申し込んでいる場合、とくに設定は必要ありません。

「留守番電話サービス」に申し込む

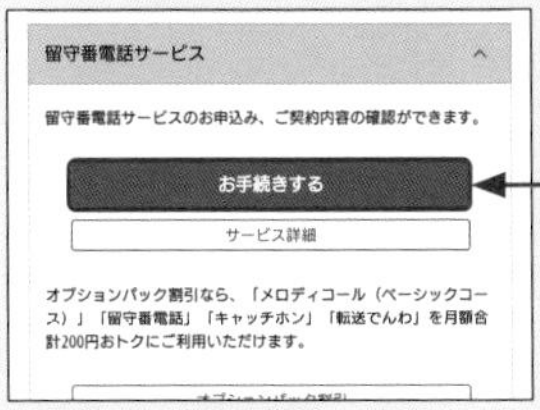

1 アプリ一覧画面で<My docomo>→<契約内容・手続き>→<留守番電話サービス>→<お手続きする>の順にタップします。

2 「留守番電話サービスを申込む」にチェックが付いていることを確認し、

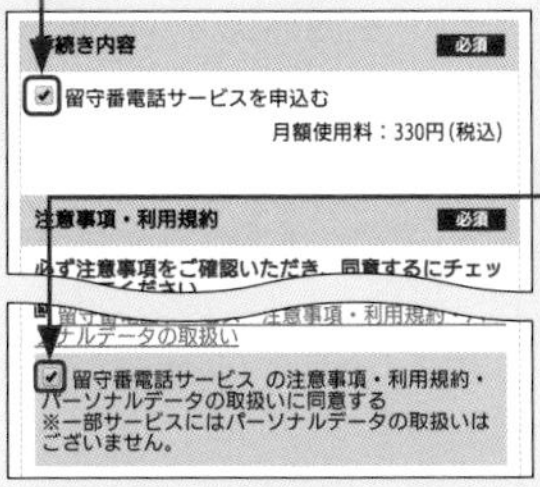

3 <留守番電話サービスの注意事項・利用規約・パーソナルデータの取扱いに同意する>をタップしてチェックを付け、

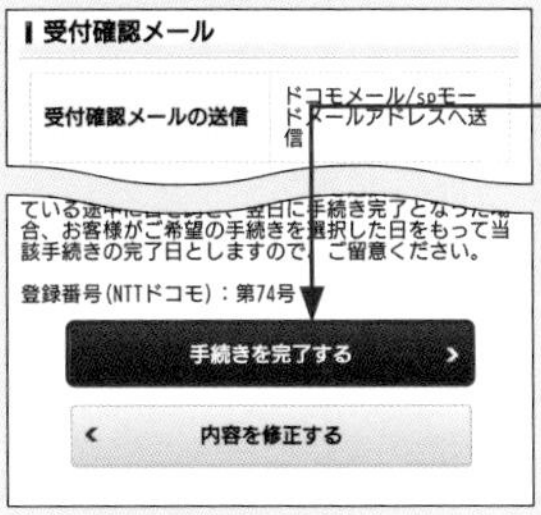

4 <次へ>→<手続きを完了する>の順にタップします。

留守番電話を確認する

1 留守番電話に新規のメッセージが保存されると、ステータスバーに ⌀⌀ が表示されます。

2 アプリ一覧画面で<電話>→ の順にタップし、

3 「1417」をタップして入力し、

4 をタップすると、留守番電話サービスセンターに接続され、保存されたメッセージが再生されます。

留守番電話

バージョン 9.0 10.0 ドコモ ソフトバンク au SIMフリー

Q 196 ≫ 留守番電話メッセージを削除したい!（ドコモ）

A メッセージ再生後に「3」をタップします。

留守番電話のメッセージを削除するには、再生後に「3」をタップします。複数のメッセージが保存されている場合は、「#」をタップすると、次のメッセージを再生することができます。なお、削除する前にもう一度再生したい場合は「1」を、削除せず保存しておきたい場合は「2」をタップします。録音メッセージの再生と操作ガイダンスが流れます。

1 Q.195を参考に留守番電話を再生したら、

2 ＜ダイヤルキー＞をタップし、

3 「3」をタップすると、録音された留守番電話が消去されます。

#をタップすると、次の録音メッセージを聞くことができます。

留守番電話

バージョン 9.0 10.0 ドコモ ソフトバンク au SIMフリー

Q 197 ≫ 留守番電話の呼び出し時間を設定したい!（ドコモ）

A ＜留守番電話呼び出し時間の設定＞から設定します。

留守番電話サービスセンターに接続されるまでの呼び出し時間は、標準で15秒に設定されていますが、0～120秒の間で自由に変更することができます。＜設定＞アプリから変更できるほか、「1419」に電話をかけて呼び出し時間を設定することも可能です。なお、「0」を設定すると、すぐに留守番電話サービスセンターに接続されるため、着信履歴に残りません。

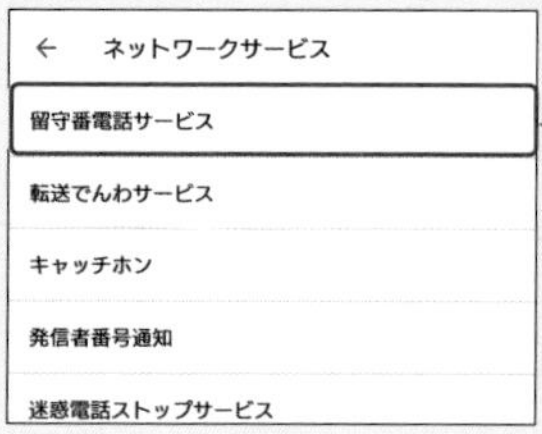

1 アプリ一覧画面で＜設定＞→＜通話設定＞→＜ネットワークサービス＞→＜留守番電話サービス＞の順にタップし、

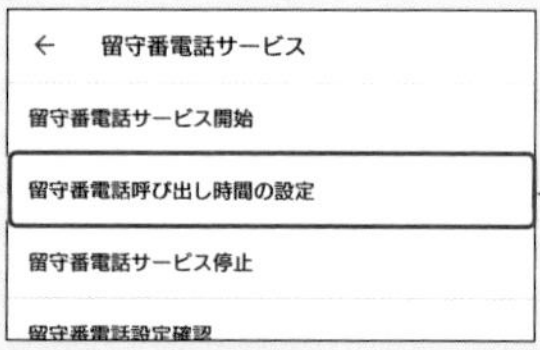

2 ＜留守番電話呼び出し時間の設定＞をタップしたら、

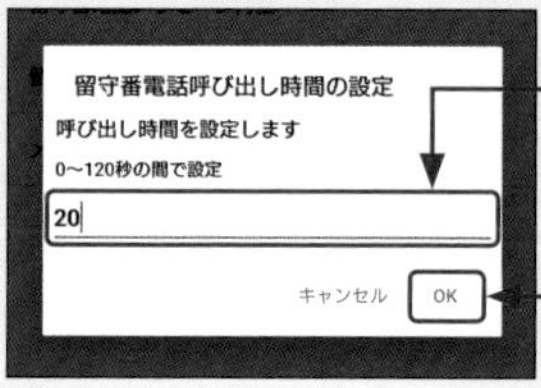

3 ＜呼び出し数秒＞をタップして呼び出し時間を入力し、

4 ＜OK＞をタップします。

「1419」に電話をかけ、呼び出し時間をダイヤルキーで入力し、#を入力することでも、呼び出し時間を設定できます。

198 » 留守番電話を使いたい！(au)

A 「お留守番サービス EX」に申し込みます。

auで留守番電話を利用するには、お留守番サービスEX（月額300円）か電話きほんパック（月額300円）、もしくは電話きほんパック（V）（月額400円）のいずれかに申し込む必要があります。通常のお留守番サービスでは3分の伝言を20件、お留守番サービスEXでは99件まで保存できます。

「お留守番サービス EX」に申し込む

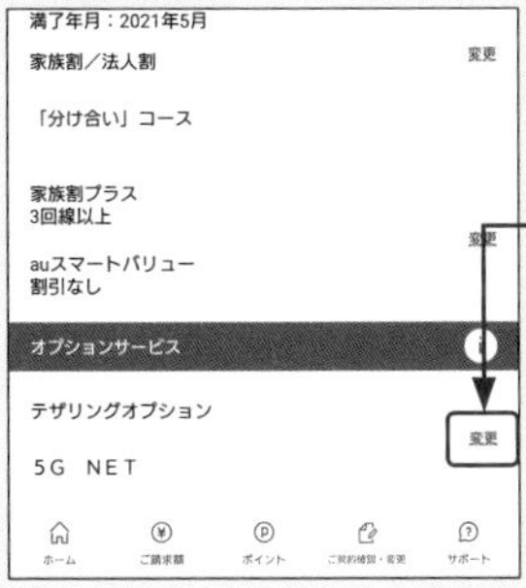

1 アプリ一覧画面で<My au>→<ご契約確認・変更>→「デザリングオプション 5G NET」の<変更>の順にタップします。

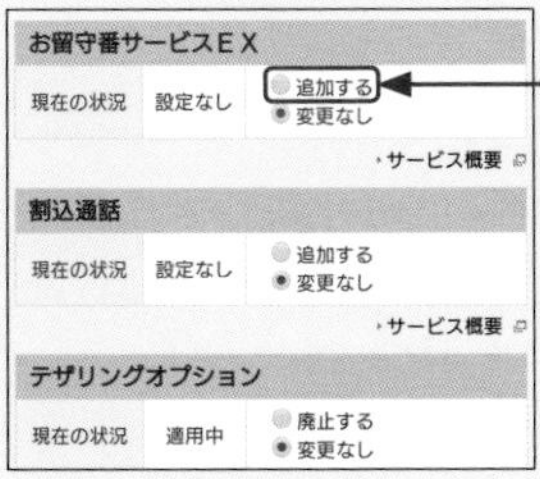

2 「お留守番サービス EX」の<追加する>をタップしてチェックを付け、

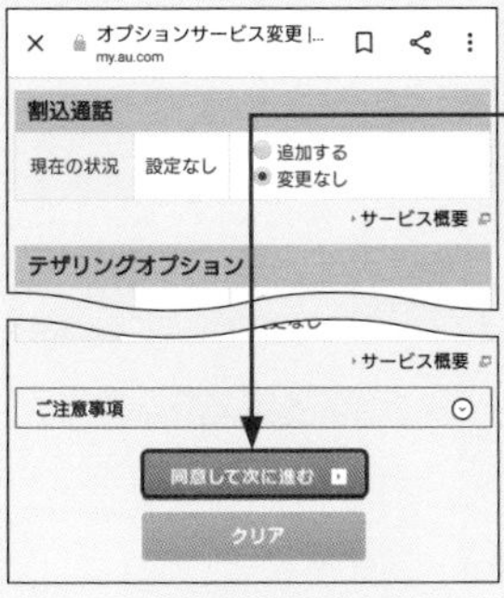

3 <同意して次に進む>をタップしたら、画面に従って進めます。

留守番電話を確認する

1 留守番電話に新規のメッセージが保存されると、ステータスバーにSMSの通知が表示されます。

2 アプリ一覧画面で<電話>→ の順にタップし、

3 「1417」をタップして入力し、

4 をタップすると、留守番電話サービスセンターに接続され、保存されたメッセージが再生されます。

Q 留守番電話 バージョン 9.0 10.0 ドコモ ソフトバンク au SIMフリー

199 » 留守番電話メッセージを削除したい！(au)

A メッセージ再生後に「9」をタップします。

留守番電話のメッセージを削除するには、留守番電話のメッセージを再生中にダイヤルキーで「9」をタップします。ただし、お留守番サービスに申し込んでいる場合は48時間、お留守番サービスEXに申し込んでいる場合には7日以上経過すると、保存されているメッセージは自動的に削除されます。なお、削除する前にもう一度再生したい場合は「1」を、次のメッセージを再生したい場合は「#」をタップします。

1 Q.198を参考に留守番電話を再生したら、

2 <ダイヤルキー>をタップし、

3 「9」をタップすると、録音された留守番電話が消去されます。

Q 留守番電話 バージョン 9.0 10.0 ドコモ ソフトバンク au SIMフリー

200 » 留守番電話の呼び出し時間を設定したい！(au)

A <転送時間>から設定します。

留守番電話サービスの呼び出し時間は、標準で24秒に設定されています。呼び出し時間は下の手順のように、<電話>アプリから変更できるほか、「1418」に電話をかけて変更することも可能です。なお、「0」を設定すると、すぐに留守番電話サービスセンターに接続されるため、着信履歴に残りません。また、呼び出し時間は5秒～55秒の間で設定できます。

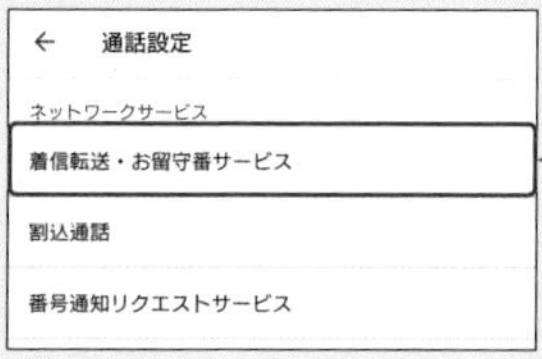

1 アプリ一覧画面で<電話>→<設定>→<通話>→<着信転送・お留守番サービス>の順にタップし、

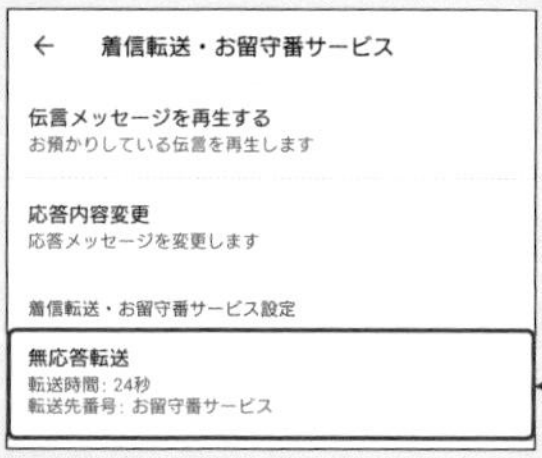

2 <無応答転送>をタップしたら、

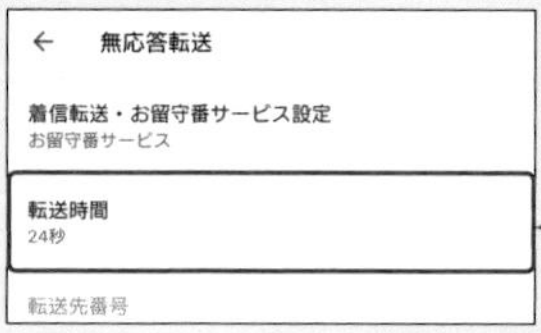

3 <転送時間>をタップして、

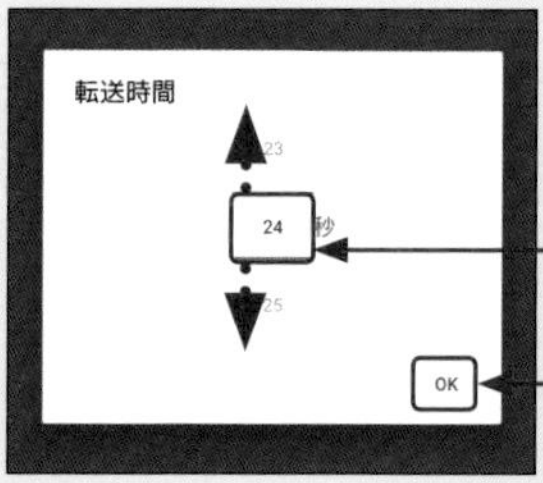

4 呼び出し時間を上下にフリックして設定し、

5 <OK>をタップします。

Q 留守番電話

バージョン 9.0 10.0　ドコモ ソフトバンク au SIMフリー

201 » 留守番電話を使いたい！（ソフトバンク）

A 「留守番電話プラス」に申し込みます。

ソフトバンクでは、月額300円（税別）で留守番電話プラス（スマートフォン基本パックには含まれています）を利用できます。これは、3分の伝言を最大100件まで1週間保存できるサービスです。留守番電話プラスへの加入手続きは、My SoftBankにログインして行います。なお、スマ放題を利用している場合は、留守番電話プラスやスマートフォン基本パックなどのサービスに申し込みが必要です。

「留守番電話プラス」に申し込む

1 アプリ一覧画面で＜SoftBank＞→＜My SoftBank＞→＜契約確認＞の順にタップします。

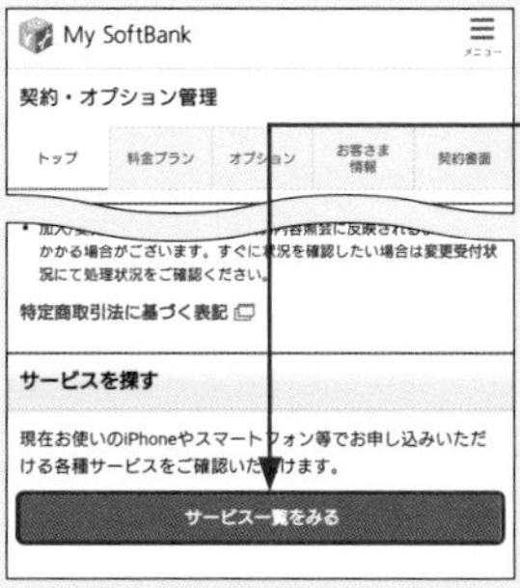

2 画面上部の＜オプション＞→＜サービス一覧をみる＞の順にタップします。

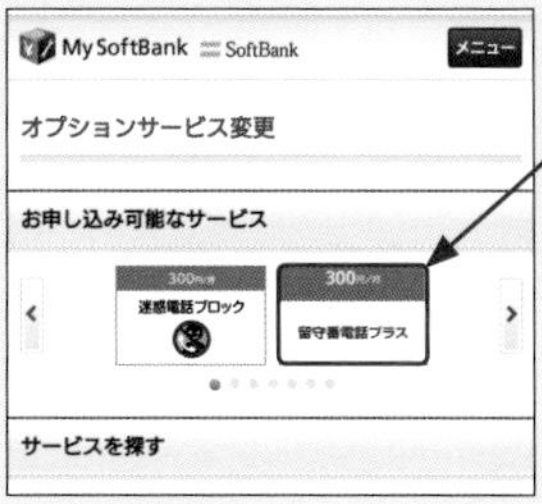

3 ＜留守番電話プラス＞をタップしたら、画面の指示に従って進めます。

留守番電話を確認する

1 留守番電話に新規のメッセージが保存されると、ステータスバーにが表示されます。

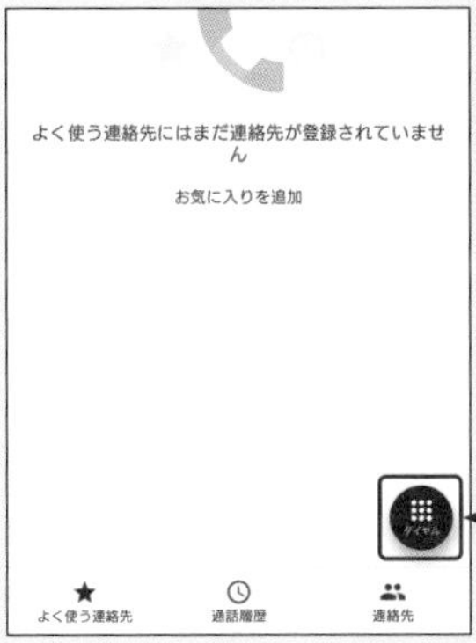

2 アプリ一覧画面で＜電話＞→の順にタップし、

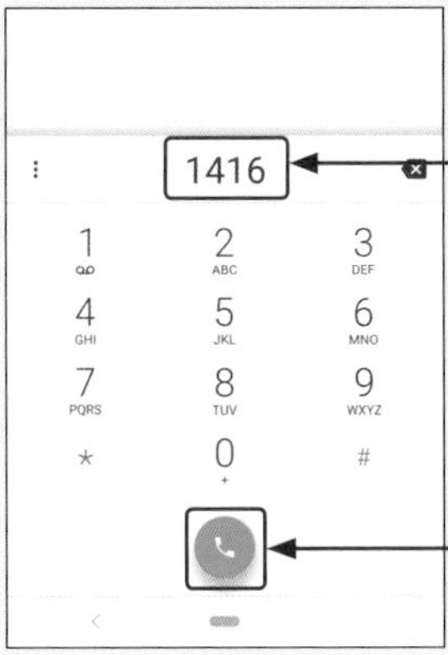

3 「1416」をタップして入力し、

4 をタップすると、留守番電話サービスセンターに接続され、保存されたメッセージが再生されます。

Q 留守番電話 バージョン 9.0 10.0 ドコモ ソフトバンク au SIMフリー

202 » 留守番電話メッセージを削除したい！（ソフトバンク）

A メッセージ再生後に「7」をタップします。

留守番電話のメッセージを削除するには、留守番電話のメッセージを再生中にダイヤルキーで操作します。再生後に「7」をタップすると、留守番電話のメッセージが削除されます。なお、削除する前にもう一度再生したい場合は「1」を、削除せず保存しておきたい場合は「9」をタップします。

1 Q.201を参考に留守番電話サービスに接続し、

2 ＜ダイヤルキー＞をタップして、

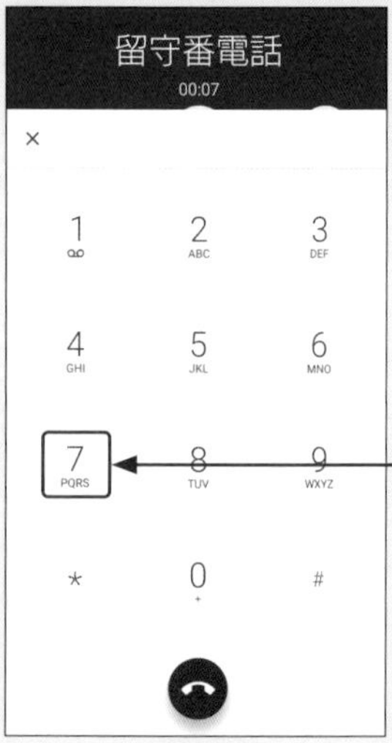

3 「7」をタップすると、録音された留守番電話が消去されます。

Q 留守番電話 バージョン 9.0 10.0 ドコモ ソフトバンク au SIMフリー

203 » 留守番電話の呼び出し時間を設定したい！（ソフトバンク）

A ＜呼び出し時間＞から設定します。

ソフトバンクでの留守番電話の呼び出し時間は、＜設定＞アプリで＜通話設定＞→＜通話サービス設定＞→＜留守番電話・転送電話＞→＜呼び出し時間＞の順にタップすると設定できます。このとき、＜0秒（呼び出し無し）＞をタップすると、電話がかかってきたらすぐに留守番電話につながるように設定できます。

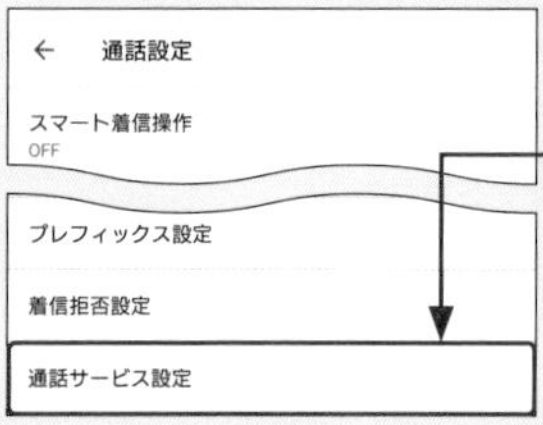

1 アプリ一覧画面で＜設定＞→＜通話設定＞→＜通話サービス設定＞の順にタップし、

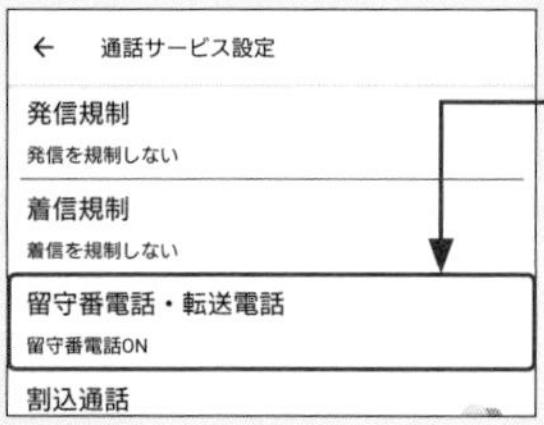

2 ＜留守番電話・転送電話＞をタップしたら、

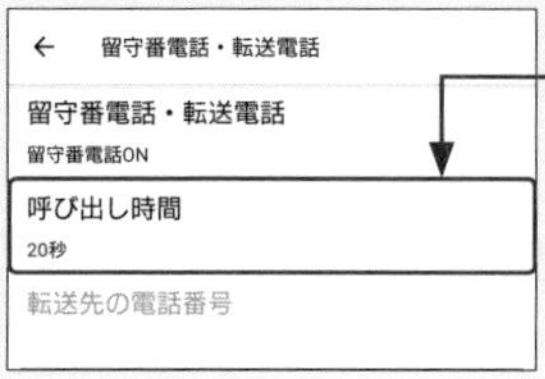

3 ＜呼び出し時間＞をタップして、

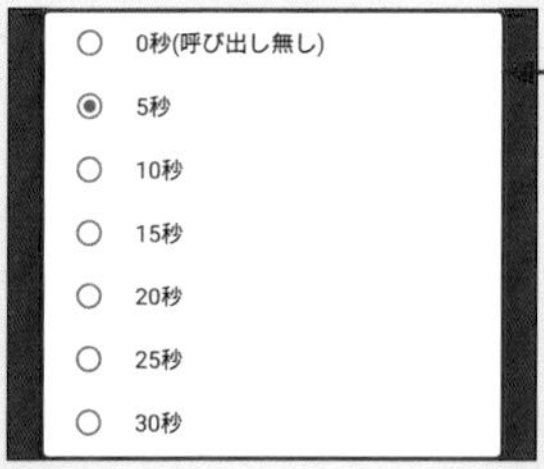

4 呼び出し時間をタップします。

Q 留守番電話 バージョン 9.0 10.0 ドコモ ソフトバンク au SIMフリー

204 » 留守番電話と伝言メモの違いは？

A メッセージの保存先が異なります。

電話に出られないときにメッセージを受け取る方法には、「留守番電話」と「伝言メモ」の２種類の方法があります。留守番電話は、相手からのメッセージを携帯電話会社の留守番電話サービスセンターで保存します。また伝言メモは、相手からのメッセージを電話機本体に保存します。そのため、留守番電話に保存されたメッセージを聞くときには通話料がかかりますが、伝言メモのメッセージを聞くのには通話料はかかりません。一方で、伝言メモは圏外時には利用することができません。また、留守番電話は有料サービスなのに対し、伝言メモは無料で利用できます。普段は伝言メモにメッセージが保存されるようにしておき、圏外のときは留守番電話に接続しておくと、お得に利用できます。

留守番電話と伝言メモの違い

	留守番電話	伝言メモ
メッセージの保存先	留守番電話サービスセンター	電話機本体
圏外時・電源オフ時の利用	できる	できない
メッセージ確認時の通信料	有料	無料
サービス使用料	有料	無料

アプリ一覧画面で＜設定＞→＜通話設定＞→＜伝言メモ＞→＜OK＞→＜伝言メモリスト＞の順にタップすると、保存された伝言メモが表示されます。伝言メモをタップすることで再生可能です。

Q 留守番電話 バージョン 9.0 10.0 ドコモ ソフトバンク au SIMフリー

205 » 伝言メモを利用したい！

A ＜伝言メモ＞をオンにします。

電話に出られないときにメッセージをスマートフォン本体に保存するときは、「伝言メモ」を利用します（この機能がない機種もあります）。＜設定＞アプリの＜通話設定＞から「伝言メモ」機能をオンにすると、伝言メモ機能を利用することができます。ただし、伝言メモの応答時間を留守番電話サービスの呼び出し時間（携帯電話会社によって異なります）より長く設定してしまうと、伝言メモが機能する前に留守番電話サービスセンターにつながってしまうので、応答時間の設定には注意しましょう。

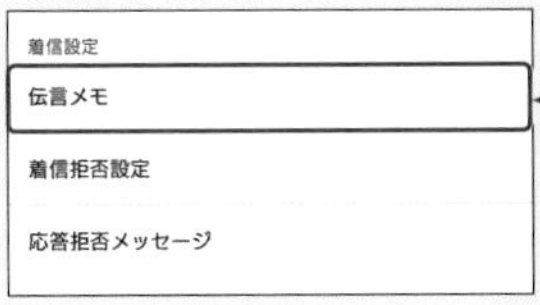

1 アプリ一覧画面で＜設定＞→＜通話設定＞→＜伝言メモ＞→＜OK＞の順にタップし、

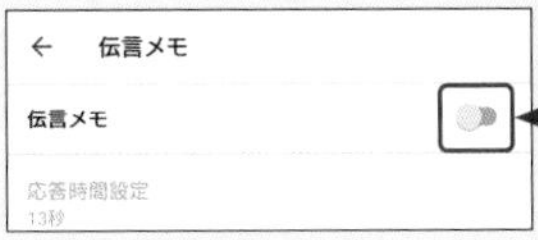

2 「伝言メモ」の をタップして にします。

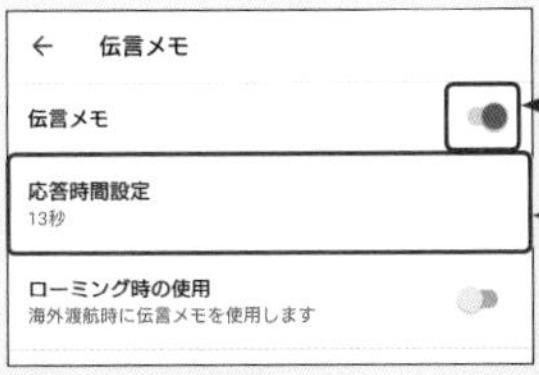

「伝言メモ」がオンになります。

3 ＜応答時間設定＞→＜OK＞の順にタップしたら、

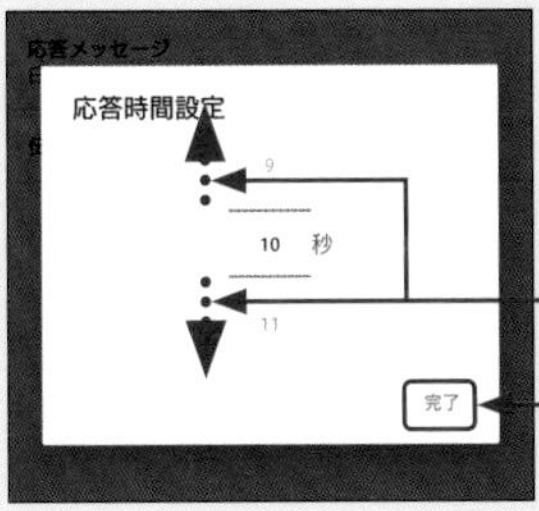

4 応答時間を上下にドラッグして変更し、

5 ＜完了＞をタップします。

通話や通信 5

Q 通話 バージョン 9.0 10.0 ドコモ ソフトバンク au SIMフリー

206 » 非通知で電話をかけたい！

A <電話>アプリから設定します。

常に非通知で電話をかけたい場合は、<電話>アプリから設定できますが、携帯電話会社によって設定方法が異なります。また、かけたい電話番号の前に「184」を入力してから電話をかけると、非通知で発信することができます。

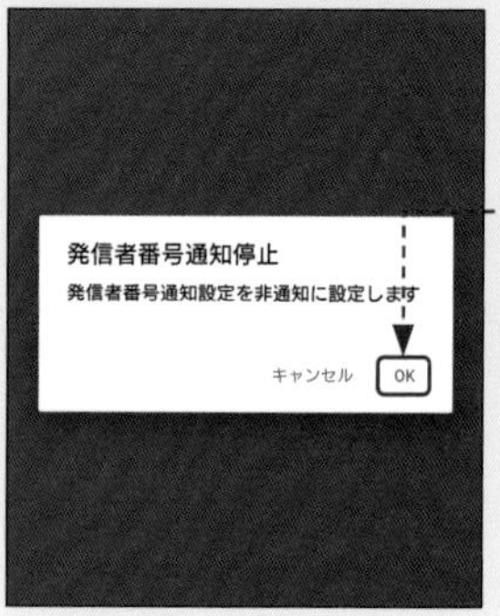

ドコモでは<電話>アプリを起動して、⋮→<設定>→<通話>→<ネットワークサービス>→<発信者番号通知>→<発信者番号通知停止>→<OK>の順にタップします。

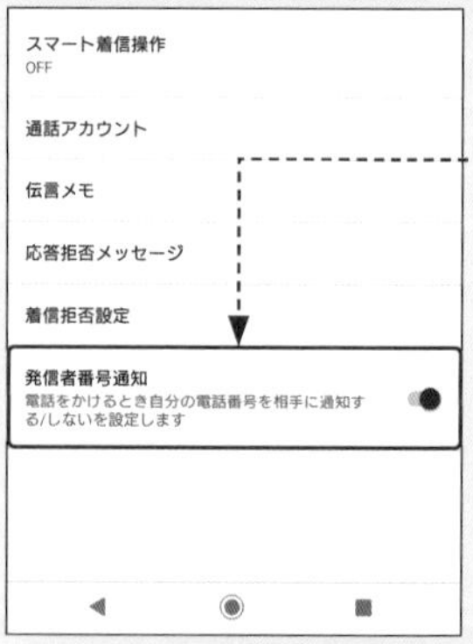

auでは<電話>アプリを起動して、⋮→<設定>→<通話>→<発信者番号通知>の順にタップし、●を○にします。

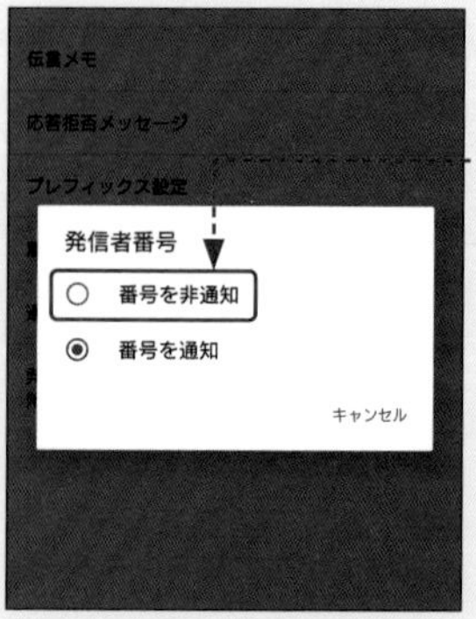

ソフトバンクでは<電話>アプリを起動して、⋮→<設定>→<通話>→<発信者番号>→<番号を非通知>の順にタップします。

Q 通話 バージョン 9.0 10.0 ドコモ ソフトバンク au SIMフリー

207 » かかってきた電話を転送したい！

A <電話>アプリから設定します。

電話の転送サービスを利用すると、かかってきた電話を、あらかじめ登録しておいたほかの携帯電話や固定電話に転送できます。<電話>アプリから設定できますが、携帯電話会社によって設定方法が異なります。

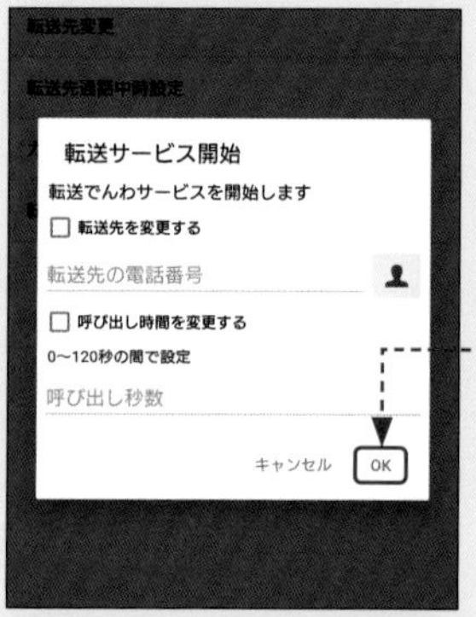

ドコモでは<電話>アプリを起動して、⋮→<設定>→<通話>→<ネットワークサービス>→<転送でんわサービス>→<転送サービス開始>→<OK>の順にタップします。

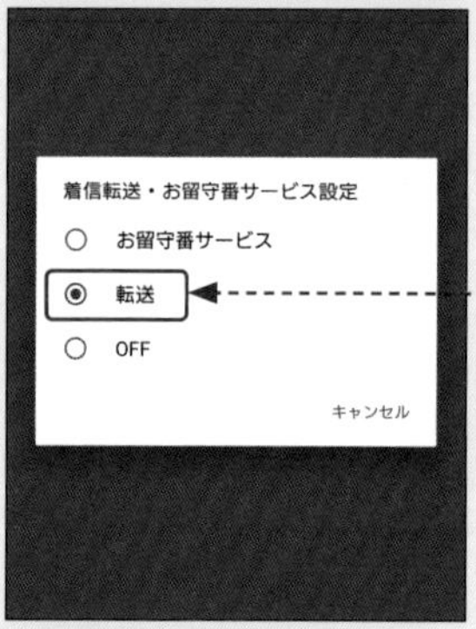

auでは<電話>アプリを起動して、⋮→<設定>→<通話>→<着信転送・お留守番サービス>→<フル転送>→<着信転送・お留守番サービス設定>→<転送>の順にタップします。

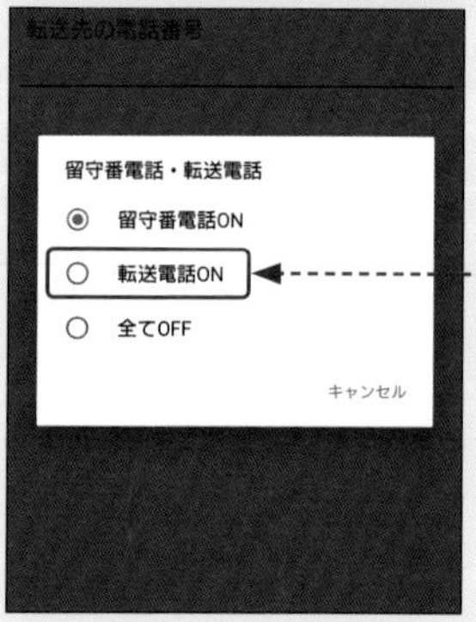

ソフトバンクでは<電話>アプリを起動して、⋮→<設定>→<通話>→<通話サービス設定>→<留守番電話・転送電話>→<転送電話ON>の順にタップします。

発着信履歴 | バージョン 9.0 10.0 | ドコモ ソフトバンク au SIMフリー

Q 208 » 発着信履歴を確認したい！

A ＜電話＞アプリから確認します。

電話の着信・発信の履歴は、＜電話＞アプリを起動するとすぐに確認できます。「通話履歴」には着信、不在着信、発信の履歴が表示され、この履歴から電話をかけ直したり、SMSでメッセージを送信したりすることもできます。

1 ＜電話＞アプリを起動し、＜履歴＞をタップすると、着信・発信履歴が表示されます。

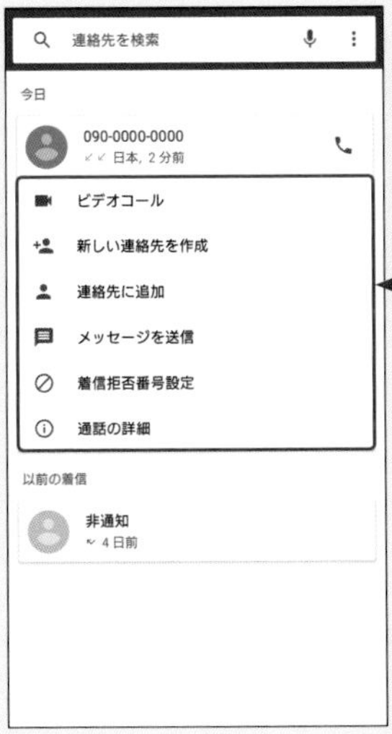

2 履歴をタップするとメニューが表示され、連絡先に追加したり、SMSを送ったりできます。

発着信履歴 | バージョン 9.0 10.0 | ドコモ ソフトバンク au SIMフリー

Q 209 » 発着信履歴から連絡先に登録したい！

A ＜新しい連絡先を作成＞から登録します。

電話の着信・発信の履歴から連絡先に登録したい場合は、Q.208を参考に通話履歴をタップしてメニューを表示し、＜連絡先に追加＞をタップします（機種によって異なります）。なお、連絡先はあとから編集することもできます（Q.214参照）。

1 Q.208を参考に通話履歴画面を表示し、連絡先に登録したい電話番号をタップして、＜連絡先に追加＞をタップします。

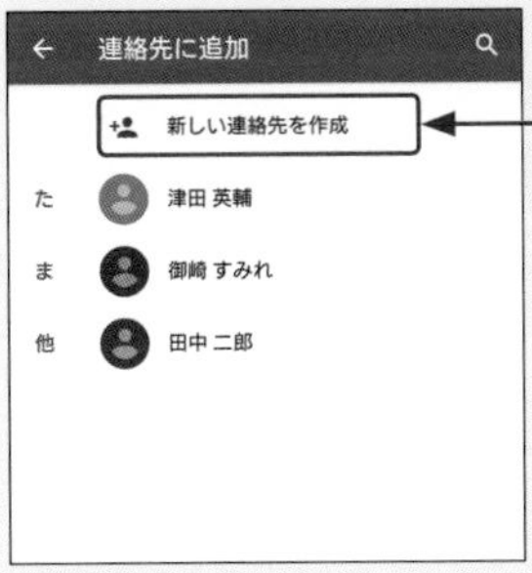

2 ＜新しい連絡先を作成＞をタップします。

3 連絡先の情報を入力し、＜保存＞をタップします。

Q 発着信履歴

バージョン 9.0 10.0 ドコモ ソフトバンク au SIMフリー

210 ≫ 発着信履歴を削除したい!

A <通話の詳細>から削除します。

電話の着信・発信の履歴は削除することが可能です。機種によっては、Q.208を参考に通話履歴をタップしてメニューを表示し、<通話の詳細>→<削除>の順にタップすると、通話履歴を削除することができます。また、ほとんどの機種では通話履歴をロングタッチし、<削除>をタップすると、かんたんに発着信履歴を削除できます。

1 Q.208を参考に通話履歴画面を表示し、削除したい電話番号をタップして、<通話の詳細>をタップし、

2 <削除>をタップすると、連絡先を削除できます。

削除したい電話番号をロングタッチし、<削除>をタップする方法でも発着信履歴を削除できます。

Q 発着信履歴

バージョン 9.0 10.0 ドコモ ソフトバンク au SIMフリー

211 ≫ 発着信履歴から着信拒否を設定したい!

A <着信拒否番号設定>から設定します。

着信拒否の設定は、携帯電話会社のサービスを利用することもできますが（Q.216参照）、電話の着信・発信履歴からでも設定することができます。機種によっては、着信拒否したい履歴をタップし、<着信拒否番号設定>→<番号を拒否設定>→<追加>の順にタップすることで、その番号からの着信を拒否できます。

1 Q.208を参考に通話履歴画面を表示し、着信拒否に設定したい電話番号をタップして、<着信拒否番号設定>をタップします。

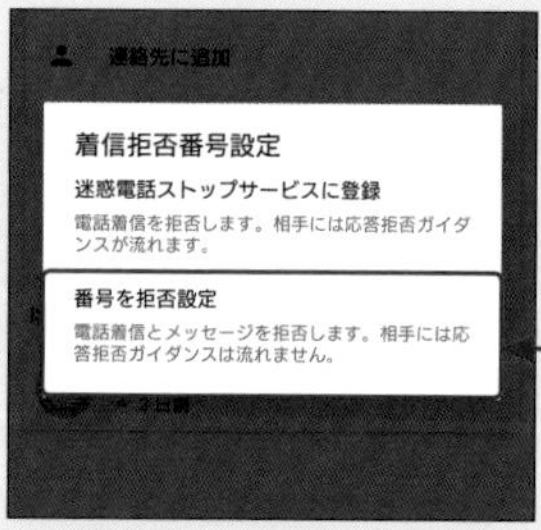

2 <番号を拒否設定>をタップし、

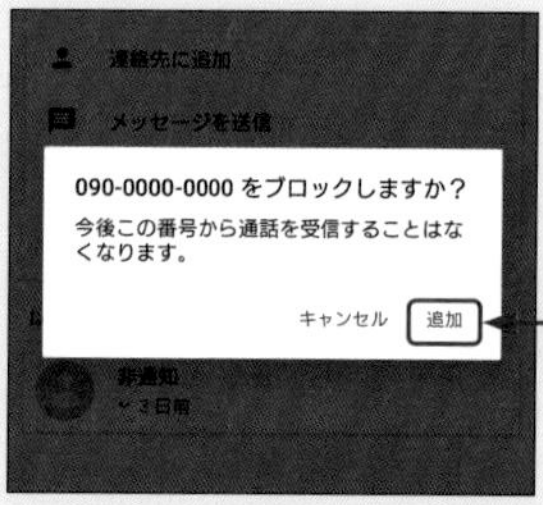

3 <追加>をタップすると、その番号からの着信を拒否できます。

Q 連絡先　バージョン 9.0 10.0　ドコモ ソフトバンク au SIMフリー

212 » 連絡先を新規に登録したい！

A <連絡先>アプリから登録します。

新規の連絡先は、<連絡先>アプリから氏名や電話番号を入力して登録することができます。連絡先には、氏名、電話番号、メールアドレス、住所などの情報が入力できます。登録された連絡先は、五十音順で表示されます。<連絡先>アプリに連絡先を登録すると、<連絡先>アプリからすぐに電話をかけたり、SMSでメッセージを送信したりすることができます。

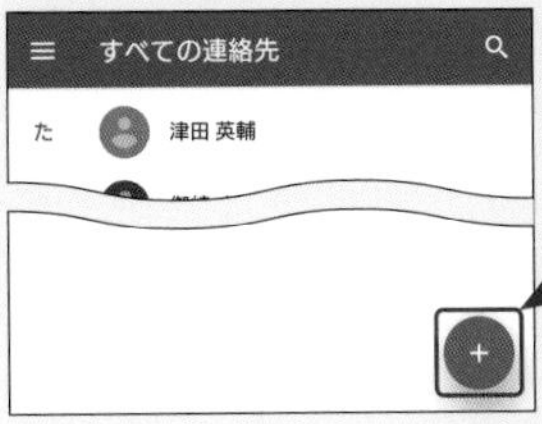

1 アプリ一覧画面で<連絡先>アプリをタップし、

2 ●をタップします。

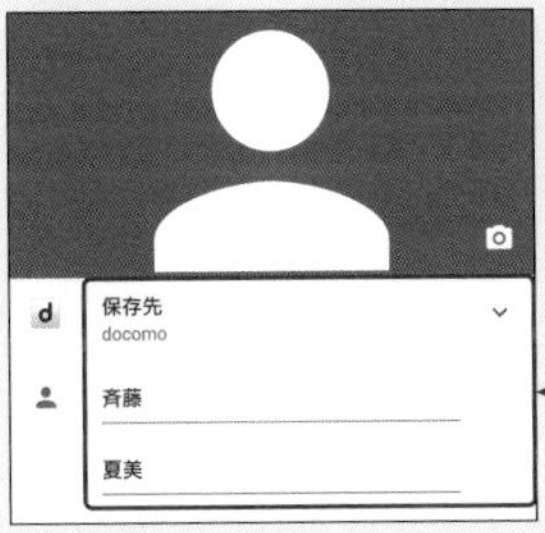

3 保存先のアカウントを選択して、「姓」と「名」を入力し、

4 電話番号などの情報を入力したら、

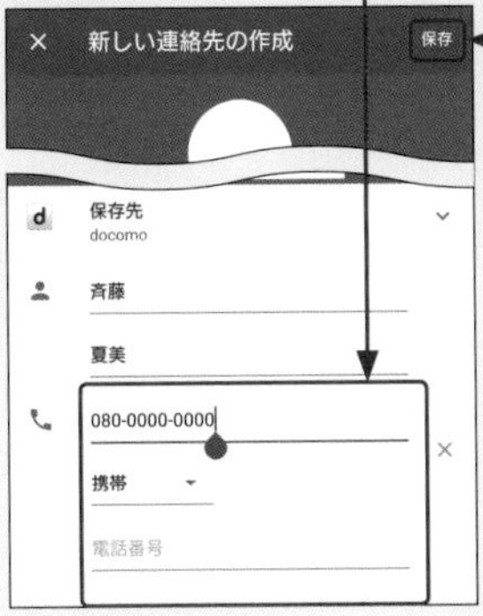

5 <保存>をタップすると、連絡先が登録されます。

Q 連絡先　バージョン 9.0 10.0　ドコモ ソフトバンク au SIMフリー

213 » 連絡先はどこに保存すればいいの？

A Googleがおすすめです。

スマートフォンに連絡先を保存するときには、「docomo」または「Google」を選択して、保存します。「docomo」は、本体にデータとして登録され、SDカードに保存することもできます。一方、「Google」に保存すると、本体には登録されずGoogleのサーバーにデータを保存します。機種変更後なども同じGoogleアカウントを設定すれば、連絡先を同期することができます。

1 「新しい連絡先の作成」画面で<保存先>をタップし、

2 保存先を選択します。

<連絡先>アプリを開き、左端からスワイプして、該当アカウントをタップすると、アカウントを切り替えられます。

Q 連絡先 バージョン 9.0 10.0 ドコモ ソフトバンク au SIMフリー

214 » 連絡先を編集したい！

A 相手のプロフィール画面を表示して編集します。

追加した連絡先は、あとから電話番号などの情報を追加したり、情報を修正したりすることができます。既存の連絡先の編集は、＜連絡先＞アプリから行います。新たな情報を追加したり、不要な情報を削除したり、間違いを修正したりして保存します。なお、氏名が修正された場合は、連絡先で表示される順序も変更されます。

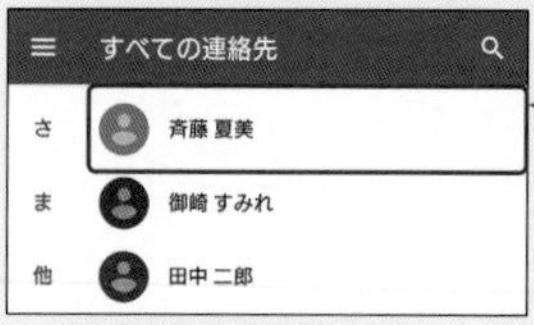

1 修正したい連絡先をタップし、

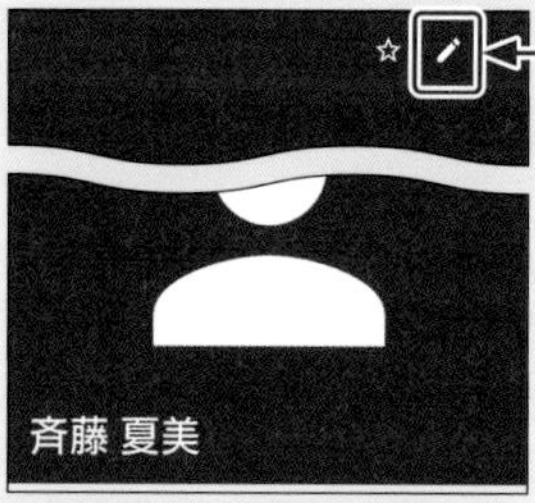

2 ✏をタップします。

3 プロフィール編集画面が表示されるので、情報を編集し、

4 ＜保存＞をタップすると、連絡先が編集されます。

Q 連絡先 バージョン 9.0 10.0 ドコモ ソフトバンク au SIMフリー

215 » 連絡先を削除したい！

A 相手のプロフィール画面を表示して削除します。

不要な連絡先を削除したい場合は、削除する連絡先のプロフィール画面を表示し、⋮→＜削除＞の順にタップして削除します。削除した連絡先をもとに戻すことはできないため、誤って削除した場合は再登録する必要があります。慎重に操作しましょう。

1 Q.214を参考に削除したい連絡先のプロフィール画面を表示して⋮をタップし、

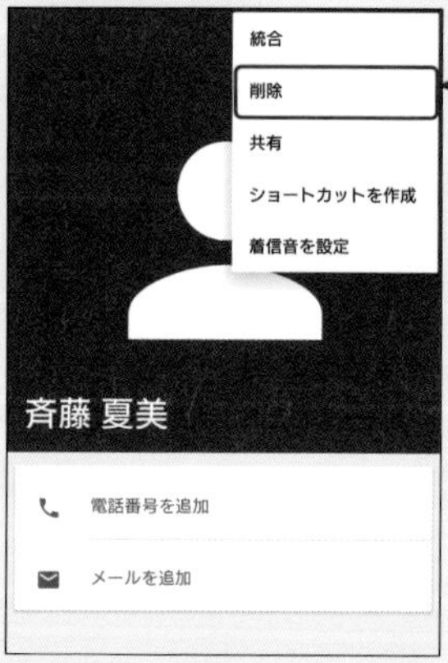

2 ＜削除＞をタップしたら、

3 ＜削除＞をタップします。

Q 連絡先

バージョン 9.0 10.0 ドコモ ソフトバンク au SIMフリー

216 » 迷惑電話を拒否したい!

A <通話設定>から設定します。

迷惑電話やいたずら電話がくり返しかかってきたときには、着信拒否を設定しましょう。端末設定による着信拒否のほかに、ドコモでは「迷惑電話ストップサービス」、auでは「迷惑電話撃退サービス」、ソフトバンクでは「迷惑電話ブロック」など、携帯電話会社がそれぞれ提供するサービスもあります。

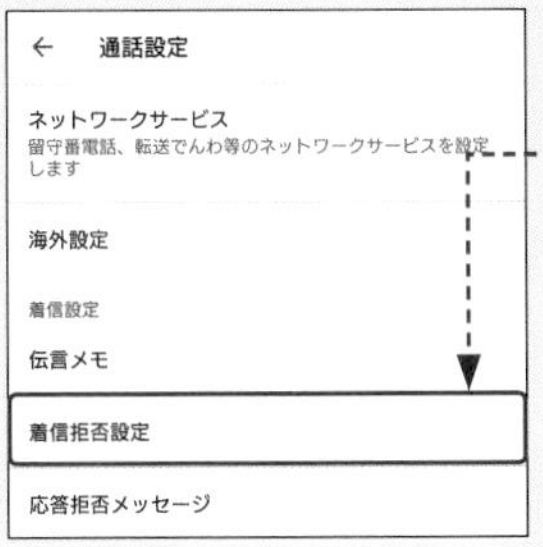

ドコモでは<設定>アプリを起動して、<通話設定>→<着信拒否設定>の順にタップします。

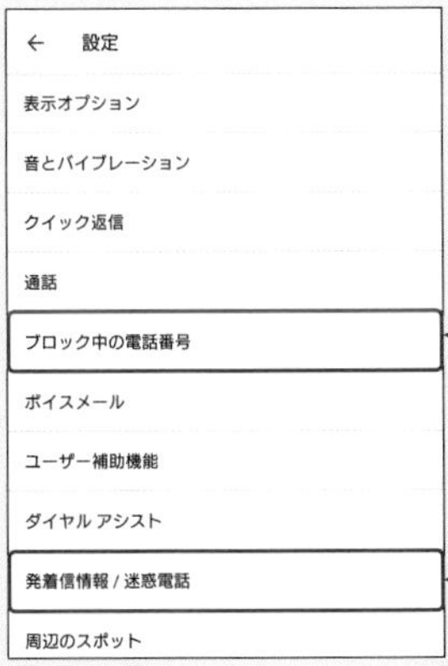

auでは<電話>アプリを起動して、⋮→<設定>→<ブロック中の電話>または<発信者情報/迷惑電話>の順にタップします。

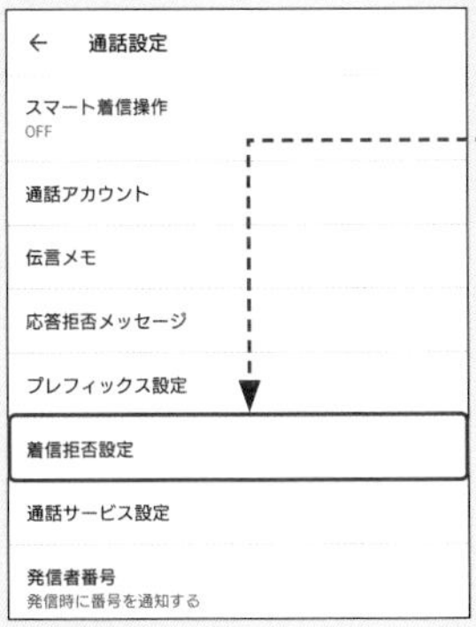

ソフトバンクでは<設定>アプリを起動して、<通話設定>→<着信拒否設定>の順にタップします。

Q 連絡先

バージョン 9.0 10.0 ドコモ ソフトバンク au SIMフリー

217 » 特定の相手にすばやくかけたい!

A ショートカットを作成します。

連絡先のショートカットをホーム画面に追加できる機能があります。頻繁に電話をする相手がいる場合は、すばやく電話をかけられるので便利です。<連絡先>アプリを起動して、特定の相手をタップし、プロフィール画面右上の⋮→<ショートカットを作成>や<ホーム画面に追加>などの順にタップすると、ホーム画面にショートカットが追加されます。作成したショートカットをタップすると、電話やメールなどの操作をすばやく行えます。

1 Q.214を参考に、ショートカットを作成したい連絡先のプロフィール画面を表示して⋮をタップし、

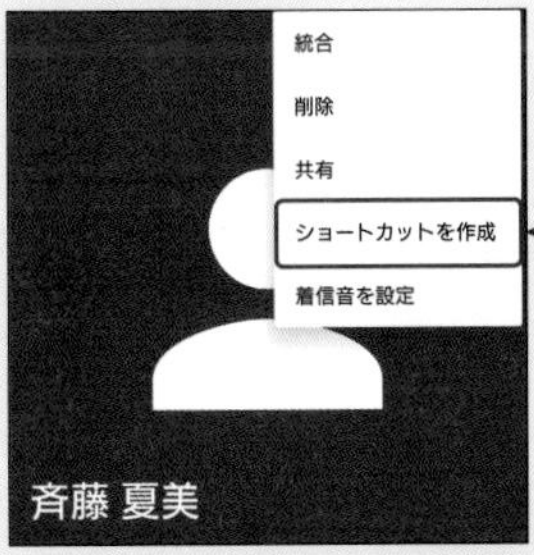

2 <ショートカットを作成>をタップします。

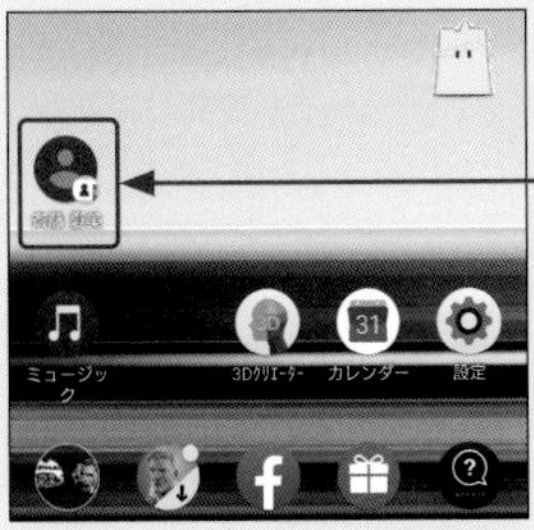

3 ホーム画面にショートカットが追加されます。タップすると、連絡先画面が表示されます。

Q 連絡先

バージョン 9.0 10.0 ｜ ドコモ ソフトバンク au SIMフリー

218 » 相手によって着信音を変更したい！

A ＜連絡先＞アプリから好きな着信音を登録します。

連絡先ごとに着信音を設定することで、音だけで誰からの電話かわかるようになります。連絡先別に着信音を設定するときは、＜連絡先＞アプリから着信音を設定したい連絡先のプロフィール画面を表示し、着信音を選択します（手順は機種によって異なります）。

1 Q.214を参考に着信音を設定したい連絡先のプロフィール画面を表示し、

2 ⋮をタップして、

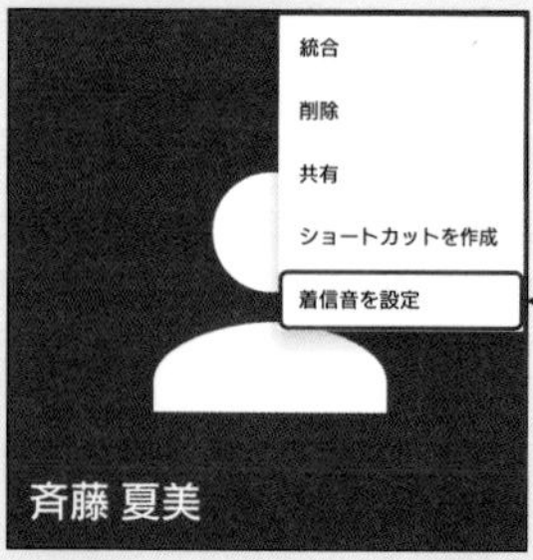

3 ＜着信音を設定＞をタップします。

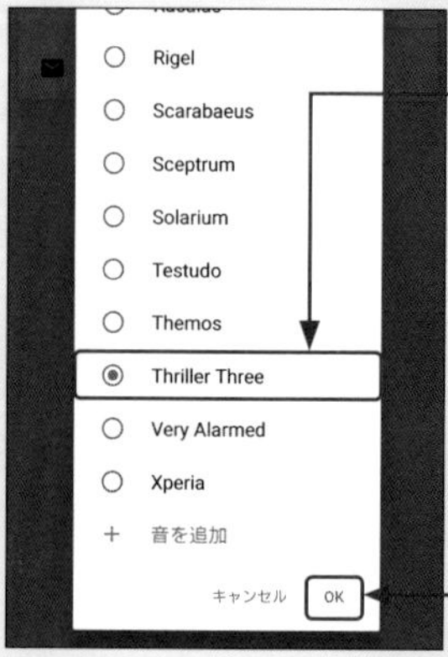

4 設定したい着信音をタップして選択し、

5 ＜OK＞をタップします。

Q 回線

バージョン 9.0 10.0 ｜ ドコモ ソフトバンク au SIMフリー

219 » 3G･4G･LTEって何？

A 通信規格の種類です。

「3G」「4G」「LTE」とは、モバイル通信の規格を表しています。スマートフォンで音声やデータを電波を使ってやり取りする際の規格です。「G」は「Generation（世代）」という意味で、それぞれ「3G＝第3世代」「4G＝第4世代」であることを示しています。そのため、3Gより4Gのほうがデータ転送速度が高速になります。現在は4G（LTE）が主流ですが、電波環境などによって3Gになる場合があります。現在どの規格で通信を行っているかは、スマートフォンのステータスバーに表示されます。

3G

第3世代のモバイル通信規格です。データ転送速度は数Mbpsから14Mbpsと、4G（LTE）と比べて遅いのですが、使用している周波数の関係で電波が障害物に強いという特徴を持っています。建物の中や地下など4G（LTE）の電波が届きにくい場所などでは、3Gに切り替わって通信を行います。

4G

3Gの発展形となる第4世代のモバイル通信規格です。3Gより高速な通信を行うことができます。また、後述の「LTE」は、4G規格の一種です。

LTE

「Long Term Evolution」の略で、規格上は受信時最大306Mbps、送信時最大86Mbpsの転送速度に対応しています。また、「キャリアアグリゲーション」と呼ばれる複数の周波数帯を同時に使用する方式で、より高速のデータ通信が可能です。

Q 回線

バージョン 9.0 10.0 ｜ ドコモ ソフトバンク au SIMフリー

220 » 5Gって何？

A 4Gの後継となる高速通信規格です。

「5G」とは、第5世代のモバイル通信規格のことです。5Gは、現在主流の4Gに比べてより高速で、ネットワークの遅延が少なく、より多数の同時接続が可能といった特徴を持っています。5Gに用いられる電波は、従来の4Gが3.5GHz以下であるのに対し、3.5GHzから28GHzといった、高い周波数帯を使用します。また、この5Gに用いられる周波数帯は、6GHz以下を使用する「サブ6」(Sub6)と、28GHz前後より高い周波数を使用する「ミリ波」(mmWave)の2つに分類されます。通信速度は、サブ6が受信時最大3.4Gbps、送信時最大182Mbps、ミリ波が受信時最大4.1Gbps、送信時最大480Mbpsとなっています。携帯電話会社は、5Gサービスを2020年3月の終わりから開始していますが、4Gのエリアが面であるのに対し、5Gはスポットのようなエリアで、サービスを利用できる場所は限られています。また、2020年現在5Gに対応するスマートフォンはあまり多くなく、現在の4Gのように利用できるのは、まだ当分先のようです。

https://www.au.com/5g/?aa_cid=yl0l0_00000442373320762&yclid=YSS.1000312941.EAIaIQobChMI-7_Erber6wIVh6mWCh3C_wJTEAAYASAAEgJUg_D_BwE

Q 回線

バージョン 9.0 10.0 ｜ ドコモ ソフトバンク au SIMフリー

221 » VoLTEって何？

A 4G回線を利用した音声通話システムです。

VoLTEとは、4G回線を利用したデータ音声通話システムのことです。従来のアナログ方式の音声通話より高音質な通話が可能になります。VoLTEを利用すると、高精細な映像でのビデオコールもできます。また、呼び出し音が鳴るまでの時間短縮や周波数を効率的に利用できるため、一度に多くの通信ができるなどの特長もあります。ただし、VoLTEを利用できるのはVoLTE対応機種どうしのみです。

1 アプリ一覧画面で<設定>→<ネットワークとインターネット>の順にタップし、

2 <モバイルネットワーク>をタップします。

3 「4G回線による通話」が ● になっていることを確認します。

Q 回線 バージョン 9.0 10.0 ドコモ ソフトバンク au SIMフリー

222 » キャリアアグリゲーションって何？

A データ通信を高速、安定化する手法です。

キャリアアグリゲーションとは、複数の周波数帯の電波を使用してデータ通信を行う技術で、データ通信の高速化と安定化が図れます。従来は、データ通信を行う際に、1つの周波数帯しか使えませんでした。使用している周波数帯が混雑していても、空いているほかの周波数帯に変更したりすることができませんでした。これを、データを分割し、複数の周波数帯を利用して別々に送っても、1つのデータとして扱えるようにすることで、効率よくデータを送信できるようにしたのです。最初は、2つの周波数帯を利用するキャリアアグリゲーションだけでしたが、最近は3〜4つの周波数帯を利用することができるようになっています。なお、キャリアアグリゲーションを使用するには、対応したスマートフォンと、対応した基地局（対応エリア）が必要です。ただし、キャリアアグリゲーションは自動的に行われるため、対応したスマートフォンを持っていれば、利用者が何かする必要はありません。

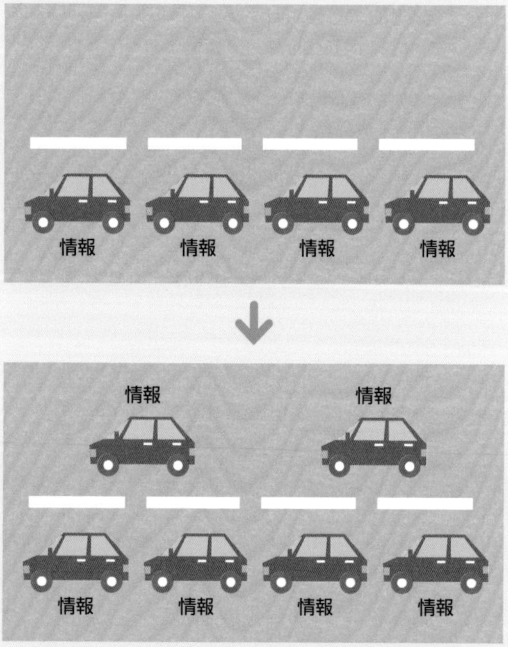

Q Wi-Fi バージョン 9.0 10.0 ドコモ ソフトバンク au SIMフリー

223 » Wi-Fiを利用したい！

A ＜ネットワークとインターネット＞から接続します。

Wi-Fiを利用するには、スマートフォンでWi-Fi機能をオンにする必要があります。すでに接続したことがあるWi-Fiネットワークには、Q.227の方法で接続することができますが、初めて接続するWi-Fiネットワークの場合は、ネットワーク名を選択して、パスワード（必要ない場合もあります）を入力する必要があります。

1 アプリ一覧画面で＜設定＞→＜ネットワークとインターネット＞→＜Wi-Fi＞の順にタップし、

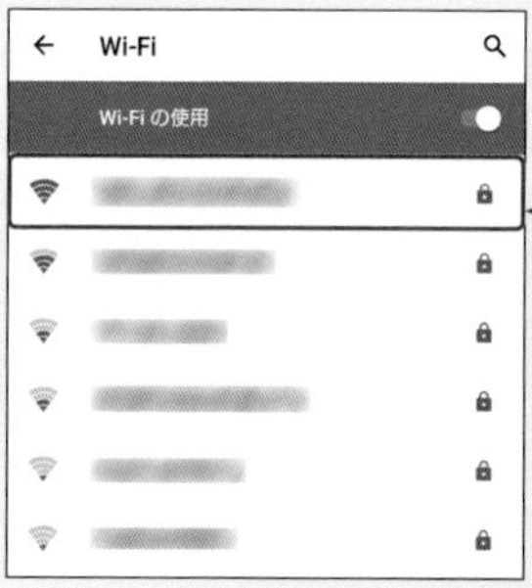

2 をタップして、

3 接続したいネットワーク名（SSID）をタップしたら、

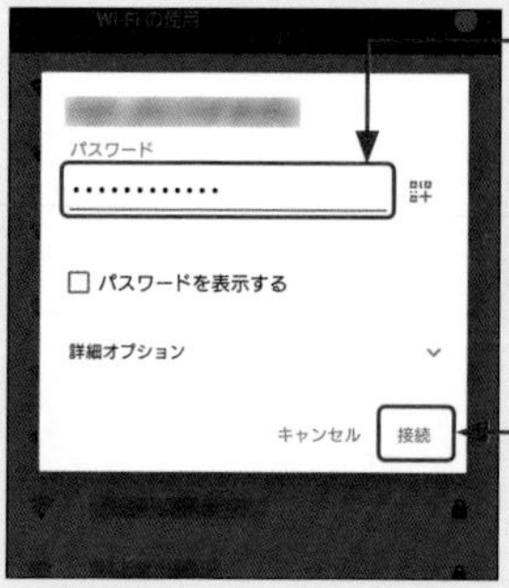

4 パスワードを入力し、

5 ＜接続＞をタップします。

Q Wi-Fi バージョン 9.0 10.0 ドコモ ソフトバンク au SIMフリー

224 » パスワードのないWi-Fiは安全？

A セキュリティは不十分です。

無料の公衆Wi-Fiは、データ通信量を削減できて便利ですが、パスワードが必要ないものや、IDやパスワードが公開されているWi-Fiでは、通信内容が他者に見られる可能性があります。こうした公衆Wi-Fiを利用するときは、大事なデータを送受信しないようにし、必要のないときはWi-Fiをオフにしておきましょう（Q.228参照）。

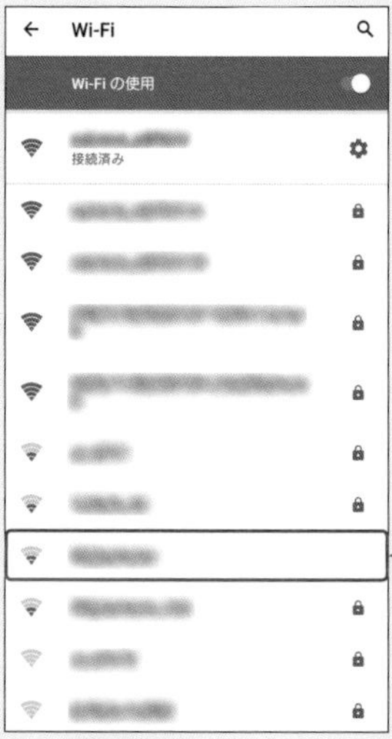

🔒が付いていないSSIDはパスワードがありません。

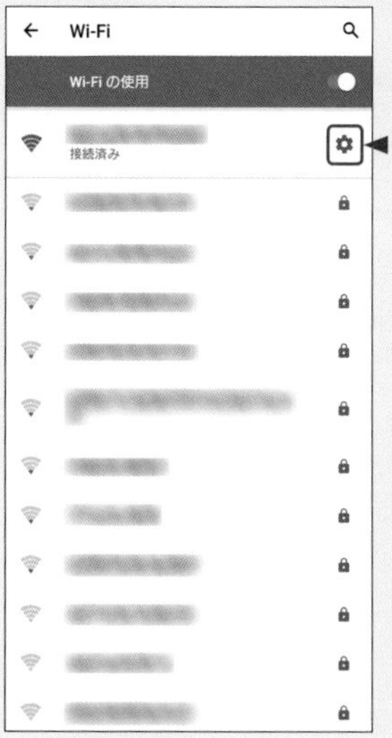

Wi-Fiにパスワードがあるか確認しておくと安全です。

Q Wi-Fi バージョン 9.0 10.0 ドコモ ソフトバンク au SIMフリー

225 » Wi-Fiに種類があるみたいだけど？

A 通信規格がいくつかあります。

通信規格の種類

Wi-Fiの通信規格には、周波数や速度が異なるいくつかの種類があります。Wi-Fiルーターとスマートフォンの Wi-Fi機能の通信規格が対応していることで、通信機能が利用可能です。

最新の通信規格として「Wi-Fi6」が正式発表されました。この「Wi-Fi6」の正式な規格名は「IEEE 802.11ax」です。「Wi-Fi」という言葉は正式な規格名である「IEEE ～」のブランド名（呼称）で、歴代のWi-Fi規格を表にまとめると、以下のようになります。

Wi-Fi規格名	最大通信速度	周波数	新呼称
IEEE 802.11a	54Mbps	5GHz 帯	-
IEEE 802.11b	11Mbps	2.4GHz 帯	-
IEEE 802.11g	54Mbps	2.4GHz 帯	-
IEEE 802.11n	600Mbps	2.4GHz 帯 5GHz 帯	Wi-Fi4
IEEE 802.11ac	6.9Gbps	5GHz 帯	Wi-Fi5
IEEE 802.11ax	9.6Gbps	2.4GHz 帯 5GHz 帯	Wi-Fi6

Wi-Fi6 の特徴

①通信速度が速い

Wi-Fi5に比べると、およそ4～10倍も情報処理スピードが速くなります。動画がスムーズに閲覧できたり、アプリや情報のダウンロードが短時間で可能になったりします。また、Wi-Fi接続機器が増えても通信速度が落ちません。

②省エネルギー

TWT（ターゲットウェイクタイム）という機能の追加により、通信するタイミングがコントロールされます。これにより、Wi-Fi接続機器のバッテリーを長持ちさせることができます。

Q Wi-Fi

バージョン 9.0 10.0 | ドコモ ソフトバンク au SIMフリー

226 Wi-Fiの暗号化方式って何？

A Wi-Fiの通信内容を守るための設定です。

Wi-Fiは、第三者が電波を受信し、通信をのぞき見る危険性があるため、パスワードで通信内容を暗号化して、第三者が見てもわからないようにしています。暗号化方式とは、どのような手段で暗号化するのかを定めたものです。一般的に利用されている暗号化方式には、「WPA」「WPA2」などがあります。現在、一般的な「WPA2」では、8桁以上のパスワードが必要です。

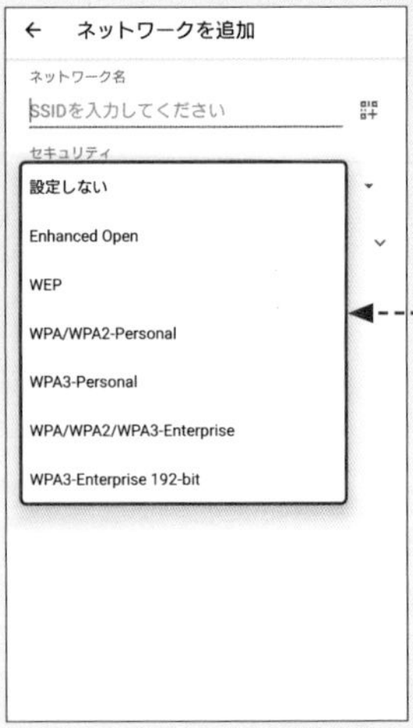

直接SSIDとパスワードを入力（Q.235）する場合、暗号化方式を選択する必要があります。

接続済みのWi-Fiをタップすると、暗号化方式を確認できます。

Q Wi-Fi

バージョン 9.0 10.0 | ドコモ ソフトバンク au SIMフリー

227 Wi-Fiにかんたんに接続したい！

A ステータスバーから接続します。

自分に合った方法でWi-Fiを使用するために、スマートフォンを接続する方法とタイミングをステータスバーから変更することができます。以前に接続したことのある近隣のWi-Fiにスマートフォンが自動的に接続されるように設定（Q.236参照）したり、いくつかのWi-Fiに接続できるように設定したりすることで、よりスムーズに通信機能が利用可能です。

1 ステータスバーを下方向にドラッグし、

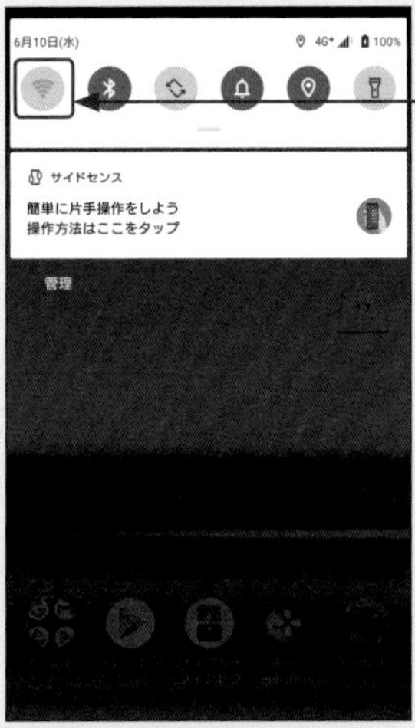

2 をタップすると、Wi-Fiに接続されます。

Q Wi-Fi　バージョン 9.0 10.0　ドコモ ソフトバンク au SIMフリー

228 » Wi-Fiをオフにしたい！

A ＜ネットワークとインターネット＞をオフにします。

Wi-Fiのネットワークを切断したい場合は、アプリ一覧画面から＜設定＞→＜ネットワークとインターネット＞の順にタップし、＜Wi-Fi＞のをタップしてにすると接続が切断され、モバイル通信に切り替わります。また、ステータスバーを下方向にスワイプし、をタップすることでもWi-Fiを切断することができます。

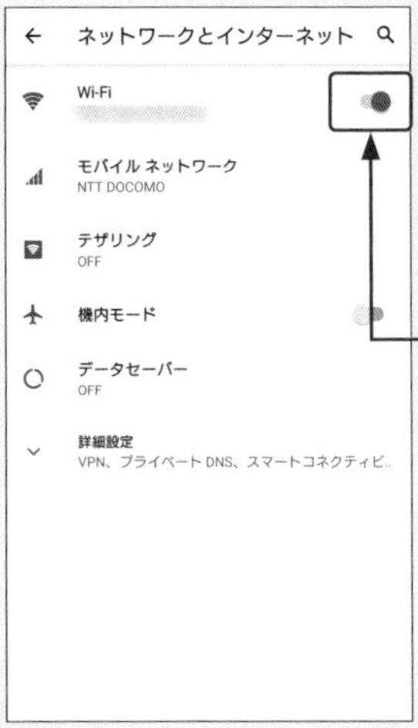

1 アプリ一覧画面で＜設定＞→＜ネットワークとインターネット＞の順にタップし、

2 「Wi-Fi」のをタップして、にします。

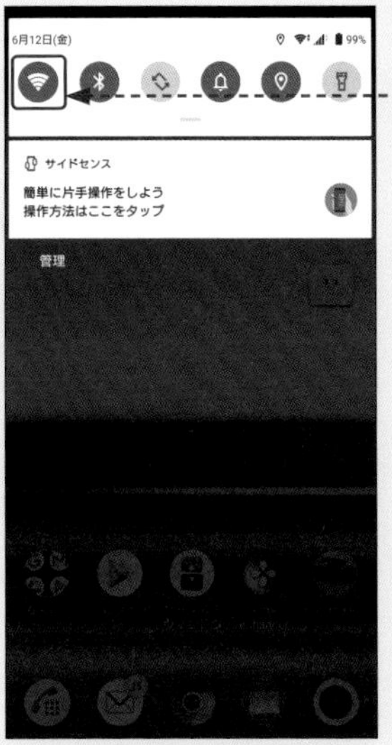

ステータスバーを下方向にドラッグし、をタップすると、Wi-Fiが切断されます。

Q Wi-Fi　バージョン 9.0 10.0　ドコモ ソフトバンク au SIMフリー

229 » Wi-Fiの保存情報を削除したい！

A ネットワークの詳細画面から削除します。

設定済みのWi-Fiに自動接続されないようにしたい場合は、設定を削除しましょう。Wi-Fiの設定を削除するには、「Wi-Fi」画面で削除したいネットワーク名（SSID）をタップし、＜削除＞をタップします。なお、再度接続したい場合は、パスワードの入力が必要になります。

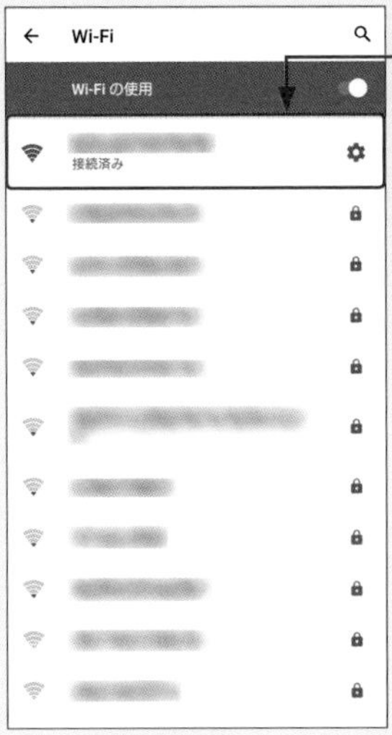

1 Q.223を参考に「Wi-Fi」画面を表示し、削除したいネットワーク名（SSID）をタップします。

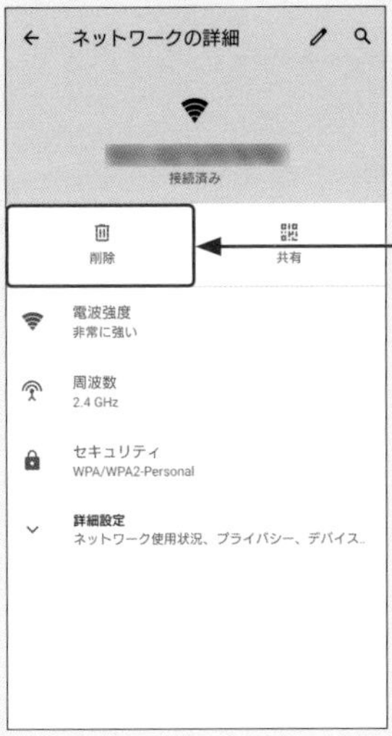

2 ＜削除＞をタップすると、保存情報を削除できます。

Q Wi-Fi

バージョン 9.0 10.0 ／ ドコモ ソフトバンク au SIMフリー

230 ≫ 何もしてないのにWi-Fiに接続してるけど？

A 無料で利用できるWi-Fiに接続されています。

ドコモ、au、ソフトバンクでは、契約者が利用できる公衆Wi-Fiを提供しています（Q.231～233参照）。これらで発売されているスマートフォンでは、この公衆Wi-Fiに自動的に接続される設定となっています。また、コンビニや駅、飲食店などの無料で利用できるWi-Fiに一度接続すると、以降は自動的に接続されるようになります。こうした公衆Wi-Fiは、パケット通信量を消費しないので便利ですが、利用者が多い場合は4GやLTEより通信速度が遅くなる場合があります（Q.234参照）。

LAWSON Free Wi-Fi

LAWSONの無料Wi-Fiサービスです。<インターネットに接続する>をタップします。

セブン - イレブン セブンスポット

セブン-イレブンの無料Wi-Fiサービスです。利用規約に同意し、<インターネットはこちら>をタップします。

Q Wi-Fi

バージョン 9.0 10.0 ／ ドコモ ソフトバンク au SIMフリー

231 ≫ 携帯電話会社のWi-Fiを使いたい！（ドコモ）

A 「d Wi-Fi」を利用します。

dアカウントを持ち、dポイントクラブ会員であれば、ドコモが提携している公衆Wi-Fiサービス「d Wi-Fi」を無料で利用することができます。コンビニやファーストフード店で、スマートフォンだけでなくパソコンやタブレットでも利用可能です。利用には、事前にdアカウントでログインし、申込みが必要です。

ドコモ d Wi-Fi の利用設定

1. アプリ一覧画面で<My docomo>→<設定（メール等）>の順にタップします。
2. <Wi-Fiサービスの確認・設定>→<d Wi-Fiパスワードを設定・変更する>の順にタップします。
3. Wi-Fiに接続する際のセキュリティキーなどを確認できます。

d Wi-Fi に接続する

1. アプリ一覧画面で<設定>→<ネットワークとインターネット>→<Wi-Fi>の順にタップします。
2. <Wi-Fi>のをタップし、接続可能なdocomo Wi-Fiのネットワークをタップしたら、上の手順で確認したパスワードを入力し、<接続>をタップすれば完了です。

Q Wi-Fi

バージョン 9.0 10.0 ドコモ ソフトバンク au SIMフリー

232 » 携帯電話会社のWi-Fiを使いたい！（au）

A 「au Wi-Fi SPOT」を利用します。

auの回線で契約したスマートフォンであれば、Wi-Fiをオンにするだけで「au Wi-Fi SPOT」に自動で接続されます。au Wi-Fi SPOTとは、飲食店や駅など、多くの施設で有料もしくは無料でインターネット環境を提供しているサービスのことです。なお、au Wi-Fi SPOTを利用するためには、事前に「au Wi-Fi SPOTの利用設定」が必要です。

au Wi-Fi SPOT の利用設定

1. アプリ一覧画面で＜au Wi-Fi接続ツール＞をタップします。
2. ＜同意する＞→＜承諾する＞の順にタップします。
3. ＜許可＞を2回タップし、→＜利用規約に同意する＞の順にタップします。
4. ＜今する＞→＜次へ＞の順にタップします。
5. ＜au Wi-Fi SPOTの利用設定＞をタップします。
6. 希望の利用設定を選択します。

au Wi-Fi SPOT に接続する

1. アプリ一覧画面で＜設定＞→＜ネットワークとインターネット＞→＜Wi-Fi＞の順にタップします。
2. ＜Wi-Fi＞のをタップし、接続可能なau Wi-Fi SPOTのネットワークをタップすると接続が完了します。

Q Wi-Fi

バージョン 9.0 10.0 ドコモ ソフトバンク au SIMフリー

233 » 携帯電話会社のWi-Fiを使いたい！（ソフトバンク）

A 「ソフトバンクWi-Fiスポット」を利用します。

フラット型パケット定額サービスに加入していれば、ソフトバンクモバイルが提携する公衆無線LANサービス「ソフトバンクWi-Fiスポット」を無料で利用することができます。ソフトバンクのWi-Fiスポットは、JRの主要駅や空港、カフェなどさまざまな店舗、場所で高速インターネットが利用できます。

ソフトバンク Wi-Fi スポットの利用設定・接続

1. アプリ一覧画面で＜ツール＞→＜Wi-Fiスポット設定＞の順にタップします。
2. ＜許可＞を2回タップし、＜次へ＞→＜協力する＞の順にタップします。
3. ＜ソフトバンクWi-Fiスポット＞のをタップしてにすると、ソフトバンクWi-Fiスポットが利用できる場所で自動接続されるようになります。

移動中に車内 Wi-Fi に接続する

1. 上の手順3の画面で右上のをタップし、＜詳細設定＞をタップします。
2. 新幹線などの車内Wi-Fiへ接続することができます。

通話や通信 5

Q Wi-Fi

バージョン 9.0 10.0 ｜ ドコモ ソフトバンク au SIMフリー

234 » 遅いWi-Fiに接続しないようにしたい！

A Wi-Fiをオフにするか、ネットワーク名(SSID)を削除します。

Q.230のように公衆の無料Wi-Fiに自動で接続されているときに、通信速度が遅かったり、途中でつながらなくなったりした場合は、Wi-Fiをオフにするか（Q.228参照）、ネットワーク名（SSID）をロングタッチし<削除>をタップして、削除するとよいでしょう。また、セキュリティが心配という場合なども同様にWi-Fiの接続をオフにします。

無料の公衆Wi-Fiのネットワーク名（SSID）をロングタッチし、<削除>をタップします。

外出時は、無料の公衆Wi-Fiに自動で繋がらないように、Wi-Fiをオフにしておくとよいでしょう（Q.228参照）。

Q Wi-Fi

バージョン 9.0 10.0 ｜ ドコモ ソフトバンク au SIMフリー

235 » 手動でWi-Fi接続を行いたい！

A <ネットワークを追加>から接続します。

Wi-Fiの接続をオンにしてWi-Fiが利用可能になると、アクセスポイントの一覧が表示されます。アクセスポイントが表示されない場合は、手動でWi-Fiに接続しましょう。「Wi-Fi」画面で<ネットワークを追加>をタップし、ネットワーク名（SSID）やセキュリティ、パスワードを入力して設定します。

1 Q.223を参考にWi-Fi設定画面を表示し、

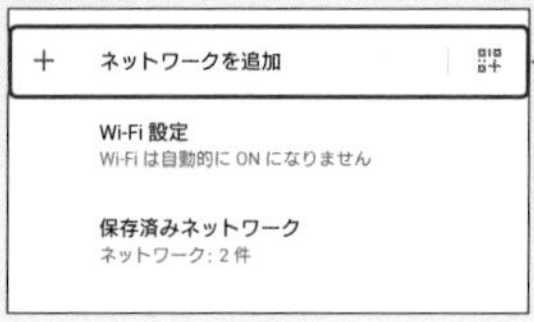

2 <ネットワークを追加>をタップします。

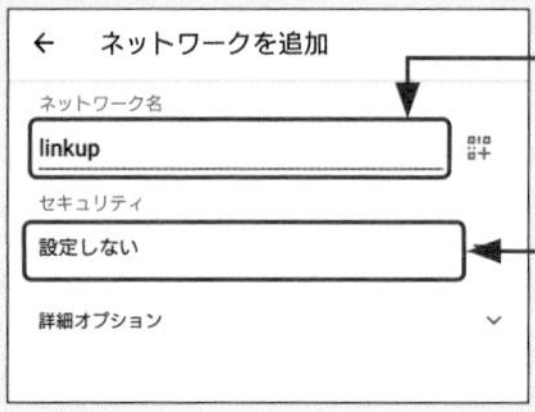

3 ネットワーク名（SSID）を入力し、

4 <セキュリティ>をタップして、

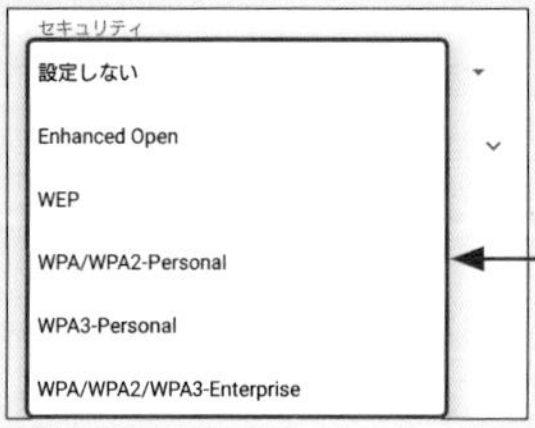

5 選択します。

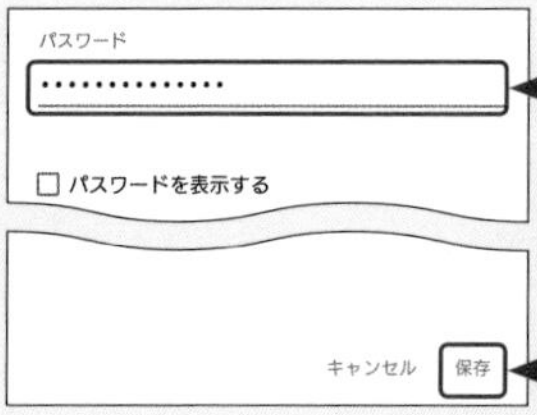

6 パスワードを入力し、

7 <保存>をタップします。

Q Wi-Fi

バージョン 9.0 10.0 ドコモ ソフトバンク au SIMフリー

236 » 保存したWi-Fiに自動で接続してほしい!

A ＜自動接続＞をオンにします。

以前に接続したことのある近隣のWi-Fiにスマートフォンが自動的に接続されるように設定したり、いくつかのWi-Fiに接続できるように設定したりすることで、よりスムーズに通信機能が利用可能です。また、Wi-Fiの接続や切断をステータスバーで変更する場合にも、便利です。

1 アプリ一覧画面で＜設定＞→＜ネットワークとインターネット＞の順にタップし、

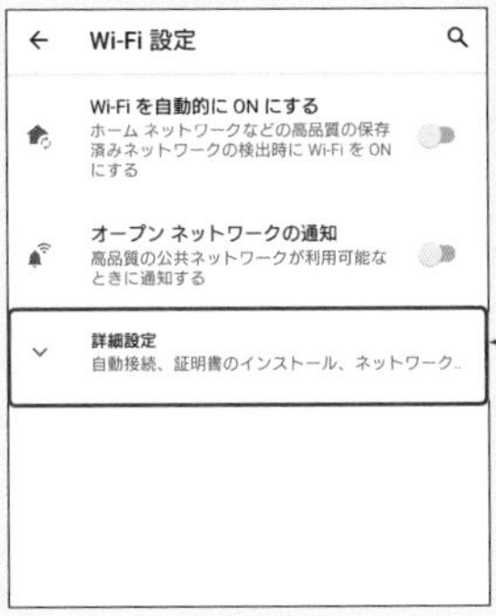

2 ＜Wi-Fi＞→＜Wi-Fi設定＞→＜詳細設定＞の順にタップします。

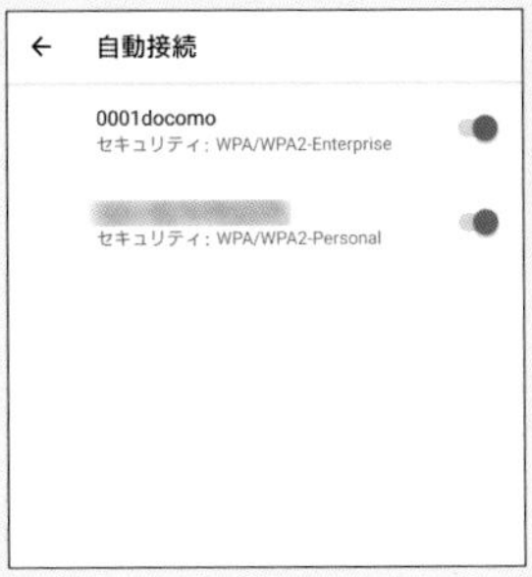

3 ＜自動接続＞をタップし、保存したWi-Fiが にになっていることを確認します。

Q 機内モード

バージョン 9.0 10.0 ドコモ ソフトバンク au SIMフリー

237 » 機内モードって何？

A 通信をいっさい行わない状態です。

スマートフォンを機内モードに変更すると、電話の着信、BluetoothやWi-Fiを含むデータ通信をすべて切断できるようになります。アプリ一覧画面から＜設定＞→＜ネットワークとインターネット＞の順にタップし、＜機内モード＞をタップして にすると、機内モードに切り替えられます。

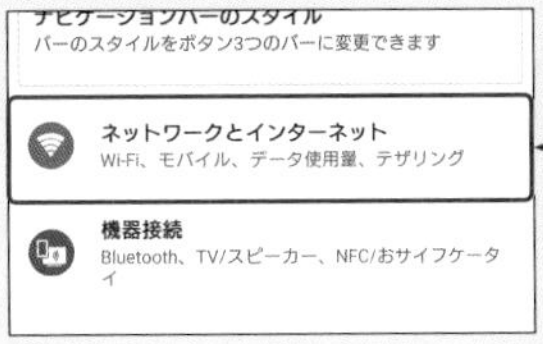

1 アプリ一覧画面で＜設定＞→＜ネットワークとインターネット＞の順にタップし、

2 ＜機内モード＞をタップして にします。

3 機内モードがオンになります。

ステータスバーを下方向にドラッグし、＜機内モード＞をタップする方法でも切り替えることができます。

Q 機内モード

バージョン 9.0 10.0　ドコモ ソフトバンク au SIMフリー

238 » 機内モード中にWi-Fiは接続できる？

A 接続できます。

機内モードの設定とWi-Fiの設定は独立しているので、機内モードのままWi-Fi接続のみ有効にすることができます。Wi-Fiに接続することで、無料通話アプリによる通話やメッセージの送受信、動画再生アプリによる動画視聴などを機内モード中でも利用可能になります。

1 Q.237を参考に機内モードをオンにし、

2 <Wi-Fiの使用>をタップして にします。

3 機内モード中にWi-Fiが接続されます。

Q テザリング

バージョン 9.0 10.0　ドコモ ソフトバンク au SIMフリー

239 » テザリングって何？

A スマートフォンを介して、ほかの端末でデータ通信を行うことです。

「テザリング」とは、スマートフォンを介してパソコンやタブレットなどの他機器をインターネットに接続することです。Wi-Fiテザリングでは、スマートフォンをWi-Fiルーター（親機）にしてほかの機器をインターネットにつなぐことで、スマートフォンとインターネット間はモバイルインターネットを利用します。auとソフトバンクでWi-Fiテザリングを利用するには申し込みが必要で、契約コースによっては有料ですが、ドコモの場合は申し込みなしで無料で利用できます。

テザリングのしくみ

テザリングとは、スマートフォンにモバイル通信を行わせてインターネットに接続し、モバイル通信ができない機器をインターネットへ接続させる機能です。テザリングには、「USB接続」「Wi-Fi接続」「Bluetooth接続」と3種類の接続方法があり、ゲーム機やパソコン、カーナビといった機器を用途に合わせてインターネットに接続できるようになっています。

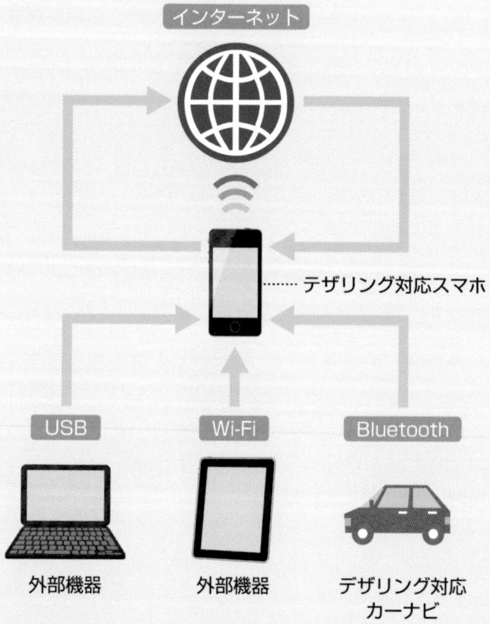

240 » テザリングを利用したい！

A 携帯電話会社によって、利用方法が異なります。

ドコモのスマートフォンでは、テザリング機能が無料で提供され、申し込みも不要です。auとソフトバンクのスマートフォンでは、「テザリングオプション」に申し込む必要があります。いずれも、定額サービスへの加入が推奨されています。

ドコモ

1 アプリ一覧画面で<設定>→<ネットワークとインターネット>→<テザリング>の順にタップします。

2 <Wi-Fiテザリング>→<Wi-Fiテザリング設定>の順にタップし、

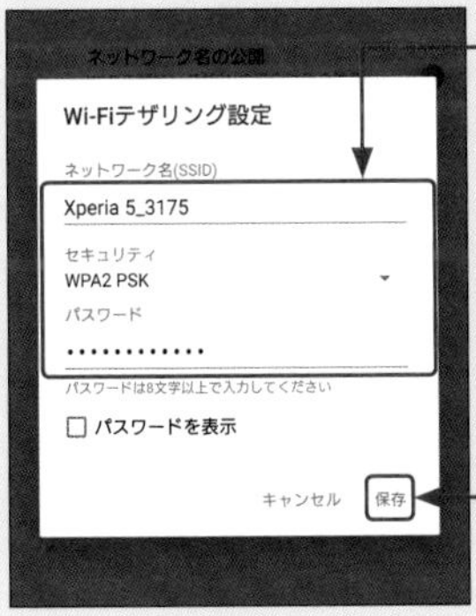

3 任意のSSIDとパスワードを入力し、

4 <保存>をタップします。

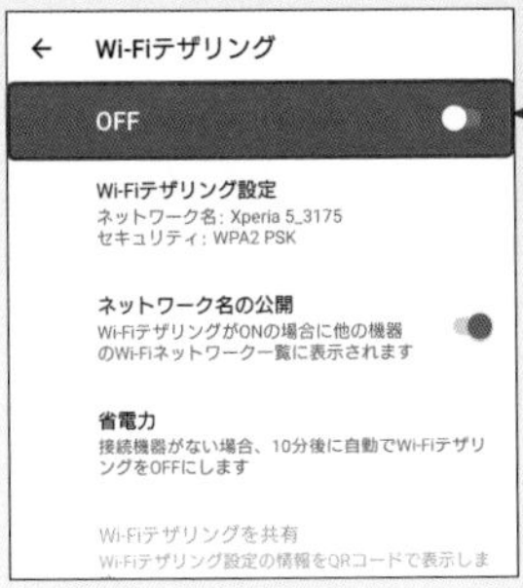

5 <OFF>をタップして「ON」にすると、テザリングを利用できます。

au

auの「テザリングオプション」申し込み画面です。詳細を確認し、画面の指示に従って進みます。

ソフトバンク

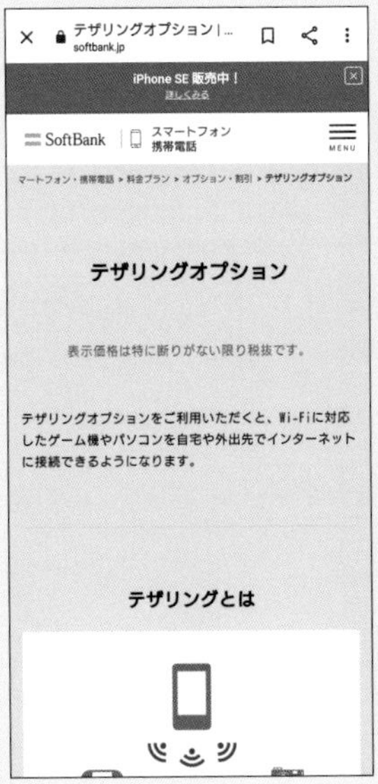

ソフトバンクの「テザリングオプション」申し込み画面です。詳細を確認し、画面の指示に従って進みます。

Q テザリング

バージョン 9.0 10.0　ドコモ ソフトバンク au SIMフリー

241 » テザリングでほかの機器に接続したい！

A ほかの機器を親機のWi-Fiに接続します。

テザリング機能を利用すれば、無線LANやモバイルWi-Fiルーターなどがなくても、外出先でパソコンやゲーム機などの機器をインターネットに接続できるので便利です。ただし、スマートフォンのデータ通信量を消費したり、バッテリーの消耗が激しくなったりすることがあるので、利用の際は注意が必要です。またテザリング機能を利用する場合、各キャリアでさまざまなオプションがあるので利用する前に確認してみるとよいでしょう。

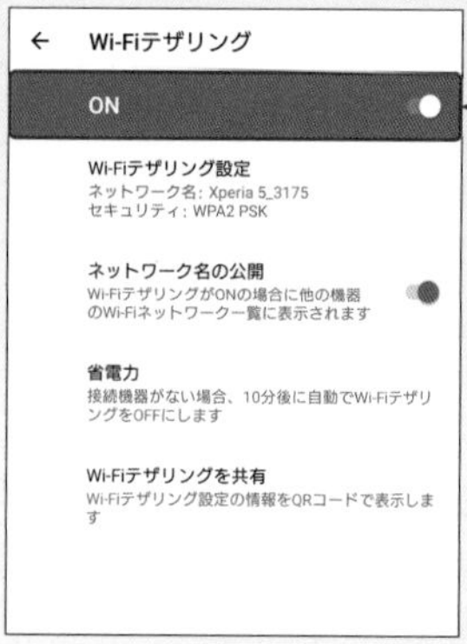

1 スマートフォンのテザリングをオンにします。

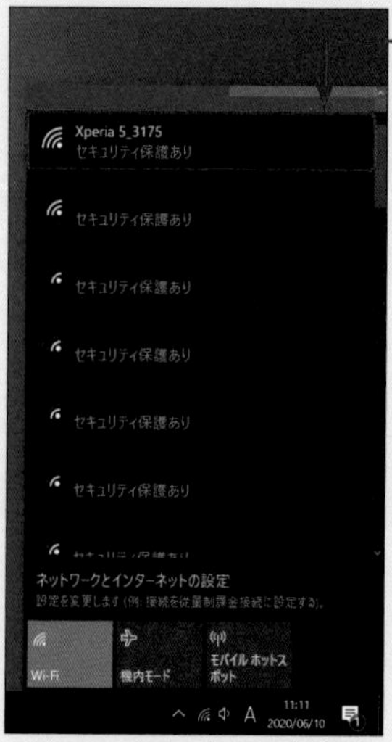

2 ほかの機器（ここではパソコン）のWi-Fiをオンにして、親機のSSIDをクリックし、

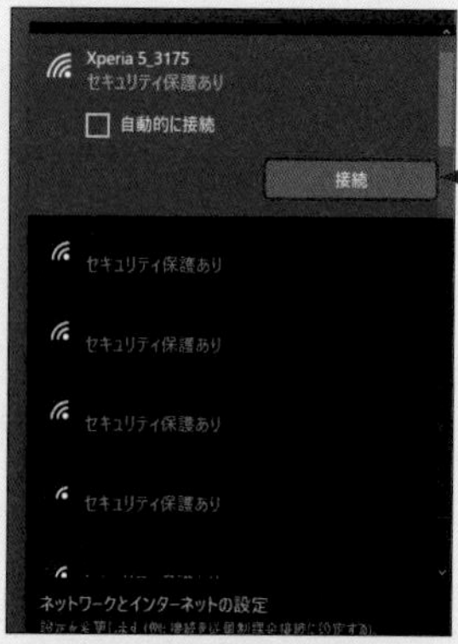

3 ＜接続＞をクリックします。

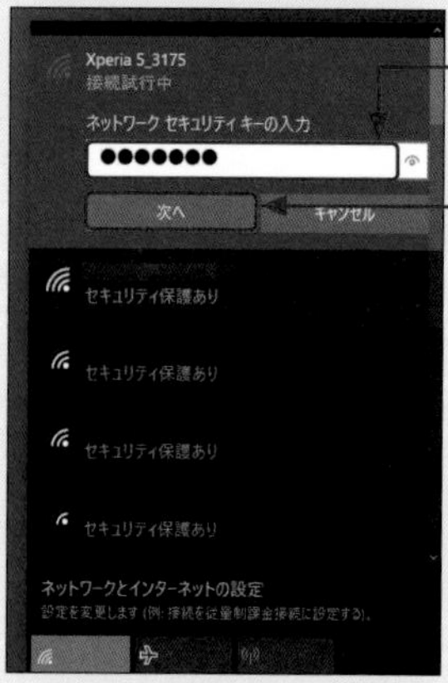

4 設定したパスワードを入力し、

5 ＜次へ＞をクリックします。

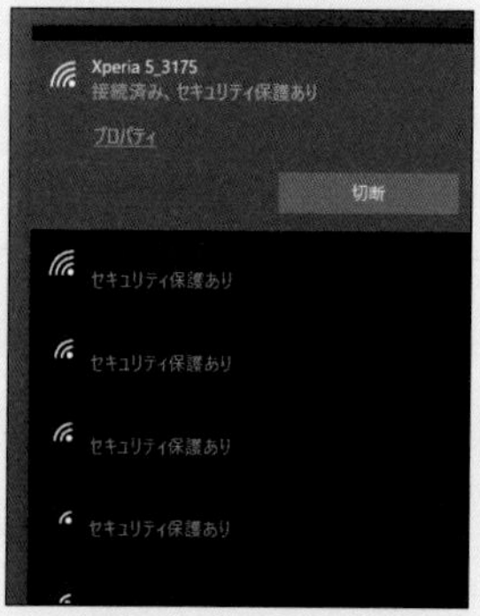

6 接続が完了します。

Q データ通信

バージョン 9.0 10.0 ドコモ ソフトバンク au SIMフリー

242 » データ通信量を確認したい！

A <アプリのデータ使用量>から確認します。

スマートフォンで利用したデータ通信量を確認するには、<設定>アプリで<ネットワークとインターネット>→<モバイルネットワーク>→<アプリのデータ使用量>の順にタップします。表示される「データ使用」画面で、任意の期間に使用されたデータ通信の総使用量を確認できます。アプリそれぞれのデータ通信量もひと目で把握できます。

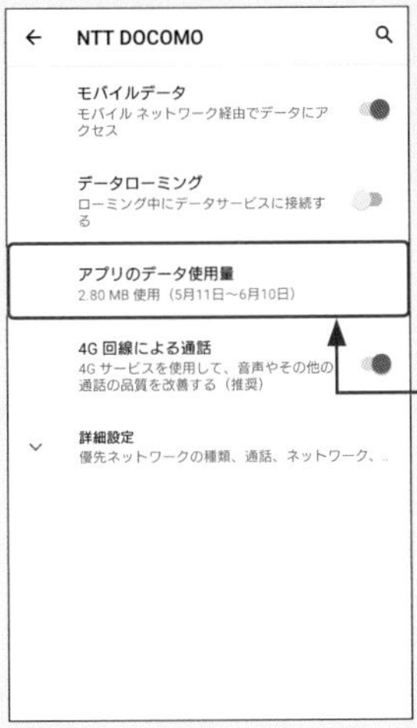

1 アプリ一覧画面で<設定>→<ネットワークとインターネット>の順にタップし、

2 <モバイルネットワーク>→<アプリのデータ使用量>の順にタップします。

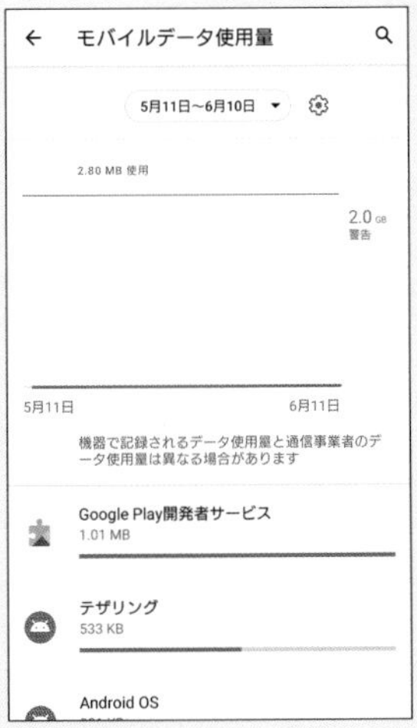

3 データの総使用量が表示されます。

Q データ通信

バージョン 9.0 10.0 ドコモ ソフトバンク au SIMフリー

243 » データ通信量を節約したい！

A <データセーバーを使用>をオンにします。

Q.242ではデータ通信の使用量を確認する方法を紹介しましたが、頻繁にデータを確認するのは面倒です。「データセーバー」をオンに設定することで、使用中のアプリのデータ通信が抑制されるようになります。また、データ通信を制限しないアプリを設定できるため、よく利用するアプリなどはそのままにしておくことも可能です。

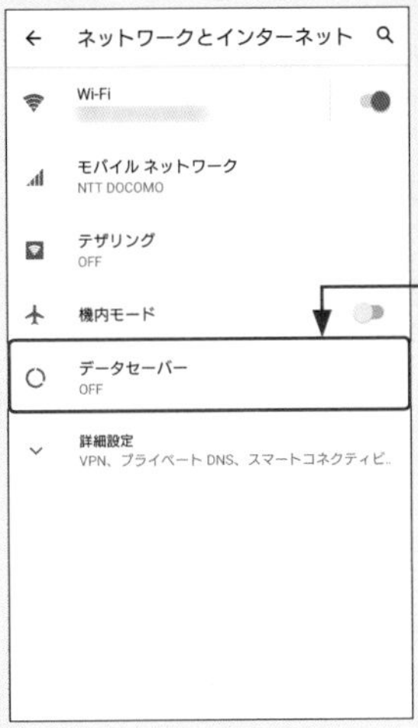

1 アプリ一覧画面で<設定>→<ネットワークとインターネット>の順にタップし、

2 <データセーバー>をタップします。

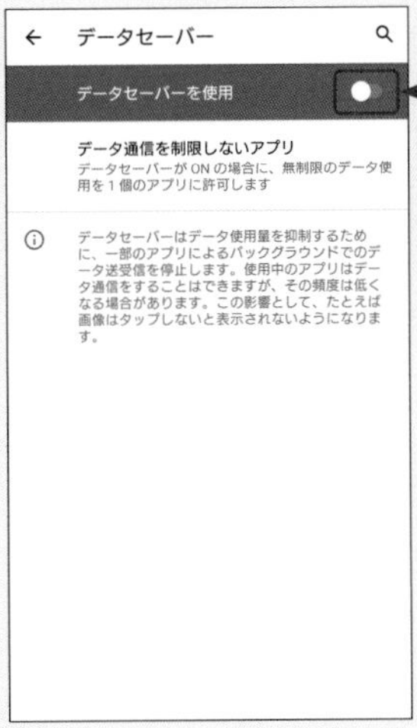

3 <データセーバーを使用>をタップして にすると、データセーバーをオンにできます。

244 » 海外で電話やインターネットは利用できる？

A ほとんどの地域で利用することができます。

大手携帯電話会社では「国際ローミングサービス」を提供しているため、海外のほとんどの地域で日本で使っているスマートフォンをそのまま利用することができます。国際ローミングサービスとは、渡航先の異なる通信会社の電波を利用して通信するサービスです。利用方法は各社で異なりますが、特別な手続きが必要のない場合や、かんたんな手続きで利用できることがほとんどです。また、データ通信の定額料金プランもいくつか用意されています。あらかじめ各キャリアのWebページで確認しておきましょう。

ドコモ

渡航前にWORLD WINGへの申し込みが必要です。渡航後、提携する現地の通信会社の電波を受信すると、ドコモからSMSが届き、データローミングの利用方法や、契約状態の確認、プランの選択が可能になります。渡航先によりプランが限定されていたり、ローミング外であったりするため、渡航前に渡航先の通信状況を必ず確認しましょう。

https://www.nttdocomo.co.jp/service/world/roaming/

au

<世界データ定額>アプリをダウンロードして、渡航先での料金プランを設定します。渡航後、海外での電話の利用方法や、料金プランの対象地域の案内がSMSで届きます。

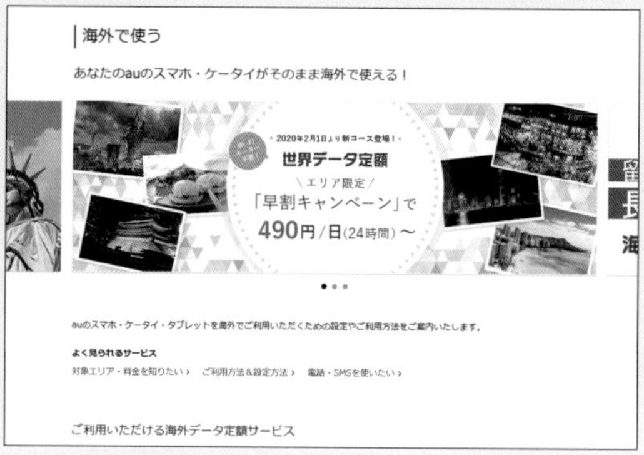

https://www.au.com/mobile/service/global/au-world-service/

ソフトバンク

新しく対応機種を購入した場合、特別な手続き・設定をすることなく、海外で利用できます。

http://www.softbank.jp/mobile/service/global/overseas/

第6章

インターネット利用の「こんなときどうする？」

Q 245 » Chromeって何？

A Googleが開発したWebブラウザアプリです。

Chromeは、Googleが提供する無料のWebブラウザアプリです。スマートフォンには＜Chrome＞アプリが最初からインストールされており、Webページを閲覧することができます。初期状態では、ホーム画面に＜Chrome＞アプリのアプリアイコンが配置されています。＜Chrome＞アプリを起動するにはホーム画面に表示されているをタップします。

1 ホーム画面でをタップします。

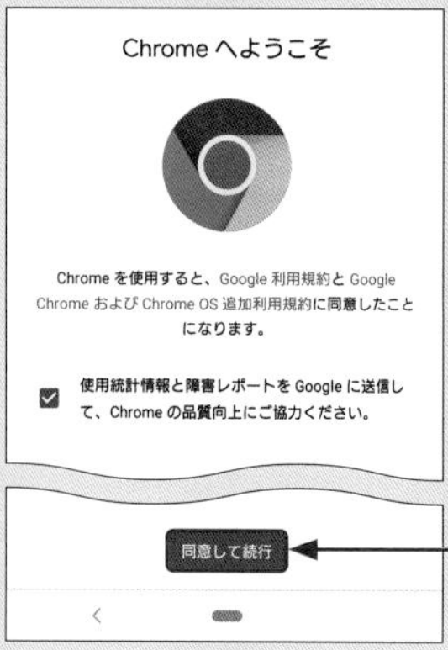

2 初回起動時は利用規約への同意を求められるので、画面の指示に従って＜同意して続行＞→＜有効にする＞の順にタップします。

3 ＜Chrome＞アプリが起動します。

Q 246 » ブラウザアプリはChromeだけ？

A 「Yahoo!ブラウザー」や「Firefox」があります。

Play ストアでほかのブラウザアプリをインストールすることができます。それぞれ使い勝手が異なるため、自分に合ったブラウザアプリを利用するとよいでしょう。なお、Chrome以外のブラウザアプリが最初からインストールされている機種もあります。

Yahoo! ブラウザー

Yahoo! JAPAN公式のブラウザアプリです。なお、初期状態でインストールされている機種もあります。

Firefox

プライバシーに関してもっとも信頼されているインターネット企業に選ばれたMozillaが開発しているブラウザアプリです。

Opera Mini

広告ブロッカーが内蔵されたブラウザアプリです。

Q Chrome

バージョン 9.0 10.0 ドコモ ソフトバンク au SIMフリー

247 » Webページを表示したい！

A アドレスバーにキーワードやURLを入力します。

アドレスバーにキーワードやURLを入力すると、関連するキーワードやWebページの候補が表示されます。URLが表示されている候補をタップすると、直接そのWebページを表示することができます。

1 <Chrome>アプリを起動し、画面上部のアドレスバーをタップしたら、

2 検索したいキーワードを入力し、

3 表示されたWebページの候補をタップすると、

4 Webページが表示されます。

Q Chrome

バージョン 9.0 10.0 ドコモ ソフトバンク au SIMフリー

248 » アドレスバーが表示されない！

A 画面を下方向にスワイプします。

表示されたアドレスバーをタップしてURLを入力すると、直接Webページを表示することができます。Webページを閲覧していると、アドレスバーが表示されなくなることがありますが、その場合は画面を下方向にスワイプすることで、再度アドレスバーが表示されます。

1 <Chrome>アプリを起動し、画面上部のアドレスバーをタップしたら、

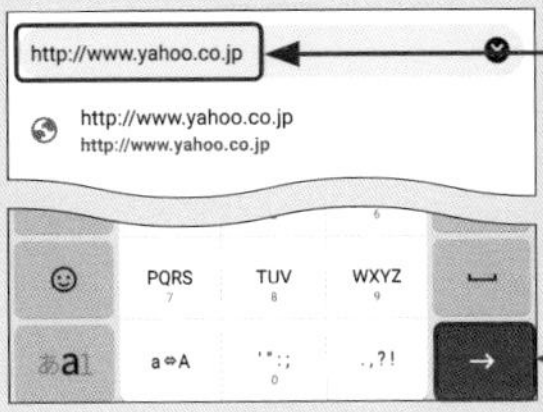

2 表示したいWebページのURLを入力して、

3 →をタップします。

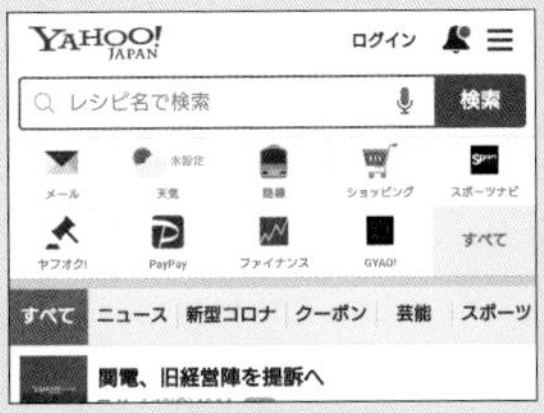

4 Webページが表示されます。

アドレスバーが表示されない場合は、画面を下方向にスワイプすると表示されます。

Q Chrome

バージョン 9.0 10.0　ドコモ　ソフトバンク　au　SIMフリー

249 » 前に見ていたWebページに戻りたい!

A 戻るボタンをタップして戻ります。

<Chrome>アプリでWebページを閲覧中に戻るボタンをタップすると、1つ前のWebページに戻ることができます。閲覧中のWebページから検索結果画面に戻りたい場合などに便利です。

1 画面左下の戻るボタンをタップすると、

2 1つ前のWebページに戻ります。

Q Chrome

バージョン 9.0 10.0　ドコモ　ソフトバンク　au　SIMフリー

250 » 1つ先のWebページに進みたい!

A →をタップして進みます。

1つ前のWebページに戻ったあと、もう一度先ほど見ていたWebページに戻りたいときは、画面上部のアドレスバーにある ⋮ をタップし、→をタップすると、1つ先のWebページに進むことができます。

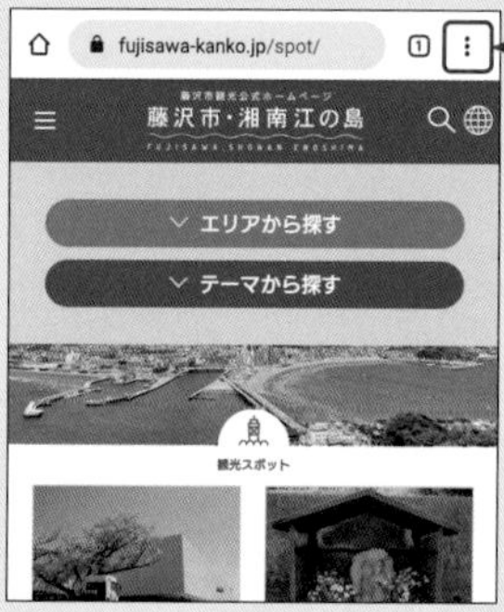

1 画面右上の ⋮ をタップし、

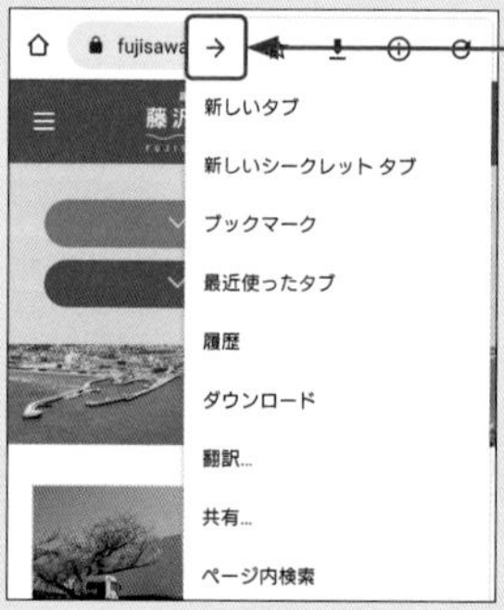

2 →をタップすると、

3 1つ先のWebページに進みます。

Chrome
バージョン 9.0 10.0
ドコモ ソフトバンク au SIMフリー

Q 251 » Webページの表示を更新したい！

A Cをタップすると更新されます。

Webページを更新すると、表示されているWebページを最新の状態にできます。ニュース速報や天気、またはTwitterといったSNSなど、更新ペースが速いWebページは、Webページを更新することで新しい情報を得ることができます。Webページを更新するには、メニューを表示してCをタップします。

1 画面右上の⋮をタップしてCをタップすると、

2 Webページが更新されます。

ドラッグして更新する

Webページの先頭で下方向にドラッグすることでも、Webページを更新できます。

Chrome
バージョン 9.0 10.0
ドコモ ソフトバンク au SIMフリー

Q 252 » Webページの文字を拡大したい！

A 「テキストの拡大と縮小」から変更できます。

スマートフォン用のWebページでは、文字のサイズを任意の値に設定することができます。大きさは50%(半分の大きさ)〜200%(2倍の大きさ)の間で設定することが可能です。なお、初期状態では100%に設定されています。

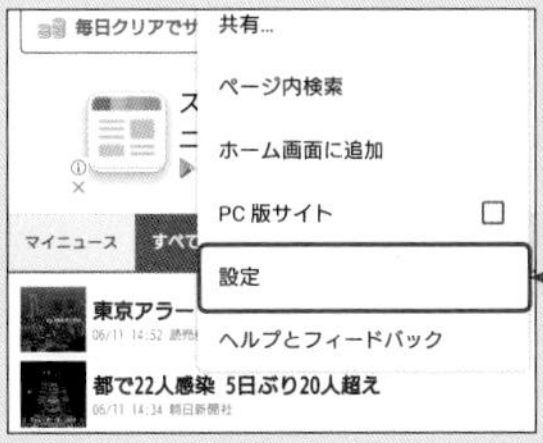

1 画面右上の⋮→<設定>の順にタップし、

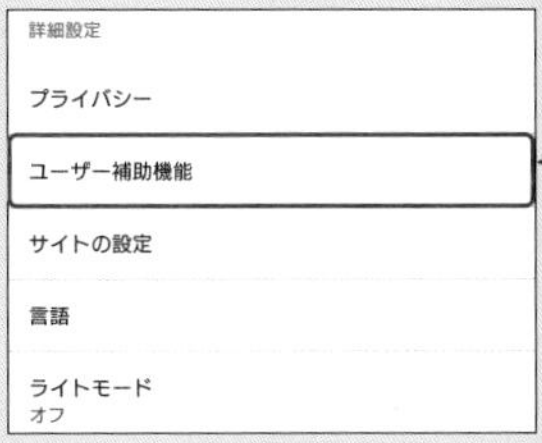

2 <ユーザー補助機能>をタップしたら、

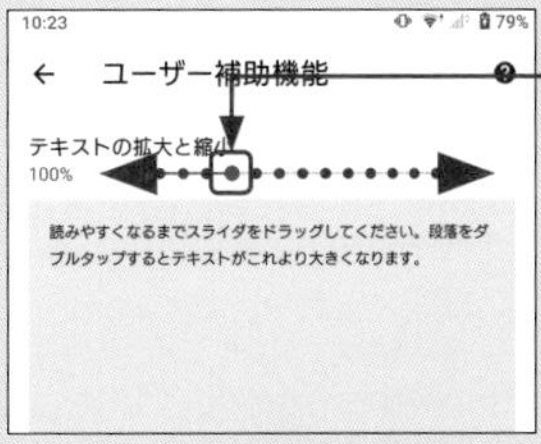

3 ●を左右(ここでは右方向)にドラッグします。

右方向にドラッグすると拡大、左方向にドラッグすると縮小できます。

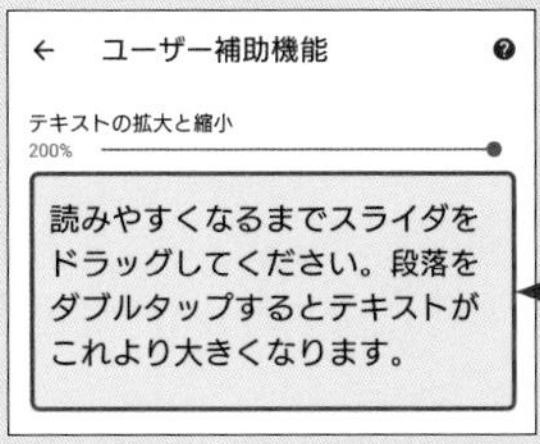

4 設定が変更され、文字の大きさが変わりました。

Q Chrome

バージョン 9.0 10.0　ドコモ ソフトバンク au SIMフリー

253 » Webページ内の文字を検索したい!

A 「ページ内検索」を利用します。

＜Chrome＞アプリでは、ページ中の文字を検索することができます。検索された文字はマーカーで表示され、∧／∨をタップすることで別の検索候補に移動できます。

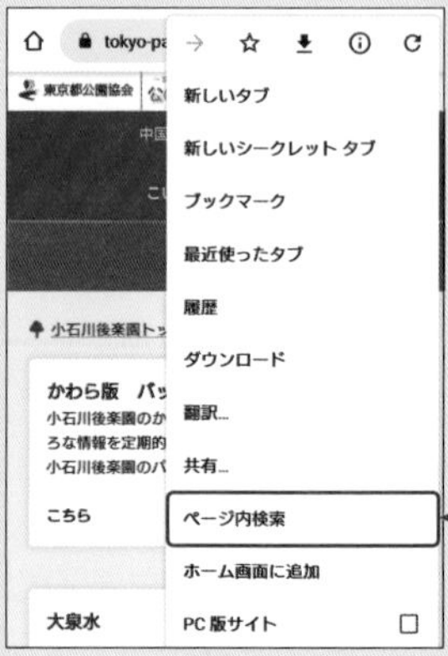

1 ＜Chrome＞アプリを起動し、⋮→＜ページ内検索＞の順にタップします。

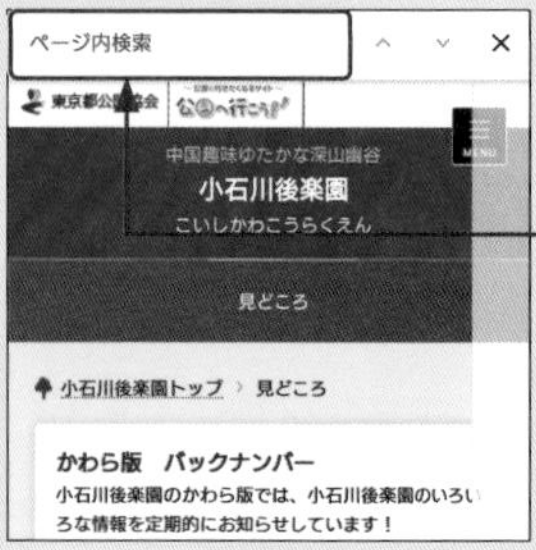

画面上部に「ページ内検索」が表示されます。

2 検索したい文字（ここでは「庭園」）を入力すると、

3 検索された文字にマーカーが引かれます。

Q Chrome

バージョン 9.0 10.0　ドコモ ソフトバンク au SIMフリー

254 » Webページ内の文字を翻訳したい!

A 「他の言語のページで翻訳するかどうかを尋ねる」をオンにします。

英語のWebページが表示されたけどよくわからないという場合は、日本語に翻訳するとよいでしょう。Webページ内のテキストを翻訳するには、Google翻訳を利用して翻訳を行います。Google翻訳は初期状態でオンに設定されていますが、「翻訳」が表示されない場合はオフになっている可能性があるので確認しておきましょう。また、＜Google翻訳＞アプリをインストールすると、選択した文字だけを翻訳することができます。

1 ＜Chrome＞アプリを起動し、⋮→＜設定＞→＜言語＞の順にタップして、＜他の言語のページで翻訳するかどうかを尋ねる＞をオンにします。

2 翻訳したいWebページを表示し、

3 ＜日本語＞をタップすると、

4 Webページが日本語に翻訳されます。

255 » スマホ用の表示をPC用表示に変えたい！

A <PC版サイト>のチェックボックスにチェックを付けます。

Webページをスマートフォンで閲覧するとき、多くのWebページではスマートフォン向けに最適化された表示になります。スマートフォン向けのWebページはスマートフォンの画面がパソコンに比べて小さいため、パソコン向けより機能が省略されていることがあります。また、中には、スマートフォンからはアクセスできないWebページもあります。パソコン用のWebページでより詳しい情報を入手したい場合などに、以下の手順を試してみましょう。

Webページのメニューでパソコン用サイトを表示する

1 Webページによっては、パソコン向け表示に切り替えるボタンやリンク（ここでは<デスクトップ>）が表示されるので、タップします。

2 パソコン用のWebページに切り替わります。

<Chrome>アプリでパソコン用のWebページを表示する

1 <Chrome>アプリでスマートフォン用に最適化されたページを表示し、

2 ⋮をタップします。

3 <PC版サイト>をタップしてチェックを付けると、

4 パソコン用のWebページに切り替わります。

再度<PC版サイト>をタップしてチェックを外すと、スマートフォン向けの表示に戻ります。

Q Chrome

バージョン 9.0 10.0 ドコモ ソフトバンク au SIMフリー

256 » 新しいタブでリンク先を表示したい！

A リンクをロングタッチし、<新しいタブで開く>をタップします。

＜Chrome＞アプリでは、現在閲覧中のWebページを残したまま、新しいリンク先のWebページを開くことができます。リンク先のWebページを新しいタブで開くことで、現在開いているページをそのまま残しておくことができます。なお、新しいタブはバックグラウンドで開かれているので、Q.257を参考にしてタブを切り替えて閲覧しましょう。

1 新しいタブで開きたいWebページをロングタッチし、

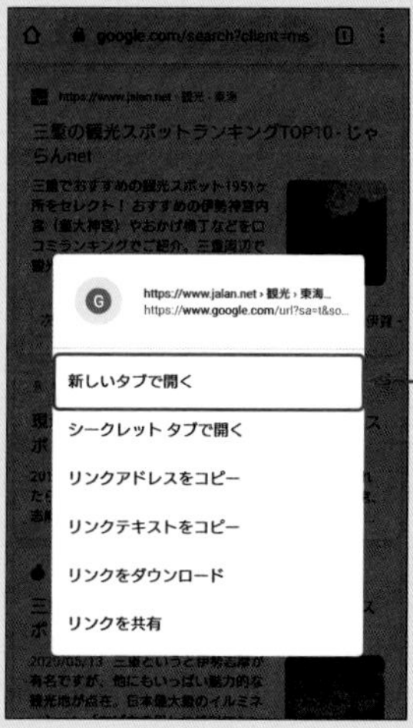

2 ＜新しいタブで開く＞をタップすると、新しいタブが開きます。

Q Chrome

バージョン 9.0 10.0 ドコモ ソフトバンク au SIMフリー

257 » 複数のWebページを切り替えて見たい！

A ②をタップします。

複数のタブを開いている場合に表示するタブを切り替えたいときは、画面右上の②（□内の数字は開いているタブの数です）をタップすると、開いているタブの一覧が表示されます。開きたいタブをタップすると、タブが切り替わります。なお、画面上部を左右にフリックすることでもタブを切り替えることが可能です。

1 画面右上の②をタップすると、

2 現在開いているタブの一覧が表示されます。

3 表示したいタブをタップすると、

4 タップしたタブに切り替えられます。

Q Chrome

バージョン 9.0 10.0 | ドコモ ソフトバンク au SIMフリー

258 » タブを閉じたい！

A ②をタップし、閉じたいタブをフリックします。

Webページのタブを閉じるときは、画面右上の②（□内の数字は開いているタブの数です）をタップし、閉じたいタブを左右にフリックします。すべてのタブをまとめて閉じたいときは、手順**2**の画面で⋮→＜すべてのタブを閉じる＞の順にタップします。

1 画面右上の②をタップし、

現在開いているタブの一覧が表示されます。

2 タブを左右（ここでは左方向）にフリックすると、タブが閉じます。

⊗をタップしても、タブを閉じることができます。

Q Chrome

バージョン 9.0 10.0 | ドコモ ソフトバンク au SIMフリー

259 » 新しいタブを開きたい！

A ＜新しいタブ＞をタップします。

＜Chrome＞アプリでは、複数のタブを開くことができます。現在開いているWebページに加えて、新規に検索をしたりブックマークを開いたりしたいときは、新しいタブを利用すると非常に便利です。新しいタブを開きたいときは、⋮→＜新しいタブ＞の順にタップします。

1 画面右上の⋮をタップし、

2 ＜新しいタブ＞をタップすると、

3 新しいタブが表示されます。

Q Chrome

バージョン 9.0 10.0 ドコモ ソフトバンク au SIMフリー

260 » タブを間違えて閉じてしまった！

A 「最近使ったタブ」から再度表示できます。

閉じたタブは再度表示させることができるので、間違えてタブを閉じてしまっても安心です。画面右上の ⋮ →＜最近使ったタブ＞の順にタップすると、「最近閉じたタブ」に閉じたタブの一覧が表示されます。開きたいタブをタップすると、再度Webページが表示されます。再表示したタブでは、前のWebページに戻ったり（Q.249参照）、1つ先のWebページに進んだり（Q.250参照）、といった操作も可能です。

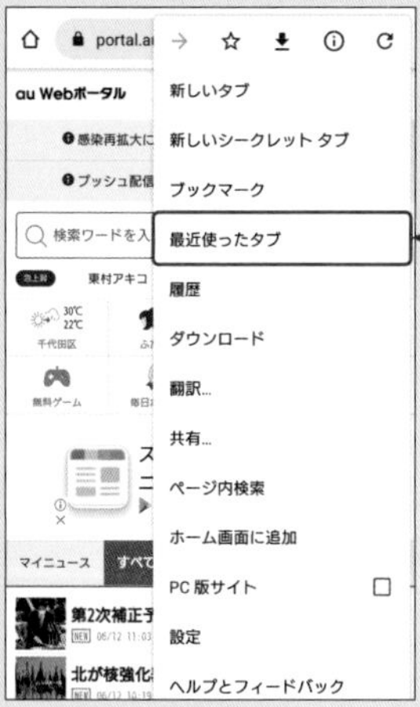

1 画面右上の ⋮ →＜最近使ったタブ＞の順にタップし、

2 再度表示したいタブをタップします。

同じGoogleアカウントにログインしているパソコンで表示したWebページのタブも表示されます。

Q Chrome

バージョン 9.0 10.0 ドコモ ソフトバンク au SIMフリー

261 » 閉じてしまったタブをかんたんにもとに戻したい！

A ＜元に戻す＞をタップします。

間違えて閉じてしまったタブは、直後ならかんたんにもとに戻すことができます。タブを閉じたときに画面下部に表示される＜元に戻す＞をタップすれば、閉じてしまったタブをもとに戻せます。それ以前に閉じてしまったタブをもとに戻したい場合は、Q.260を参考に＜最近使ったタブ＞をタップしてもとに戻します。

1 Q.258の方法で間違えてタブを閉じてしまった場合は、

2 タブを閉じた直後に表示される＜元に戻す＞をタップすると、

3 タブをもとに戻すことができます。

Q Chrome

バージョン 9.0 10.0　ドコモ ソフトバンク au SIMフリー

262 » Webページの閲覧記録を残したくない!

A <新しいシークレットタブ>をタップします。

シークレットタブを使用してWebページを閲覧することで、閲覧履歴やCookieを残さずにWebページを閲覧できます。シークレットタブは通常のタブと異なり、アドレスバーの左にが表示されています。

1 画面右上の ⋮ をタップし、

2 <新しいシークレットタブ>をタップすると、

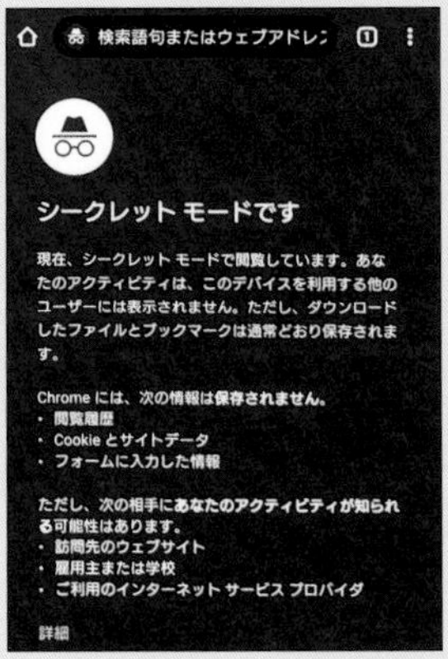

3 シークレットタブが表示され、履歴を残さずに閲覧できます。

ステータスバーを下方向にドラッグし、<すべてのシークレットタブを閉じます>をタップすると、すべてのシークレットタブを閉じることができます。

Q Chrome

バージョン 9.0 10.0　ドコモ ソフトバンク au SIMフリー

263 » よく閲覧するWebページをすぐに表示したい!

A トップページに設定します。

<Chrome>アプリでは、よく閲覧するWebページをトップページに設定することができます。トップページに設定することで、新しいタブを開く(Q.259参照)だけで、Webページが表示されます。検索機能やブックマーク機能を利用するよりも、便利です。

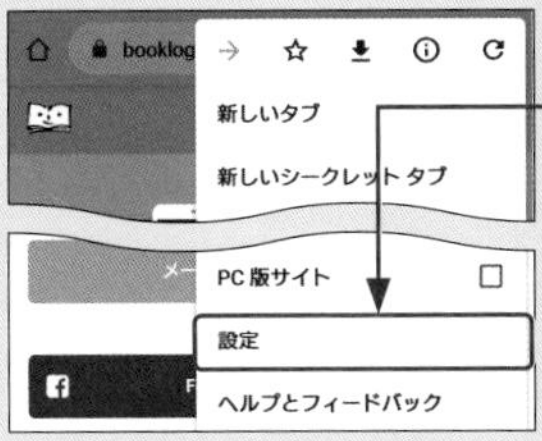

1 画面右上の ⋮ → <設定>の順にタップして、

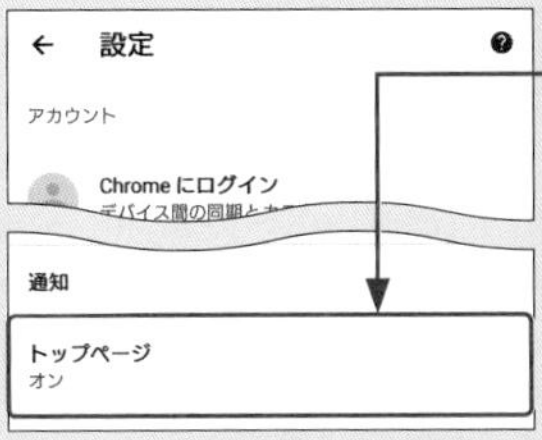

2 <トップページ>をタップします。

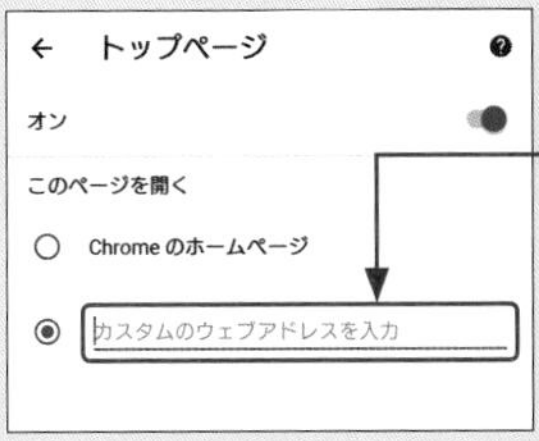

3 <カスタムのウェブアドレスを入力>をタップし、WebページのURLを入力したら、

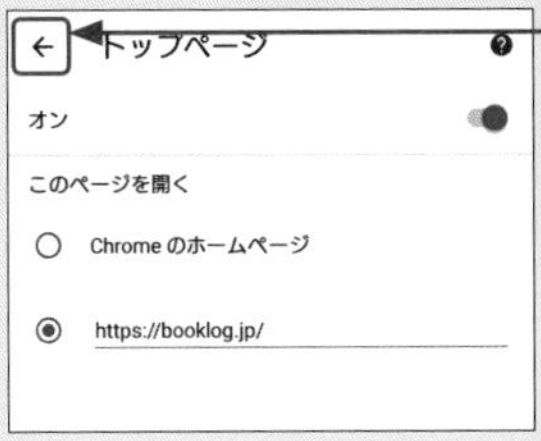

4 ←をタップします。

Q 検索 バージョン 9.0 10.0 ドコモ ソフトバンク au SIMフリー

264 » インターネットで情報を検索したい！

A アドレスバーからGoogle検索が行えます。

<Chrome>アプリでは、キーワードを入力してインターネット上にあるさまざまな情報を検索することができます。キーワードを入力して検索したいときは、アドレスバーに直接キーワードを入力して→をタップすると、Googleの検索結果が表示されます。また、キーワード入力時に、予測されるキーワードや過去に検索したキーワードも表示されるので、それらをタップして検索結果を表示することもできます（Q.265参照）。

1 <Chrome>アプリを起動し、画面上部のアドレスバーをタップしたら、

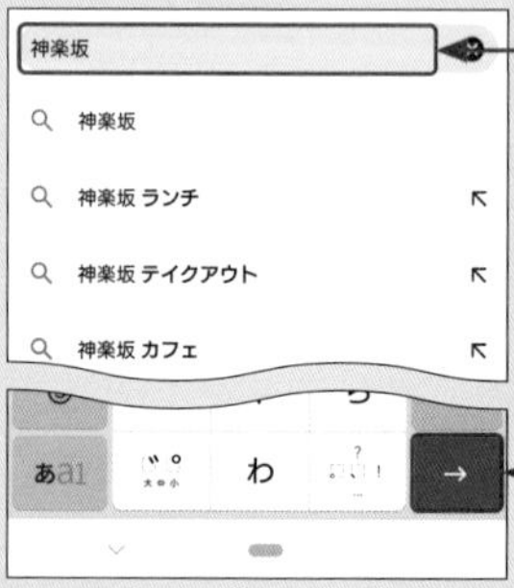

2 検索したいキーワード（ここでは「神楽坂」）を入力し、

3 →をタップします。

4 検索結果が表示されます。

Q 検索 バージョン 9.0 10.0 ドコモ ソフトバンク au SIMフリー

265 » キーワードを入力すると、下に表示される候補は何？

A キーワードを入力すると、検索候補リストが表示されます。

アドレスバーにキーワードを入力すると、キーワードの検索候補リストが表示されます。その中から検索したい候補をタップすると、検索結果が表示されます。なお、候補リストには、キーワードに類似した単語のほか、入力したキーワードから多く検索されている単語が表示されます。

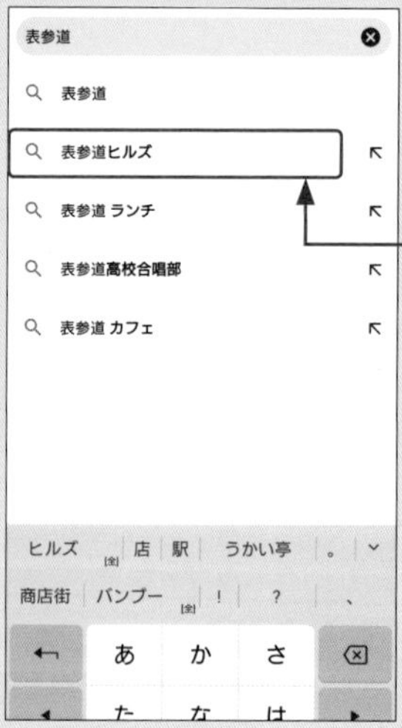

1 アドレスバーをタップしてキーワードを入力し、

2 任意のキーワード候補をタップすると、

3 検索結果が表示されます。

Q 検索

バージョン 9.0 10.0 ドコモ ソフトバンク au SIMフリー

266 » 検索エンジンって何？

A インターネット上にある情報を検索できるシステムです。

検索エンジンとは、GoogleやYahoo!などのインターネットの情報を検索するサービスを指します。使用する検索エンジンによって検索結果が異なります。検索エンジンにはそのほかにもさまざまなサービスがあるので、自分に合った使いやすい検索エンジンを利用するとよいでしょう。

Google

Yahoo!

Bing

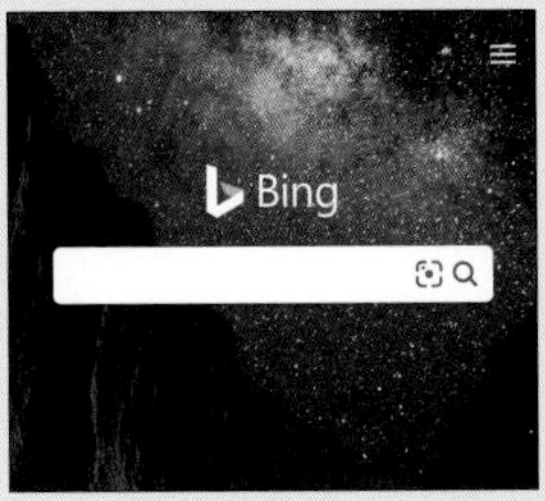

Q 検索

バージョン 9.0 10.0 ドコモ ソフトバンク au SIMフリー

267 » Google以外の検索エンジンを使いたい！

A Yahoo!、Bing、百度、DuckDuckGoのいずれかに変更できます。

＜Chrome＞アプリの検索エンジンは、初期状態でGoogleに設定されています。検索エンジンは、「Google」(google.com)、「Yahoo!JAPAN」(yahoo.co.jp)、「Bing」(bing.com)、「百度」(baidu.com)、「DuckDuckGo」(duckduckgo.com)の5種類から、好みの検索エンジンを選択することができます。

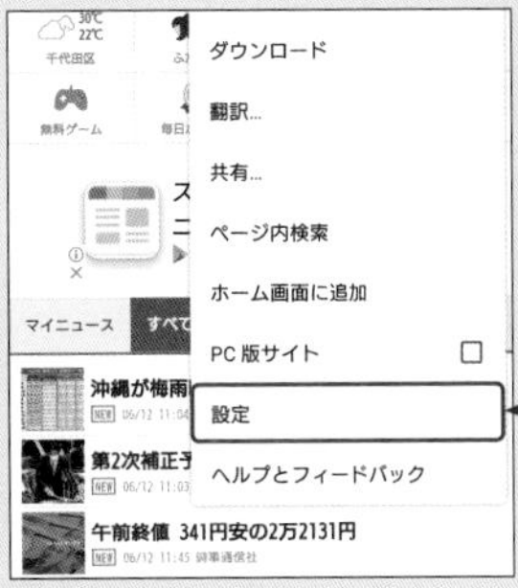

1 <Chrome>アプリを起動し、画面右上の︙→<設定>の順にタップします。

2 <検索エンジン>をタップし、

3 変更したい検索エンジンをタップして選択したら、

4 ←をタップします。

Q 検索

バージョン 9.0 10.0　ドコモ ソフトバンク au SIMフリー

268 » 画面に表示される文字で検索したい！

A 検索したいテキストをロングタッチします。

Webページを閲覧しているときに、わからない言葉や気になる言葉を見つけたら、その言葉をロングタッチして選択し、画面下部に表示されるキーワードをタップすることで、すぐにGoogle検索の結果を表示することができます。

さすがに自宅のWi-Fi環境を見直したほうがいいような…と考え中のあなたに、家中どこでも快適にネットに繋げられるメッシュルーターの最新モデルをご紹介。
ティーピーリンクジャパンから発売の「Deco X20」（想定販売価格：2万2880円） は、家中どこでもつながるメッシュ対応、しかも最新最速のWi-Fi 6に対応したメッシュWi-Fiシステム。最大150台以上もの端末が同時接続できる強力Wi-Fiを、どこまでも隈なく届けてくれますよ。

1 検索したい言葉をロングタッチし、

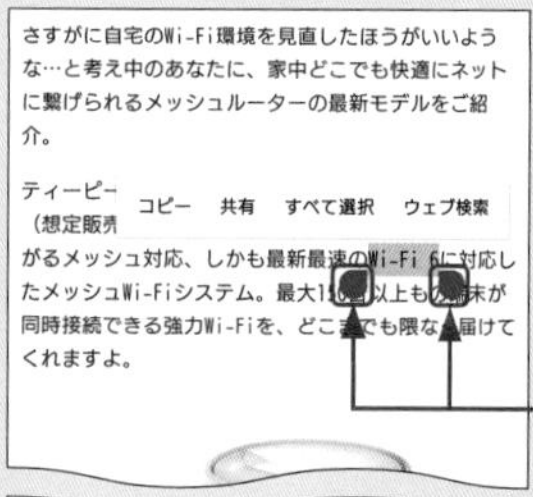

さすがに自宅のWi-Fi環境を見直したほうがいいような…と考え中のあなたに、家中どこでも快適にネットに繋げられるメッシュルーターの最新モデルをご紹介。
コピー
共有
すべて選択
ウェブ検索
くれますよ。

2 ●●を左右にドラッグして文字範囲を選択したら、

Wi-Fi 6

3 下部に表示されるタブをタップします。

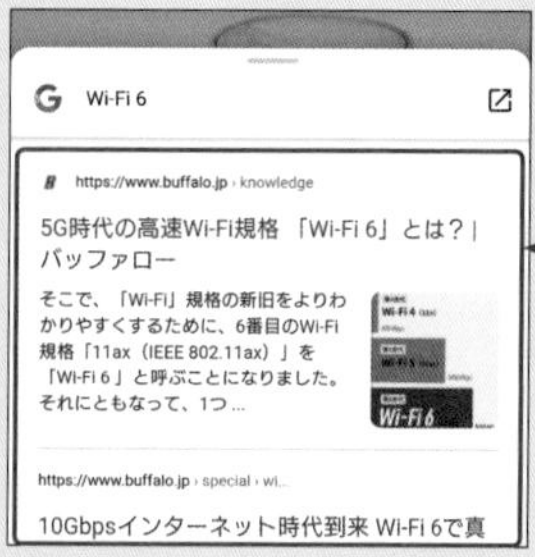

Wi-Fi 6
https://www.buffalo.jp › knowledge
5G時代の高速Wi-Fi規格「Wi-Fi 6」とは？ | バッファロー
そこで、「Wi-Fi」規格の新旧をよりわかりやすくするために、6番目のWi-Fi規格「11ax（IEEE 802.11ax）」を「Wi-Fi 6」と呼ぶことになりました。それにともなって、1つ ...
https://www.buffalo.jp › special › wi...
10Gbpsインターネット時代到来 Wi-Fi 6で真

4 選択したキーワードで検索結果が表示されます。

Q 検索

バージョン 9.0 10.0　ドコモ ソフトバンク au SIMフリー

269 » 音声で検索したい！

A 🎤をタップします。

文字を入力する手間を省きたいときは、音声で検索するとよいでしょう。<Chrome>アプリでアドレスバーをタップし、🎤をタップすると、音声入力を利用できます。

検索語句またはウェブアドレスを入力
au Webポータル|最新の国...
https://portal.auone.jp/?rf=hm
Yahoo! JAPAN
m.yahoo.co.jp
Bing
bing.com

1 アドレスバーをタップして🎤をタップします。

Google

2 「音声の録音を「Chrome」に許可しますか?」と表示されたら<許可>をタップして、検索したいキーワード（ここでは「北斗七星」）を話しかけます。

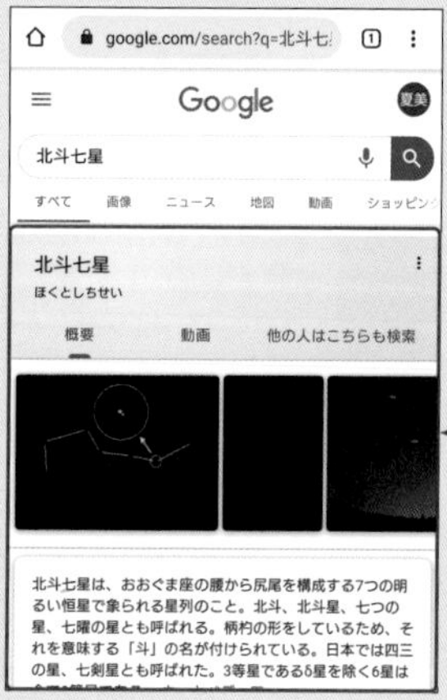

google.com/search?q=北斗七
Google
北斗七星
すべて
画像
ニュース
地図
動画
北斗七星
ほくとしちせい
概要
動画
他の人はこちらも検索
北斗七星は、おおぐま座の腰から尻尾を構成する7つの明るい恒星で象られる星列のこと。北斗、北斗星、七つの星、七曜の星とも呼ばれる。柄杓の形をしているため、それを意味する「斗」の名が付けられている。日本では四三の星、七剣星とも呼ばれた。3等星であるδ星を除く6星は

3 検索結果が表示されます。

Q 検索

バージョン 9.0 10.0 ／ ドコモ ソフトバンク au SIMフリー

270 » 以前に検索した文字で再び検索したい！

A アドレスバーに、最近検索した文字の頭文字を入力しましょう。

＜Chrome＞アプリでは、アドレスバーに以前検索した文字の頭文字を入力すると、最近検索した文字が表示されます。検索したい文字をタップして検索してみましょう。

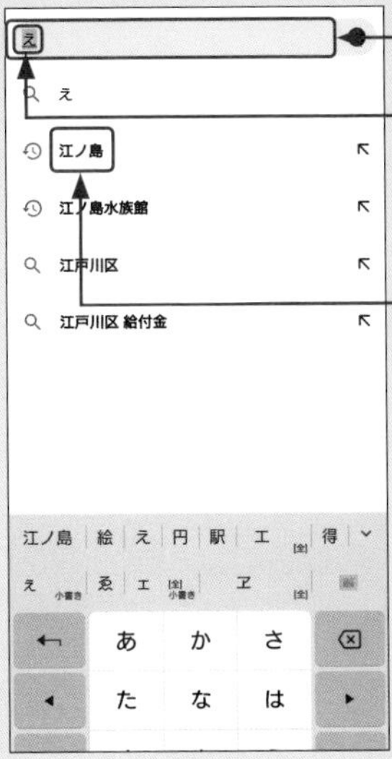

1 アドレスバーをタップし、

2 頭文字だけを入力して、

3 検索したい文字をタップすると、

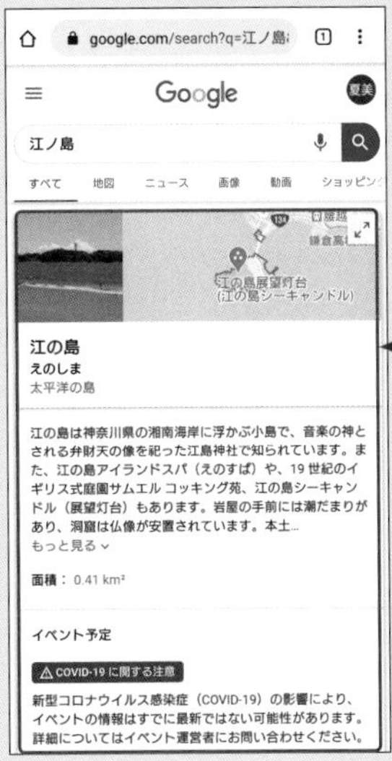

4 検索結果が表示されます。

Q 検索

バージョン 9.0 10.0 ／ ドコモ ソフトバンク au SIMフリー

271 » Webページをオフラインでも閲覧したい！

A Webページを事前にダウンロードします。

＜Chrome＞アプリでは、インターネットに接続できないときやオフライン環境になったときでも、Webページを事前にダウンロードしておくことで、いつでもどこでも閲覧することができます。気に入ったWebページやよく閲覧するページをダウンロードしてみましょう。

1 ダウンロードしたいWebページを開いて、︙→⬇の順にタップします。

2 画面下部に表示される＜開く＞をタップすると、

3 ダウンロードしたWebページが表示されます。

なお、ダウンロードしたWebページは、︙→＜ダウンロード＞→＜マイファイル＞の順にタップすると閲覧できます。

Q 検索 バージョン 9.0 10.0 ドコモ ソフトバンク au SIMフリー

272 » 画像を検索したい！

A Google検索をして、<画像>をタップします。

Googleには検索したキーワードに関連する画像を表示する「画像検索」機能があります。画像検索を利用するにはキーワードでGoogle検索し、検索結果画面に表示される<画像>をタップします。画像以外にも、<動画>をタップするとYouTubeなどの動画を検索できるほか、<ニュース>をタップして、キーワードに関連するニュースを検索することも可能です。

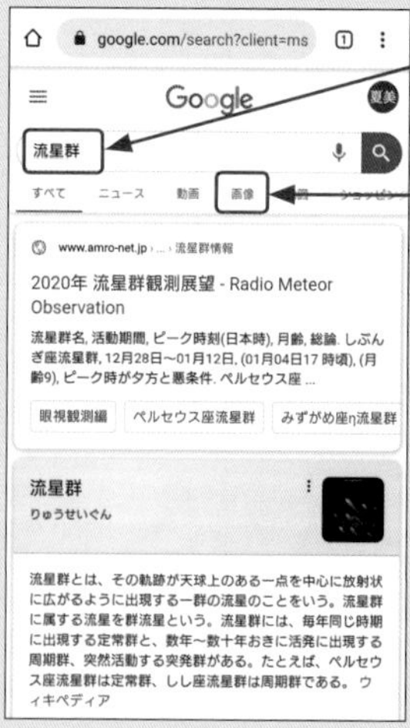

1 キーワード（ここでは「流星群」）を検索し、

2 <画像>をタップすると、

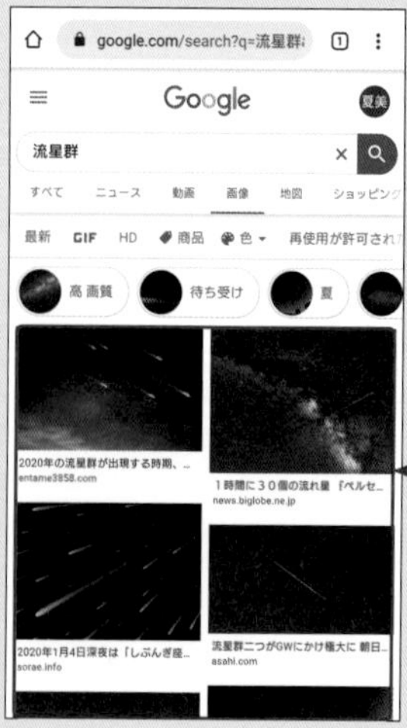

3 画像を検索できます。

Q 検索 バージョン 9.0 10.0 ドコモ ソフトバンク au SIMフリー

273 » Webページの画像を保存したい！

A ロングタッチして、<画像をダウンロード>をタップします。

気に入った画像をオフラインでも見たい場合は、画像を保存しておくとよいでしょう。<Chrome>アプリでWebページを表示して、画像をロングタッチし、<画像をダウンロード>をタップすると、画像を保存できます。

1 画像をロングタッチし、

2 <画像をダウンロード>をタップします。

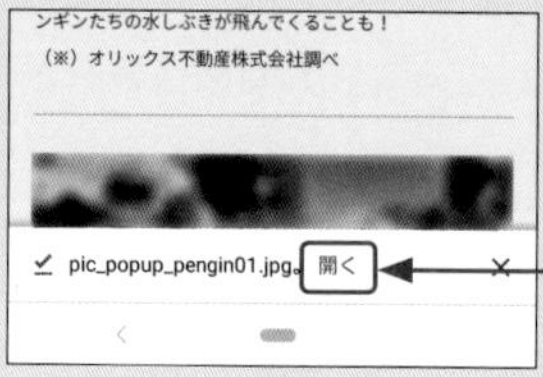

3 ダウンロードすると画面下部に表示される<開く>をタップすると、

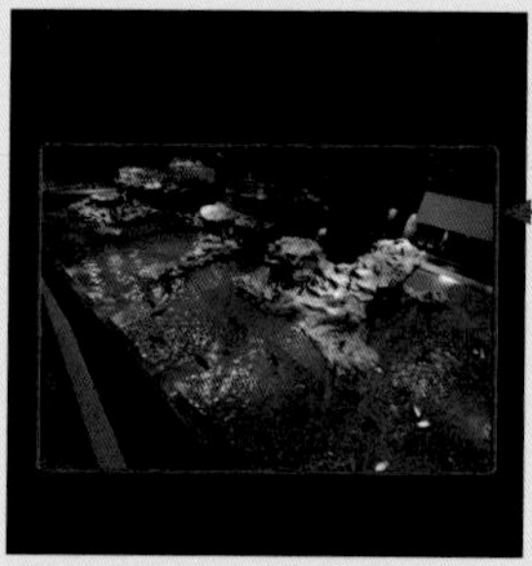

4 ダウンロードした画像が表示されます。

なお、ダウンロードした画像は、⋮→<ダウンロード>→<マイファイル>の順にタップすることで閲覧できます。

Q 検索 バージョン 9.0 10.0 ドコモ ソフトバンク au SIMフリー

274 » ほかの端末で検索したキーワードで検索したい!

A 同じGoogleアカウントでログインした端末間で検索履歴が同期されます。

パソコンでChromeを使用している場合、スマートフォンと同じGoogleアカウントでログインしていれば、お互いの検索履歴や閲覧履歴が同期されます。そのため、パソコンのChromeで検索したWebページが思い出せない場合でも、スマートフォンの＜Chrome＞アプリでキーワードの一部を入力することで、キーワード候補に表示されます。一度閲覧したWebページであれば、そのWebページが候補に表示されることもあります。また、検索履歴や閲覧履歴以外に閲覧しているタブやブックマーク、パスワードの設定も同期できます。

1 スマートフォンと同じGoogleアカウントでログインしているパソコンでChromeを起動し、ここでは「赤福」と検索します。

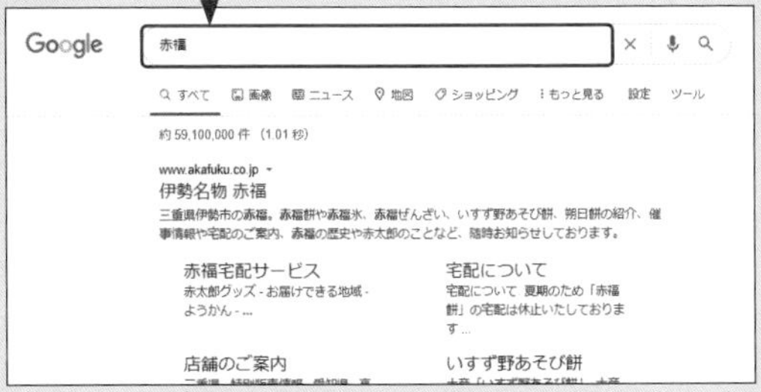

2 スマートフォンで＜Chrome＞アプリを起動し、手順1で入力したキーワードの一部（ここでは「赤」）を検索ボックスに入力すると、

3 手順1で検索したキーワードが、検索候補の一覧に表示されます。

Q 履歴/自動入力/パスワード バージョン 9.0 10.0 ドコモ ソフトバンク au SIMフリー

275 » 過去の検索履歴を削除したい!

A 🗑または⊗をタップします。

一度検索したことのあるキーワードや検索履歴は、削除することができます。⋮→＜履歴＞の順にタップして、検索履歴の右側の⊗をタップするか、ロングタッチして🗑をタップすると、検索履歴が削除されます。

1件ずつ削除する

1 画面右上の⋮→＜履歴＞の順にタップして、

2 検索履歴の右側の⊗をタップします。

まとめて削除する

1 上記の手順2の画面で、検索履歴をロングタッチします。

2 ほかの検索履歴もタップして、選択し、

3 🗑をタップします。

Q 276 ≫ 住所や氏名を自動入力できるようにしたい！

A 「住所やその他の情報」画面から設定できます。

＜Chrome＞アプリで入力する住所や氏名、メールアドレスなどは保存・管理できます。一度入力した情報を次回から自動的に入力できる便利な機能です。自動入力ができるように設定するには、＜Chrome＞アプリを起動し、⋮→＜設定＞→＜住所やその他の情報＞→＜住所を追加＞の順にタップします。情報を登録すると、自動で入力されるようになります。

1 ⋮→＜設定＞→＜住所やその他の情報＞の順にタップし、

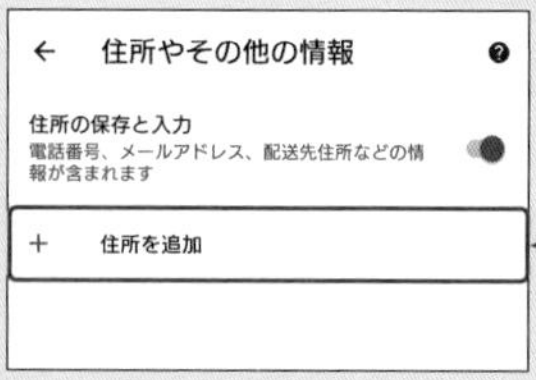

2 ＜住所を追加＞をタップします。

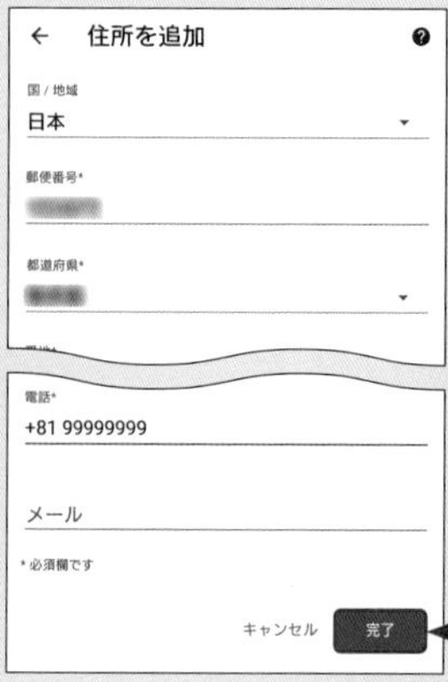

3 住所や氏名などの情報を登録し、＜完了＞をタップすると、情報が追加され、自動で入力されるようになります。

Q 277 ≫ パスワードを自動入力できるようにしたい！

A パスワードを入力してログインしたあと、＜保存＞をタップします。

＜Chrome＞アプリには入力したパスワードを保存する機能があります。パスワードを保存しておけば、IDやパスワードの入力をしなくてもログインすることが可能です。あらかじめ＜Chrome＞アプリの「設定」画面から＜パスワードの保存＞をタップして、機能をオンにしておきましょう。

1 ＜Chrome＞アプリを起動し、⋮→＜設定＞の順にタップして、

2 ＜パスワード＞をタップし、

3 ＜パスワードの保存＞をタップしてオフをオンにすると、パスワード保存機能がオンになります。

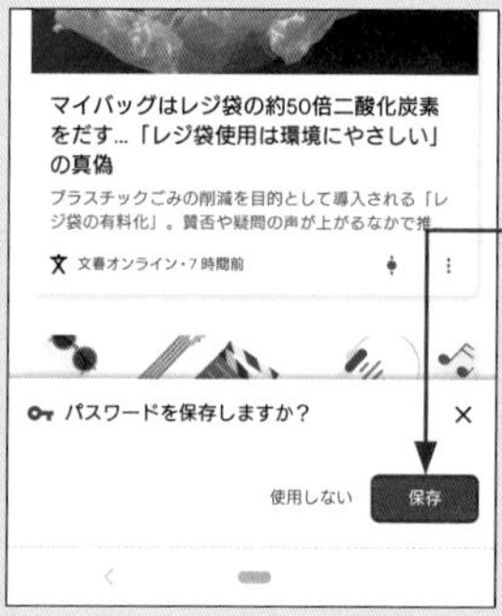

4 パスワードが必要なWebページにログインすると「パスワードを保存しますか?」と表示されるので、＜保存＞をタップします。

Q 履歴/自動入力/パスワード

バージョン 9.0 10.0 ドコモ ソフトバンク au SIMフリー

278 » 保存したパスワードを確認したい！

A <パスワード>をタップします。

<Chrome>アプリに保存されたパスワードは、<Chrome>アプリの「設定」画面で<パスワード>をタップすることで確認できます。「パスワードの保存」をオフにすると、パスワードの保存機能自体をオフにできます。Chromeにログインしている場合、パスワードはGoogleアカウントで同期されるので、どの端末でも利用できます。なお、パスワードを確認したいときは、端末に画面ロックを設定する必要があります。

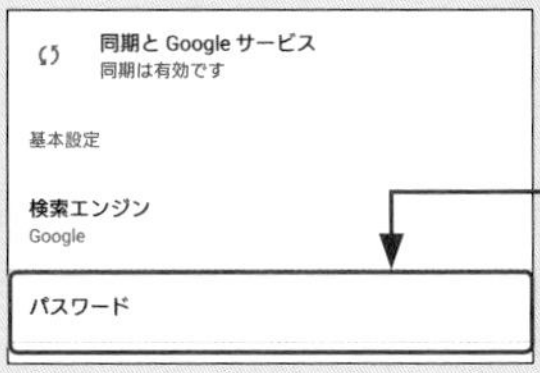

1 端末に画面ロックを設定したら、<Chrome>アプリを起動し、⋮→<設定>→<パスワード>の順にタップします。

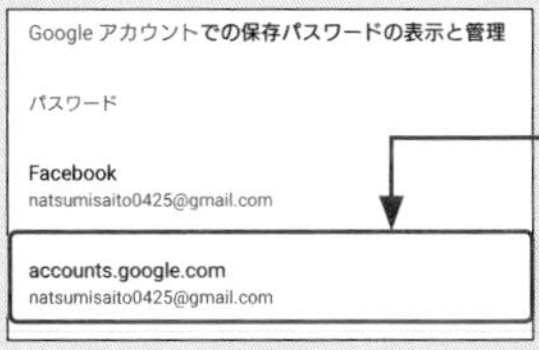

2 保存されているパスワード一覧が表示されるので、確認したいパスワードをタップします。

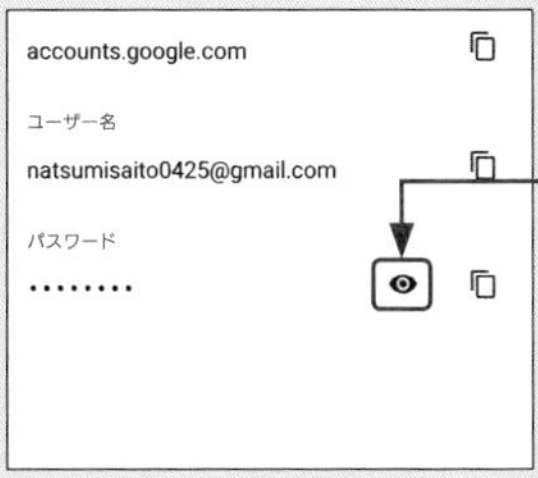

3 👁をタップすると、「パスワードの再入力」画面が表示されます。

画面右上の🗑をタップすると、パスワードを削除できます。

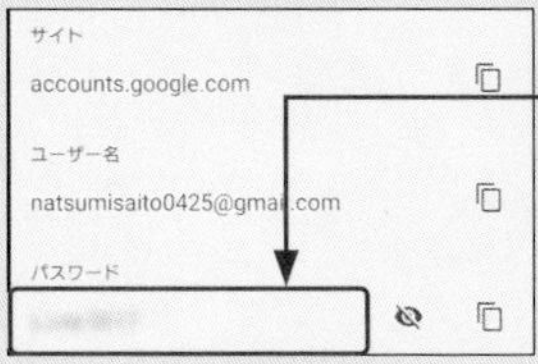

4 ロックを解除すると、パスワードを確認できます。

Q 履歴/自動入力/パスワード

バージョン 9.0 10.0 ドコモ ソフトバンク au SIMフリー

279 » 閲覧履歴を見たい！

A <履歴>をタップします。

<Chrome>アプリには、今まで開いたWebページの履歴を保存する機能があります。以前見たWebページをもう一度見たいときは、履歴を確認すると便利です。ただし、シークレットタブで表示したWebページは履歴に残りません。なお、パソコンなどでChromeにログインしている場合は、その閲覧履歴も表示されます。

1 画面右上の⋮をタップし、

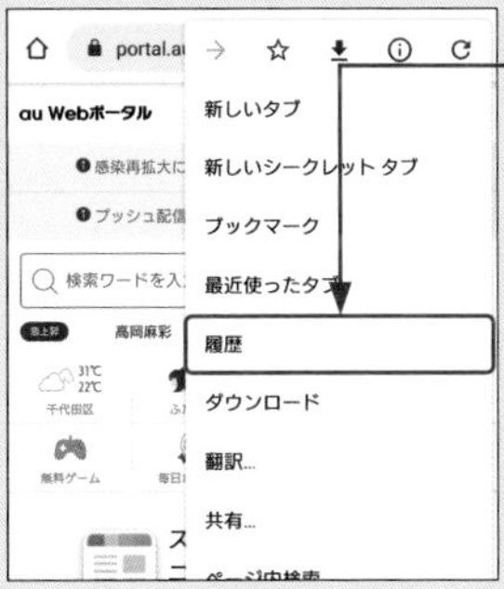

2 <履歴>をタップします。

3 今まで開いたWebページの履歴が、日付の新しい順に表示されます。

履歴/自動入力/パスワード

バージョン 9.0 10.0 ドコモ ソフトバンク au SIMフリー

Q 280 » 閲覧履歴を削除したい！

A 「履歴」画面を開き、削除したい履歴の⊗をタップします。

履歴に保存されたWebページは、かんたんに削除できます。また、「閲覧履歴」だけでなく、「キャッシュ」や「Cookie、サイトデータ」など、項目ごとに選択して削除することもできます。なお、パソコンなどでChromeにログインしているときに閲覧履歴を削除すると、すべての端末に反映されます。

1 Q.279を参考に「履歴」画面を表示し、

2 履歴の右側に表示されている⊗をタップすると、

3 履歴が削除されます。

Cookie やキャッシュを削除する

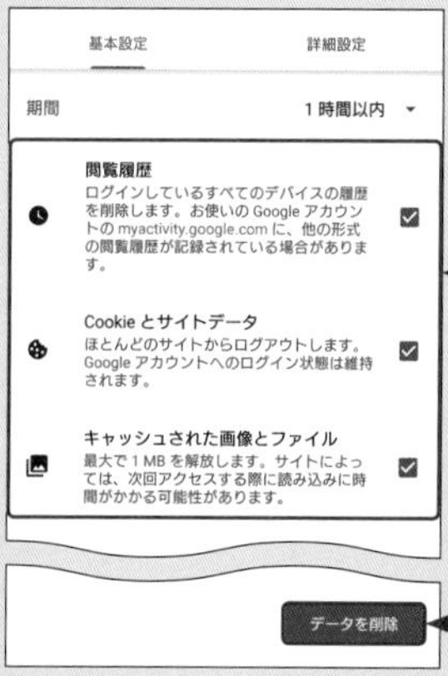

1 「履歴」画面で<閲覧履歴データを削除>をタップし、

2 削除したい項目をタップしてチェックを付けたら、

3 <データを削除>をタップします。

ブックマーク

バージョン 9.0 10.0 ドコモ ソフトバンク au SIMフリー

Q 281 » ブックマークを追加したい！

A ⋮→☆の順にタップします。

Webページをブックマークに追加することで、すばやくWebページを閲覧することができます。ブックマークに追加するには、追加したいWebページを表示し、⋮→☆の順にをタップします。

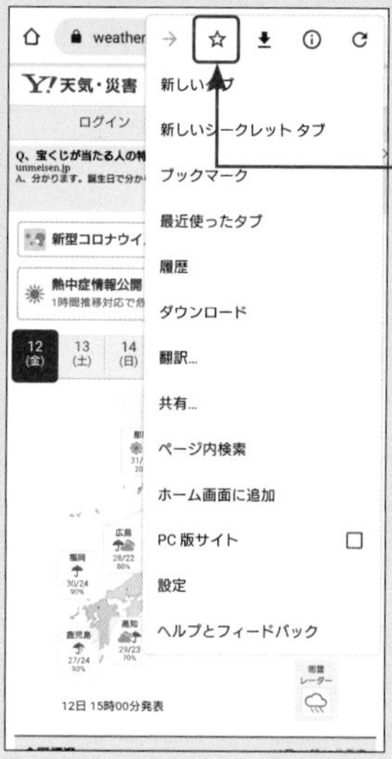

1 ブックマークに登録したいWebページを表示し、画面右上の⋮→☆の順にタップすると、

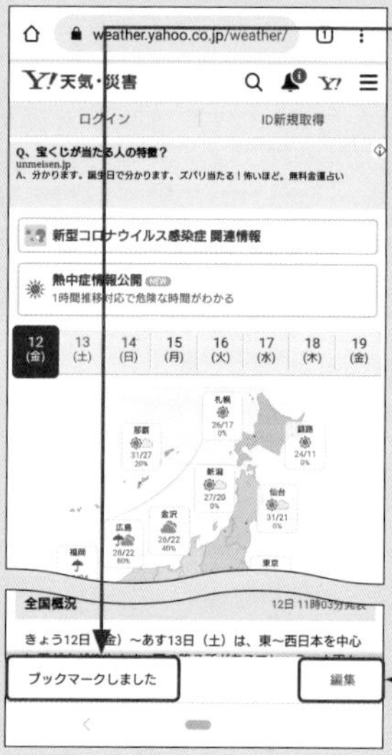

2 ブックマークが追加されます。

3 <編集>をタップすると、ブックマークへの登録名やURL、登録フォルダを編集できます。

Q ブックマーク　バージョン 9.0 10.0　ドコモ ソフトバンク au SIMフリー

282 ≫ ブックマークを開きたい！

A ⋮→<ブックマーク>の順にタップします。

ブックマークしたWebページは画面右上の⋮→<ブックマーク>の順にタップすると表示される「ブックマーク」画面に一覧表示されます。ブックマークに登録したWebページをタップすると、Webページが表示されます。ブックマークは現在開いているタブで表示されるので、別のタブで表示したい場合は、新しいタブを開いてからブックマークを開きましょう。

1 画面右上の⋮→<ブックマーク>の順にタップします。

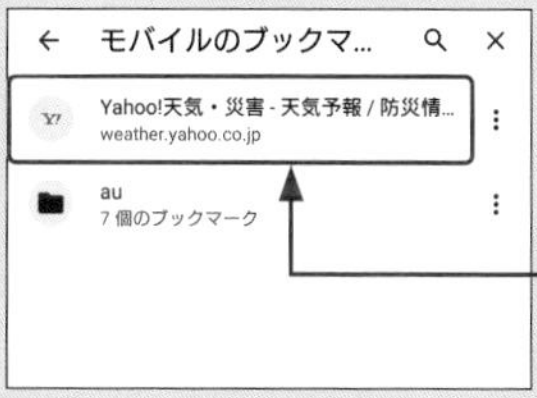

ブックマーク一覧が表示されます。

2 閲覧したいWebページをタップすると、

3 現在のタブにブックマークしたWebページが表示されます。

Q ブックマーク　バージョン 9.0 10.0　ドコモ ソフトバンク au SIMフリー

283 ≫ ブックマークをフォルダに分類したい！

A ⋮→<移動>の順にタップしてフォルダを作成できます。

ブックマークに追加したWebページなどは、フォルダに分類するとわかりやすくて便利です。⋮→<ブックマーク>→<モバイルのブックマーク>の順にタップし、フォルダに分類したいWebページの右側にある⋮をタップして、<移動>をタップすると、フォルダを作成できるようになります。

1 画面右上の⋮→<ブックマーク>の順にタップします。

<モバイルのブックマーク>をタップするとブックマーク一覧が表示されます。

2 フォルダ分けしたいブックマークの⋮→<移動>の順にタップし、

3 <新しいフォルダ>をタップして、

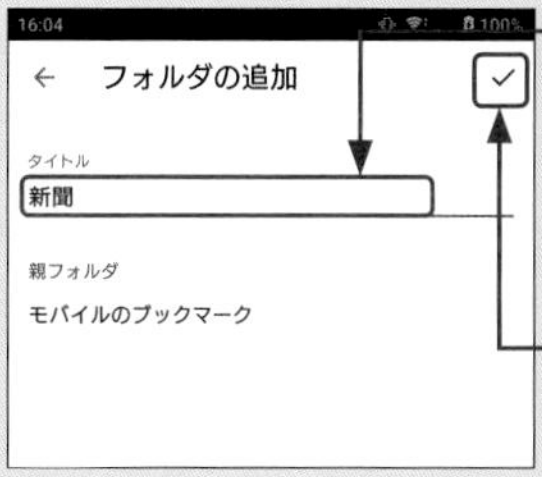

4 <タイトル>をタップしてフォルダ名を入力し、

5 ✓をタップすると、新しいフォルダにブックマークを移動できます。

手順3の画面でフォルダ名をタップすると、既存のフォルダにブックマークが移動します。

ブックマーク

バージョン 9.0 10.0 ドコモ ソフトバンク au SIMフリー

Q 284 ブックマークの名前を変更したい！

A ︙→＜編集＞の順にタップしてフォルダの名前を変更できます。

作成したブックマークフォルダの名前は変更することが可能です。Q.283の手順2の画面で＜編集＞をタップし、名前を編集して←をタップすると、フォルダの名前を変更できます。

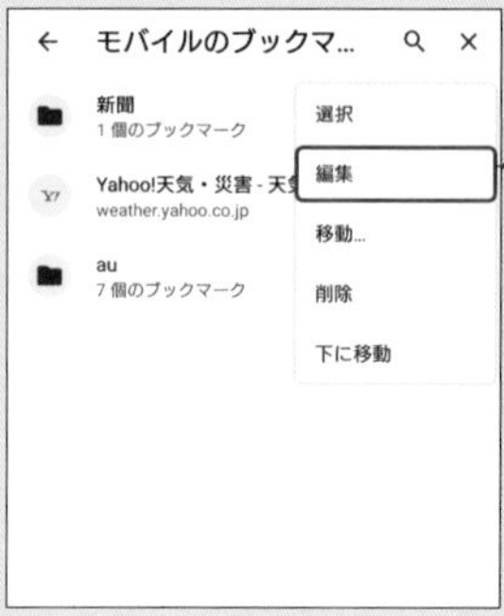

1 Q.283手順2の画面で＜編集＞をタップします。

2 ブックマークの名前を変更し、

3 ←をタップすると、

4 ブックマークの名前が変更されます。

ブックマーク

バージョン 9.0 10.0 ドコモ ソフトバンク au SIMフリー

Q 285 ブックマークをほかのデバイスと同期したい！

A 同じGoogleアカウントでログインした端末間でブックマークが同期されます。

ほかのデバイスでChromeを使用している場合、同じGoogleアカウントでログインしていれば、ブックマークは同期されます。そのため、ほかのデバイスのChromeでブックマークに追加した場合でも、同期したブックマークを確認することができます。

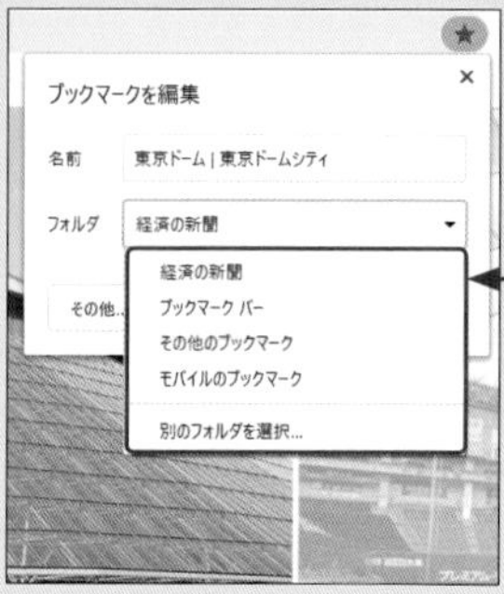

1 同じGoogleアカウントにログインしているデバイス（ここではパソコン）でChromeを起動して、☆をクリックしてフォルダを指定し、

2 ＜完了＞をクリックすると、Webページをブックマークに追加できます。

3 スマートフォンで＜Chrome＞アプリを起動し、手順1で指定したフォルダを開くと、同期されたブックマークが確認できます。

Q ブックマーク

バージョン 9.0 10.0 ドコモ ソフトバンク au SIMフリー

286 ≫ ブックマークを削除したい！

A 削除したいブックマークをロングタッチします。

ブックマークを削除するには、画面右上の⋮をタップし、<ブックマーク>をタップします。ブックマークをロングタッチし、をタップすると、ブックマークを削除できます。

1 画面右上の⋮→<ブックマーク>の順にタップし、

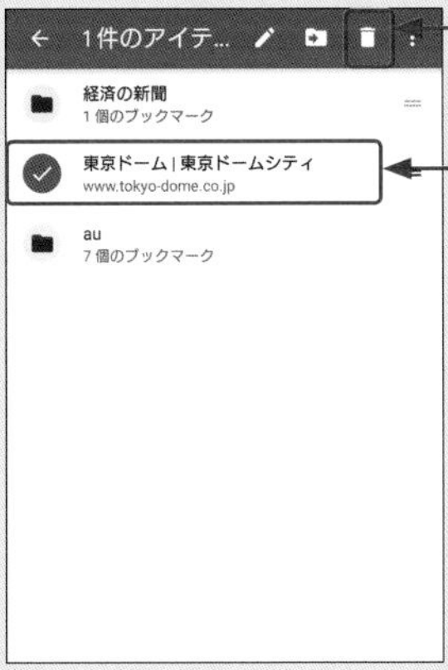

2 削除したいブックマークをロングタッチして、

3 をタップします。

ブックマークを複数タップして選択することも可能です。

4 ブックマークが削除されます。

Q 便利技

バージョン 9.0 10.0 ドコモ ソフトバンク au SIMフリー

287 ≫ よく見るWebページをホーム画面から表示したい！

A ホーム画面にショートカットを作成します。

毎日開くようなWebページは、ブックマークに登録するとともに、ホーム画面からすぐ開けるようにショートカットを作成しておくと便利です。ショートカットを作成するには、⋮をタップし、<ホーム画面に追加>をタップします。

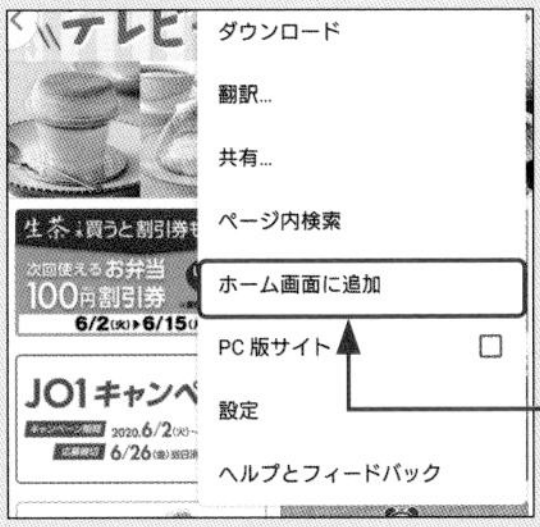

1 ホーム画面にショートカットを作成したいWebページを表示し、

2 画面右上の⋮→<ホーム画面に追加>の順にタップして、

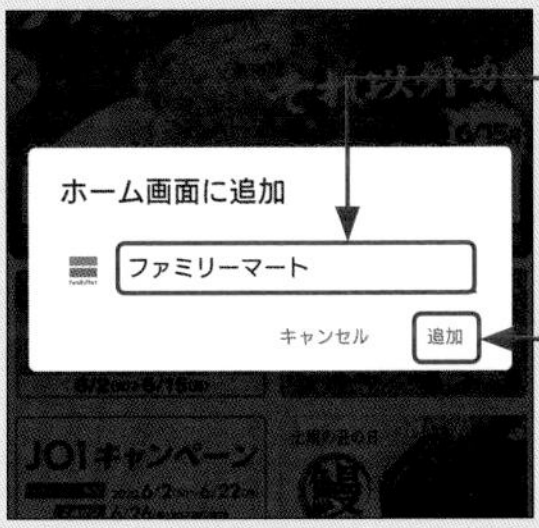

3 必要に応じて名前を変更し、

4 <追加>→<自動的に追加>の順にタップします。

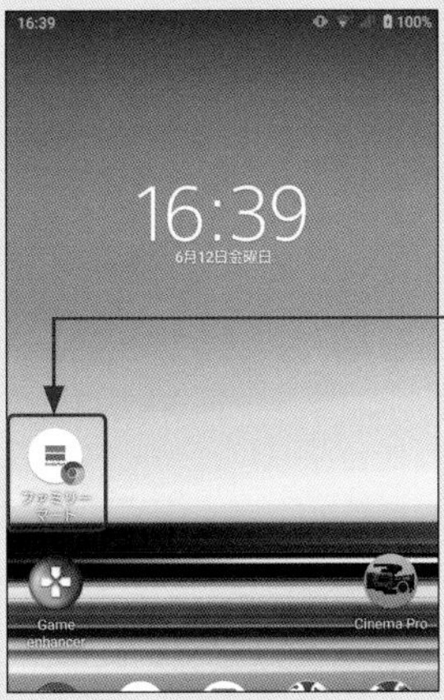

5 ホーム画面にショートカットが作成されます。ショートカットをタップすると、<Chrome>アプリが起動し、Webページが表示されます。

ホーム画面でショートカットをロングタッチしたまま画面上部の「削除」までドラッグすると、ショートカットを削除できます。

Q 便利技

バージョン 9.0 10.0 ドコモ ソフトバンク au SIMフリー

288 » スマホ用のページでも拡大させて見たい！

A 「強制的にズームを有効にする」をオンにします。

＜Chrome＞アプリの初期状態では、スマートフォン用のWebページを拡大／縮小して表示することができません。ピンチイン／ピンチアウトで拡大／縮小するには、「ユーザー補助機能」画面の「強制的にズームを有効にする」のチェックボックスにチェックを付けてオンにします。

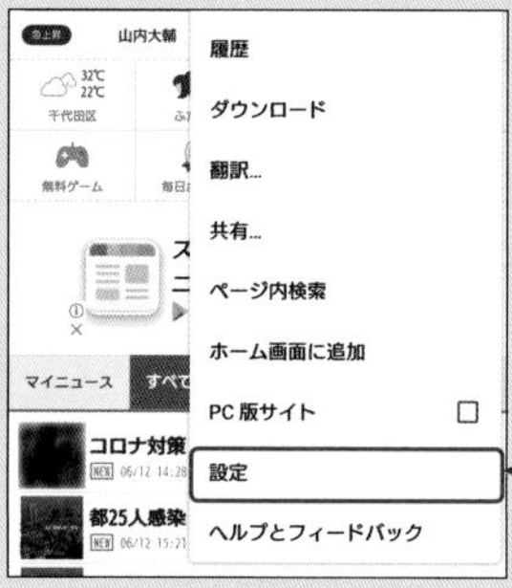

1 画面右上の ⋮ →＜設定＞の順にタップし、

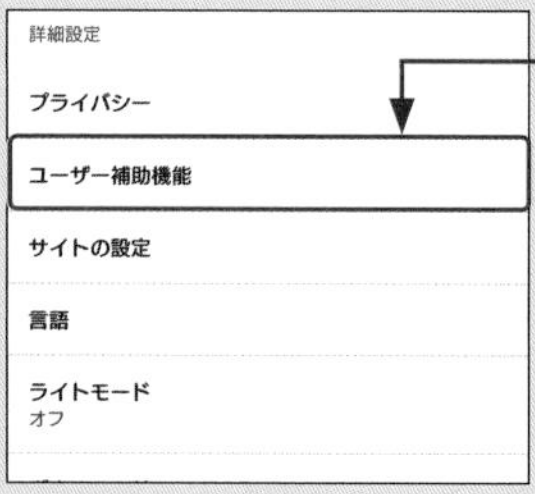

2 ＜ユーザー補助機能＞をタップしたら、

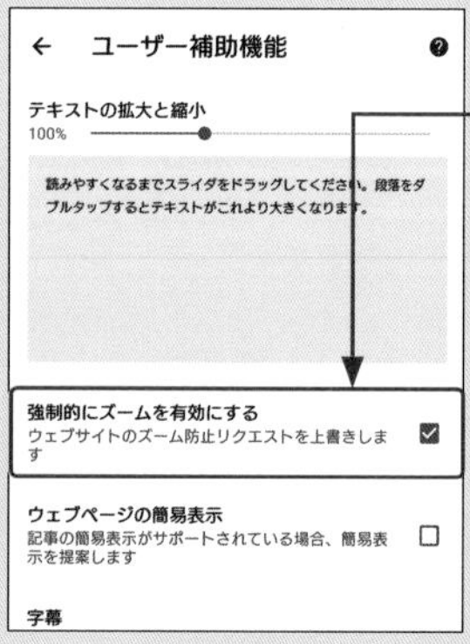

3 ＜強制的にズームを有効にする＞をタップしてチェックを付けます。

スマートフォン用のWebページでも、ピンチイン／ピンチアウトで画面を拡大／縮小することができます。

Q 便利技

バージョン 9.0 10.0 ドコモ ソフトバンク au SIMフリー

289 » Webページの閲覧に伴うデータ通信量を減らしたい！

A ライトモード機能を利用します。

ライトモード機能とは、Webページのデータの一部をGoogleのサーバーを経由して読み込み、Webページを軽量化する機能です。この機能を利用することで、モバイルデータ通信量を節約したり、Webページの読み込み時間を短縮したりすることができます。

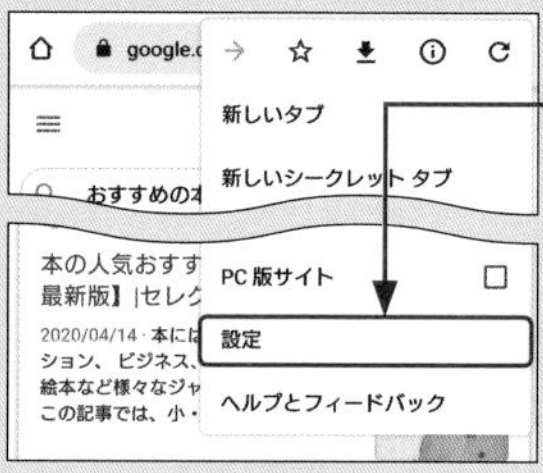

1 画面右上の ⋮ →＜設定＞の順にタップして、

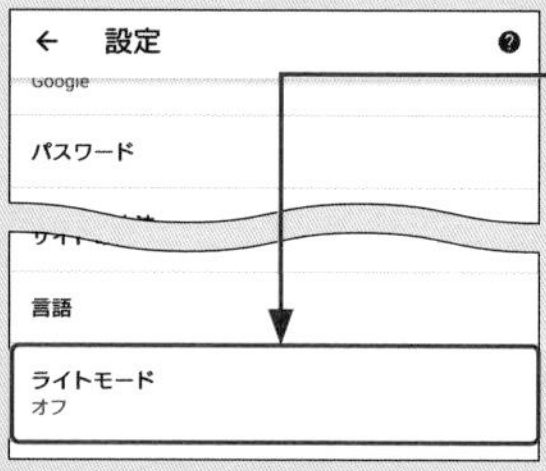

2 ＜ライトモード＞をタップします。

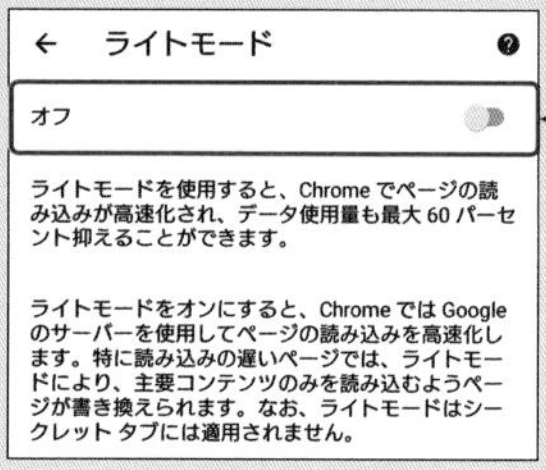

3 ＜オフ＞をタップして「オン」にします。

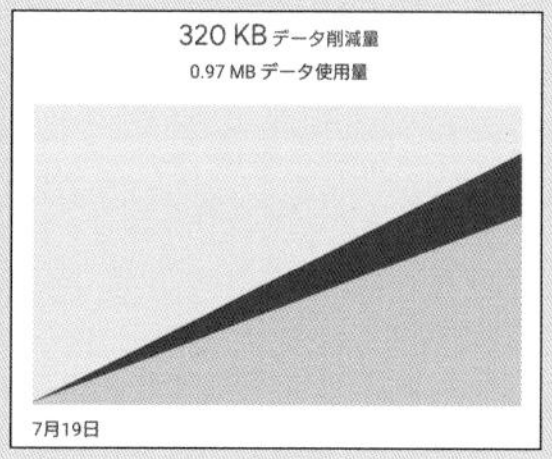

上記の手順3の画面でモバイルデータ通信量の削減量を確認できます。

6 インターネット

第7章

メールやコミュニケーションの「こんなときどうする?」

290 » 携帯電話会社のメールを使いたい！（ドコモ）

A ドコモメールを利用できます。

ドコモメールは、ドコモのサーバーでメールを管理するため、「dアカウント」を取得していれば、他社の携帯電話やパソコン、タブレットのWebブラウザからもドコモメールを利用可能です。なお、初期設定を行う際は、Wi-Fiをオフにしておく必要があるので注意してください。

初期設定を行う

1 アプリ一覧画面で<ドコモメール>をタップし、<ダウンロード>→<アップデート>の順にタップします。

2 アップデートの完了後、<アプリ起動>をタップします。

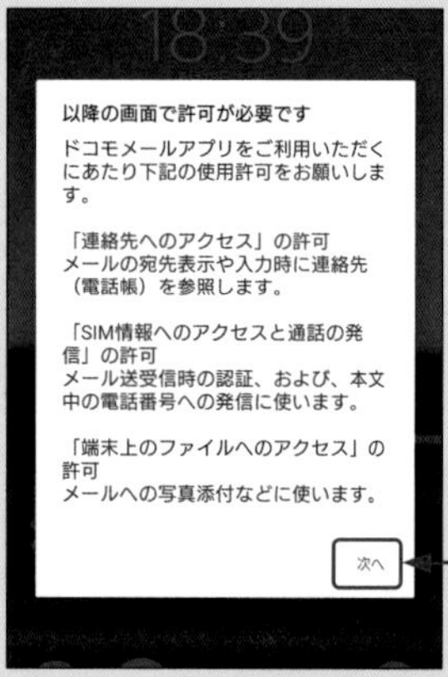

3 アクセス許可を求められます。<次へ>をタップし、<許可>を3回タップして進みます。

4 画面を上方向にスクロールして内容を確認し、

5 「アプリケーションプライバシーポリシーと使用許諾の内容に同意する」のチェックボックスをタップしてチェックを付け、

6 <利用開始>をタップします。

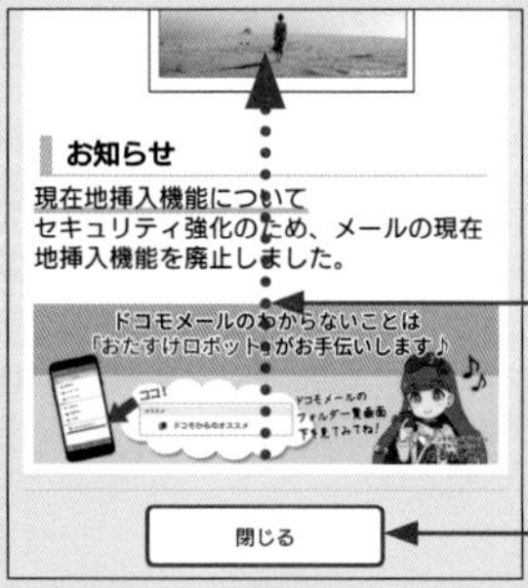

7 画面を上方向にスクロールし、

8 <閉じる>をタップして、

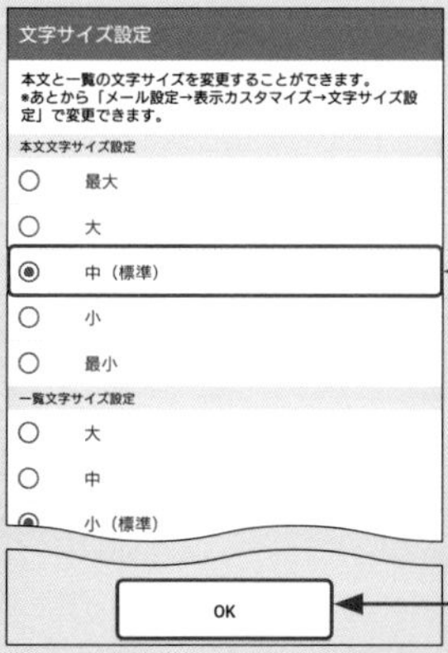

9 文字サイズをタップしたら、

10 <OK>をタップし、画面の指示に従って設定します。

メールアドレスを変更する

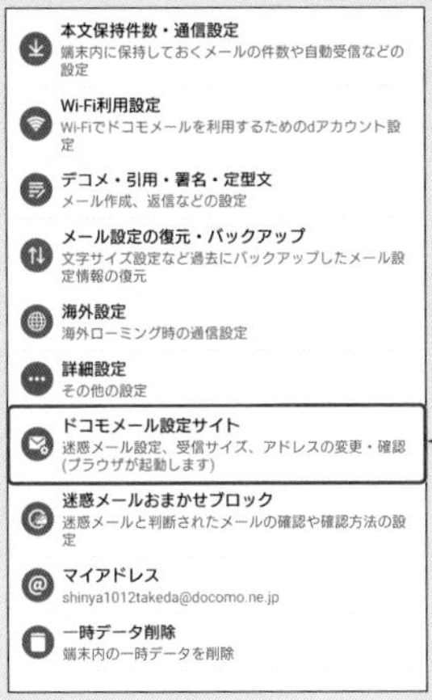

1 アプリ一覧画面で<ドコモメール>をタップし、<その他>→<メール設定>→<ドコモメール設定サイト>の順にタップします。

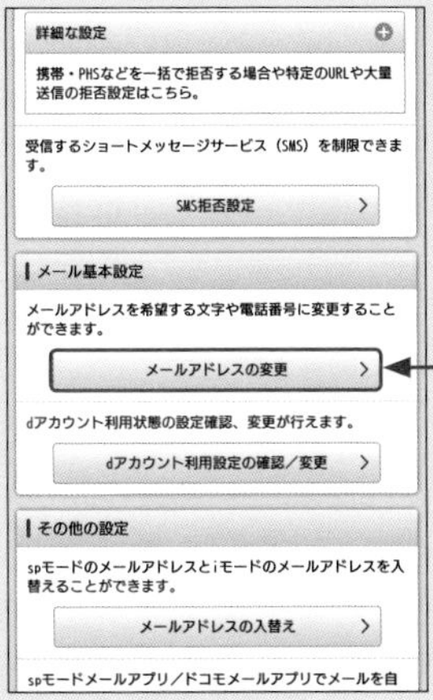

2 <メールアドレスの変更>をタップします。

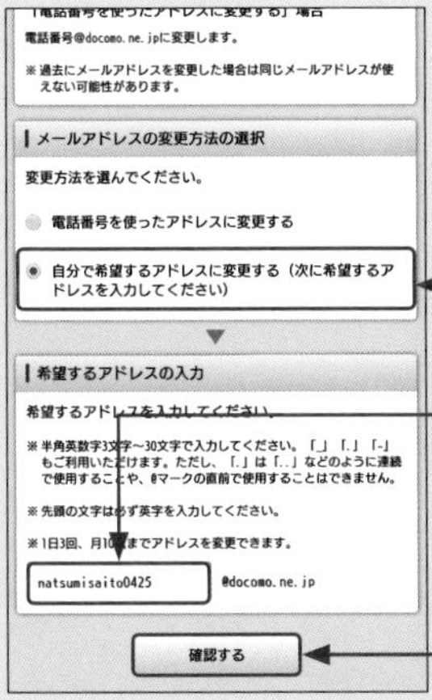

3 メールアドレスの変更方法をタップして選択したら、

4 希望のメールアドレスを入力し、

5 <確認する>→<設定を確定する>の順にタップします。

メールを送信する

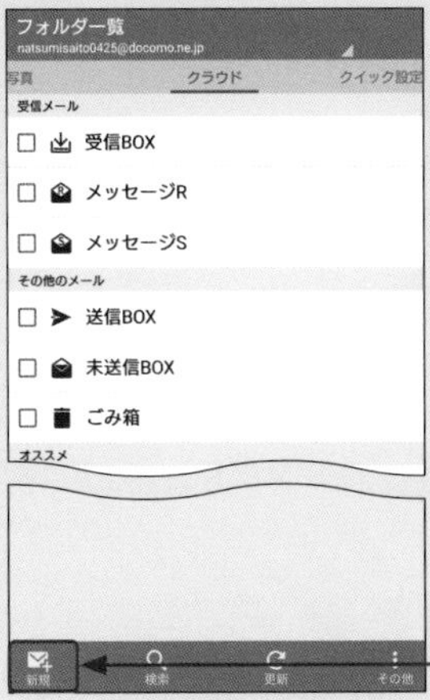

1 アプリ一覧画面で<ドコモメール>→<新規>の順にタップして、

2 「To」(宛先)、「件名」、「本文」を入力し、

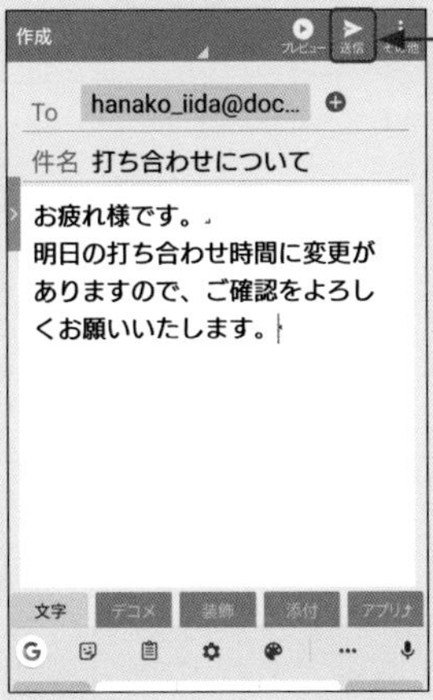

3 <送信>をタップします。

Q メール

291 » 携帯電話会社のメールを使いたい！(au)

A auメールを利用できます。

auメールは、インターネット接続サービスを契約していれば利用可能です。また、「au ID」でログインすると、携帯電話が手元にないときや故障したときでも、Webブラウザからauメールを確認することができます。

初期設定を行う

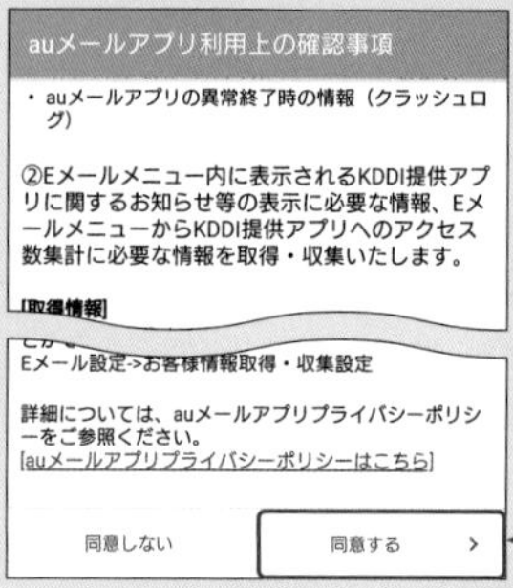
auメールアプリ利用上の確認事項
・auメールアプリの異常終了時の情報（クラッシュログ）
②Eメールメニュー内に表示されるKDDI提供アプリに関するお知らせ等の表示に必要な情報、Eメールメニューから KDDI提供アプリへのアクセス数集計に必要な情報を取得・収集いたします。
[取得情報]
Eメール設定->お客様情報取得・収集設定
詳細については、auメールアプリプライバシーポリシーをご参照ください。
[auメールアプリプライバシーポリシーはこちら]
同意しない
同意する

1 アプリ一覧画面で＜auメール＞をタップして、＜同意する＞をタップします。

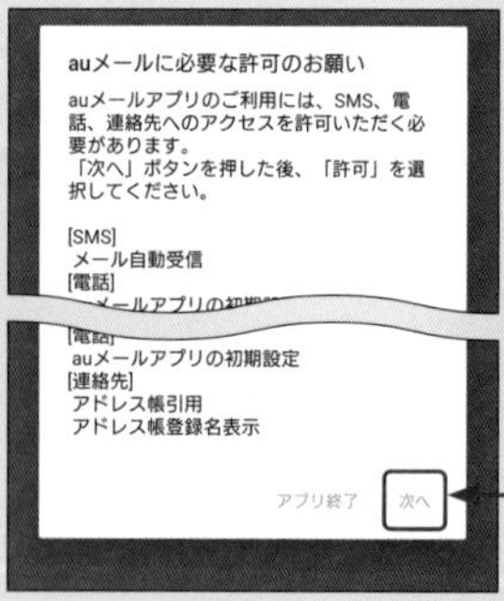
auメールに必要な許可のお願い
auメールアプリのご利用には、SMS、電話、連絡先へのアクセスを許可いただく必要があります。
「次へ」ボタンを押した後、「許可」を選択してください。
[SMS]
メール自動受信
[電話]
auメールアプリの初期設定
[連絡先]
アドレス帳引用
アドレス帳登録名表示
アプリ終了
次へ

2 ＜次へ＞→＜許可＞の順にタップし、

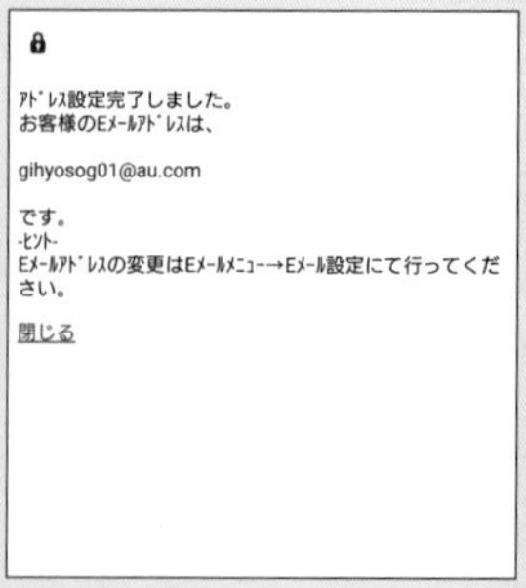
ｱﾄﾞﾚｽ設定完了しました。
お客様のEﾒｰﾙｱﾄﾞﾚｽは、
gihyosog01@au.com
です。
-ﾋﾝﾄ-
Eﾒｰﾙｱﾄﾞﾚｽの変更はEﾒｰﾙﾒﾆｭｰ→Eﾒｰﾙ設定にて行ってください。
閉じる

3 画面の指示に従って設定すると、初期設定が完了します。初めて利用する場合は、ランダムなメールアドレスが設定されます。メールアドレスは変更することができます。

メールアドレスを変更する

1 アプリ一覧画面で＜auメール＞→≡の順にタップし、

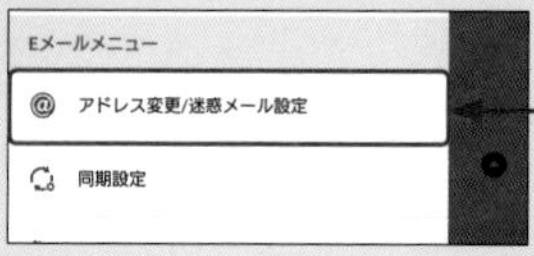
Eメールメニュー
アドレス変更/迷惑メール設定
同期設定

2 ＜アドレス変更／迷惑メール設定＞→＜OK＞の順にタップし、

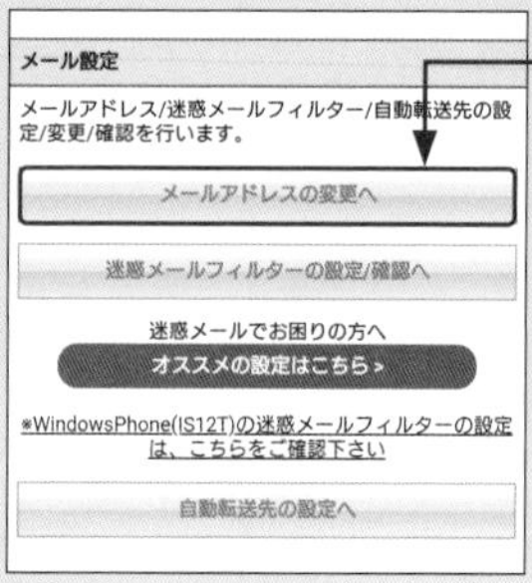
メール設定
メールアドレス/迷惑メールフィルター/自動転送先の設定/変更/確認を行います。
メールアドレスの変更へ
迷惑メールフィルターの設定/確認へ
迷惑メールでお困りの方へ
オススメの設定はこちら＞
※WindowsPhone(IS12T)の迷惑メールフィルターの設定は、こちらをご確認下さい
自動転送先の設定へ

3 ＜メールアドレスの変更へ＞をタップします。

4 「メール設定 暗証番号入力」画面が表示されたら、暗唱番号を入力して＜送信＞をタップします。

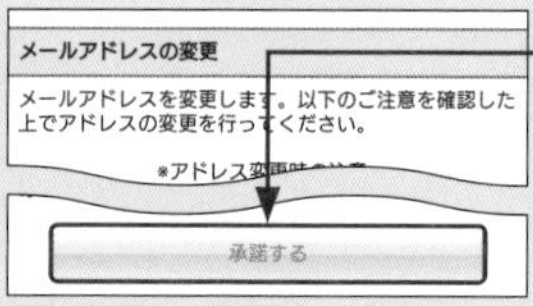
メールアドレスの変更
メールアドレスを変更します。以下のご注意を確認した上でアドレスの変更を行ってください。
承諾する

5 ＜承諾する＞をタップします。

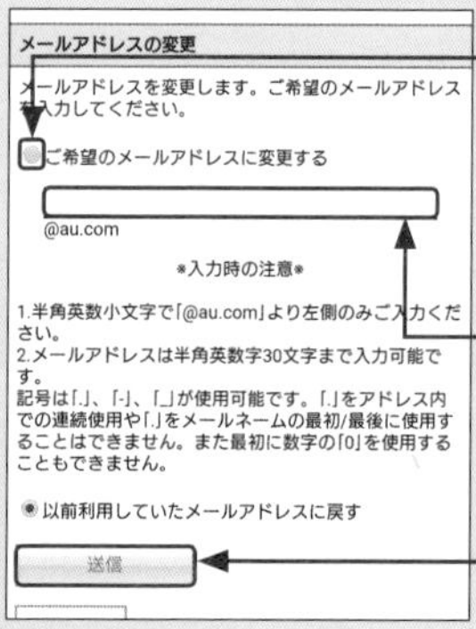
メールアドレスの変更
メールアドレスを変更します。ご希望のメールアドレスを入力してください。
ご希望のメールアドレスに変更する
@au.com
※入力時の注意※
1.半角英数小文字で「@au.com」より左側のみご入力ください。
2.メールアドレスは半角英数字30文字まで入力可能です。
記号は「.」、「-」、「_」が使用可能です。「.」をアドレス内での連続使用や「.」をメールネームの最初/最後に使用することはできません。また最初に数字の「0」を使用することもできません。
以前利用していたメールアドレスに戻す
送信

6 ＜ご希望のメールアドレスに変更する＞をタップして、

7 希望のメールアドレスを入力し、

8 ＜送信＞→＜OK＞の順にタップします。

自動振り分け機能を利用する

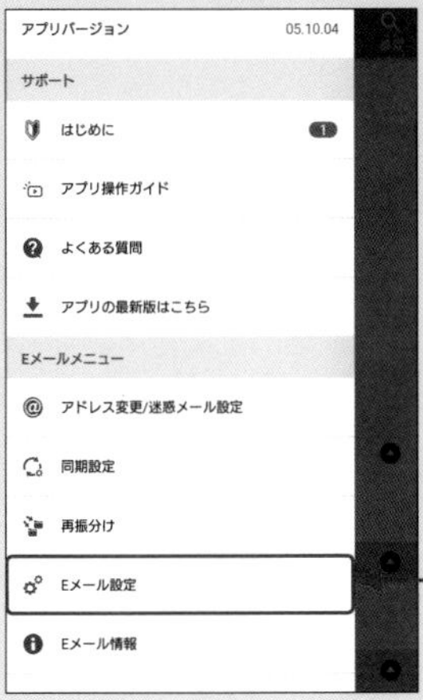

1 アプリ一覧画面で<auメール>→≡の順にタップし、

2 <Eメール設定>をタップします。

3 <フィルタ設定>→<追加>の順にタップします。

4 検索／フィルタする語句を入力し、

5 <実行>をタップします。

メールを送信する

1 アプリ一覧画面で<auメール>をタップし、

2 <作成>をタップします。

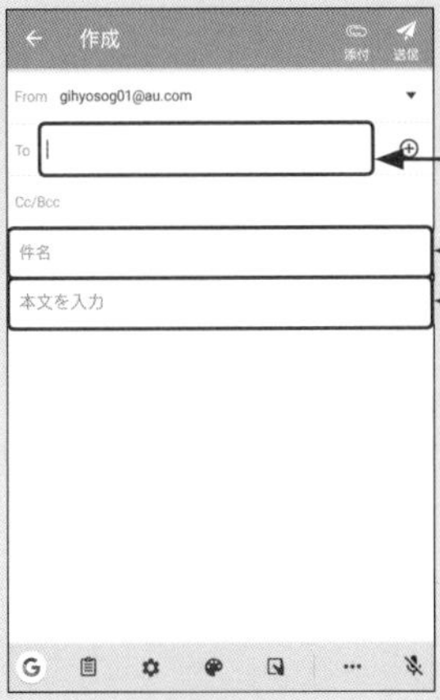

3 「宛先」「件名」「本文」を入力したら、

4 <送信>→<OK>の順にタップします。

292 » 携帯電話会社のメールを使いたい！（ソフトバンク）

A SoftBankメールを利用できます。

SoftBank メール（S! メール）は、他社の携帯電話やパソコン、海外の携帯電話とメールの送受信が可能です。ソフトバンクどうしであれば、300KB 以内の国内メールが無料で利用できます。

メールアドレスを変更する

1 アプリ一覧画面で＜SoftBank＞→＜My SoftBank＞→＜My SoftBankにログイン＞の順にタップし、ログインします（すでにログイン済みの場合は手順**2**に進みます）。

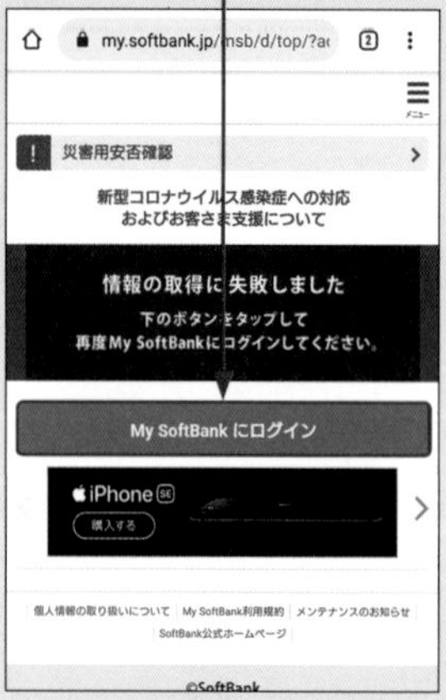

2 ＜メール設定＞をタップします。

3 「メールアドレス」の＜確認・変更＞をタップします。

4 「メールアドレスの変更」画面が表示されます。

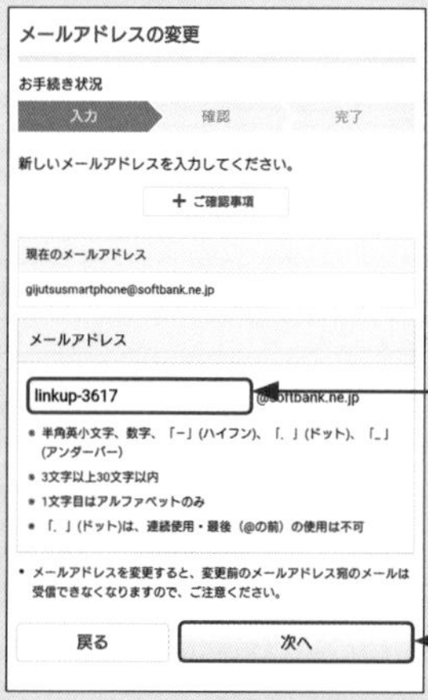

5 希望のメールアドレスを入力し、

6 ＜次へ＞をタップします。確認画面で＜変更する＞をタップします。

メールを送信する

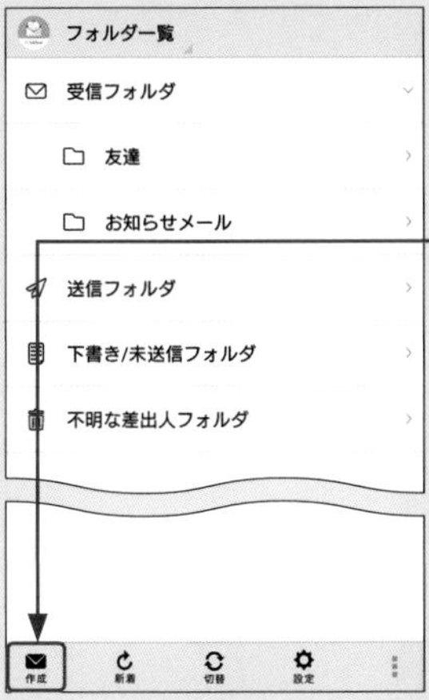

1 アプリ一覧画面で<メール>をタップし、

2 <作成>をタップします。

初回起動時は画面の説明に従って、アプリの設定を行います。

3 相手のメールアドレスを入力し、

4 件名と本文を入力したら、

5 <送信>をタップします。

メッセージを送信する

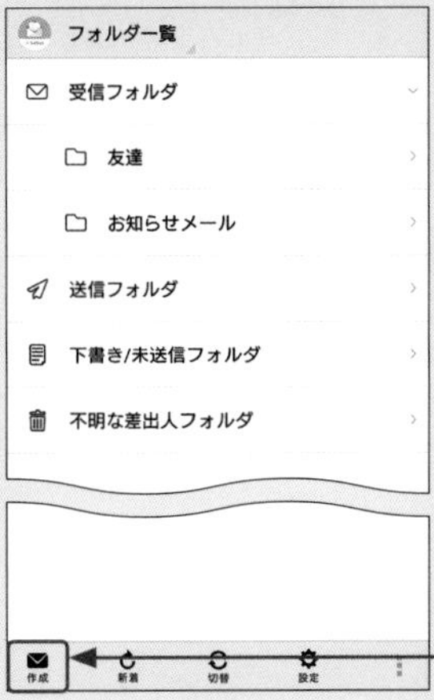

1 アプリ一覧画面で<メール>をタップし、

2 <作成>をタップします。

3 相手の電話番号を入力し、

4 件名と本文を入力したら、

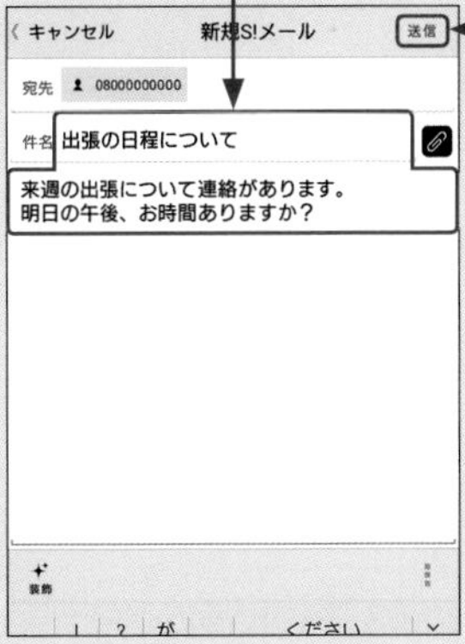

5 <送信>をタップします。

293 » スマホで使えるメールの種類は？

A 携帯電話会社のキャリアメール、+メッセージ、Gmail、PCメールがあります。

スマートフォンでは、携帯電話会社が提供するキャリアメールと+メッセージ（SMS）、Googleアカウントを利用するGmail、プロバイダが提供するメールサービスなどを利用することができます。アカウントの作成が必要なサービスや電話番号のみで利用可能なサービスなど、利用方法が異なるので確認しましょう。

キャリアメール

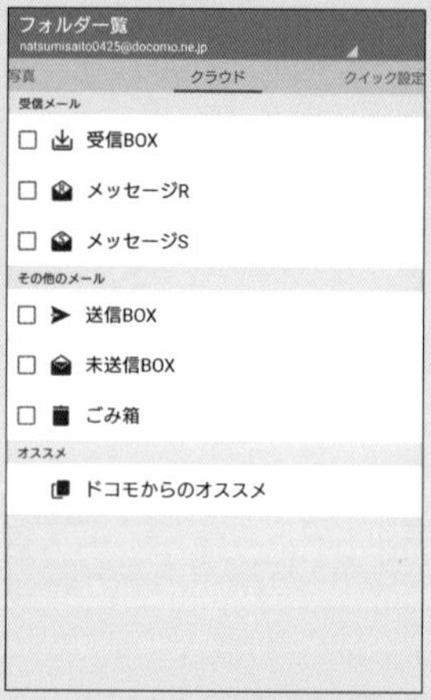

携帯電話会社が提供するメールサービスです。「～@docomo.ne.jp」「～@au.com」「～@softbank.ne.jp」といった従来の携帯電話で利用していたメールアドレスでメールを送受信できます。

+メッセージ（SMS）

ドコモ、au、ソフトバンクが合同で提供するSMSの拡張規格であるメッセージングサービスです。3社の携帯電話会社いずれかと契約している相手どうしであれば、電話番号だけでもメッセージを送受信できます。

Gmail

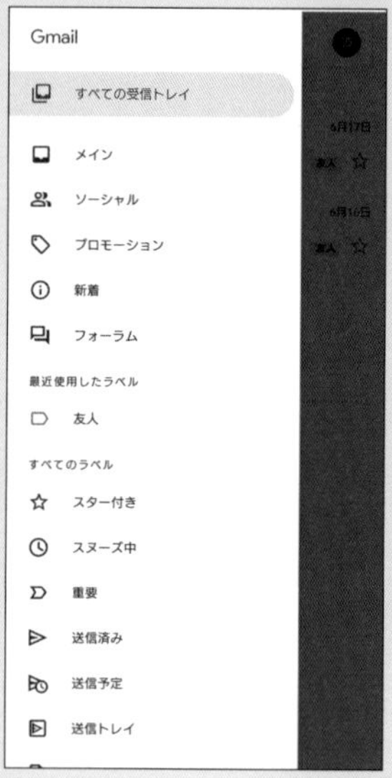

Googleが提供する無料のメールサービスです。「～@gmail.com」といったGoogleアカウントを利用するメールアドレスでメールを送受信できます。

PC メール

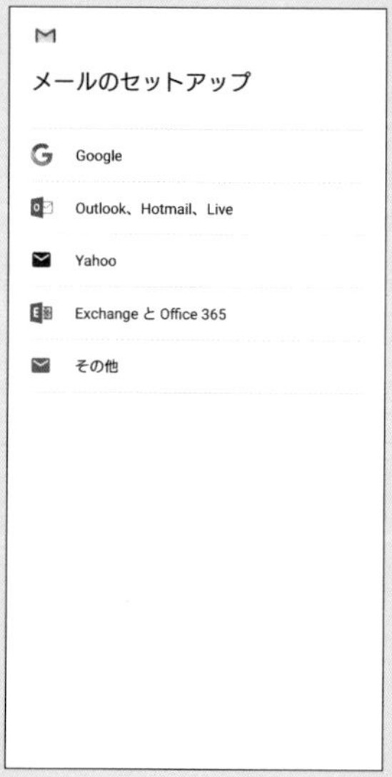

プロバイダが提供するメールサービスです。「～@yahoo.co.jp」「～ @outlook.jp」といったメールアドレスでメールを送受信できます。

Q メール

バージョン 9.0 10.0 ドコモ ソフトバンク au SIMフリー

294 » メールをフォルダ分けして整理したい！

A フォルダを作成し、メールを移動します。

受信メールは、フォルダ分けをして整理することができます。メールをフォルダ分けすることで、メールの管理がしやすくなるため、重要なメールなどはフォルダで仕分けしましょう。また、フォルダ別に通知音を設定できる機能や自動で既読にする機能など、携帯電話会社によってさまざまな機能があります。

ドコモ

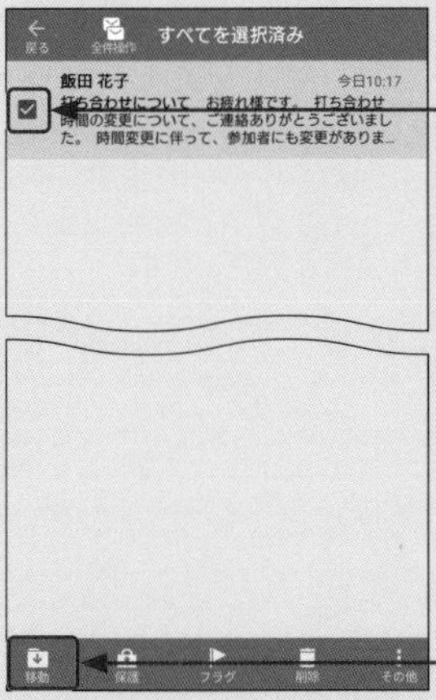

1 受信BOXでフォルダに移動したいメールをタップしてチェックを付け、

2 ＜移動＞をタップして、移動先フォルダを選択します。

ソフトバンク

1 受信フォルダで移動したいメールをロングタッチし、

2 ＜移動＞をタップして、次の画面で移動先のフォルダをタップして選択します。

Q メール

バージョン 9.0 10.0 ドコモ ソフトバンク au SIMフリー

295 » メールを自動で振り分けたい！

A 自動振り分け機能を利用します。

受信メールは、自動振り分け機能を利用することで、設定したフォルダに自動で振り分けることが可能です。振り分け条件は、差出人や宛先、件名など携帯電話会社によって異なります。また、「条件に合ったメールを振り分ける」「すべての条件が一致したときのみ振り分ける」など、詳細な設定ができる場合もあります。

ドコモ

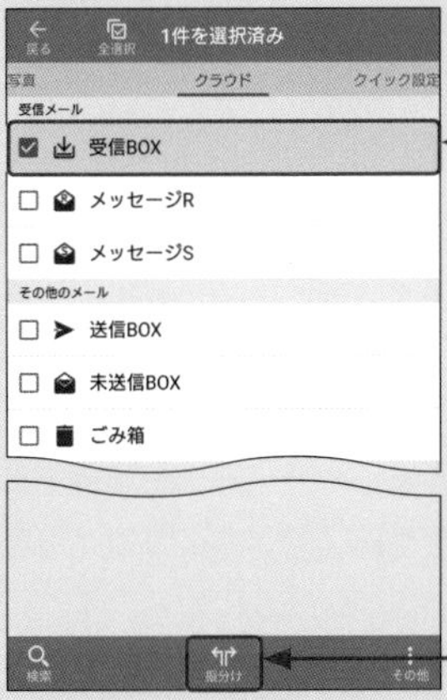

1 受信BOXをロングタッチし、

2 ＜振分け＞→＜新規ルール＞の順にタップして、画面の指示に従って設定します。

ソフトバンク

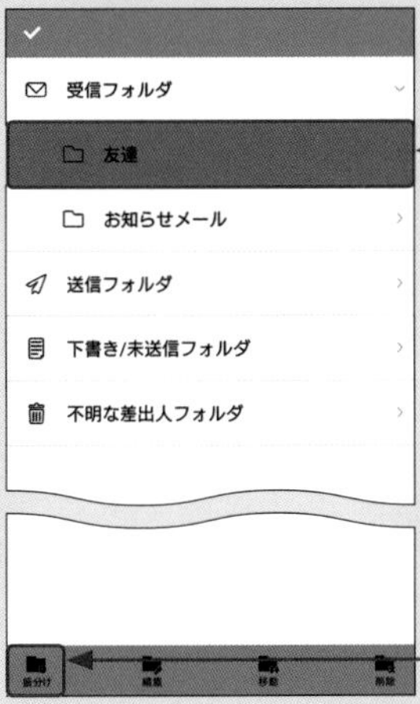

1 フォルダをロングタッチし、

2 ＜振分け＞→＜条件追加＞の順にタップして、画面の指示に従って設定します。

296 » 迷惑メール対策をしたい！

A 携帯電話会社が提供する迷惑メール対策を利用します。

迷惑メールは日本国内のみならず、世界中から送信されており、迷惑メールの内容は常に変化しています。携帯電話会社が提供する迷惑メール対策では、大量送信者からのメール拒否設定をはじめ、受信にかかわる細かな設定を行うことができます。また、迷惑メールを自動で判定し、ブロックする有料サービスもあります。

ドコモ

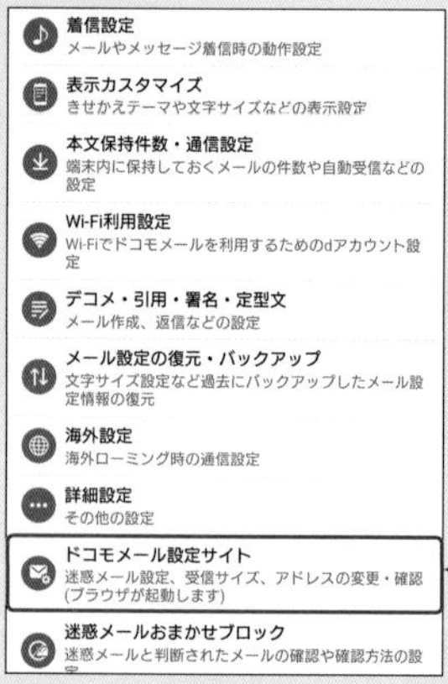

1 アプリ一覧画面で＜ドコモメール＞→＜その他＞→＜メール設定＞→＜ドコモメール設定サイト＞の順にタップします。

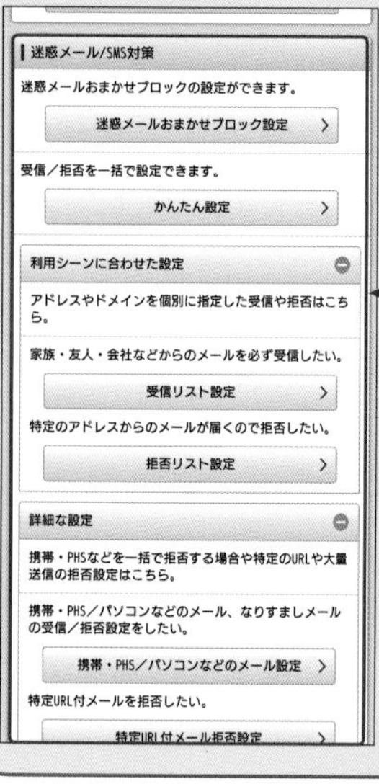

2 spモードパスワードを入力して、＜認証する＞をタップしたら、

3 「迷惑メール/SMS対策」の項目をタップして設定します。

au

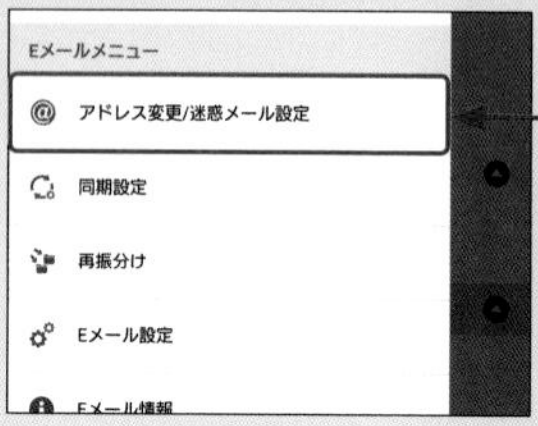

1 アプリ一覧画面で＜auメール＞→≡→＜アドレス変更／迷惑メール設定＞→＜OK＞の順にタップします。

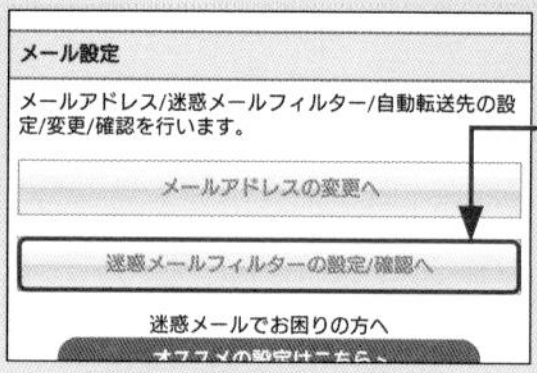

2 ＜迷惑メールフィルターの設定／確認へ＞をタップして設定します。

ソフトバンク

1 アプリ一覧画面で＜SoftBank＞→＜My SoftBank＞→＜メール設定＞の順にタップします。

2 「迷惑メール対策」の＜変更＞をタップして設定します。

297 » PCメールを利用したい！

A <Gmail>アプリを利用します。

プロバイダが提供する「～@yahoo.co.jp」「～@outlook.jp」といったPCメールを送受信するには、<Gmail>アプリでそれぞれのメールアカウントを追加します。1つのアプリで複数のメールを管理できるので便利です。なお、それぞれのプロバイダが提供する公式アプリも「Playストア」からインストール可能です。

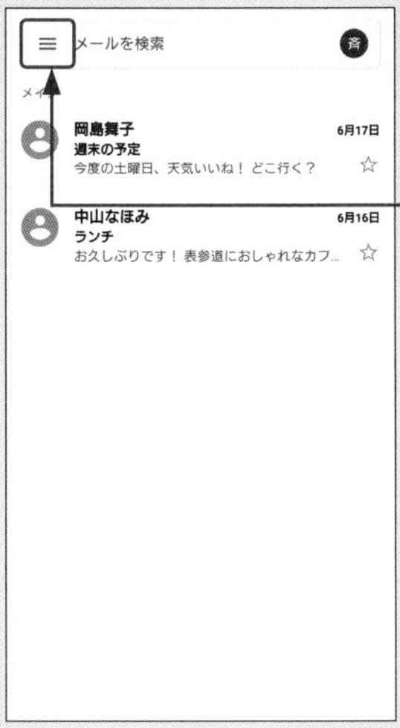

1 アプリ一覧画面で<Gmail>をタップします。

2 ≡をタップして、

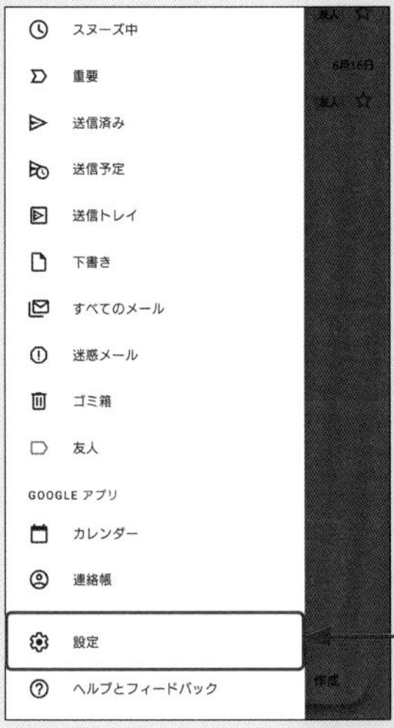

3 <設定>をタップします。

4 <アカウントを追加>をタップし、

5 利用するプロバイダをタップします。

6 画面の指示に従って設定すると、メールアドレスが追加されます。

Q SMS

バージョン 9.0 10.0 ドコモ ソフトバンク au SIMフリー

298 » SMSでメッセージを送受信するには？

A ＜+メッセージ＞アプリ、もしくは各携帯電話会社のメール、SMSアプリを利用します。

メッセージを送受信するには、＜+メッセージ＞アプリやSMSアプリを利用します。なお、ソフトバンク版スマートフォンの場合は、＜S!メール＞アプリからでもメッセージを送受信することができます。＜+メッセージ＞アプリを利用する場合はQ.300を参考に初期設定を行いましょう。

飯田 花子
今日
これから帰ります！
14:48
夜ごはんは何がいい？
14:49
ちら
14:49
どこかに食べに行こうか？
14:49
ちらり
14:50
わーい!

＜+メッセージ＞アプリでは、チャットツールとして、電話番号のみでかんたんに利用できます。

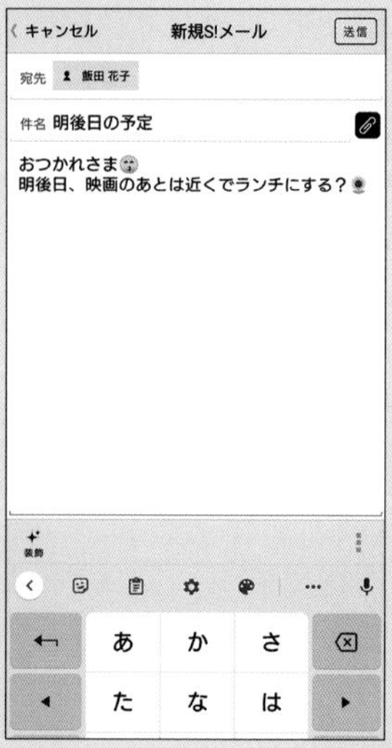

キャンセル
新規S!メール
送信
宛先 飯田 花子
件名 明後日の予定
おつかれさま
明後日、映画のあとは近くでランチにする？
装飾
あ
か
さ
た
な
は

ソフトバンク版スマートフォンでは、＜S!メール＞アプリからでも利用できます。

Q +メッセージ

バージョン 9.0 10.0 ドコモ ソフトバンク au SIMフリー

299 » +メッセージってどんなアプリ？

A ドコモ、au、ソフトバンクが提供するメッセージアプリです。

＜+メッセージ＞アプリでは、電話番号を宛先としてテキストや写真、動画、地図情報を送受信することができます。アカウントの作成や利用申し込みが不要なので気軽に利用可能です。複数人でメッセージやスタンプのやり取りをすることも可能なので、コミュニケーションツールとしても活用できます。

すべての連絡先
千代田史郎
公式アカウントを探す
他
岡島舞子
佐々木拓哉
中山なほみ
田中カコ
飯田 花子

＜+メッセージ＞アプリ利用者の場合、連絡先の右側に が表示されます。

飯田 花子
久しぶりに来たよ〜
15:55
15:57
きれいだね
15:59
こちらは雨だから、羨ましい天気だなあ
15:59
16:00
晴れた日にまた一緒に行けたらいいね！
16:01

＜+メッセージ＞アプリ利用者どうしの場合、スタンプや写真などを送ることも可能です。

Q 300 +メッセージを利用したい！

+メッセージ

バージョン 9.0 10.0 ｜ ドコモ ソフトバンク au SIMフリー

A <+メッセージ>アプリの初期設定を行います。

<+メッセージ>アプリを利用する場合は、初期設定を行う必要があります。初回起動時に、Wi-Fi通信を切断し、モバイルデータ通信で設定します。アクセス権限の許可や利用条件の同意など、かんたんな操作で設定は完了します。なお、初期設定が完了すると、Wi-Fi通信を利用してメッセージの送受信が可能になります。

1 アプリ一覧画面で<+メッセージ>をタップし、画面の指示に従ってアクセス権限を許可します。

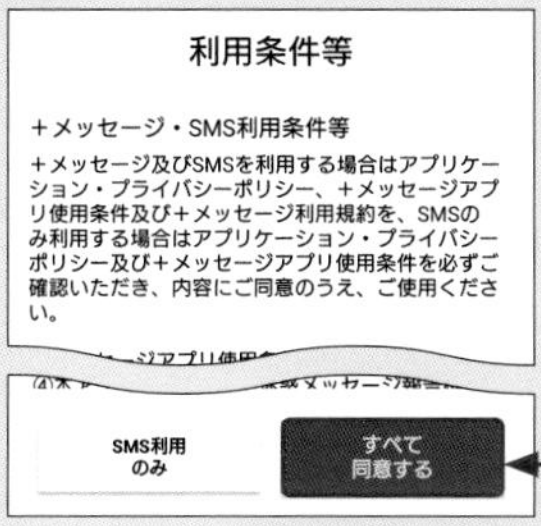
利用条件等
+メッセージ・SMS利用条件等
+メッセージ及びSMSを利用する場合はアプリケーション・プライバシーポリシー、+メッセージアプリ使用条件及び+メッセージ利用規約を、SMSのみ利用する場合はアプリケーション・プライバシーポリシー及び+メッセージアプリ使用条件を必ずご確認いただき、内容にご同意のうえ、ご使用ください。
SMS利用のみ
すべて同意する

2 「利用条件等」画面で<すべて同意する>をタップします。

スキップ
大切なメッセージが
届いたことがわかります
相手がメッセージを確認すると
チェックマークがWチェックに変化します

3 画面を左方向にフリックまたは<スキップ>をタップし、

4 プロフィール設定で<OK>をタップすると、

メッセージ

5 初期設定が完了します。

Q 301 メッセージに返信したい！

+メッセージ

バージョン 9.0 10.0 ｜ ドコモ ソフトバンク au SIMフリー

A 通知をタップして返信します。

<+メッセージ>アプリやSMSアプリでは、メッセージを受信すると、ロック画面やステータスバーに通知が表示されます。ステータスバーには、メッセージの一部がプレビュー表示されており、タップするとアプリが起動します。また、<返信>をタップすると、アプリを起動せずに、返信をすることができます。

アプリを起動して返信する

6月23日(火)
+メッセージ・NEW・現在
飯田 花子
これからはこちらでご連絡いたしますので…
返信
管理
すべて消去

1 ステータスバーにプレビュー表示されたメッセージをタップし、

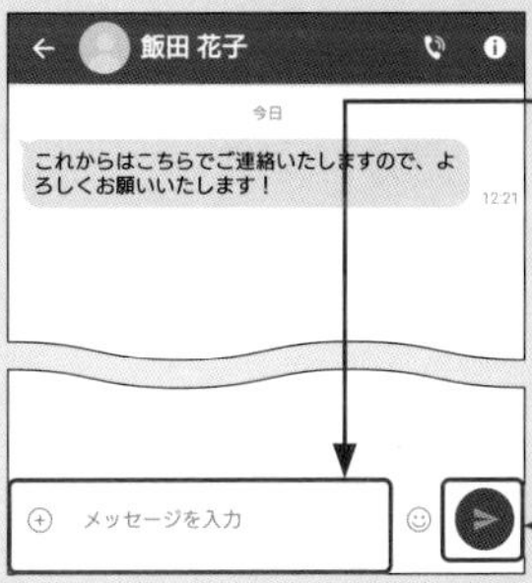
飯田 花子
今日
これからはこちらでご連絡いたしますので、よろしくお願いいたします！
12:21
メッセージを入力

2 メッセージを入力して、

3 ▶をタップすると返信できます。

アプリを起動せず返信する

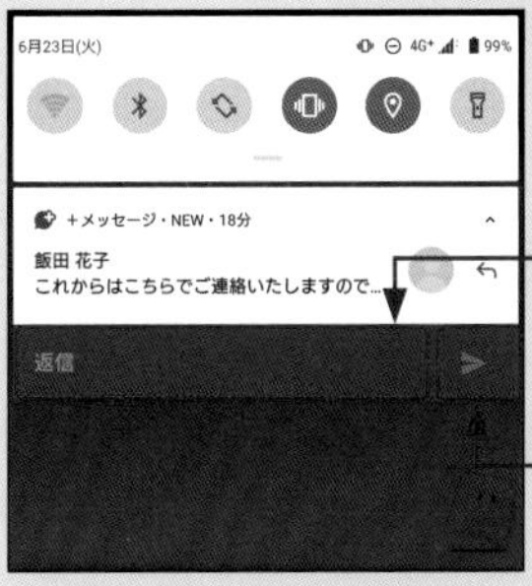
6月23日(火)
+メッセージ・NEW・18分
飯田 花子
これからはこちらでご連絡いたしますので…
返信

1 上記の手順1の画面で<返信>をタップして、

2 メッセージを入力して、

3 ▶をタップすると返信できます。

Q +メッセージ

バージョン 9.0 10.0 ドコモ ソフトバンク au SIMフリー

302 » 複数の人にメッセージを送りたい!

A 宛先に複数の連絡先を入力、またはグループ機能を利用します。

SMSアプリでは、複数の宛先を同時に指定して、いっせいにメッセージを送ることが可能です。また、<+メッセージ>アプリでは、+メッセージの機能で、グループを作成しメンバー全員でメッセージのやり取りを行うこともできます。ここでは、グループを作成しメッセージを送信する手順を紹介します。

1 ⊕をタップし、

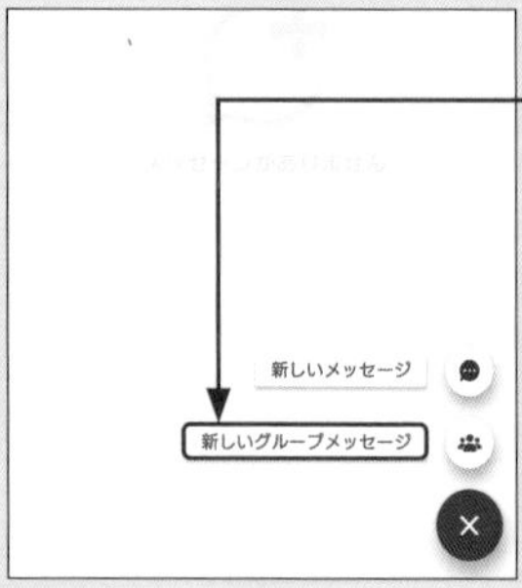

2 <新しいグループメッセージ>をタップします。

3 メンバーをタップして選択したら、<OK>をタップします。

4 画面の指示に従って設定すると、メッセージ送信画面が表示されます。

Q +メッセージ

バージョン 9.0 10.0 ドコモ ソフトバンク au SIMフリー

303 » 相手を連絡先に追加したい!

A <連絡先を追加>をタップ、またはQRコードで追加します。

SMSアプリでは、スマートフォンに登録している連絡先だけでなく、メッセージから新規の連絡先を追加することも可能です。また、<+メッセージ>アプリでは、QRコードで連絡先を追加することもできます。ここでは、メッセージから連絡先を追加する手順を紹介します。

1 追加したい相手のメッセージ画面を表示してⓘをタップし、

2 <連絡先に登録>→<新しい連絡先を作成>の順にタップし、

3 連絡先の情報を入力し、

4 <保存>をタップします。

Q Gmail

バージョン 9.0 10.0 ドコモ ソフトバンク au SIMフリー

304 » Gmailを使いたい！

A <Gmail>アプリにGoogleアカウントを追加します。

Gmailは、Googleが提供するメールサービスです。スマートフォンにインストールされている＜Gmail＞アプリに、Googleアカウントを追加すると、利用できます。複数のGoogleアカウントやPCメールのアカウントを追加することも可能なので、メールの管理を1つの端末で行うことができます。

1 アプリ一覧画面で<Gmail>をタップし、≡→<設定>の順にタップします。

2 <アカウントを追加>をタップし、

3 <Google>をタップしたら、

4 画面の指示に従ってアカウント情報とパスワードを入力し、

5 <同意する>を2回タップすると、Googleアカウントが追加されます。

Q Gmail

バージョン 9.0 10.0 ドコモ ソフトバンク au SIMフリー

305 » メールを表示したい！

A <Gmail>アプリを起動して、メールをタップします。

＜Gmail＞アプリでは、メールを受信すると、通知が表示されます。ステータスバーを下方向にドラッグすることで、受信メールをプレビュー表示で確認することが可能です。また、＜Gmail＞アプリを起動し、受信トレイにあるメールをタップすると、メール全文が表示されます。

1 アプリ一覧画面で<Gmail>をタップし、

2 表示したいメールをタップすると、

3 受信日時やメール本文が表示されます。

Q Gmail

バージョン 9.0 10.0 ドコモ ソフトバンク au SIMフリー

306 » メールに返信したい！

A 受信メールを表示して、返信します。

＜Gmail＞アプリでは、メールを受信すると、ロック画面やステータスバーに通知が表示されます。ステータスバーには、メールの一部がプレビュー表示されており、タップすると＜Gmail＞アプリが起動します。また、プレビュー表示の＜返信＞をタップすると、返信メールの作成画面が表示されます。

1 アプリ一覧画面で＜Gmail＞をタップし、

2 未読メールをタップします。

3 ＜返信＞をタップして、

4 メールを作成します。

5 ▷をタップすると返信できます。

プレビュー表示から返信する

1 ステータスバーを表示して＜返信＞をタップし、

2 メールを作成して、

3 ▷をタップすると返信できます。

Q Gmail

バージョン 9.0 10.0 ドコモ ソフトバンク au SIMフリー

307 » Cc／Bccでメールを送信したい！

A 「To」の右側にある∨をタップします。

メールをいっせい送信したい（Cc）、受信者どうしの連絡先は伏せたい（Bcc）という場合には、CcとBccに宛先を指定して送信しましょう。なお、携帯電話会社によるスパム対策の一環から、いっせい送信ができなくなる場合もあるので、1日にいっせい送信する回数には注意しましょう。

1 メール作成画面で、「To」の右側にある∨をタップします。

2 CcまたはBccの欄をタップし、メールアドレスを入力します。

3 メールアドレスは複数入力することができます。

Q Gmail

バージョン 9.0 10.0 | ドコモ ソフトバンク au SIMフリー

308 » 写真や動画を添付して送信したい！

A メール作成画面で⊂⊃をタップします。

＜Gmail＞アプリでは、メール作成画面でかんたんに写真や動画などを、メールに添付して送信することができます。一度に送信できる容量は、アカウントによって異なります。Gmailアカウントから送信する場合は、20MBです。なお、容量の上限を超える場合は、Googleドライブから挿入します。

1 メール作成画面で、⊂⊃→＜ファイルを添付＞の順にタップし、

2 添付したいファイルをタップします。ファイルをロングタッチすることで複数選択することができます。

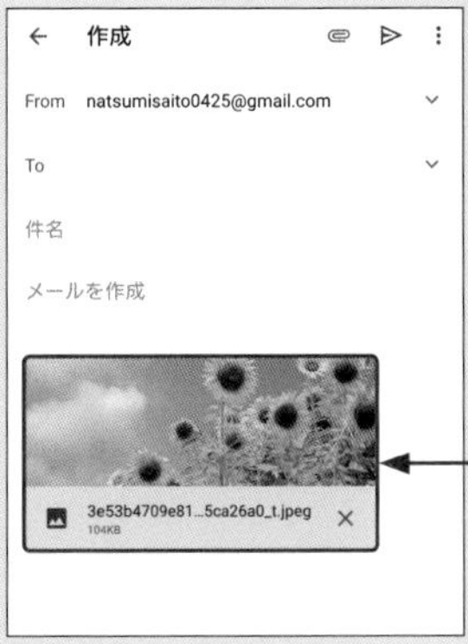

3 写真が添付されます。

Q Gmail

バージョン 9.0 10.0 | ドコモ ソフトバンク au SIMフリー

309 » 誤送信を防ぎたい！

A 操作の確認機能を利用します。

＜Gmail＞アプリでは、作成途中のメールを間違えて送信してしまったり、必要なメールを間違えて削除してしまったりしないように、操作の確認画面を表示させる機能があります。この機能を利用することで、送信前には「このメッセージを送信しますか？」と表示され、＜OK＞をタップすることで、送信が完了します。

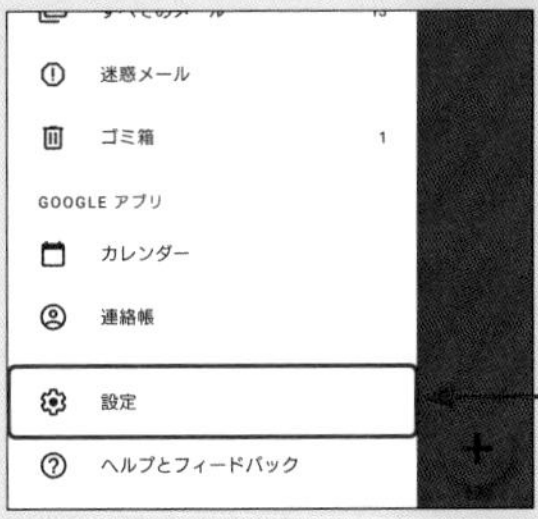

1 アプリ一覧画面で＜Gmail＞をタップし、≡→＜設定＞の順にタップします。

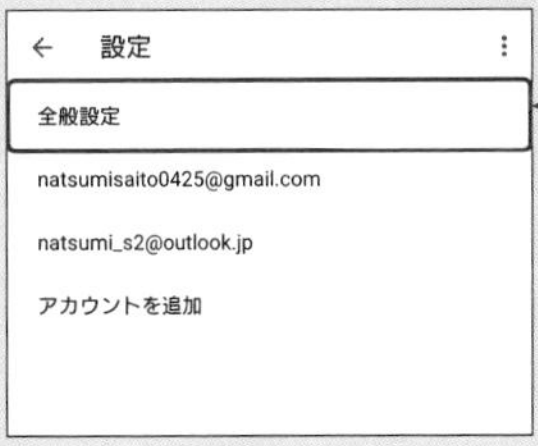

2 ＜全般設定＞をタップします。

3 ＜送信前に確認する＞をタップしてチェックを入れると、送信時に確認画面が表示されます。

Q Gmail　バージョン 9.0 10.0　ドコモ ソフトバンク au SIMフリー

310 ≫ カテゴリについて知りたい！

A 5つのカテゴリがあります。

＜Gmail＞アプリでは、標準で受信メールの形式やメールアドレスなどから、5つのカテゴリそれぞれのフォルダに自動的に振り分けられる機能があります。このカテゴリ機能により、受信メールが整理され、確認や返信したいメールが見つけやすくなります。なお、カテゴリを削除（非表示）することは可能ですが、新しいカテゴリを追加することはできません。

メイン

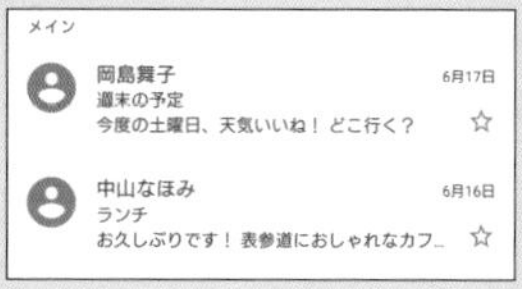

連絡先を登録している相手からのメールをはじめ、ほかのフォルダの新着まで確認できます。

ソーシャル

TwitterやFacebook、YouTubeなどソーシャルサービスからのメールを確認できます。

プロモーション

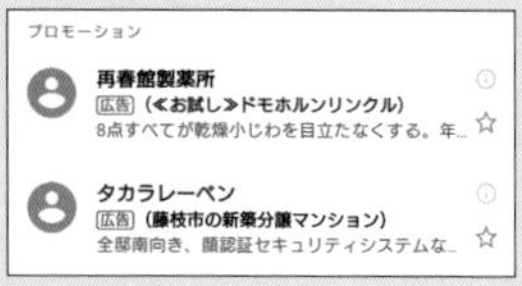

「Playストア」や企業からのキャンペーン情報やクーポン情報が記載された広告メールを確認できます。

新着

領収書や請求書、アカウントの確認など自分宛てに自動生成されたメールを確認できます。

フォーラム

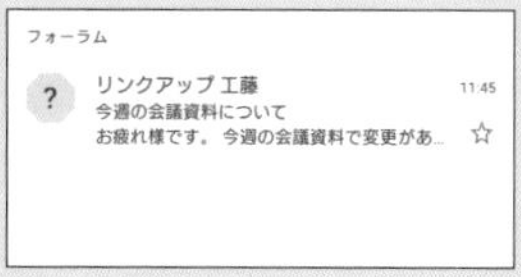

オンライングループや掲示板、メーリングリストから送信されたメールを確認できます。

Q Gmail　バージョン 9.0 10.0　ドコモ ソフトバンク au SIMフリー

311 ≫ カテゴリを非表示にしたい！

A カテゴリをアカウント別にカスタマイズできます。

＜Gmail＞アプリでは、受信メールの形式やメールアドレスなどから、5つのカテゴリに振り分けられます。しかし、複数のアカウントを使い分けている場合や受信メール数によっては、表示する必要のないカテゴリがあるかもしれません。既存のカテゴリをカスタマイズしてみましょう。

1 アプリ一覧画面で<Gmail>をタップして、≡→<設定>の順にタップし、

2 使用中のアカウントをタップします。

3 ＜受信トレイのカテゴリ＞をタップし、

4 非表示にしたいカテゴリをタップして、チェックを外します。

Q Gmail

バージョン 9.0 10.0　ドコモ ソフトバンク au SIMフリー

312 » 受信メールを整理したい！

A スターを付けておくことによって、メールを見つけやすくできます。

多くのメールを受信していると、受信トレイに未読メールが溜まっていき、大切なメールを見逃してしまうおそれがあります。重要なメールには「スター」を付けておくことで、フォルダが分けられます。このフォルダを確認するだけで、返信を忘れたり、未読のままになったりすることを防ぐことができます。

1 メールの☆をタップし、

2 ≡をタップしたら、

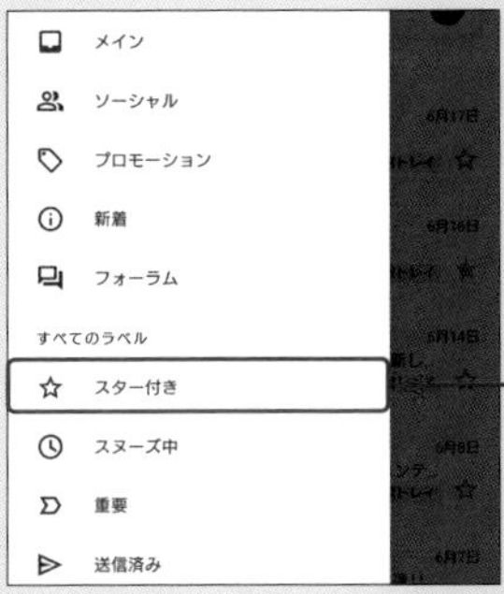

3 ＜スター付き＞をタップします。

4 スターを付けたメールだけが表示されます。

Q Gmail

バージョン 9.0 10.0　ドコモ ソフトバンク au SIMフリー

313 » 迷惑メールを報告したい！

A 迷惑メールを選択し、＜迷惑メールを報告＞をタップします。

＜Gmail＞アプリでは、迷惑メールを報告することができます。迷惑メールとして報告されたメールはそれ以降、自動で「迷惑メール」フォルダに振り分けられ、30日で自動的に削除されます。すぐに完全に削除したい場合は、「迷惑メール」フォルダの＜迷惑メールを今すぐ空にする＞をタップします。

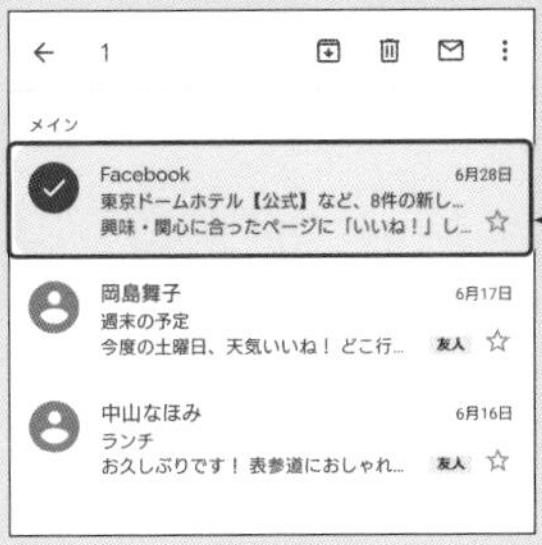

1 迷惑メールとして報告したいメールをロングタッチし、

2 画面右上の⋮→＜迷惑メールを報告＞の順にタップすると、

3 選択したメールが迷惑メールとして報告されます。

Q Gmail

バージョン 9.0 10.0　ドコモ ソフトバンク au SIMフリー

314 » カテゴリとラベルの違いは？

A 大まかな種類で振り分けるのはカテゴリ、細かな種類はラベルです。

カテゴリは、Q.310で紹介した5つがあり、それぞれのカテゴリにメールが自動的に振り分けられます。ただし、カテゴリを新しく追加することはできません。

ラベルは、分類ごとにメールを振り分ける「フォルダ」と似た機能で、メールにラベルを設定し、ラベルごとに振り分ける機能です。

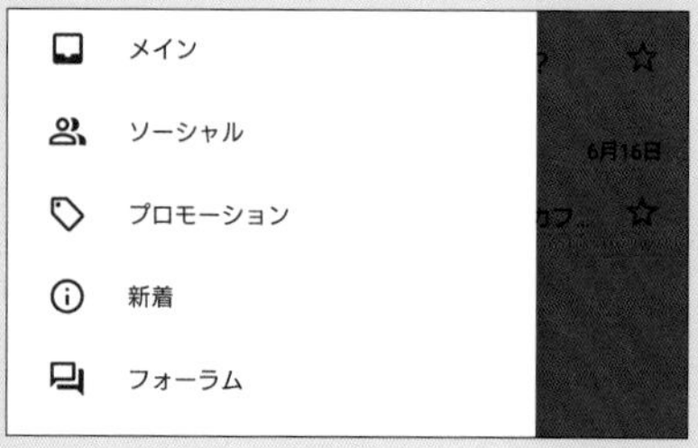

受信したメールはそれぞれのカテゴリに自動的に振り分けられます。

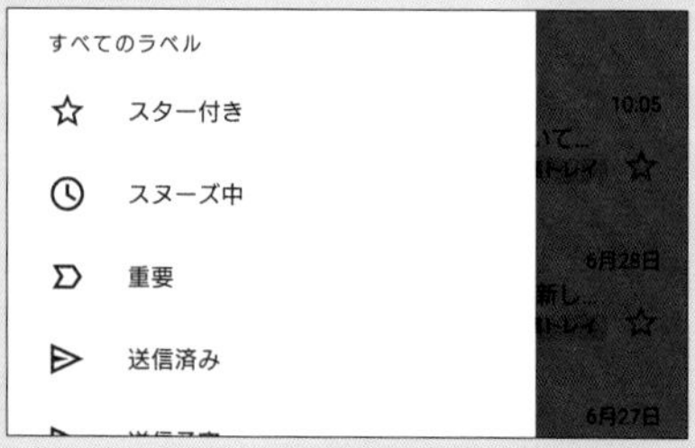

受信したメールにラベルを設定し、振り分けます。

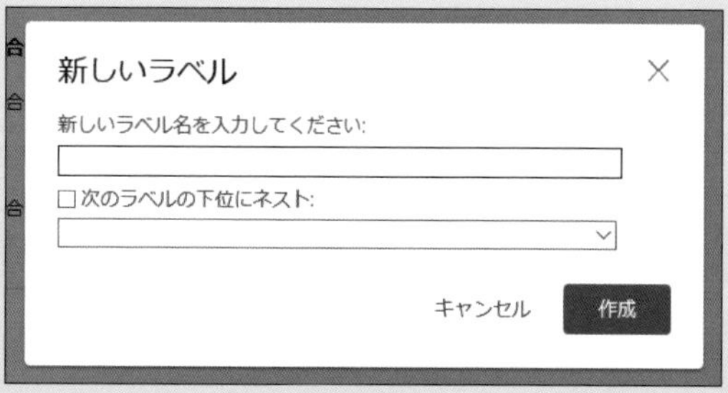

ラベルは自由に追加できますが、パソコンのWebブラウザから「Gmail」を開いて作成する必要があります。

Q Gmail

バージョン 9.0 10.0　ドコモ ソフトバンク au SIMフリー

315 » 受信メールにラベルを設定したい！

A メールを選択して、<ラベルを変更>をタップします。

ラベル機能を利用すると、メールの分類を細かく設定できます。ラベルには、標準で「重要」や「スター付き」がありますが、WebブラウザからGmailにアクセスすることで、自由に作成可能です。また、1つのメールに複数のラベルを付けることも可能です。

1 ラベルを設定したいメールをロングタッチし、

2 ⋮→<ラベルを変更>の順にタップします。

<スターを付ける>をタップすると、メールに「重要」ラベルを設定できます。

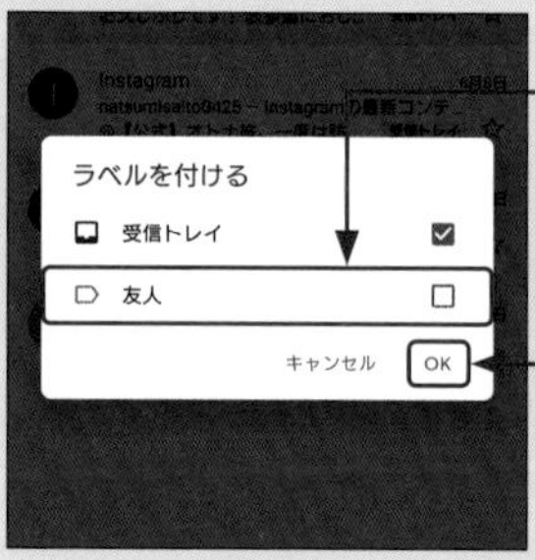

3 ラベル（ここでは<友人>）をタップし、

4 <OK>をタップすると、メールにラベルが設定されます。

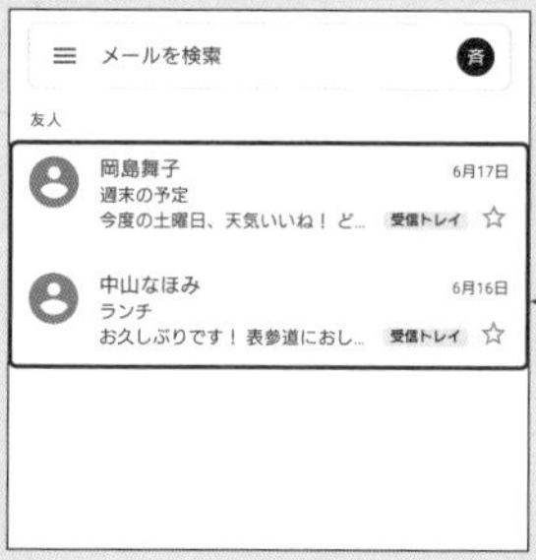

5 「友人」に振り分けられ、メールが表示されます。

Q Gamil バージョン 9.0 10.0 ドコモ ソフトバンク au SIMフリー

316 » メールを検索したい！

A 検索機能を利用します。

＜Gmail＞アプリでは、メールアドレスや日付、キーワードからメールを検索することができます。また、受信トレイにあるメールだけではなく、迷惑メールやゴミ箱にあるメールも検索可能です。複数のメールアカウントを利用している場合も、この手順ですべてのメールを検索できるので便利です。

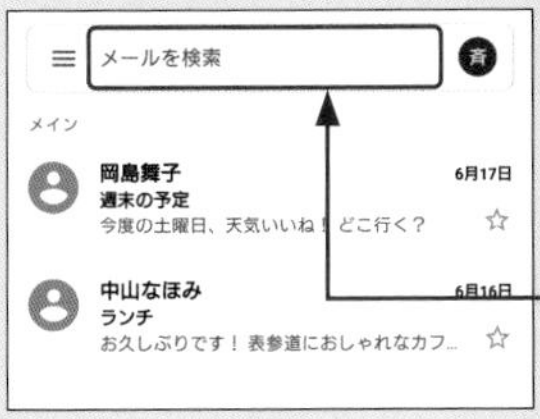

1 アプリ一覧画面で＜Gmail＞をタップします。

2 ＜メールを検索＞をタップして、

3 検索したい情報を入力し、

4 🔍をタップすると、

5 検索結果が表示されます。

Q Gmail バージョン 9.0 10.0 ドコモ ソフトバンク au SIMフリー

317 » 詳細な検索条件でメールを検索したい！

A 検索演算子を利用します。

＜Gmail＞アプリでは、メールアドレスや日付、キーワードからメールを検索可能ですが、検索演算子を利用することで、より詳細な検索条件を指定してメールを検索することができます。基本的な検索演算子と検索方法を確認しましょう。

基本的な検索演算子

検索演算子	検索条件
from:	送信者を指定する
to:	受信者を指定する
cc:　bcc:	CcやBccの受信者を指定する
subject:	キーワードを指定する
subject:( )	複数のキーワードを指定する
OR（または{ }）	複数の条件を指定する
has:attachment	添付ファイルのあるメールを指定する
after:　before:	送信された期間を指定する
older:　newer:	完全に一致する
"　"	キーワードを指定する

検索方法

1 受信トレイで＜メールを検索＞をタップして、

2 検索演算子を含むキーワードを入力し、

3 🔍をタップすると、

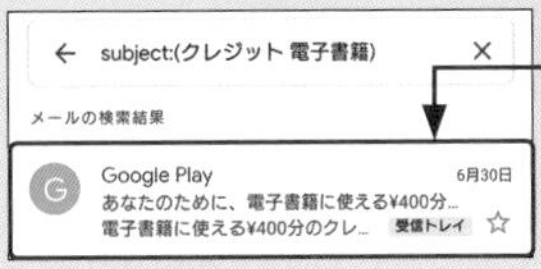

4 検索結果が表示されます。

Q Gmail

バージョン 9.0 10.0　ドコモ ソフトバンク au SIMフリー

318 » Gmailの文面を拡大／縮小したい！

A ピンチアウト／ピンチインで調節します。

＜Gmail＞アプリでは、通常の画像やWebページを拡大／縮小するときと同じ操作で、メール表示画面を拡大／縮小することができます。画面をピンチアウト／ピンチインしても調節できない場合は、「メッセージの自動サイズ調整」が有効になっているかを確認しましょう。

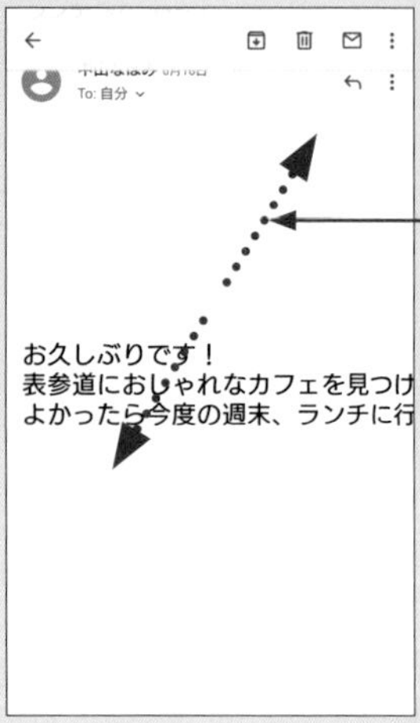

1 拡大／縮小したいメールを表示し、

2 画面をピンチアウト／ピンチインして調節します。

「メッセージの自動サイズ調整」の設定を確認する

1 アプリ一覧画面で＜Gmail＞をタップして、≡→＜設定＞→＜全般設定＞の順にタップし、

2 「メッセージの自動サイズ調整」が☑であれば、有効になっています。

Q Gmail

バージョン 9.0 10.0　ドコモ ソフトバンク au SIMフリー

319 » 削除とアーカイブの違いは？

A アーカイブの場合、メールは削除されません。

アーカイブとは、受信トレイで非表示になりつつ、別のトレイに保存されるため、必要なときには再びメールを確認することができる便利な機能です。必要なメールですが、受信トレイにメールがたまってしまい、見つけにくい場合や既読のメールを整理したい場合は、活用しましょう。

まとめてアーカイブに移動

1 アーカイブしたいメールをロングタッチし、

2 をタップします。

1通ずつアーカイブに移動

メールを左右いずれかの方向にスワイプします。

Q Gmail バージョン 9.0 10.0 ドコモ ソフトバンク au SIMフリー

320 » アーカイブしたメールはもとに戻せる？

A 受信トレイに戻すことができます。

アーカイブしたメールは、削除されたわけではないので、もとの受信トレイに戻すことが可能です。アーカイブしたメールは受信トレイで非表示になっていますが、「すべてのメール」フォルダには表示されています。または、検索機能を利用して、見つけることができます。

1 アーカイブしたメールを見つけ、ロングタッチします。

2 ⋮→＜受信トレイに移動＞の順にタップすると、

3 メールが受信トレイに戻ります。

Q Gmail バージョン 9.0 10.0 ドコモ ソフトバンク au SIMフリー

321 » 添付されたファイルを保存したい！

A ファイルのプレビュー表示をタップします。

メールに添付された画像ファイルや文書ファイルは、添付ファイルが付いているメールを開くだけでプレビュー表示されます。さらに、ファイルをタップすると対応するアプリが開き、内容を確認することが可能です。また、プレビュー表示からかんたんにスマートフォン本体やGoogleドライブに保存することもできます。

1 添付ファイルをタップすると、

2 アプリが起動して、ファイルが表示されます。

3 画面右上の⋮をタップし、

4 ＜保存＞をタップします。

手順1で⬇をタップするとスマートフォン本体に、△をタップするとGoogleドライブにファイルを保存することができます。

Q Gmail

バージョン 9.0 10.0 ドコモ ソフトバンク au SIMフリー

322 » 連絡先をGmailと同期したい！

A 連絡先の同期を有効にします。

Gmailの連絡先をスマートフォンと同期することで、機種変更前の端末で登録した連絡先や、パソコンから登録した連絡先をスマートフォンでも利用できます。また、共有するデータを自動で最新に更新できたり、1つの端末で行った操作をほかの端末にも反映できたりするので、不具合が起きにくくなります。

1 アプリ一覧画面で＜設定＞→＜アカウント＞の順にタップし、

2 同期したいGoogleアカウントをタップします。

3 ＜アカウントの同期＞→＜連絡先＞の順にタップし、連絡先の同期を有効にします。

Q Gmail

バージョン 9.0 10.0 ドコモ ソフトバンク au SIMフリー

323 » 署名を設定したい！

A オリジナルの書名を設定できます。

＜Gmail＞アプリでは、オリジナルの署名を作成することができます。署名はアカウントごとに設定可能で、自動でメール中に挿入されます。

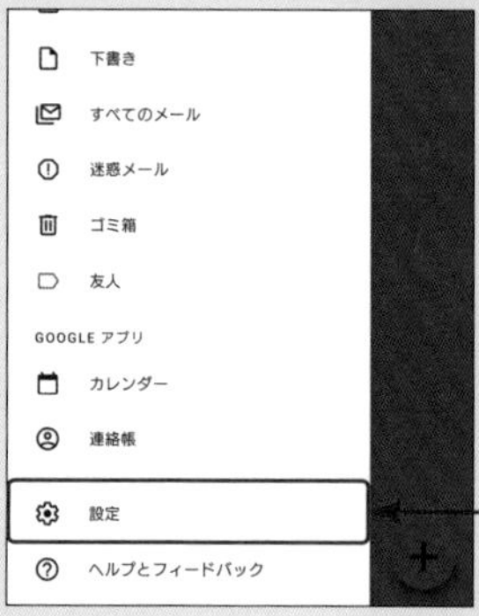

1 アプリ一覧画面で＜Gmail＞をタップして、≡→＜設定＞の順にタップし、

2 署名を設定したいアカウントをタップしたら、＜モバイル署名＞をタップします。

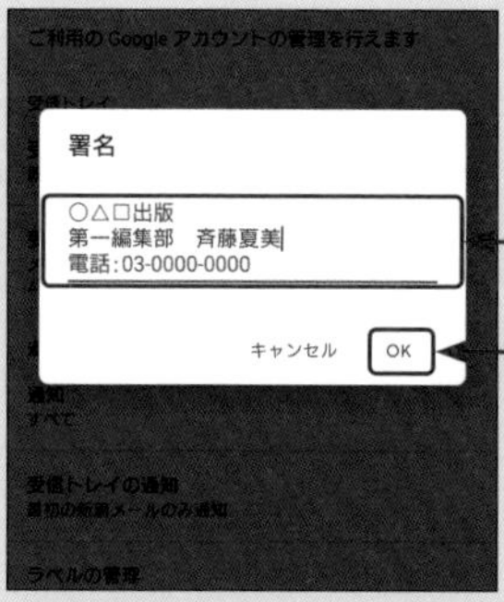

3 署名を入力し、

4 ＜OK＞をタップします。

Q Gmail

バージョン 9.0 10.0 ドコモ ソフトバンク au SIMフリー

324 » 通知設定を変更したい！

A すべてのメールまたは特定のメールのみ通知できます。

＜Gmail＞アプリでは、通知機能を有効にすると、メール受信の通知が表示されるようになります。すべての新着メールを通知することに加え、特定の新着メールのみ通知することも可能です。なお、複数のアカウントを追加して利用している場合には、アカウントごとに通知設定を行う必要があります。

すべてのメールを通知

1 アプリ一覧画面で＜Gmail＞をタップして、≡→＜設定＞の順にタップし、使用中のアカウントをタップします。

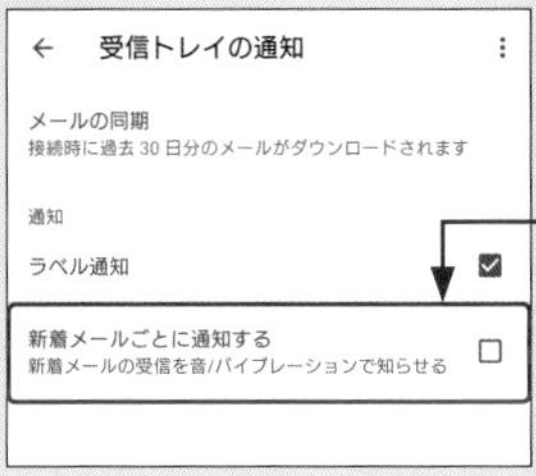

2 ＜受信トレイの通知＞をタップし、

3 ＜新着メールごとに通知する＞をタップして、チェックを付けます。

特定のメールのみ通知

1 アプリ一覧画面で＜Gmail＞をタップして、≡→＜設定＞の順にタップし、使用中のアカウントをタップします。

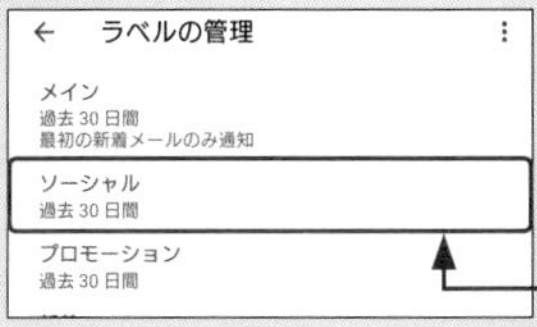

2 ＜ラベルの管理＞をタップし、

3 通知したいラベルをタップして、

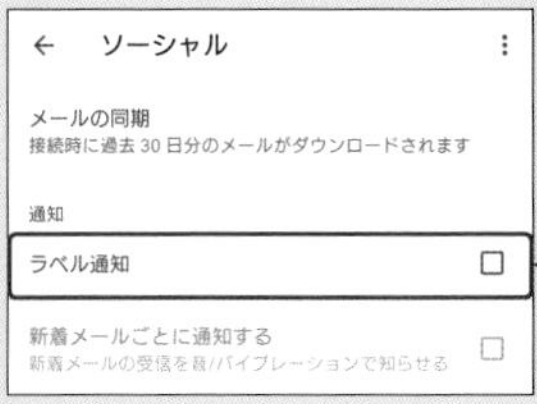

4 ＜ラベル通知＞をタップして、チェックを付けます。

Q Gmail

バージョン 9.0 10.0 ドコモ ソフトバンク au SIMフリー

325 » 別のアカウントでメールを送信したい！

A 「From」の右端にある∨をタップすると変更できます。

＜Gmail＞アプリでは、複数のメールアカウントを追加することができ、新規メールの作成画面で「From」の右端にある∨をタップすると、送信元のメールアカウントを変更することができます。なお、送信元として利用できるのは、＜アカウントを追加＞から追加したメールアカウントのみです。

1 新規メールの作成画面で、「From」の右端にある∨をタップします。

2 今までに追加されたメールアカウントが表示されるので、送信元にしたいメールアカウントをタップします。

3 送信元のメールアカウントが変更されました。

Q Gamil

バージョン 9.0 10.0　ドコモ ソフトバンク au SIMフリー

326 » メールアカウントを削除したい!

A <アカウントを削除>をタップします。

利用しなくなったメールアカウントは、不正利用を防ぐためにも、速やかにアカウントを削除し、<Gmail>アプリからも削除するとよいでしょう。また、メールアカウント自体は削除せず、<Gmail>アプリからのみ削除する場合には、同期や保存している情報も削除されます。

1 Q.297手順1〜2を参考に「設定」画面を表示し、

2 ⋮をタップして、

3 <アカウントを管理する>をタップします。

4 削除するメールアカウントをタップし、

5 <アカウントを削除>をタップして、画面の指示に従って削除します。

Q 便利アプリ

バージョン 9.0 10.0　ドコモ ソフトバンク au SIMフリー

327 » 連絡を取るのに便利なアプリはないの?

A 「LINE」や「Skype」、「Chatwork」などがあります。

メールやSMS以外にも連絡を取るアプリがあります。とくにチャットアプリでは、メッセージの送受信や無料通話などが気軽に行えるので便利です。自分の用途に合ったアプリを見つけてみましょう。

LINE

チャットや音声通話、ビデオ通話などが利用できます。

Skype

チャットや音声通話、ビデオ通話などの無料機能に加え、固定電話や携帯電話との通話、国際通話などの有料機能も充実しています。

Chatwork

チャットや音声通話、ビデオ通話に加え、ファイル共有やタスク管理などビジネス向けの機能を無料で利用できます。

第8章

カメラ・写真・音楽の「こんなときどうする?」

Q カメラ

バージョン 9.0 10.0 ドコモ ソフトバンク au SIMフリー

328 » 写真や動画を撮りたい!

A <カメラ>アプリを利用します。

スマートフォンで写真を撮影するには、<カメラ>アプリを利用します。スマートフォンのカメラは、機種によりますが、高速なオートフォーカスや、暗い場所にも強く質感の再現性が高いレンズとセンサーが特徴で、オートでもシーンに最適な状態で写真を撮影することができます。

1 通常ホーム画面右下に配置されている<カメラ>アプリのショートカットをタップします。

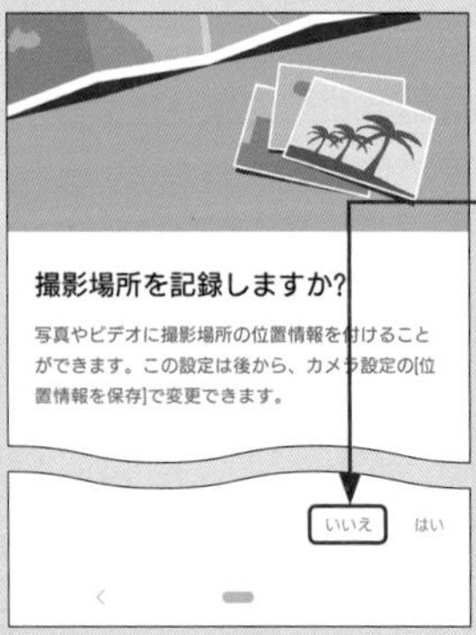

2 初回起動時は、撮影場所の記録(Q.336参照)に関する確認画面が表示されます。ここでは<いいえ>をタップし、画面の指示に従って初期設定を行います。

3 をタップすると写真が撮影されます。

動画を撮影する方法は機種によって異なります。一般には画面を左右にフリックしたり、動画撮影ボタンをタップしたりします。

Q カメラ

バージョン 9.0 10.0 ドコモ ソフトバンク au SIMフリー

329 » すばやくカメラを起動したい!

A ロック画面でを上方向にフリックします。

ロック画面右下には、<カメラ>アプリを起動するためのアイコンが配置されていることが多く、上方向にフリックすることで<カメラ>アプリをすばやく起動できます。また、機種によっては本体のボタンでカメラを起動させることもできます。Xperiaでは本体側面のカメラキーを長押し、AQUOSやGalaxyなどでは本体右側の電源キーをすばやく2回押します。この機能は画面ロックがかかっていても有効ですが、<カメラ>アプリの操作と撮影した画像の閲覧しか行うことができず、それ以外のスマートフォンの操作は行えません。

ロック画面から起動する

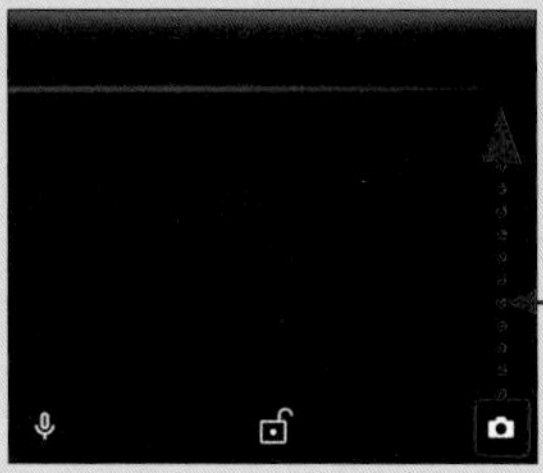

1 ロック画面右下のを上方向にフリックします。

カメラキーで起動する

1 Xperiaでは、カメラキーを長押しします。

Q.334手順2の画面で<カメラキー長押し起動>をタップし、目的の項目をタップすると、カメラキーを押した際の挙動を変更することができます。

Q カメラ

バージョン 9.0 10.0 | ドコモ ソフトバンク au SIMフリー

330 » 任意の場所にピントを合わせて撮影したい!

A ピントを合わせたい場所をタップします。

＜カメラ＞アプリで画面をタップすると、その場所にピントを合わせることができます。タップしてピントを合わせることで、同時に露出も調整されるため、画面全体の明るさも調節することができます。

1 ピントを合わせたい部分をタップします。

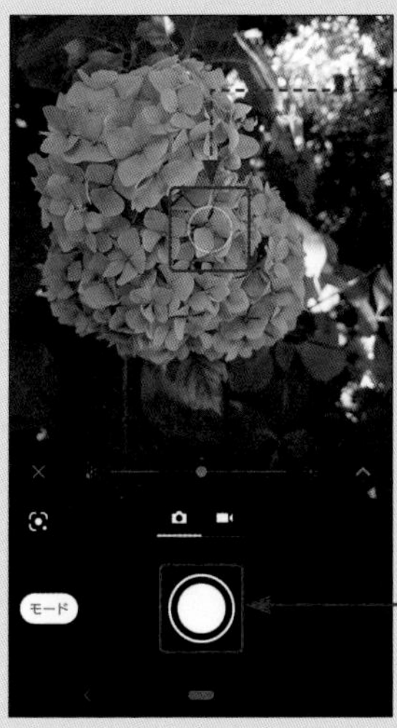

白い円が表示され、タップした箇所にピントと露出が合います。

2 をタップすると、タップした場所にピントと露出が合った状態で写真が撮影されます。

Q カメラ

バージョン 9.0 10.0 | ドコモ ソフトバンク au SIMフリー

331 » ズームして写真を撮影したい!

A 撮影画面をピンチアウトします。

スマートフォンの＜カメラ＞アプリでは、通常の画像やWebページの拡大と同様に、撮影画面をピンチアウトすることで、ズームを利用することが可能です。ただし、スマートフォンのズームは、ほとんどの場合光学ズームではなくデジタルズームなので、倍率を上げるほど解像度は低くなります。

1 ＜カメラ＞アプリを起動し、画面をピンチアウトします。

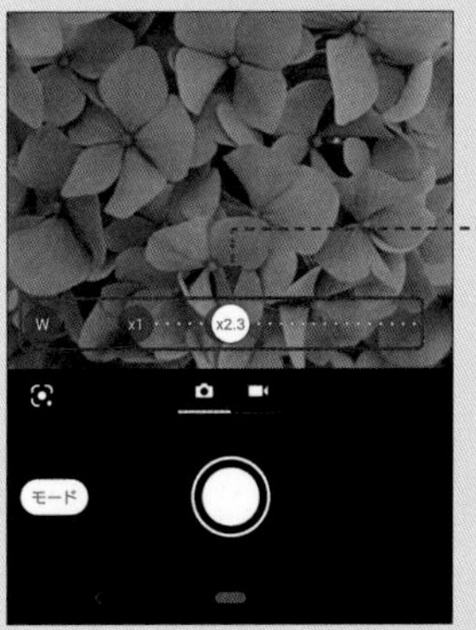

2 画面がズームされます。

画面下部に倍率が表示されます。画面をピンチインすると、縮小することができます。

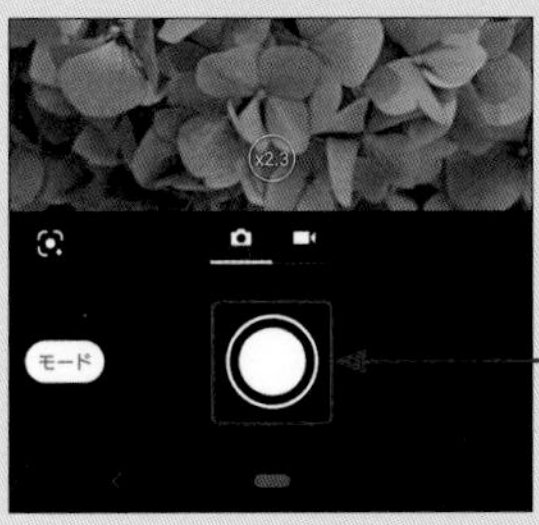

3 をタップすると、調整した倍率で写真が撮影されます。

Q カメラ バージョン 9.0 10.0 ドコモ ソフトバンク au SIMフリー

332 » フラッシュをオンまたはオフにして撮影したい！

A フラッシュのモードを切り替えて撮影をします。

スマートフォンの＜カメラ＞アプリでは、フラッシュ撮影をすることができます。フラッシュが「オート」に設定されていれば、暗い所で自動的にフラッシュが発光しますが、発光しないようにオフに設定しておくこともできます。そのほかにも、強制発光、赤目軽減などのモードを設定することもできます。

フラッシュを「オート」に設定する

1 (機種によって異なります）をタップし、

2 ＜オート＞をタップします。

3 フラッシュが「オート」に設定されます。

Q カメラ バージョン 9.0 10.0 ドコモ ソフトバンク au SIMフリー

333 » 自撮りをしたい！

A をタップしてフロントカメラで撮影します。

スマートフォンで自分の写真を撮影したい場合は、フロントカメラを利用します。＜カメラ＞アプリのフロントカメラを利用するには、画面の切り替えアイコン（機種によって異なります）をタップします。フロントカメラでは、撮影時は鏡に映ったような反転表示になりますが、写真は通常と同じ向き（撮影時と左右反転）になります。撮影時はフロントカメラに目線を合わせましょう。

1 ＜カメラ＞アプリを起動し、画面上部のをタップします。

2 初回は説明が表示されるので、＜次へ＞→＜了解＞の順にタップします。

3 フロントカメラに切り替わります。画面は反転表示になります。をタップすると、撮影ができます。

Q カメラ

バージョン 9.0 10.0 ドコモ ソフトバンク au SIMフリー

334 » セルフタイマーで撮影したい!

A セルフタイマーをオンにします。

スマートフォンの＜カメラ＞アプリでは、標準機能としてセルフタイマーを利用することができます。セルフタイマーには3秒と10秒のタイマーが用意されており、それぞれライトの点滅と画面指示によるカウントが行われます。ライトの点滅によるカウントはフラッシュがオフであっても行われるため、利用する状況に注意しましょう。

1 画面上部の をタップします。

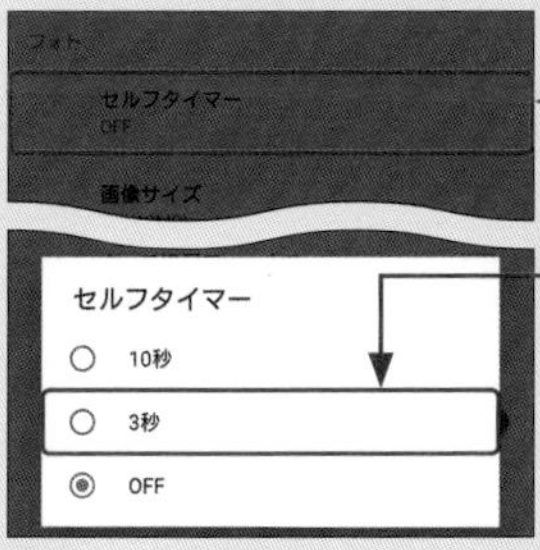

2 ＜セルフタイマー＞をタップし、

3 秒数（ここでは＜3秒＞）をタップします。

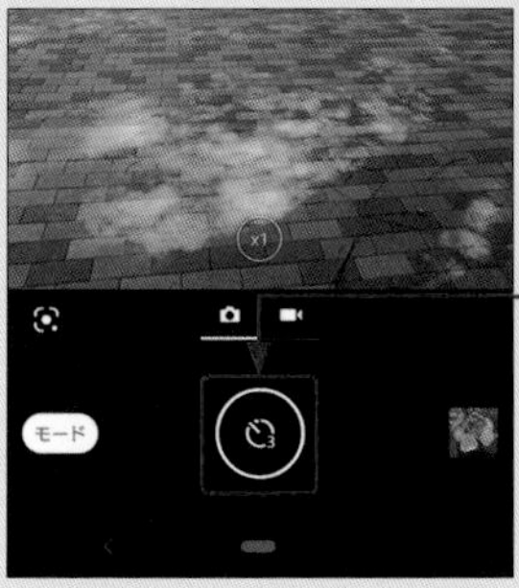

4 撮影ボタンに、設定した秒数が表示されます。

5 をタップすると設定した秒数後に撮影されます。

Q カメラ

バージョン 9.0 10.0 ドコモ ソフトバンク au SIMフリー

335 » 撮影した写真をすぐ見たい!

A 画面端のサムネイルをタップしましょう。

撮影した写真をすぐに確認したい場合、撮影直後に表示されるサムネイルをタップします。サムネイルをタップすることで、すぐに撮影した画像を開くことができます。なお、ここにはいちばん最近＜カメラ＞アプリで作成されたコンテンツのサムネイルが表示されます。

1 画面右下のサムネイルをタップします。

2 「アプリケーションを選択」画面が表示される場合は写真を表示するアプリを選択し、＜1回のみ＞または＜常時＞をタップして、＜許可＞をタップします。

3 いちばん最近撮影された写真が表示されます。

Q カメラ

バージョン 9.0 10.0　ドコモ　ソフトバンク　au　SIMフリー

336 » 写真や動画を撮った場所も記録したい！

A 位置情報の保存をオンにします。

スマートフォンでは、撮影した場所の位置情報を写真に付けられます。位置情報を付けることで、どこで撮影した写真なのかわかるようになり、写真の管理もしやすくなります。ただし、SNSなどに写真を投稿する際は、位置情報を付けたままだと自宅など自分の情報を知られてしまう危険性もあるため、注意しましょう。

1 ⚙をタップします。

2 ＜その他の設定＞をタップして、

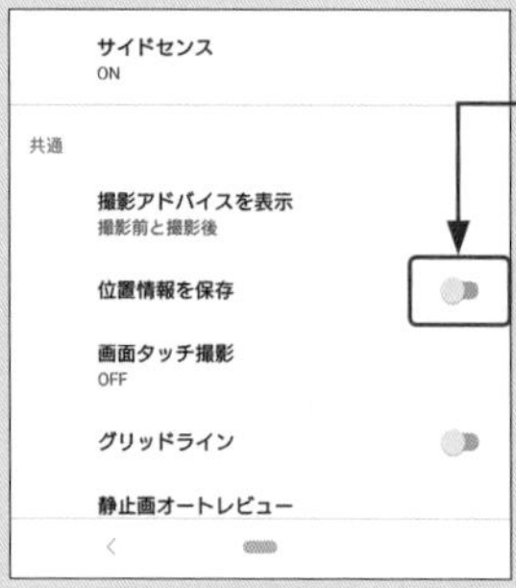

3 「位置情報を保存」がオフの場合はタップします。

4 アクセス許可が表示された場合は、＜許可＞をタップします。

以降、撮影する写真には「ジオタグ」という位置情報が付けられるようになります。

Q カメラ

バージョン 9.0 10.0　ドコモ　ソフトバンク　au　SIMフリー

337 » 写真の解像度を変更したい！

A ＜画像サイズ＞から変更します。

スマートフォンで撮影する写真は、機種によってさまざまな解像度を選ぶことが可能です。Xperiaの場合、4：3（12MP）、16：9（9MP）、1：1（9MP）から選ぶことができます。用途やスマートフォンの容量を考慮して変更しましょう。

1 ⚙をタップします。

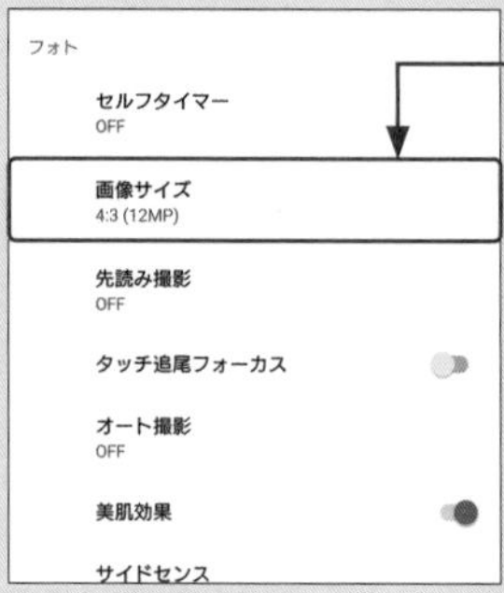

2 ＜画像サイズ＞をタップします。

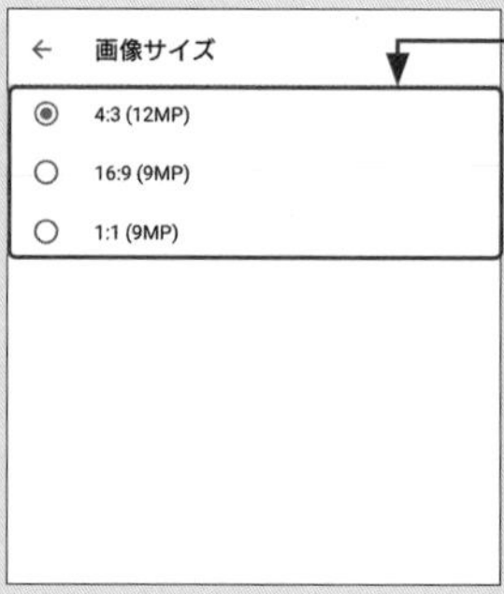

3 用途に合った画像サイズをタップします。

Q カメラ

バージョン 9.0 10.0 ドコモ ソフトバンク au SIMフリー

338 » カメラの便利機能を知りたい！

A モードを変更することでさまざまな機能が使えます。

スマートフォンの機種によって利用できるモードは異なります。Xperiaの場合は、＜モード＞をタップすることで自撮りに最適なポートレートセルフィーや広い範囲を撮影できるパノラマ、撮影した写真で画像検索ができるレンズなどの便利機能が使えます。

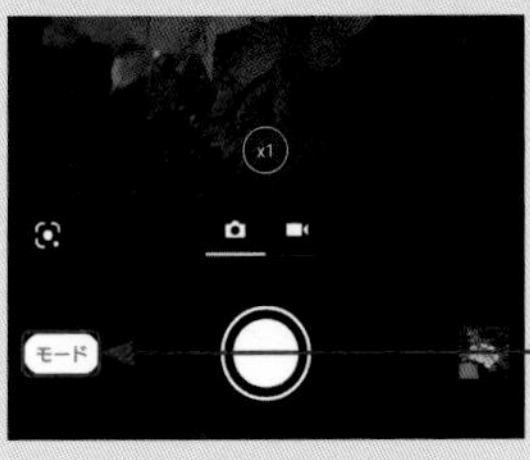

1 ＜モード＞をタップします。

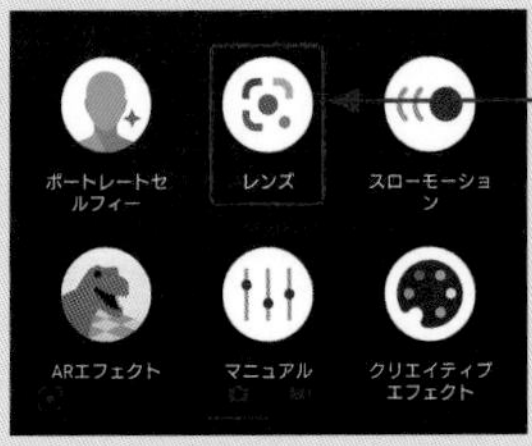

2 任意のモード（ここでは＜レンズ＞）をタップします。

3 レンズが起動します。画像検索したいものを写してをタップすると検索されます。

4 もとのカメラに戻るときはをタップします。

Q カメラ

バージョン 9.0 10.0 ドコモ ソフトバンク au SIMフリー

339 » 画面を撮影したい！

A 制限がある場合を除いて撮影できます。

スマートフォンでは、表示されている画面を撮影することができます。撮影方法は機種によって異なり、電源キーを長押しして＜画面の保存＞をタップしたり、電源キーと音量キーの下部を同時に長押しして撮影したりする機種もあります。ただし、パスワードの入力画面やクレジット番号の入力画面、テレビの画面などでは、制限がかかって撮影できない場合があります。

1 電源キーを長押しします。

2 ＜画面の保存＞をタップして撮影します。

3 電源キーと音量キーの下部を同時に長押しすることでも撮影できます。

Q 写真閲覧アプリ バージョン 9.0 10.0 ドコモ ソフトバンク au SIMフリー

340 ≫ 写真を閲覧できるアプリが複数あるみたいだけど？

A <フォト>アプリのほかにその機種用の写真閲覧アプリがあります。

スマートフォンで利用できる写真や動画の閲覧アプリは、Googleフォトが利用できる<フォト>アプリだけではありません。XperiaやAQUOS、arrowsなら<アルバム>アプリ、GalaxyやZenFoneなら<ギャラリー>アプリといったように、各機種にプリインストールされている写真閲覧アプリもあります。

その他の写真閲覧アプリ

<フォト>アプリ以外に端末製造メーカーや、携帯電話会社が提供する写真閲覧アプリがインストールされている場合もあります。

<フォト>アプリ

<フォト>アプリ（Googleフォト）は、どのAndroidスマートフォンでも標準で入っている写真閲覧アプリです。

Q Googleフォト バージョン 9.0 10.0 ドコモ ソフトバンク au SIMフリー

341 ≫ Googleフォトの特徴は？

A 写真、動画専用のオンラインストレージです。

「Googleフォト」とは、Googleが提供する写真、動画を保存・閲覧できるオンラインストレージサービスで、写真閲覧アプリの<フォト>から利用することができます。オンラインストレージ機能を利用するにはGoogleアカウントが必要となります（初期状態ではスマートフォンに設定されたGoogleアカウントが設定されます）。写真をまとめて整理したり、作成したアルバムを共有したりして、友だちや家族と楽しむことができます。条件によっては無制限かつ無料で利用できるので、本体に収まりきらなくなった写真や動画は、どんどんGoogleフォトに保存するとよいでしょう。

1 アプリ一覧画面で<Google>→<フォト>の順にタップします。

初回起動時は画面の指示に従って操作します。

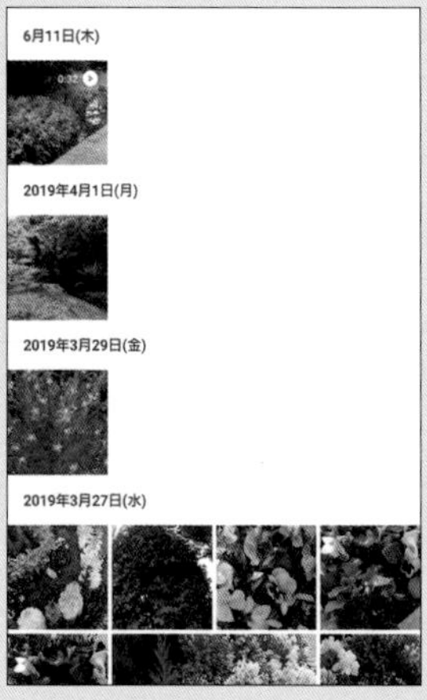

2 <フォト>アプリが起動します。

Q Googleフォト

バージョン 9.0 10.0 ドコモ ソフトバンク au SIMフリー

342 » 写真を閲覧したい!

A ＜フォト＞アプリから＜端末内のフォルダ＞をタップします。

＜フォト＞アプリでは、撮影した写真や動画、保存した画像やスクリーンショットなどを保存場所やコンテンツの機種ごとに閲覧することができます。

1 ＜フォト＞アプリを起動し、

2 ＜ライブラリ＞をタップします。

3 フォルダの一覧が表示されます。ここでは＜カメラ＞をタップします。

4 手順3で選択したフォルダ内の写真や動画が一覧で表示されます。閲覧したい写真や動画をタップします。

Q Googleフォト

バージョン 9.0 10.0 ドコモ ソフトバンク au SIMフリー

343 » 動画のファイルサイズはどれぐらい?

A 機種や使用カメラによってサイズは異なります。

記録する画素数に比例して、動画のファイルサイズは大きくなります。＜フォト＞アプリ（Q.341参照）で動画をタップして、⋮をタップすると、動画のサイズを確認することができます。

動画のサイズは非常に大きいため、動画ファイルはできるだけmicroSDカードなどに保存し、内部ストレージを空けておきましょう。

1 ＜フォト＞アプリで動画をタップします。

2 画面をタップし、⋮をタップすると、

3 動画のサイズを確認できます。

Q ‖ Googleフォト ‖ バージョン 9.0 10.0 ドコモ ソフトバンク au SIMフリー

344 » 自動でGoogleフォトに写真を保存したい！

A バックアップを有効にします。

「Googleフォト」に自動で写真や動画をアップロードしたい場合は、＜フォト＞アプリの設定からバックアップを有効にします。バックアップが有効になっていると、撮影された写真や動画が自動的に「Googleフォト」に保存されます。

1 画面右上のGoogleアカウントの＜アイコン＞→＜フォトの設定＞の順にタップします。

2 ＜バックアップと同期＞をタップし、「バックアップと同期」の をタップします。

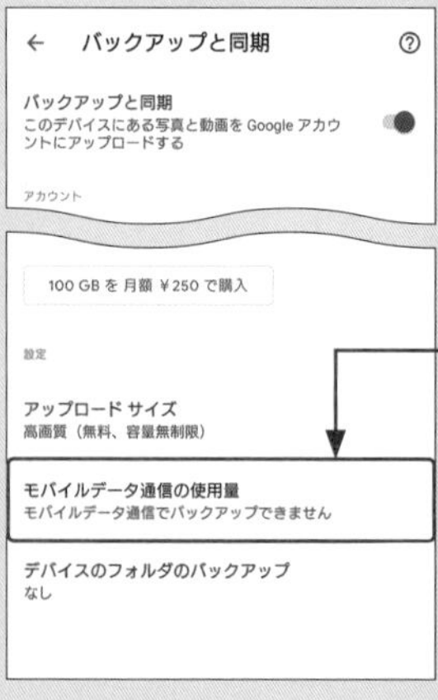

3 Wi-Fiの通信がない環境でもGoogleフォトに自動的に写真をアップロードしたい場合は、＜モバイルデータ通信の使用量＞をタップし、「モバイルデータ通信を使用して写真をバックアップ」と「モバイルデータ通信を使用して動画をバックアップ」を有効にします。

Q ‖ Googleフォト ‖ バージョン 9.0 10.0 ドコモ ソフトバンク au SIMフリー

345 » 手動でGoogleフォトに写真を保存したい！

A ＜今すぐバックアップ＞をタップします。

「Google フォト」に手動で写真や動画を保存したい場合は、＜フォト＞アプリを起動し、バックアップを有効にして（Q.344参照）、保存したい写真や動画をタップします。画像や動画が表示されたら、画面右上の⋮をタップして、＜今すぐバックアップ＞をタップすると、保存することができます。

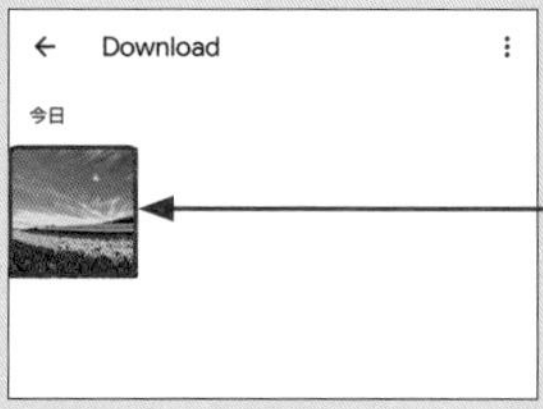

1 保存したい写真をタップし、

2 表示されたら、画面右上の⋮をタップして、

3 ＜今すぐバックアップ＞をタップします。

Q Googleフォト

バージョン 9.0 10.0 ドコモ ソフトバンク au SIMフリー

346 » 種類ごとに写真を見たい！

A <検索>をタップします。

<フォト>アプリの「フォト」画面では、アップロードした写真や動画が日付順に並んでいるだけで、種類ごとには分かれていません。画面下部の<検索>をタップすると、被写体や撮影場所が見やすく表示されたり、スクリーンショットや自撮りなどカテゴリ別に閲覧することができます。

1 画面下部の<検索>をタップします。

2 さまざまな項目から写真を検索・閲覧することができます。

Q Googleフォト

バージョン 9.0 10.0 ドコモ ソフトバンク au SIMフリー

347 » 写真や動画を削除したい！

A 🗑をタップします。

写真や動画を削除したいときは、削除したい写真や動画を表示し🗑をタップして<ゴミ箱に移動>をタップします。ゴミ箱に移動したデータは、<フォト>アプリのライブラリ、同期している端末、アルバムと共有アルバムからも同時に削除されます。

1 削除したい写真を開き、🗑をタップします。

2 <ゴミ箱に移動>をタップします。

Googleフォト　バージョン 9.0 10.0　ドコモ ソフトバンク au SIMフリー

Q 348 » 写真や動画をまとめて削除したい！

A 削除するデータにチェックを付けて🗑をタップします。

写真や動画は1つずつではなく、まとめて削除することもできます。「フォト」画面で削除したいデータをロングタッチし、チェックを付けて🗑をタップしたら、<ゴミ箱に移動(○個)>をタップします。

1 削除したいデータをロングタッチします。

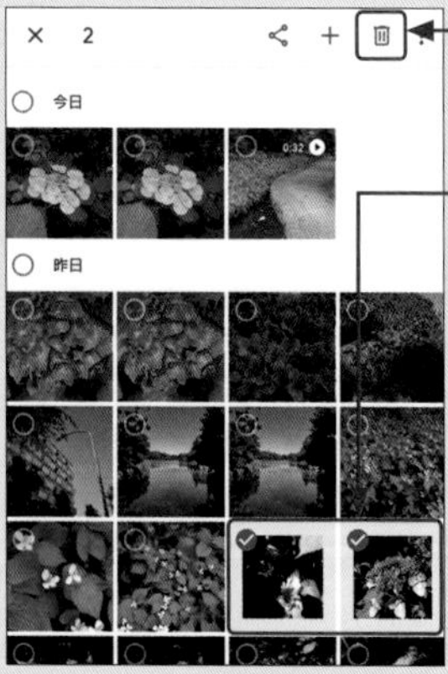

2 まとめて削除したいデータをタップしてチェックを付けて、

3 🗑をタップします。

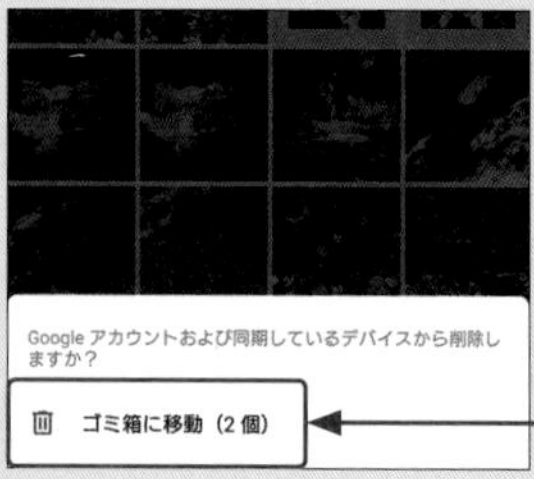

4 <ゴミ箱に移動(○個)>をタップします。

Googleフォト　バージョン 9.0 10.0　ドコモ ソフトバンク au SIMフリー

Q 349 » 削除した写真や動画を戻したい！

A <ライブラリ>→<ゴミ箱>の順にタップします。

一度ゴミ箱に移動させたデータは、完全に削除されていません。<ライブラリ>→<ゴミ箱>の順にタップするとゴミ箱に移動したデータが表示され、<復元>をタップするとライブラリに戻すことができます。

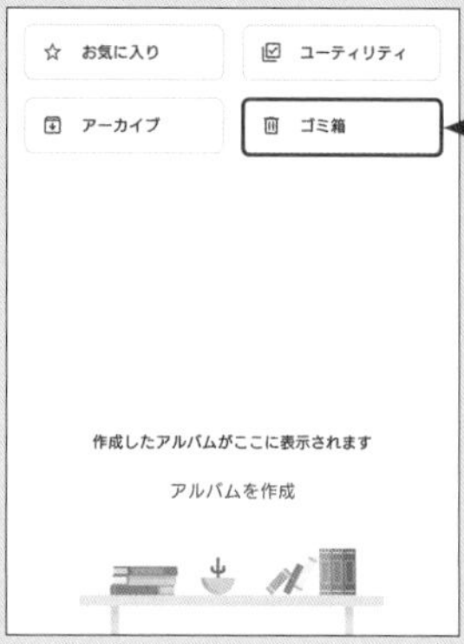

1 <ライブラリ>→<ゴミ箱>の順にタップすると、

2 ゴミ箱に移動したデータが表示されます。<選択>をタップし、

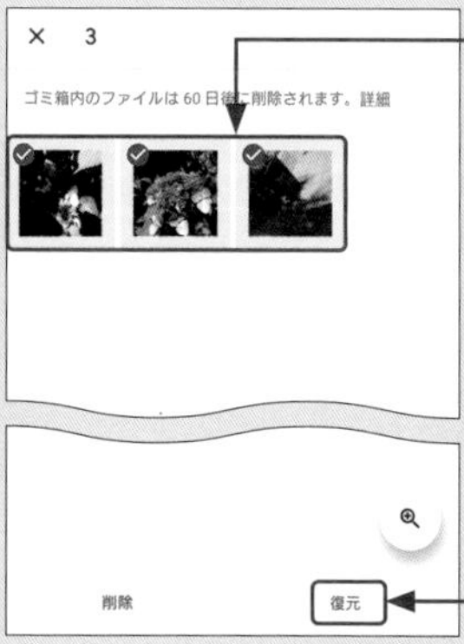

3 復元したいデータをタップしてチェックを付け、

4 <復元>→<復元(○)>の順にタップします。

Q Googleフォト

バージョン 9.0 10.0　ドコモ　ソフトバンク　au　SIMフリー

350 » 写真や動画をまとめたアルバムを作りたい！

A ＜アルバム＞をタップします。

＜フォト＞アプリでは、写真や動画をまとめたアルバムを作成することができます。Q.348手順2の画面でアルバムにまとめたい写真や動画にチェックを付けて選択し、＋をタップしたら、＜アルバム＞をタップします。

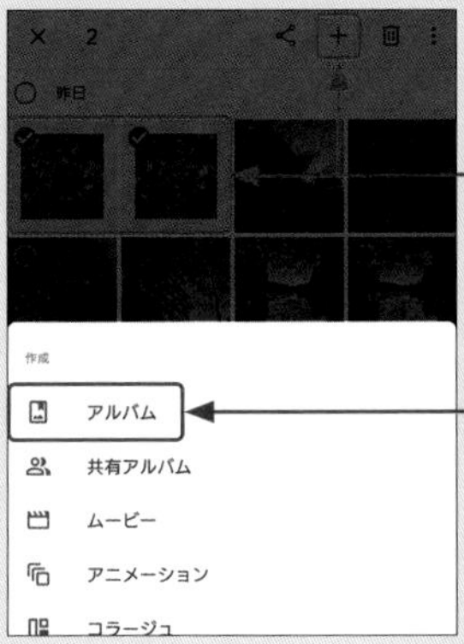

1 Q.348手順2の画面でアルバムにまとめたい写真や動画にチェックを付けた状態で＋をタップし、

2 ＜アルバム＞をタップします。

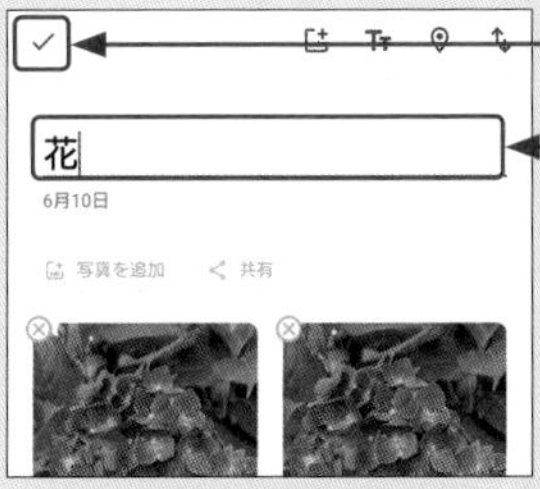

3 アルバムのタイトルを入力し、

4 ✓をタップします。

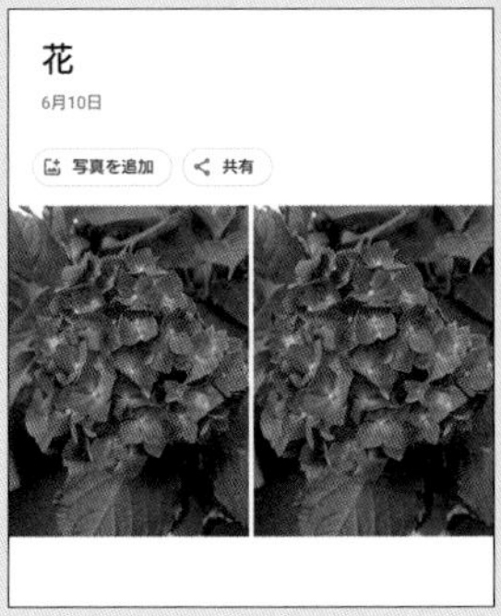

5 アルバムが作成されます。

Q Googleフォト

バージョン 9.0 10.0　ドコモ　ソフトバンク　au　SIMフリー

351 » アルバムを削除したい！

A ＜アルバムを削除＞をタップします。

アルバムを削除するには、アルバムを開いて⋮をタップし、＜アルバムを削除＞→＜削除＞の順にタップします。なお、一度削除したアルバムはもとに戻すことができません。アルバムを削除しても、アルバムにまとめられていた写真や動画のデータは削除されません。

1 画面下部の＜ライブラリ＞をタップし、

2 削除したいアルバムをタップします。

3 ⋮→＜アルバムを削除＞の順にタップし、

4 ＜削除＞をタップすると、アルバムが削除されます。

Q Googleフォト

バージョン 9.0 10.0 ドコモ ソフトバンク au SIMフリー

352 » 目的の写真や動画をかんたんに探したい！

A 検索ボックスから探します。

＜フォト＞アプリ内のデータは、データ名や日付などで検索することができます。「フォト」画面上部の検索ボックスにキーワードを入力し、検索します。

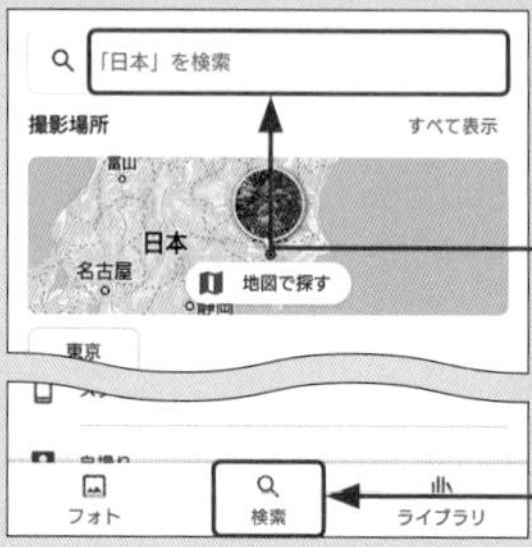

1 画面下部の＜検索＞をタップし、

2 検索ボックスをタップします。

3 検索ボックスにキーワードを入力し、

4 ✓をタップします。

5 キーワードに関連するデータが表示されます。

Q Googleフォト

バージョン 9.0 10.0 ドコモ ソフトバンク au SIMフリー

353 » 写真や動画をメールに添付したい！

A 写真または動画を開き、<をタップします。

＜カメラ＞アプリで撮影した写真は、かんたんにメールに添付して送信することができます。写真をメールに添付したい場合は、添付したい写真を＜フォト＞アプリで開き、<をタップしてメールアプリを選択しましょう。なお、ファイルサイズが大きい動画ファイルは添付することができません。

1 ＜フォト＞アプリでメールに添付したい写真を表示し、画面をタップしてメニューを表示し、

2 <をタップします。

3 「アプリで共有」からメールアプリ（ここでは＜Gmail＞）をタップします。

4 必要な項目を入力し、

5 ▷をタップします。

Googleフォト　バージョン 9.0 10.0　ドコモ ソフトバンク au SIMフリー

Q 354 » 撮影した写真は編集できる？

A フィルタの追加、トリミング、明るさや色の調整などが行えます。

<フォト>アプリでは、写真の編集もできます。写真を編集する場合は、編集したい写真を表示して、をタップします。フィルタ（効果）を追加するなら、明るさや色を調整するなら、トリミング（切り抜き）や回転をするなら、文字を入れるなら、別の編集アプリに移動するならをタップします。1枚の写真に複数の編集を行うことができ、編集した写真は上書き、別保存を選択することができます。

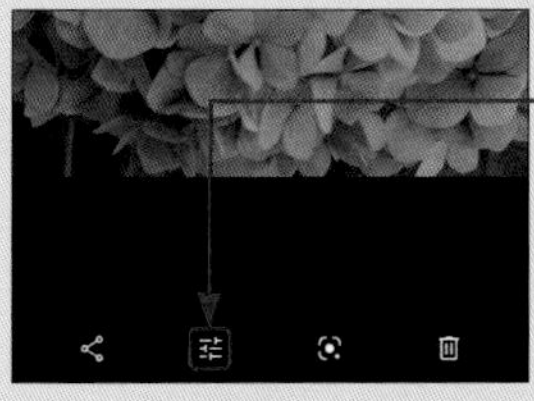

1 編集したい写真を表示し、をタップします。

2 編集画面が表示されます。写真にフィルタを追加したい場合は、をタップします。

3 <保存>をタップすると、もとの写真が上書きされます。

4 手順3の画面で<保存>の右のをタップして、<コピーを保存>をタップすると、別の写真として保存されます。

Googleフォト　バージョン 9.0 10.0　ドコモ ソフトバンク au SIMフリー

Q 355 » 写真を回転したい！

A 編集画面で、をタップします。

写真を回転したい場合は、編集画面で回転機能を利用します。Q.354を参考に写真の編集画面を表示し、をタップします。をタップするたびに、90度ずつ回転します。画面下部の目盛り部分をスワイプすることで、自由な角度で回転することができます。

1 Q.354を参考に写真の編集画面を表示し、をタップします。

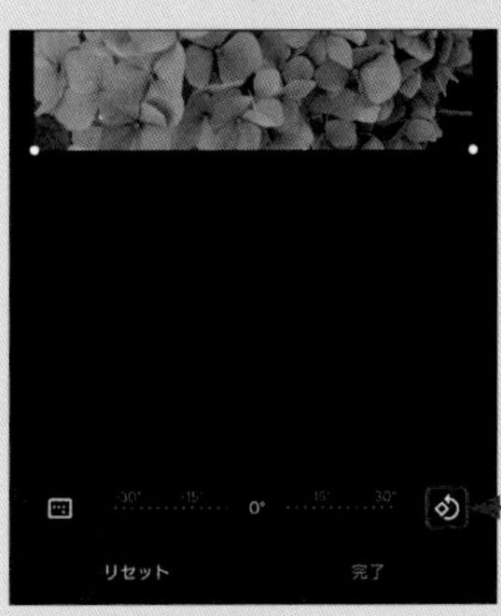

2 をタップすると、90度ずつ回転します。

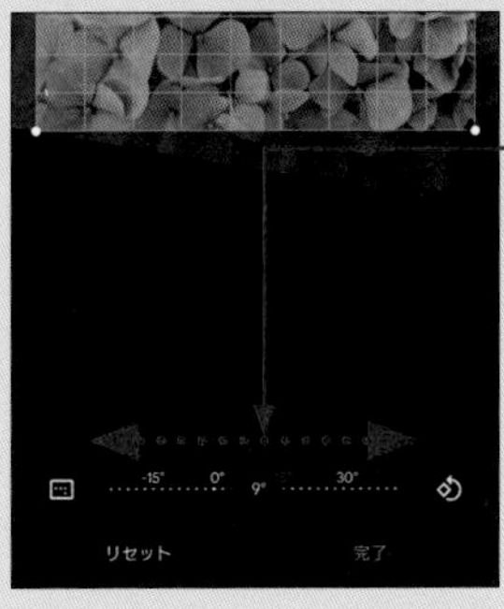

3 画面下部の目盛り部分をスワイプすると、自由な角度で回転することができます。

Q Googleフォト バージョン 9.0 10.0 ドコモ ソフトバンク au SIMフリー

356 » 写真をトリミングしたい！

A 回転編集画面からトリミングも行えます。

写真をトリミングしたい場合は、Q.355を参考に回転の編集画面を表示します。写真の四隅に表示されるハンドルをドラッグすることで、トリミングを自由に変更することができます。また、比率を設定してトリミングすることもできます。

自由にトリミングする

1 Q.355を参考に回転の編集画面を表示し、写真の四隅に表示されるハンドルをドラッグして、トリミングを調整します。

2 <完了>をタップします。

比率を指定してトリミングする

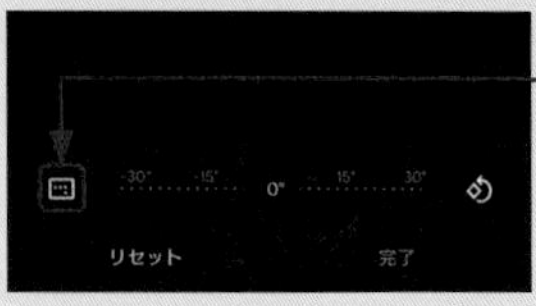

1 上の画面で、をタップします。

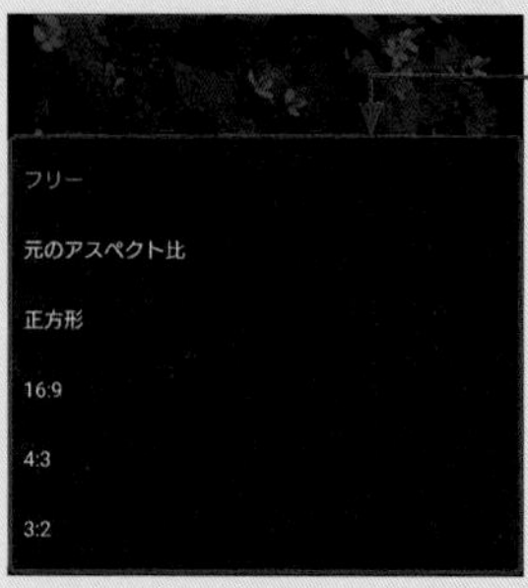

2 比率をタップします。なお、比率を指定したあとでも、自由なトリミングは可能です。

Q Googleフォト バージョン 9.0 10.0 ドコモ ソフトバンク au SIMフリー

357 » 写真を補正したい！

A 編集画面を開き、をタップします。

写真の色や明るさを変更したい場合は、写真の編集画面を開き、をタップします。明るさやカラー、調子を変更することができます。また、明るさとカラーは、より詳細な項目を調整をすることもできます。

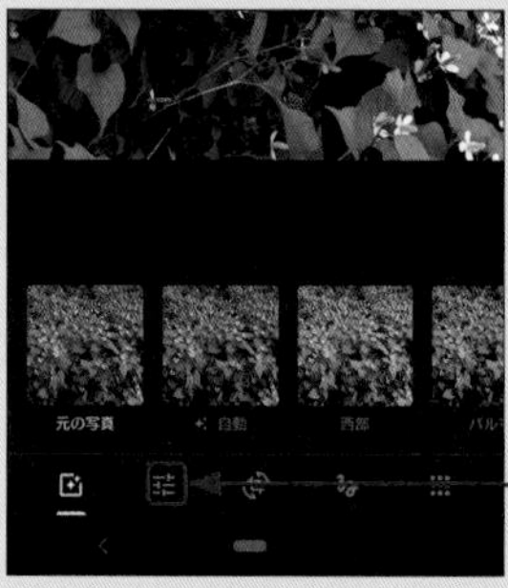

1 Q.354を参考に写真の編集画面を表示し、をタップします。

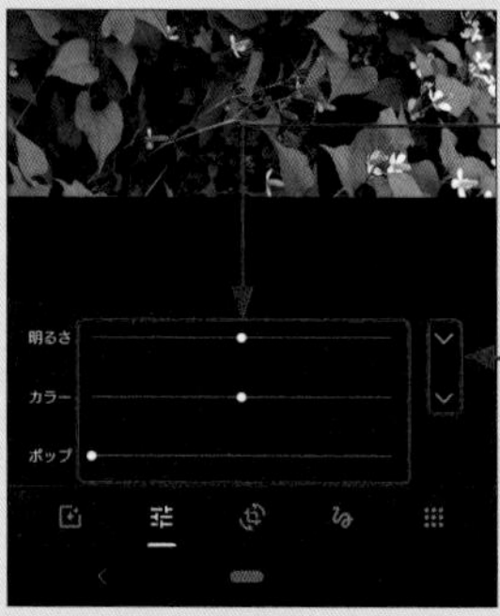

2 明るさ、カラー、ポップの各項目のライン上をタップして、調整します。

3 明るさ、またはカラーの右のをタップします。

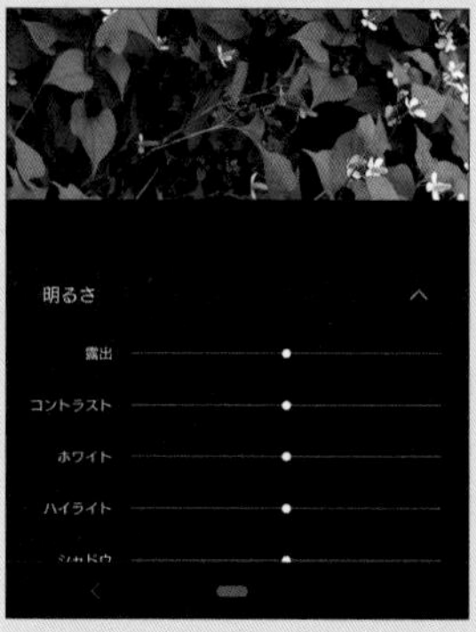

4 より詳細な項目を調整することができます。

Q Googleフォト バージョン 9.0 10.0 ドコモ ソフトバンク au SIMフリー

358 » 編集の前後を比較したい！

A 編集中の写真を長押しすると、編集前の状態が表示されます。

<フォト>アプリの編集機能では、編集前と編集後をすぐに比べることができます。編集前の写真を確認するには、編集中の写真をロングタッチするだけです。これで編集前の写真が表示されます。なお、回転やトリミングの編集では、この方法は利用できません。

1 編集中の写真をロングタッチすると、

2 編集前の写真が表示されます。

Q Googleフォト バージョン 9.0 10.0 ドコモ ソフトバンク au SIMフリー

359 » 編集した写真をもとに戻したい！

A 編集中でも保存後でももとに戻せます。

<フォト>アプリで編集した写真は、編集中であれば編集の破棄でもとに戻すことができます。また、編集後に上書き保存した写真も、編集前のもとの写真に戻すことができます。

編集を破棄する

1 編集中に×をタップして、<破棄>をタップします。

保存後にもとに戻す

1 保存した写真を編集画面で開き、⋮をタップします。

2 <編集内容を元に戻す>→<保存>の順にタップします。

Q Googleフォト

バージョン 9.0 10.0 | ドコモ ソフトバンク au SIMフリー

360 » 複数の写真を1枚にまとめたい！

A 写真をコラージュします。

コラージュとは、複数の写真を好きなサイズに調整して配置し、複数の写真を1枚の写真として加工する機能のことです。写真のコラージュを利用するには、まとめたい写真を選択して＋をタップし、＜コラージュ＞をタップします。

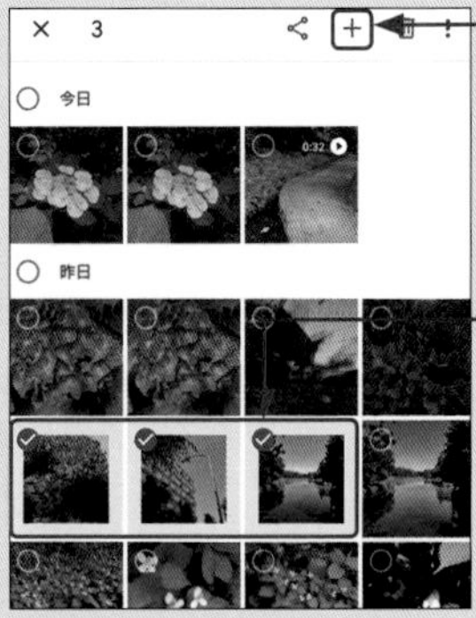

1 Q.348手順1～2を参考に、まとめたい写真をロングタッチし、タップしてチェックを付けます。

2 写真を選択した状態で＋をタップします。

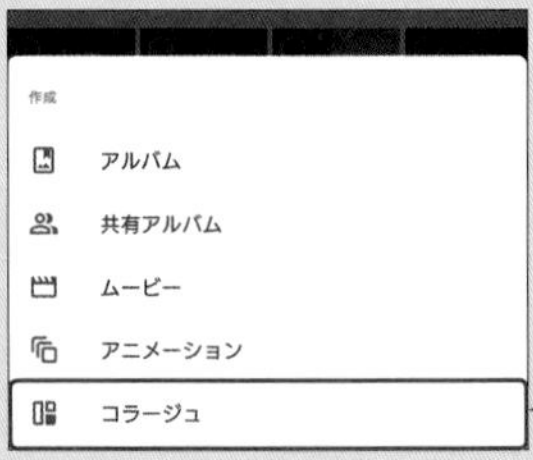

3 ＜コラージュ＞をタップします。

4 手順1で選択した写真がコラージュされます。

Q Googleフォト

バージョン 9.0 10.0 | ドコモ ソフトバンク au SIMフリー

361 » 写真を壁紙に設定したい！

A ＜写真を他で使う＞をタップします。

＜カメラ＞アプリで撮影された写真は、ホーム画面やロック画面の壁紙に設定できます。設定したい写真を＜フォト＞アプリで表示して、■→＜写真を他で使う＞→＜壁紙＞→＜壁紙を設定＞→壁紙を設定したい画面の順にタップします。

1 壁紙に設定したい写真の■をタップして、

2 ＜写真を他で使う＞をタップします。

3 「フォト」の＜壁紙＞をタップし、

4 写真をドラッグして壁紙に設定する範囲を調整し、

5 ＜壁紙を設定＞をタップします。

6 壁紙を設定したい画面（ここでは＜ホーム画面＞）をタップします。

7 ホーム画面に手順1で表示した壁紙が設定されます。

Googleフォト

バージョン 9.0 10.0　ドコモ　ソフトバンク　au　SIMフリー

Q 362 Googleフォトの写真をパソコンで見たい!

A Googleアカウントにログインし、パソコンで＜Googleフォト＞を開きます。

Googleフォトの写真や動画は、パソコンでも閲覧することができます。パソコンでGoogleフォトを利用するには、スマートフォンで登録しているGoogleアカウントにパソコンからログインし、＜Googleフォト＞を開きます。

1 パソコンのブラウザで「https://www.google.co.jp/」にアクセスし、Googleアカウントにログインして ⁝⁝⁝ をクリックし、

2 ＜フォト＞をクリックします。

3 スマートフォンの＜Googleフォト＞アプリで保存された写真や動画を閲覧できます。

Googleフォト

バージョン 9.0 10.0　ドコモ　ソフトバンク　au　SIMフリー

Q 363 パソコンの写真や動画をスマートフォンで見たい!

A パソコンのGoogleフォトに写真や動画をアップロードします。

パソコンに保存されている写真や動画をスマートフォンで見るには、パソコンからGoogleフォトにデータをアップロードします。パソコンとスマートフォンの両方のデバイスで同じGoogleアカウントにログインしていると、アップロードしたデータが同期されます。

1 Q.362を参考にGoogleフォトを開き、画面右上の＜アップロード＞→＜パソコン＞の順にクリックします。

2 写真の入っているフォルダを開いて、アップロードしたいデータをクリックし、

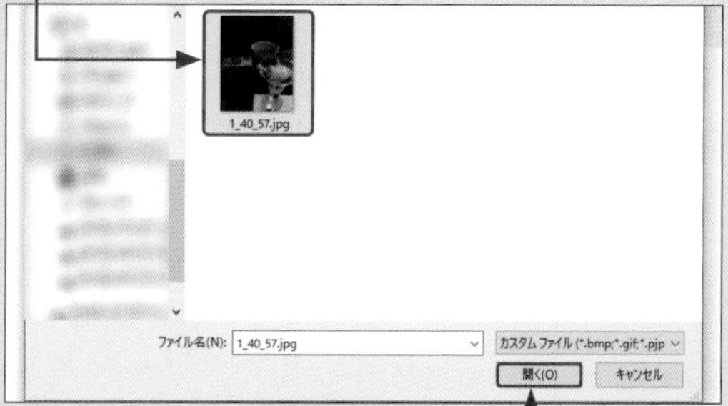

3 ＜開く＞をクリックします。

4 ＜続行＞をクリックするとアップロードが始まり、完了するとスマートフォンの＜フォト＞アプリでアップロードしたデータを確認できます。

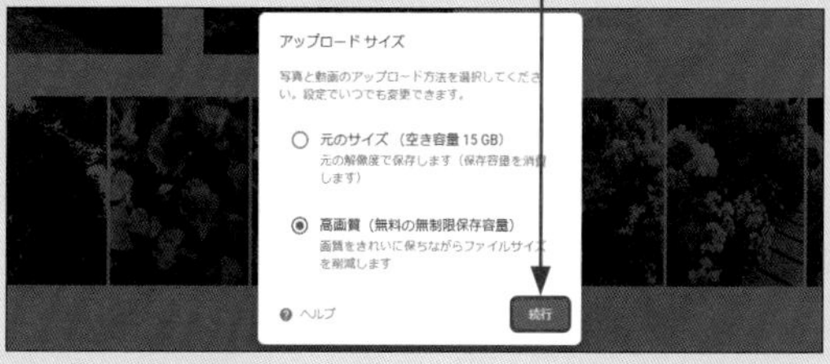

カメラ・写真・音楽 8

Q Googleフォト

バージョン 9.0 10.0 ドコモ ソフトバンク au SIMフリー

364 » Google Lensって何？

A 画像検索機能です。

Google Lensとは、撮影した写真や保存した画像からGoogle検索を利用できる機能です。動物や花の情報、観光スポットの建造物の情報を検索したり、テキストを読み取って翻訳したりすることが可能です。また、Google Playでインストールできる<Google レンズ>アプリでは、画像検索のほかにカメラをかざすだけでGoogle検索を利用できます。

1 画像検索したい写真を表示してをタップすると、

2 検索結果として関連コンテンツが表示されます。

3 上方向にドラッグすると、類似画像を確認することもできます。

Q Googleフォト

バージョン 9.0 10.0 ドコモ ソフトバンク au SIMフリー

365 » 写真をSNSにアップロードしたい！

A をタップし、写真をアップロードしたいSNSを選択します。

スマートフォンでは<フォト>アプリからSNSにアップロードすることができます。アップロードしたい写真を<フォト>アプリで表示して、をタップし、共有メニューを上方向にフリックして、写真をアップロードしたいSNSをタップします。SNSによってはログイン画面が表示される場合もあります。

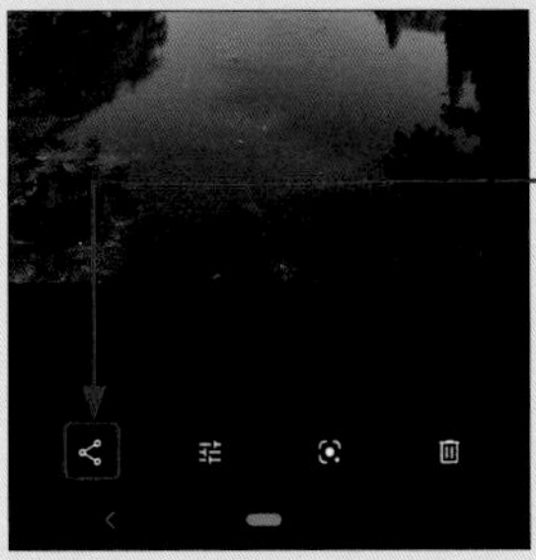

1 SNSにアップロードしたい写真を表示してをタップします。

2 「アプリで共有」を左右にスワイプし、写真のアップロード先のSNS（ここでは<Twitter>アプリの<ツイート>）をタップします。

3 コメントを入力し、画像をツイートします。

Q Googleフォト

バージョン 9.0 10.0 ドコモ ソフトバンク au SIMフリー

366 » 撮った写真を印刷したい!

A スマートフォンでの印刷に対応したプリンターがあれば行えます。

スマートフォンでの印刷に対応したプリンターがあれば、撮影した写真を印刷することが可能です。<フォト>アプリで印刷したい写真を表示して、→<印刷>の順にタップします。<プリンタを選択>をタップし、プリンターを選択します。をタップして印刷設定を行い、をタップすると、写真が印刷できます。なお、写真をプリンターで印刷するためには、プリンターに対応したアプリをインストールし、スマートフォンとプリンターが同じWi-Fiネットワークに接続されている必要があります。

1 印刷したい写真を表示してをタップし、

2 <印刷>をタップします。

3 <プリンタを選択>をタップし、

4 プリンター(ここでは<PX-M7050 Series>)をタップします。

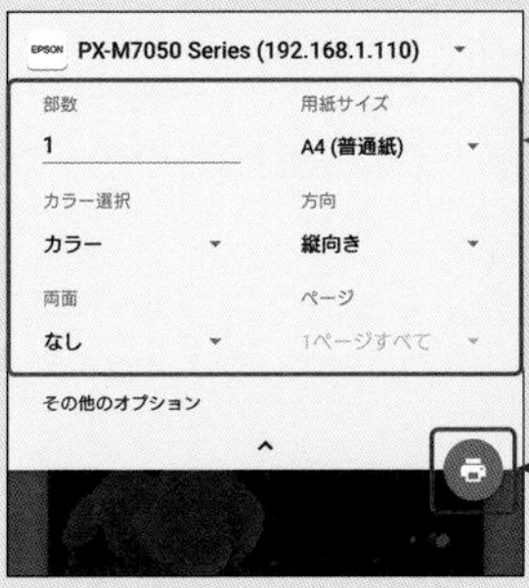

5 をタップして設定画面を開いて印刷設定を行い、

6 をタップすると、写真を印刷できます。

Q 写真

バージョン 9.0 10.0 ドコモ ソフトバンク au SIMフリー

367 » 位置情報を削除したい!

A Exif情報を削除するアプリを利用します。

写真の撮影地の情報は、カメラ機種/絞り/シャッタースピードなどとともに「Exif情報」として写真データに記録されています。写真を送信したり、共有したりするときなど、プライバシー保護のために位置情報を削除したい場合は、Exif情報を削除できるアプリを利用します。ここでは、無料の<Photo exif editor>アプリを使った削除方法を紹介します。

1 <Photo exif editor>アプリをインストールし、タップして起動したら、<写真>をタップして、

2 Exif情報を削除したい写真をタップします。

3 をタップして、

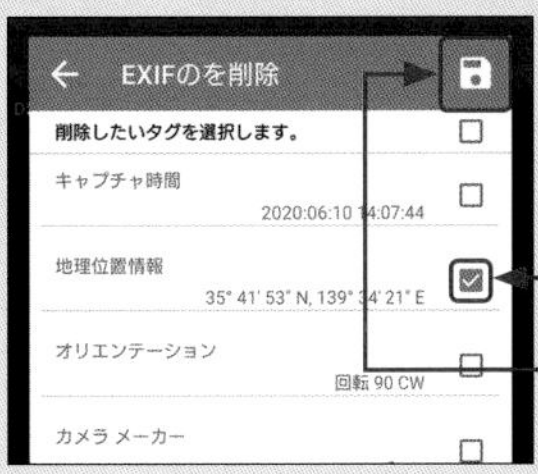

4 「地理位置情報」にチェックを付け、

5 をタップします。

写真　バージョン 9.0 10.0　ドコモ ソフトバンク au SIMフリー

Q 368 » 写真や動画がいっぱいで、メモリが足りない！

A microSDカードに転送します。

スマートフォン本体に多くの写真や動画を保存すると、本体メモリがすぐにいっぱいになってしまいます。microSDカードが利用できる機種であれば、そちらに転送するようにしましょう。また、＜カメラ＞アプリでデータの保存先を「SDカード」に設定することもできます。

SDカードに転送する

1 アプリ一覧画面で＜ツール＞→＜ファイル＞の順にタップします。

2 転送するフォルダを表示し、⋮→＜すべて選択＞→⋮→＜移動＞の順にタップします。

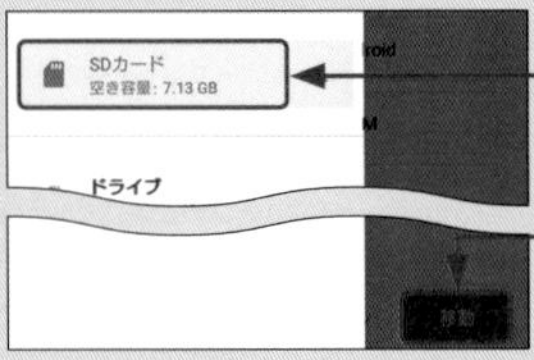

3 ＜SDカード＞をタップし、

4 ＜移動＞をタップします。

保存先をSDカードに変更する

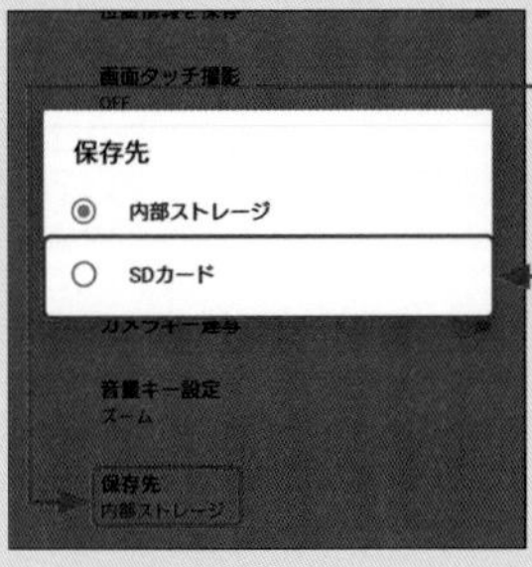

1 ＜カメラ＞アプリで⚙→＜保存先＞の順にタップし、

2 ＜SDカード＞をタップします。

音楽再生アプリ　バージョン 9.0 10.0　ドコモ ソフトバンク au SIMフリー

Q 369 » スマートフォンで音楽を聴くには？

A ＜YT Music＞アプリや＜ミュージック＞アプリを利用します。

スマートフォンで音楽を聴くには、＜YT Music＞アプリ（YouTube Music）を利用します。Xperiaの＜ミュージック＞アプリなど、機種によって別の音楽再生アプリがインストールされていることもあります。＜YT Music＞アプリはGoogleが提供するアプリで、パソコンでアップロードした楽曲や聴き放題の公式楽曲・最新ミュージックビデオを無料で利用することができます。有料版に登録すると、オフライン再生やバックグラウンド再生など快適に音楽を聴ける機能が充実します。＜ミュージック＞アプリは、スマートフォン内の音楽ファイルを再生・管理するためのアプリで、音楽ファイルはあらかじめCDをパソコンで取り込んでスマートフォンに転送するか、音楽ストアで購入してダウンロードします。

＜YT Music＞アプリ

＜YT Music＞アプリはGoogleが提供する音楽再生アプリで、スマートフォンのプリインストールアプリとなっている場合があります。

＜ミュージック＞アプリ

＜ミュージック＞アプリは高音質な音楽を楽しめるXperia専用の音楽再生アプリです。

Q YT Music
バージョン 9.0 10.0 ドコモ ソフトバンク au SIMフリー

370 » <YT Music>アプリの使い方を知りたい！

A 音楽を再生するためのさまざまな機能が利用できます。

＜YT Music＞アプリを起動し、聴きたい曲をタップすると、曲が再生されます。このとき、画面下部には再生中の曲のコントローラーが表示されます。コントローラーでは基本的な操作しかできませんが、コントローラーの左のサムネイルをタップすると表示されるミュージックプレイヤー画面では、より高度な操作ができます。

コントローラー

曲名とアーティスト名が表示されます。

タップして再生操作を行います。

タップするとミュージックプレイヤー画面が表示されます。

ミュージックプレイヤー画面

タップするとコントローラーが表示されます。

タップすると曲と動画（ミュージックビデオ）を切り替えることができます。

タップするとメニューを表示します。

タップして再生操作を行います。

Q YT Music
バージョン 9.0 10.0 ドコモ ソフトバンク au SIMフリー

371 » <YT Music>アプリで聴ける曲の種類は？

A アップロードした曲、聴き放題の曲、デバイスに保存されている曲の3種類です。

＜YT Music＞アプリでは、パソコンから音楽CDなどをクラウドにアップロードして保存した曲、聴き放題の曲、デバイスに保存されている曲の3種類の曲を聴くことができます。アプリは無料で利用できますが、バックグラウンド再生やオフライン再生、広告を非表示にするには有料プランへの加入が必要です。

1 <YT Music>アプリを起動し、

2 ＜デバイスのファイルのみ＞をタップします。

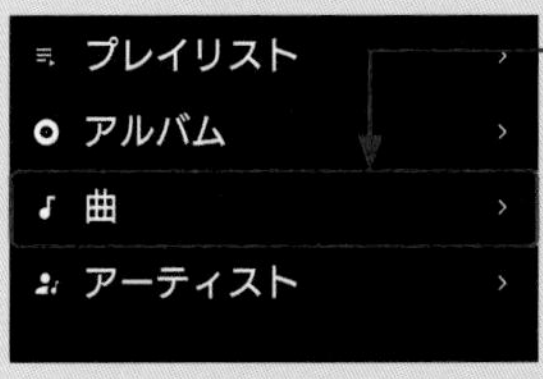

3 <曲>をタップし、

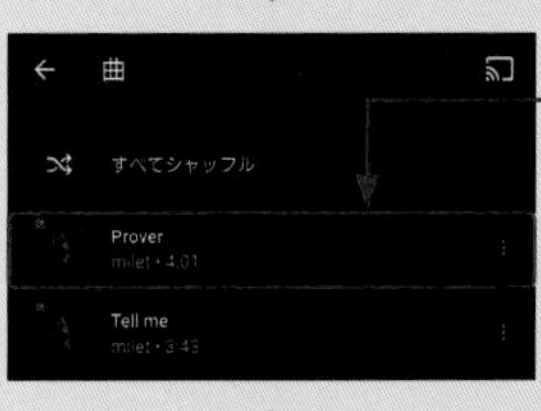

4 再生したい曲名をタップすると、

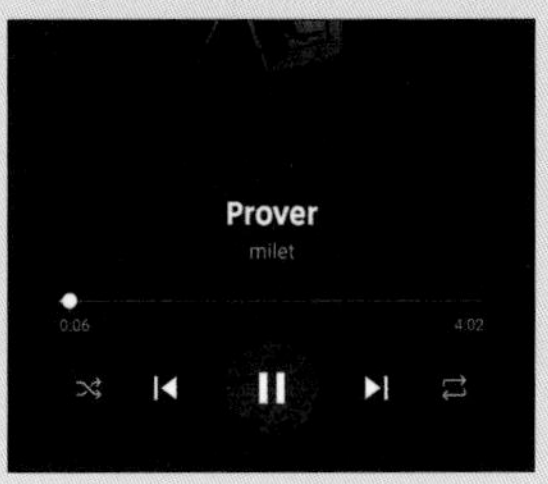

5 再生されます。

Q YT Music バージョン 9.0 10.0 ドコモ ソフトバンク au SIMフリー

372 » <YT Music>アプリの有料プランでできることは？

A バックグラウンド再生やオフライン再生などができます。

Googleが提供する音楽サービス「YouTube Music」は、無料プランと月額980円〜の有料プランの定期購入があります。Googleアカウントを登録すると利用できる無料プランでは、最大10万曲をクラウド上に保存して、自由にストリーミング再生で聴くことができます。また、配信されている公式楽曲・ミュージックビデオを聴き放題で利用できます。さらに、有料プランに加入して定期購入すると、無料で利用できるサービスに加え、バックグラウンド再生やオフライン再生、再生中に表示される動画広告を非表示にすることが可能です。定期購入は初めの1か月間は無料で利用できるので、まずは試してみるのもよいでしょう。

定期購入で利用できるサービス

- 無料で利用できるすべてのサービス
- バックグラウンド再生
- オフライン再生
- 曲再生時の広告非表示

Q YT Music バージョン 9.0 10.0 ドコモ ソフトバンク au SIMフリー

373 » <YT Music>アプリで曲を検索して再生したい！

A をタップして、曲名やアーティスト名を検索します。

YouTube Musicでは、配信されている数多くの楽曲を聴くことができますが、「チャート」や「新作」などの用意されているカテゴリからだけでは、聴きたい曲を見つけることができません。画面右上のをタップして曲名やアルバム名、アーティスト名など任意のキーワードを入力して、検索しましょう。検索結果画面には曲やアルバムなどが表示され、たとえば「曲」に表示された曲名をタップすると、再生されます。

1 をタップし、

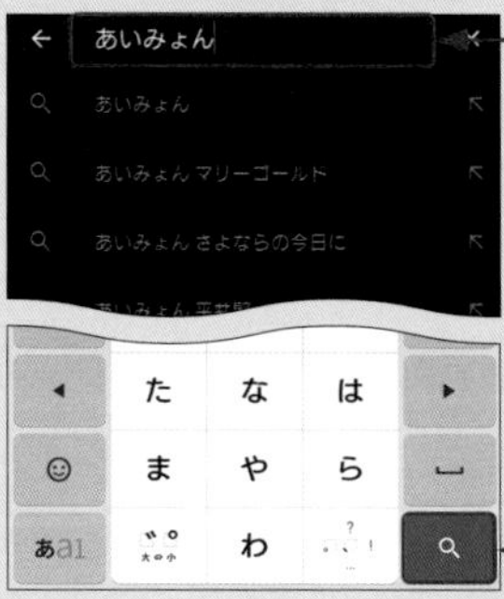

2 検索ボックスに任意のキーワードを入力して、

3 をタップします。

4 検索結果が表示されるので画面を上方向にドラッグして確認します。

5 「曲」の項目は、曲名をタップするとすぐに再生されます。

Q YT Music

バージョン 9.0 10.0 ドコモ ソフトバンク au SIMフリー

374 » 曲を早送りしたい！

A 再生ヘッドを右へドラッグしましょう。

＜YT Music＞アプリで再生中の曲は、画面の再生ヘッドで早送りしたり巻き戻したりすることができます。ミュージックプレイヤー画面で、早送りする場合は右に、巻き戻す場合は左に再生ヘッドをドラッグしましょう。

1 Q.373手順5の画面で、再生したい曲をタップすると、

2 ミュージックプレイヤー画面が表示されます。画面下部の再生ヘッドを右へドラッグすると、曲が早送りされます。

Q YT Music

バージョン 9.0 10.0 ドコモ ソフトバンク au SIMフリー

375 » 曲をアーティスト順に表示したい！

A ＜ライブラリ＞で＜アーティスト＞をタップします。

曲をアーティスト別に聴きたいときは、＜ライブラリ＞をタップして＜アーティスト＞をタップすると、アーティスト順に表示できます。

1 ミュージックプレイヤー画面または検索結果画面で⋮をタップし、＜ライブラリに追加＞をタップします。

2 ＜ライブラリ＞→＜アーティスト＞の順にタップします。

3 ライブラリに追加した曲のアーティストが一覧で表示されます。アーティストをタップすると、人気曲やアーティスト情報などが表示されます。

Q YT Music バージョン 9.0 10.0 ドコモ ソフトバンク au SIMフリー

376 » 検索した曲をオフライン再生したい！

A 有料プランに加入すると、オフライン再生が可能です。

検索した曲をオフライン再生したい場合は、有料プランに加入し、⋮→<オフラインに一時保存>の順にタップします。一時保存した曲は、「ライブラリ」の「オフライン」で確認でき、インターネットの接続がなくても視聴できるようになります。

1 Q.373を参考にオフライン再生したい曲を検索し、検索結果画面で⋮をタップして、<オフラインに一時保存>をタップします。

2 「ライブラリ」で<オフライン>をタップし、<一時保存済みの曲>をタップします。

3 一時保存した曲が一覧で表示されます。

Q YT Music バージョン 9.0 10.0 ドコモ ソフトバンク au SIMフリー

377 » 曲ごとの音量を揃えたい！

A 音量にバラつきはありません。

<YT Music>アプリでは、すべての曲で音量は同じになっています。しかし、音量キーで音が出ない状態にしていても、音楽の再生音量とは異なる音量となっているので、注意しましょう。曲ごとに音量を変えたい場合は、<設定>アプリで「メディアの音量」を調節するか、本体の音量キーを押して調節します。

<設定>アプリで音量を調整する

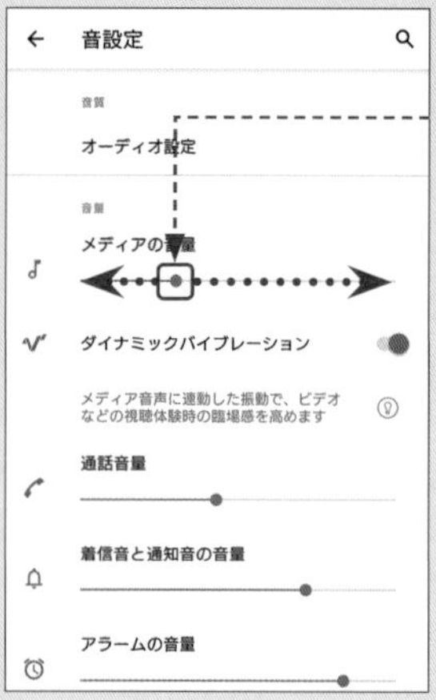

アプリ一覧画面で<設定>→<音設定>の順にタップし、「メディアの音量」の音量バーをドラッグして調節します。

本体の音量キーで音量を調節する

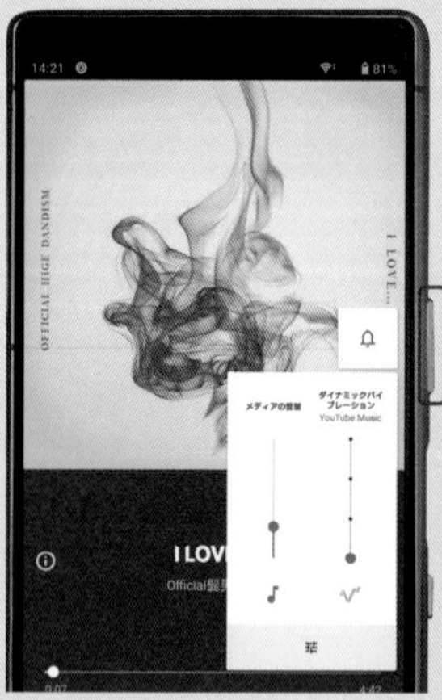

本体の音量キーを押して、音量を調節します。

Q YT Music

バージョン 9.0 10.0 ドコモ ソフトバンク au SIMフリー

378 » ライブラリに追加した曲を削除したい！

A ⋮をタップして、<ライブラリから削除>をタップしましょう。

削除したい曲の右にある⋮をタップして、<ライブラリから削除>（YT Musicにアップロードした曲は<曲を削除>）をタップすると、曲を削除できます。YT Musicにアップロードした曲の場合、クラウド上のファイルの削除となりますので、パソコンなどへのバックアップを確認してから削除するようにしましょう。

1 ライブラリ画面で<曲>をタップし、⋮をタップします。

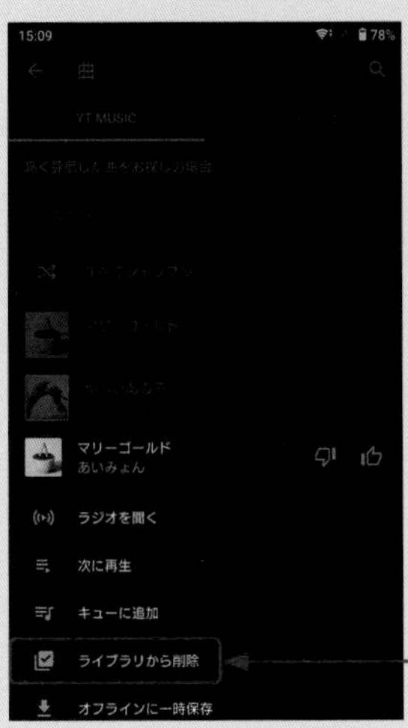

2 <ライブラリから削除>（YT Musicにアップロードした曲は<曲を削除>）をタップすると、ライブラリに追加した曲が削除されます。

Q YT Music

バージョン 9.0 10.0 ドコモ ソフトバンク au SIMフリー

379 » 音楽を聴きながらほかのアプリを利用したい！

A バックグラウンド再生しながらほかのアプリを利用します。

ほとんどの音楽再生アプリは、バックグラウンドで曲の再生ができます。<YT Music>アプリの場合は、有料プランに加入することでバックグラウンド再生が可能になります。曲の再生中にホームボタンをタップすると、曲は再生したままホーム画面が表示されます。この状態でほかのアプリアイコンをタップするとアプリが起動し音楽を聴きながらほかのアプリを操作することができます。

1 曲の再生中にホームボタンをタップすると、

2 ホーム画面が表示されます。ほかのアプリアイコン（ここでは<Chrome>）をタップすると、

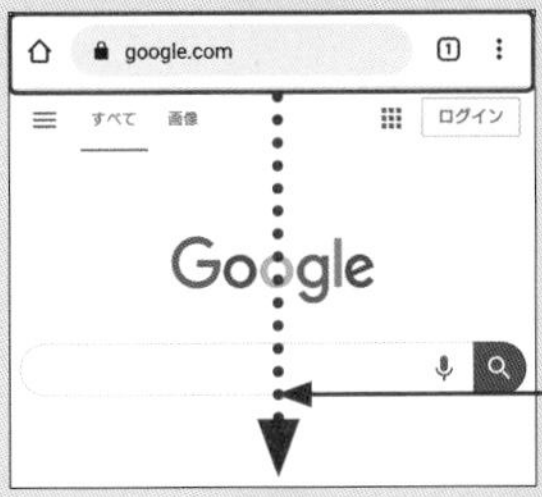

3 <Chrome>アプリが起動し、音楽を聴きながらWebページが閲覧できます。

4 画面上部を下方向にドラッグすると、

5 通知パネルが表示され、曲の停止や頭出し、次の曲へ移動などができます。

Q YT Music
バージョン 9.0 10.0 | ドコモ ソフトバンク au SIMフリー

380 ≫ ロックを解除せずに再生中の曲を操作できる？

A 停止や頭出し、前後の曲の再生などが可能です。

曲の再生中にスリープ状態となり、電源キーなどを押してロック画面を表示すると、アルバムのアートワークや曲名・アーティスト名、操作ボタンが表示されます。⏮を1回タップすると曲を頭出しし、2回タップすると前の曲を再生します。⏸をタップすると一時停止となり、⏭をタップすると次の曲が再生されます。また、バナーを下方向にスワイプすると、「グッド」や「イマイチ」のアイコンが表示され、曲の評価ができます。

1 バナーを下方向にスワイプすると、

1回タップすると曲を最初から、2回タップすると前の曲を再生します。

タップすると次の曲を再生します。

タップすると一時停止し、再度タップすると曲を再生します。

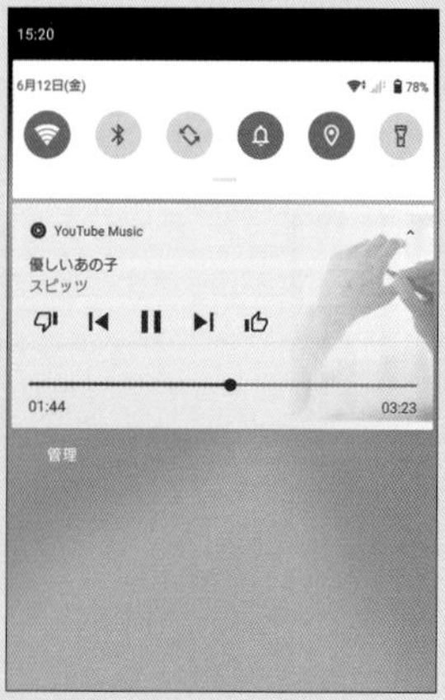

2 通知パネルの音楽操作画面が表示されます（Q.381参照）。

Q YT Music
バージョン 9.0 10.0 | ドコモ ソフトバンク au SIMフリー

381 ≫ 通知パネルで音楽の操作をしたい！

A 通知パネルのコントローラーで再生操作を行います。

現在再生している曲であれば、通知パネルのコントローラーから再生操作を行うこともできます。通知パネルを開くには、ステータスバーを下方向にドラッグします。なお、バックグラウンドで動いている＜YT Music＞アプリを終了してしまった場合は、通知パネルでの再生操作はできません。

1 再生中にステータスバーを下方向にドラッグします。

2 コントローラーが表示されます。各ボタンをタップして操作します。

382 » 曲を購入したい！

A 音楽アプリを利用します。

音楽アプリを利用して、曲を購入することができます。曲を購入できるサービスや対応アプリはいろいろありますが、ここでは、ソニーの楽曲配信サービス「mora」を利用することができる＜mora＞アプリでの曲の購入手順を紹介します。

1 Q.153を参考に＜mora＞アプリをインストールします。

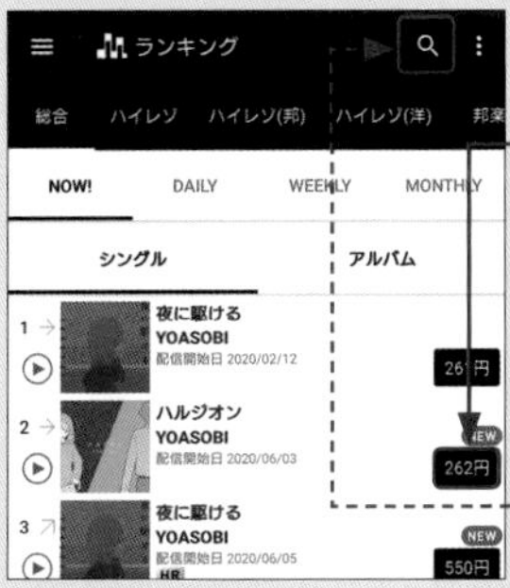

2 ＜mora＞アプリを起動し、購入したい曲の＜○○円＞（○○は金額）をタップします。

🔍をタップすると、アーティスト名や曲名で楽曲を検索することができます。

3 ＜mora＞アプリへのサインインを求められます。アカウントを持っていない場合、＜アカウント新規登録＞をタップします。

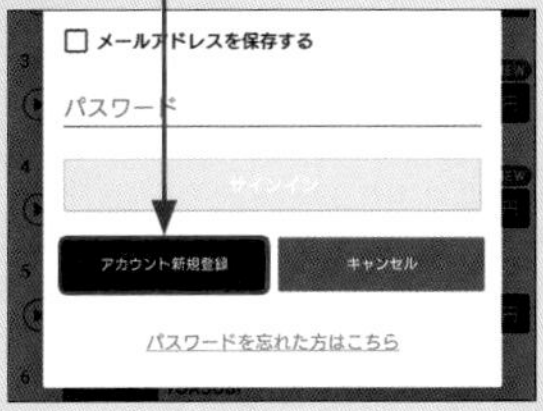

アカウントを持っている場合、メールアドレスとパスワードを入力して＜サインイン＞をタップします。

4 「アカウント新規登録」画面が表示されるので、画面の指示に従ってアカウントを作成します。

5 アカウントの作成が完了すると、商品購入画面に戻ります。決済方法が選択されていない場合、決済方法を入力するアラートが表示されます。＜はい＞をタップします。

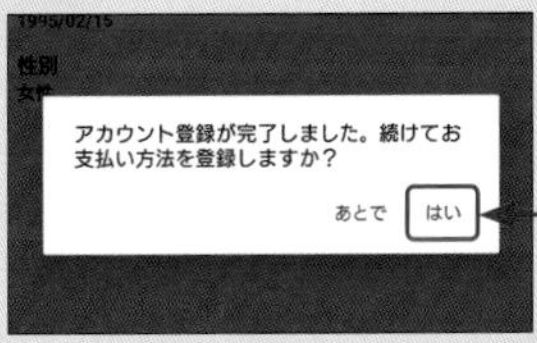

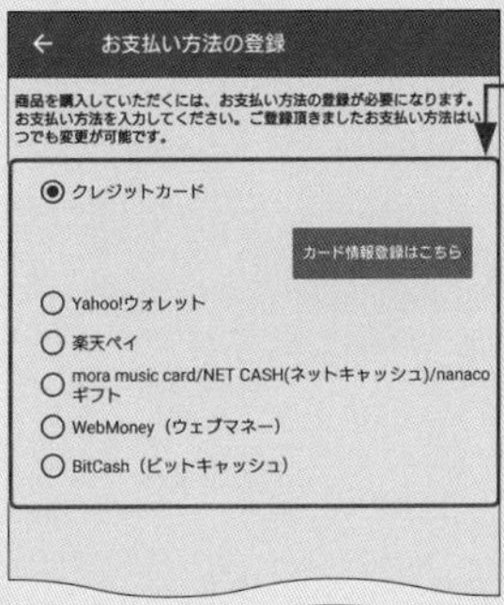

6 ＜通常ご利用になるお支払方法の設定＞をタップし、任意の支払い方法をタップして選択して、

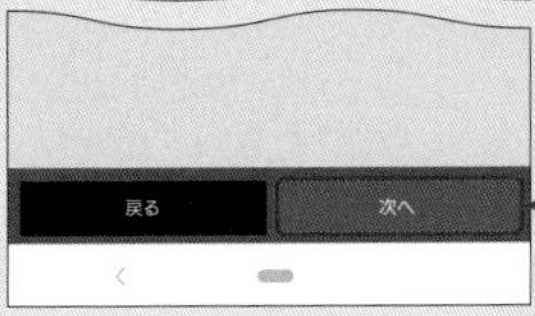

7 ＜次へ＞をタップしたら、画面の指示に従って音楽を購入します。

Q 音楽 バージョン 9.0 10.0 ドコモ ソフトバンク au SIMフリー

383 ≫ ハイレゾ音源って何？

A 音楽CDの音源よりも高音質な音源です。

「ハイレゾ音源」とは、音楽CDに収録されている音楽データの規格であるサンプリングレート44.1kHz、ビットレート16bitを超える高音質な音源のことです。サンプリングレートとは波形に対しての時間軸、ビットレートとはサンプリングレート一コマあたりの情報量のことです。ハイレゾ音源は、主にダウンロードで販売されています。現在多くのスマートフォンは、本体のみでハイレゾ音源を再生することができます。

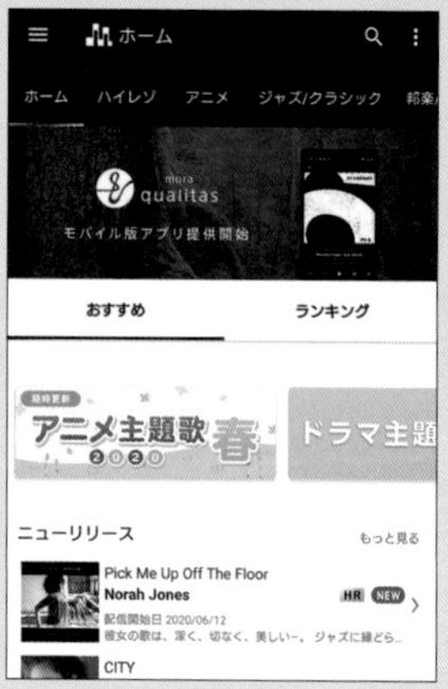

ハイレゾ音源は<mora>アプリなどで購入することができます（Q.382参照）。

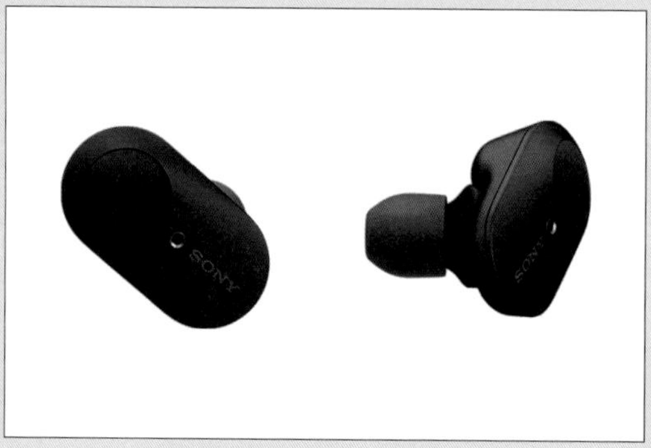

ハイレゾ音源を楽しむには、ハイレゾ音源対応の再生機器があるとよいでしょう（写真はソニーのWF-1000XM3）。

Q 音楽 バージョン 9.0 10.0 ドコモ ソフトバンク au SIMフリー

384 ≫ ハイレゾ音源を購入したい！

A <mora>アプリで購入できます。

ハイレゾ音源は、「mora」や「e-onkyo music」などのハイレゾ音源配信サイトで購入してダウンロードします。購入方法は各配信サイトやアプリを参照してください。ここでは、<mora>アプリ（Q.382参照）を利用したハイレゾ音源の購入方法を紹介します。

1 Q.382を参考に<mora>アプリを起動し、<ハイレゾ>をタップします。

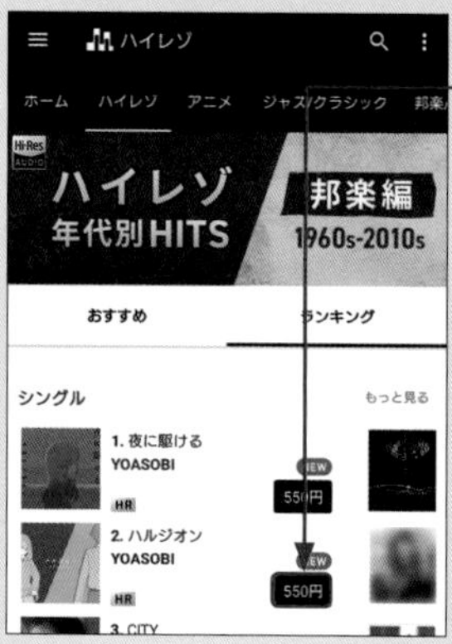

2 購入したい曲／アルバムの価格部分をタップします。

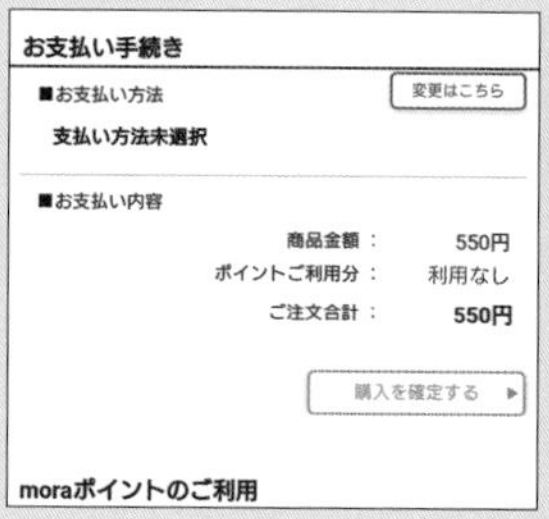

3 「お支払い手続き」画面が表示されるので、画面の指示に従って曲を購入します。

第9章

Googleサービスや標準アプリの「こんなときどうする?」

Q Google

バージョン 9.0 10.0 | ドコモ ソフトバンク au SIMフリー

385 » スマホで利用できるGoogleのサービスは？

A ChromeやGmailなど、さまざまなサービスを利用できます。

スマートフォンでは、さまざまなGoogleサービスを利用できます。また、Androidスマートフォンには最初からいくつかのGoogleのサービスを利用できるアプリがインストールされています。インストールされていないGoogleのアプリは、<Playストア>アプリからインストールすることで使えるようになります。

Google マップ

Googleが提供しているマップアプリの「マップ」。

Google ドライブ

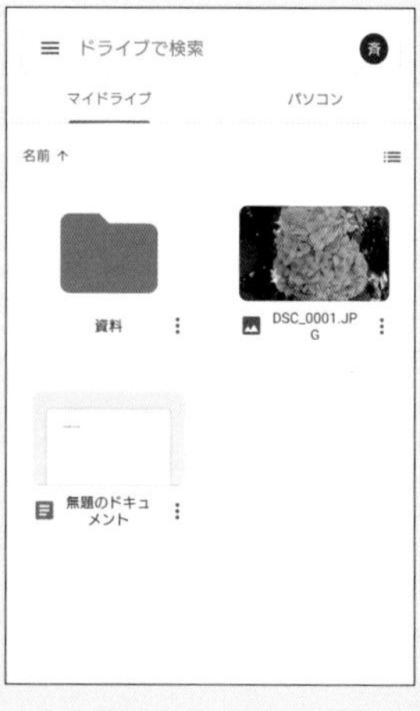

写真やOfficeファイルなどを保存できるストレージアプリ、「ドライブ」。使用するには、Googleアカウントに登録する必要があります。

Q Google

バージョン 9.0 10.0 | ドコモ ソフトバンク au SIMフリー

386 » ホーム画面のGoogleのウィジェットでできることは？

A キーワードを入力して、Googleで検索できます。

ホーム画面にあるGoogleのウィジェットは、タップすると文字を入力できるようになります。キーワードを入力して検索すると、Googleでキーワードにもとづいた検索結果が表示されます。

1 Googleのウィジェットをタップします。

2 検索したいキーワードを入力して、検索します。

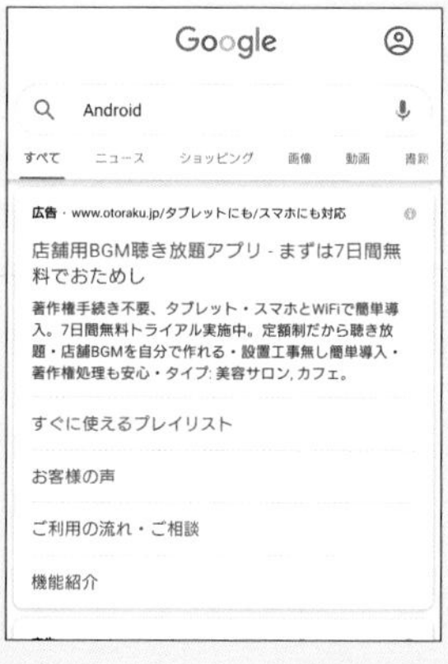

3 キーワードにもとづいた検索結果が表示されます。

Q Google

バージョン 9.0 10.0　ドコモ ソフトバンク au SIMフリー

387 » Googleのウィジェットで音声入力したい！

A ウィジェットの🎤をタップします。

Googleのウィジェットから音声入力をして、キーワード検索することができます。ウィジェットの🎤をタップして、気になるキーワードを話しかけるだけで、検索できます。また、ウィジェットをタップしなくても、「OK Google」を有効にしていれば、話しかけても、検索することができます（Q.422参照）。

1 Googleのウィジェットの🎤をタップします。

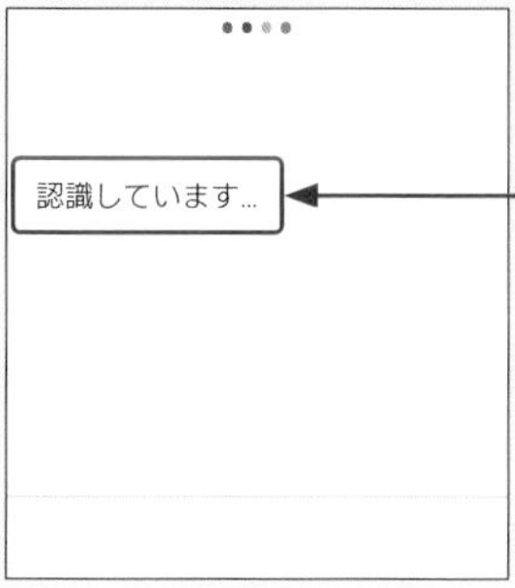

2 「認識しています」と表示されたら、検索したいキーワードを話しかけます。

3 キーワードにもとづいた検索結果が表示されます。

Q メモ

バージョン 9.0 10.0　ドコモ ソフトバンク au SIMフリー

388 » かんたんにメモを取りたい！

A Google Keepでメモを取りましょう。

「Google Keep」（<Keep メモ>アプリ）とは、多彩な機能を備えたメモアプリです。入力はとてもシンプルで、音声で文字を入力できる機能も搭載しており、手軽さが特徴です。Google Keepがインストールされていない場合は、<Playストア>アプリからインストールしましょう。

1 <Keep メモ>アプリを起動して、＋をタップします。

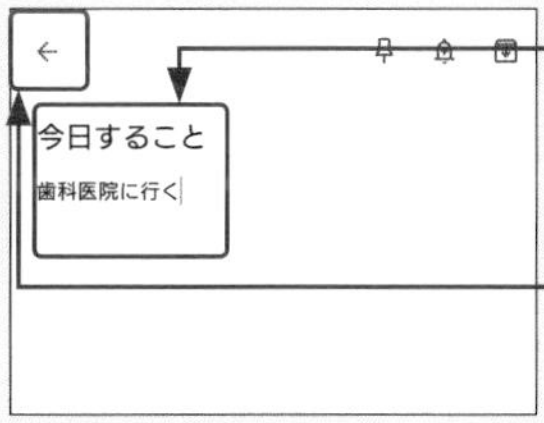

2 メモを入力して、

3 ←をタップすると、

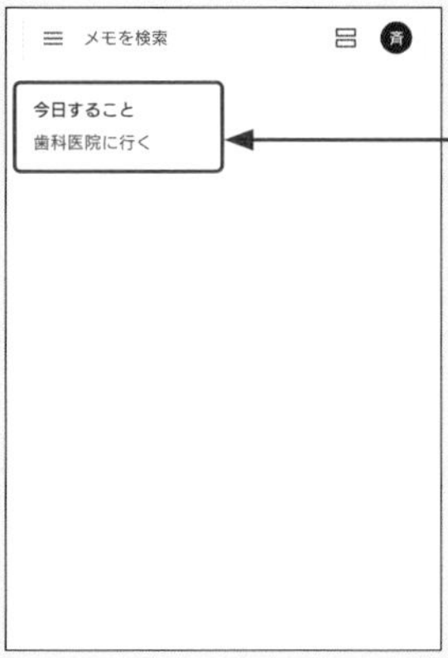

4 メモが追加されます。

メモ
バージョン 9.0 10.0
ドコモ ソフトバンク au SIMフリー

Q 389 » チェックリストを作りたい！

A チェックボックス機能を利用しましょう。

Google Keepでは、チェックボックス付きのメモを使用することができます。チェックを付けると取り消し線が表示されるので、ひと目で完了していることが確認できます。また、優先順位の高いものを並び替えて管理することも可能です。

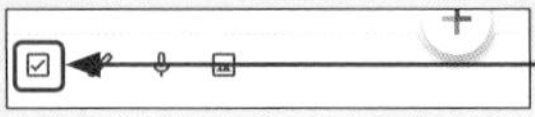

1 ☑をタップし、

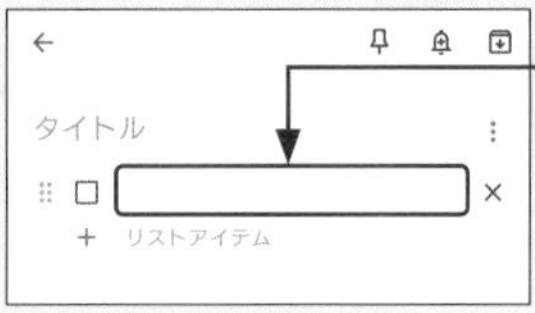

2 リストに追加したい項目を入力します。

3 改行するとチェックボックスを追加できます。

⠿をタッチしたまま上下にドラッグすると、リストの入れ替えができます。

4 <タイトル>をタップしてタイトルを入力し、

5 ←をタップすると、

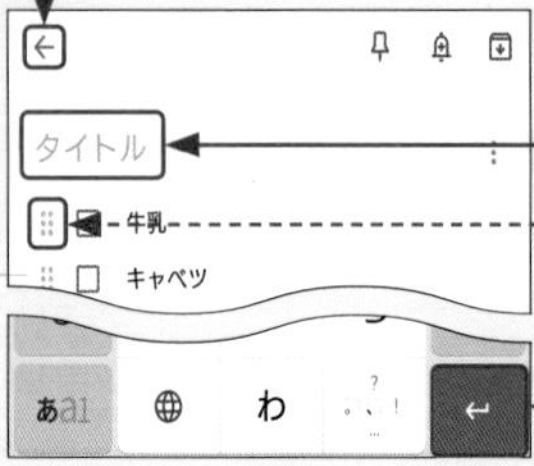

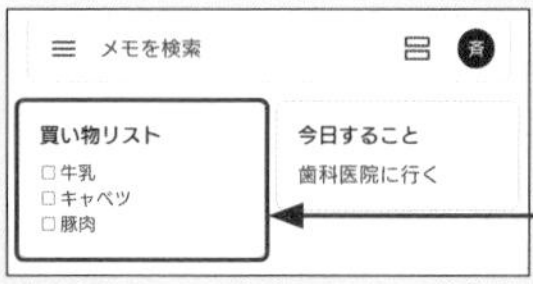

6 チェックリストが作成されます。

メモ
バージョン 9.0 10.0
ドコモ ソフトバンク au SIMフリー

Q 390 » 写真付きのメモを作成したい！

A ⊞→<画像を選択>の順にタップしましょう。

メモに画像を追加すると、メモの一覧画面にも写真が表示されるので、目的のメモを見つけやすくなります。なお、Q.388の手順1の画面で🖼をタップすると、写真を撮影してメモに追加したり、画像を選択してからメモを作成したりすることができます。

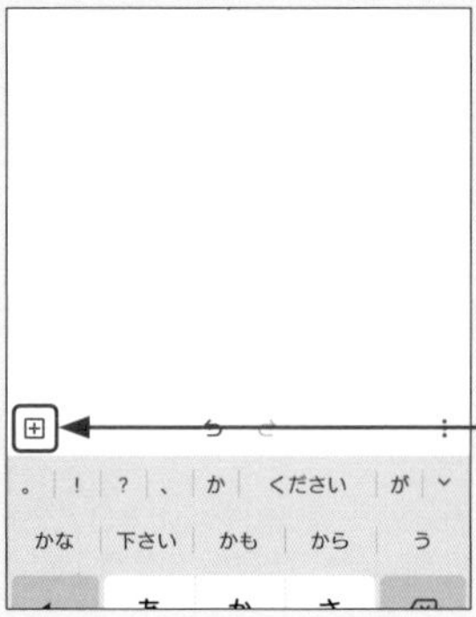

1 写真を追加したいメモを表示し、⊞をタップし、

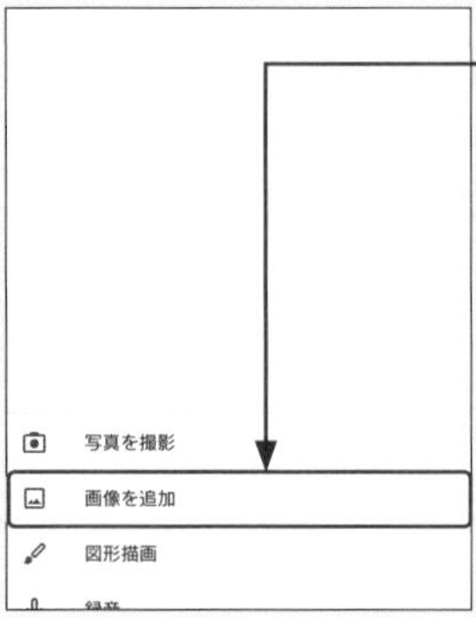

2 <画像を追加>をタップして、

3 画像を選択すると、

4 画像が追加されます。

Q メモ

バージョン 9.0 10.0 ドコモ ソフトバンク au SIMフリー

391 メモの通知を場所で設定したい！

A 🔔をタップしてリマインダーを設定します。

Google Keepでは、指定した場所に到着したら通知するメモを設定できます。また、知名度のある場所なら、住所だけでなく建物の名前でも指定が可能です。

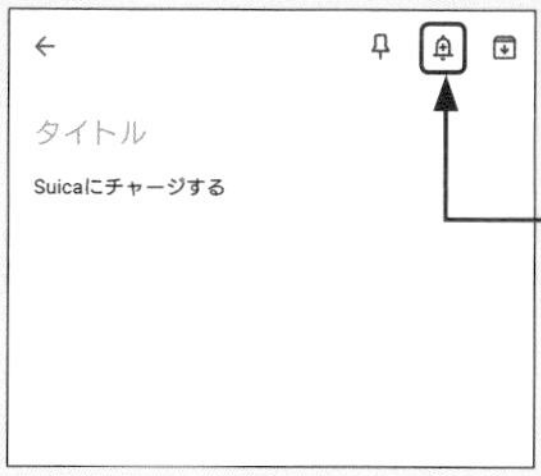

1 通知を追加したいメモを表示します。

2 🔔をタップし、

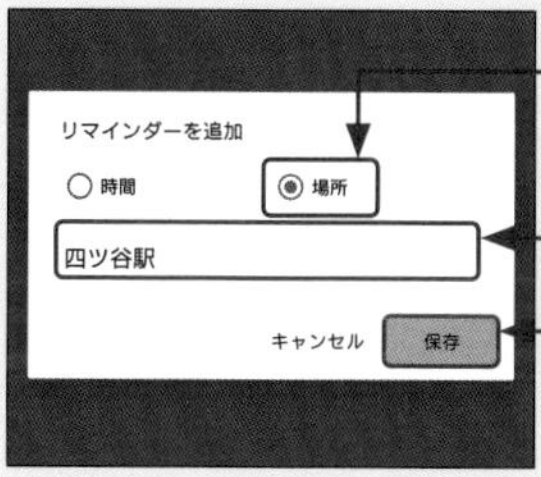

3 <場所>をタップして、

4 場所を設定し、

5 <保存>をタップします。

6 ←をタップすると、

7 設定が完了します。

Q メモ

バージョン 9.0 10.0 ドコモ ソフトバンク au SIMフリー

392 音声でメモを作成したい！

A 🎤をタップして話しかけましょう。

ボイスメモの特徴は、思いついたときに時間をかけず、瞬時にメモを作成できることです。ボイスメモを作成すると、話しかけた内容を音声だけでなく、テキストとしても保存できます。

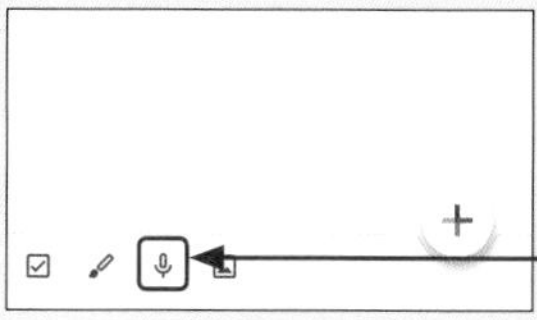

1 🎤をタップして、

2 メモの内容を話しかけます。

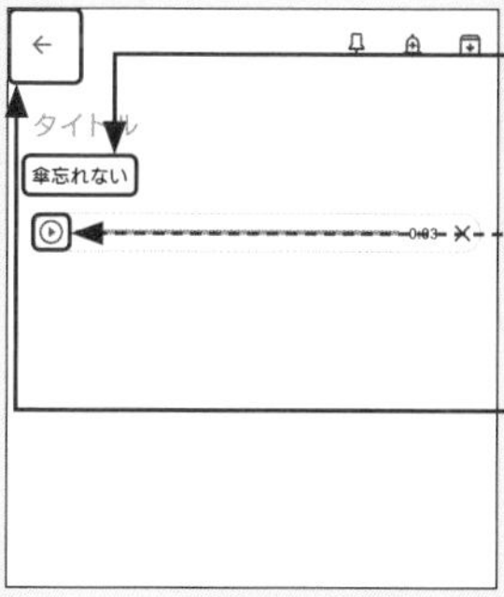

3 音声がテキスト化されます。

▶をタップすると録音された音声メモが流れます。

4 ←をタップすると、

5 メモが作成されます。

Q メモ　バージョン 9.0 10.0　ドコモ ソフトバンク au SIMフリー

393 » メモを削除したい！

A メモを選択して、＜削除＞をタップします。

不要になったメモは、増えると見づらくなってしまうので削除しましょう。削除するには、削除したいメモをロングタッチして、︙→＜削除＞の順にタップします。

1 削除したいメモをロングタッチします。

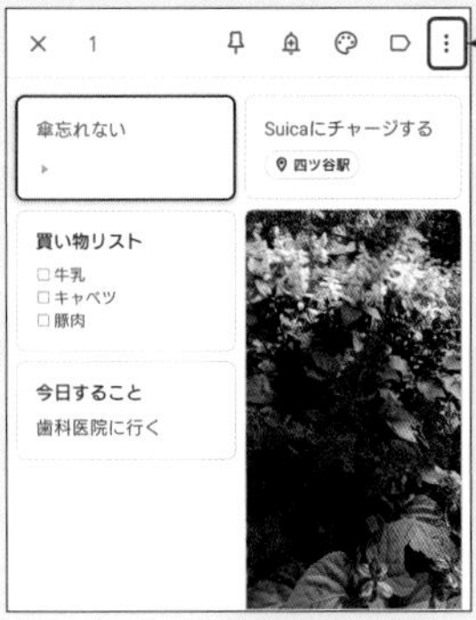

2 ︙をタップします。

3 ＜削除＞をタップすると、メモが削除されます。

Q カレンダー　バージョン 9.0 10.0　ドコモ ソフトバンク au SIMフリー

394 » カレンダーを利用したい！

A ＜カレンダー＞アプリを利用します。

スマートフォンで予定を管理したいときは、Googleの＜カレンダー＞アプリを利用するとよいでしょう。Googleの＜カレンダー＞アプリはAndroidスマートフォンに標準で搭載されています。スケジュール管理やタスク管理など、多くの機能が利用できます。

1 アプリ一覧画面で＜カレンダー＞をタップします。

2 初回起動時は画面を左方向に2回フリックし、＜終了＞をタップします。

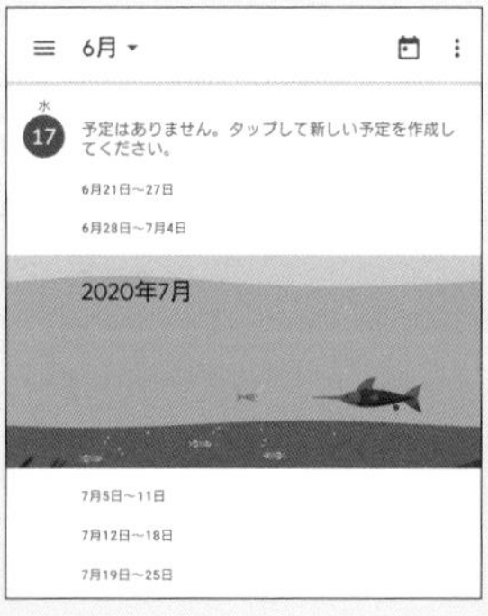

3 ＜カレンダー＞アプリが起動します。

Q カレンダー

バージョン 9.0 10.0 | ドコモ ソフトバンク au SIMフリー

395 » カレンダーに予定を登録したい!

A ＋をタップすれば、日時や場所などの情報を入力できます。

カレンダーには、予定を入力することができます。設定できる内容は、タイトル、場所、開始時間、終了時間、通知アラーム、参加者などです。丸1日の予定を指定したい場合、<終日>の項目をオンにします。

1 <カレンダー>アプリで＋→<予定>の順にタップし、

2 タイトルや日時などの内容を入力したら、

3 <保存>をタップします。

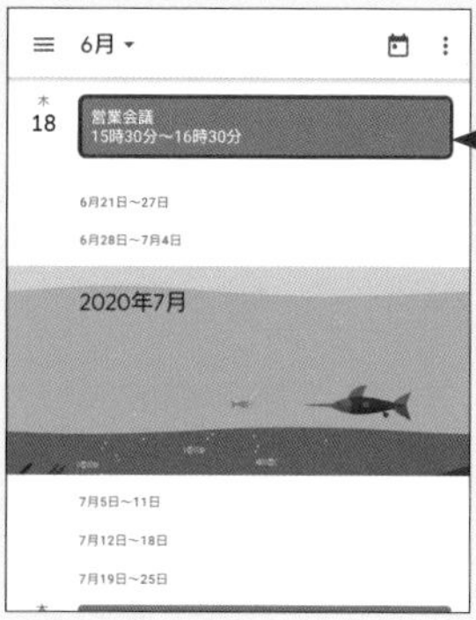

4 カレンダーに予定が追加されます。

Q カレンダー

バージョン 9.0 10.0 | ドコモ ソフトバンク au SIMフリー

396 » Gmailの予定をカレンダーに登録したい!

A Gmail宛ての予定は自動でカレンダーに登録されます。

Gmailで予定に関するメールを受信すると、自動的にカレンダーへ登録されます。自動で追加されない場合は、カレンダーを表示して≡→<設定>→<Gmailから予定を作成>の順にタップし、オンになっているか確認しましょう。

1 ≡→<設定>→<Gmailから予定を作成>の順にタップします。

2 <Gmailから予定を作成>をタップし、

3 <有効にする>をタップすると、オンになります。

Q カレンダー

バージョン 9.0 10.0 ドコモ ソフトバンク au SIMフリー

397 ≫ 予定の通知を設定したい！

A イベントから通知を追加しましょう。

Googleカレンダーでは、イベントや予定の通知を受け取るように設定できます。カスタム通知なら「何分前」「何日前」「何週間前」に通知を受け取るかを選択することができます。

1 Googleカレンダーで予定を表示し、

2 ✎をタップして、

3 ＜通知を追加＞をタップしたら、

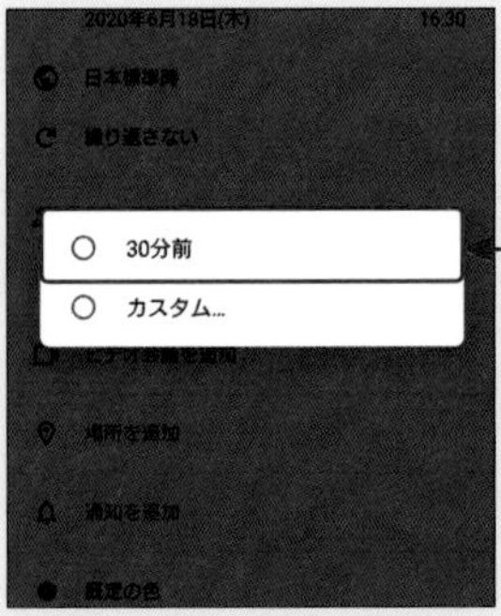

4 通知したい時間をタップして選択します。

Q カレンダー

バージョン 9.0 10.0 ドコモ ソフトバンク au SIMフリー

398 ≫ カレンダー表示を切り替えたい！

A ≡から、表示方法を変更できます。

カレンダーの表示方法はさまざまなタイプに選択できます。用途にあわせて切り替えをして、スケジュール管理に役立てましょう。ここでは、例として「日」表示に切り替える方法を解説します。

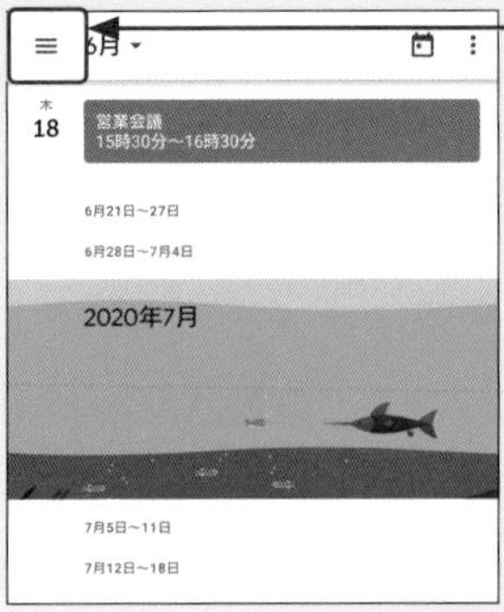

1 ≡をタップし、

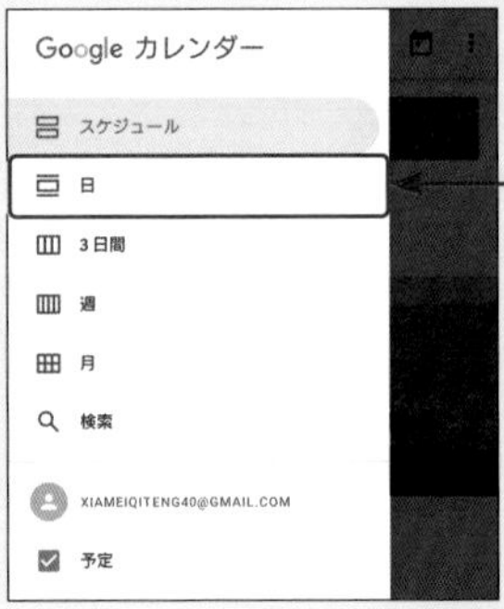

2 ＜日＞をタップすると、

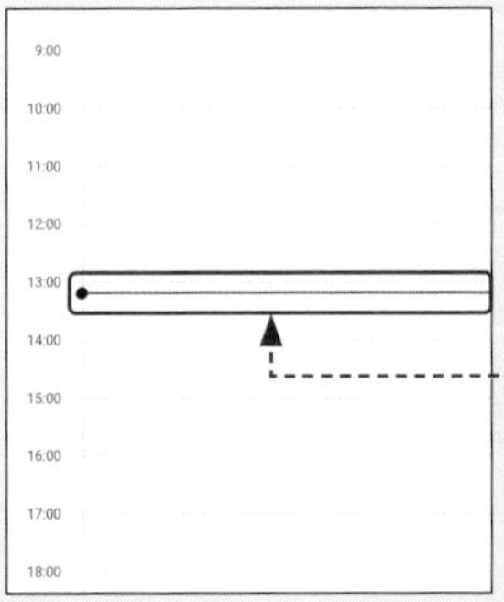

3 表示が切り替わります。

黒の棒線は現在の時刻を示しています。予定を入れたい時刻をタップして入力すると、予定を登録できます。

Q カレンダー

バージョン 9.0 10.0　ドコモ ソフトバンク au SIMフリー

399 » カレンダーの予定を編集・削除したい！

A 予定をタップして、編集・削除をします。

カレンダーに作成された予定は、あとから編集や削除することができます。予定をタップして、編集したい場合はを、削除をしたい場合はをタップして、設定をします。

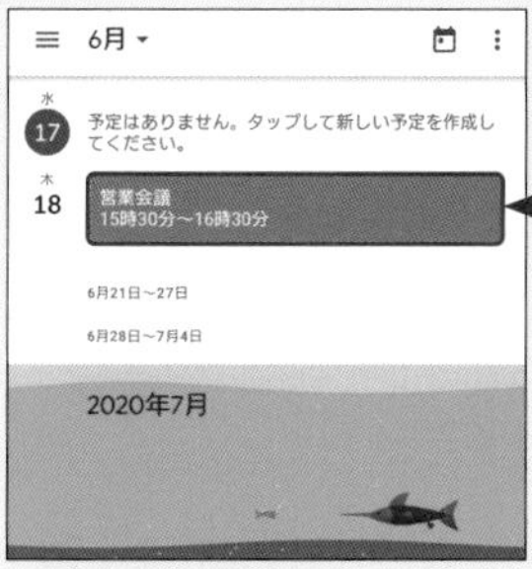

1 編集したい予定をタップします。

2 をタップします。

予定を削除する場合は、⋮→＜削除＞→＜削除＞の順にタップします。

3 予定の編集をしたら、＜保存＞をタップします。

Q カレンダー

バージョン 9.0 10.0　ドコモ ソフトバンク au SIMフリー

400 » 出席依頼がきたらどうする？

A 「はい」「未定」「いいえ」のリンクを使って返答ができます。

カレンダーの招待状に対して出欠確認を行うと、自分の出席の可否をほかのユーザーに知らせることができます。

1 Gmailを起動し、

2 出席確認のメールをタップします。

3 出欠の返答（ここでは＜いいえ＞）をタップします。

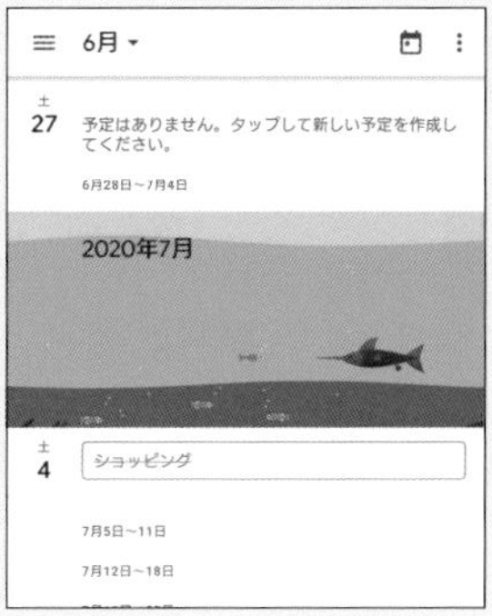

＜カレンダー＞アプリを起動すると、出席確認の返答内容（「いいえ」の場合には予定に取り消し線が入ります）が確認できます。

Q カレンダー

バージョン 9.0 10.0　ドコモ　ソフトバンク　au　SIMフリー

401 ≫ 日本の祝日を設定したい！

A 「祝日」にチェックを付けます。

誕生日や祝日は、自動的にカレンダーに追加されます。また、「設定」からさまざまな宗教の祝日や、国ごとの祝日を選ぶことも可能です。

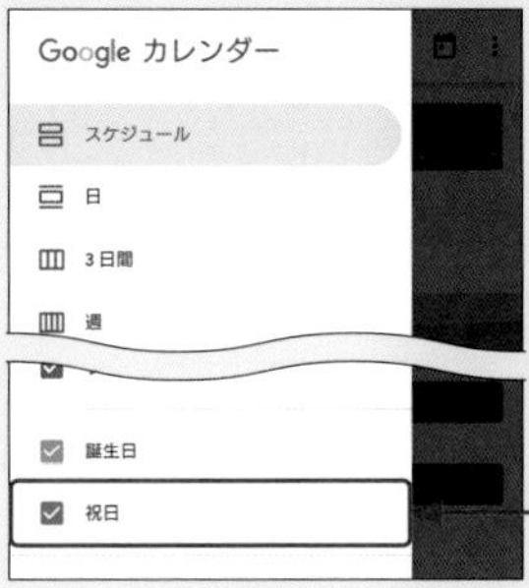

1 ≡をタップし、

2 <祝日>をタップしてチェックを付けると、

3 祝日がカレンダーに追加されます。

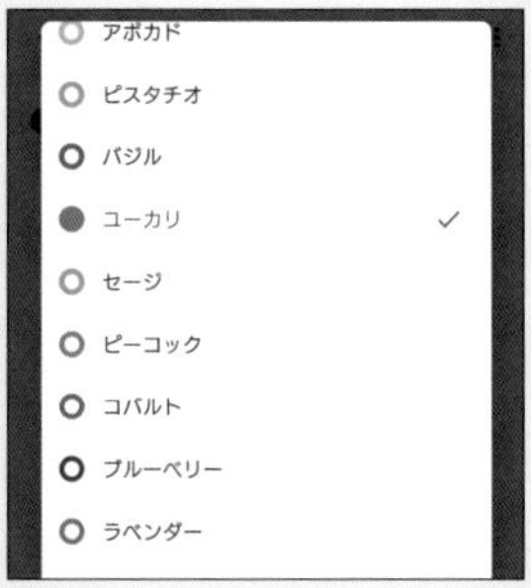

祝日の表示の色は任意のものに設定できます。≡→<設定>→<祝日>→<色>の順にタップし、設定したい色をタップします。

Q カレンダー

バージョン 9.0 10.0　ドコモ　ソフトバンク　au　SIMフリー

402 ≫ 誕生日を設定したい！

A 「誕生日」にチェックを付けます。

誕生日はGoogleアカウントと関連付けられた<連絡帳>アプリなどの詳細から、自動的に取得されます。

1 カレンダーのメニューを表示し、

2 <誕生日>をタップします。

3 Google コンタクトに追加しているユーザーの誕生日が追加されます。

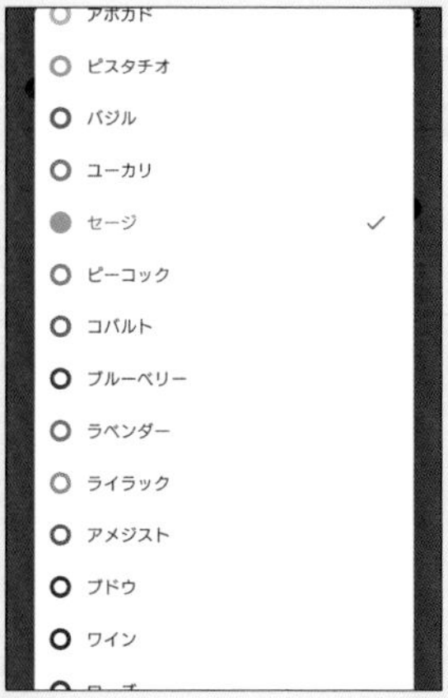

≡→<設定>→<誕生日>→<色>の順にタップすると、色分けもできるので、見やすいように色を設定しましょう。

Q マップ

バージョン 9.0 10.0 ドコモ ソフトバンク au SIMフリー

403 » マップの利用法を知りたい！

A <マップ>アプリを利用します。

Androidスマートフォンには、Googleマップが利用できる<マップ>アプリが標準搭載されています。Googleマップとは、Googleがインターネットを通して提供する、地図およびルート検索サービスです。<マップ>アプリは、ホーム画面の「Google」フォルダもしくはアプリ一覧画面から<マップ>をタップすると、起動できます。

1 アプリ一覧画面で<マップ>をタップします。

2 マップが起動し、現在地が青い点で表示されます。

Q マップ

バージョン 9.0 10.0 ドコモ ソフトバンク au SIMフリー

404 » 現在地を表示したい！

A <マップ>アプリを起動して、⊙をタップします。

<マップ>アプリでは、現在地は◉で表示されます。<マップ>アプリを起動し、現在地が表示されていない場合は、⊙をタップすると、現在地を中心にマップが表示されます。ただし、現在地を表示するには、位置情報をオンにする必要があります。位置情報を取得できない場合は、アプリ一覧画面で<設定>→<位置情報>の順にタップして、位置情報がオンになっているかを確認しましょう。

1 アプリ一覧画面で<設定>→<位置情報>の順にタップし、

2 オフの場合は、●→<同意する>の順にタップすると、位置情報がオンになります。

3 <マップ>アプリを起動して⊙をタップすると、現在地を中心としたマップが表示されます。

Q マップ

バージョン 9.0 10.0 ドコモ ソフトバンク au SIMフリー

405 » 周辺のカフェを調べたい！

A 付近の検索で＜コーヒー＞をタップします。

＜マップ＞アプリを表示したときに、下のメニューから＜スポット＞をタップすると、付近の建物などを検索するメニューが表示されます。カフェを検索したい場合は、＜コーヒー＞を検索しましょう。

1 ＜マップ＞アプリを起動して、＜スポット＞をタップします。

2 画面上部のメニューを左右にスワイプし、＜コーヒー＞をタップします。

3 現在地付近のカフェが表示されます。

Q マップ

バージョン 9.0 10.0 ドコモ ソフトバンク au SIMフリー

406 » マップの表示方法を変更したい！

A ◈をタップして、表示方法を選択します。

Googleマップでは、地図の表示方法を「デフォルト」「航空写真」「地形」の3種類から選択できます。航空写真では3Dで地図が表示され、視点を傾斜させたり回転させたりすることが可能です。

1 ＜マップ＞アプリを起動して、◈をタップします。

2 表示方法を選択します。ここでは＜航空写真＞をタップします。

3 表示方法が切り替わります。

マップ

バージョン 9.0 10.0　ドコモ ソフトバンク au SIMフリー

Q 407 » 目的地までのルートを検索したい！

A <経路>をタップして、現在地と目的地を入力します。

マップでは車、公共機関、徒歩、タクシーといった、さまざまな手段で目的地までのルートを検索できます。また、出発・到着時間を変更したり、高速道路を利用しない道順に絞って検索したりすることもできます。

1 <マップ>アプリを起動して、<経路>をタップします。

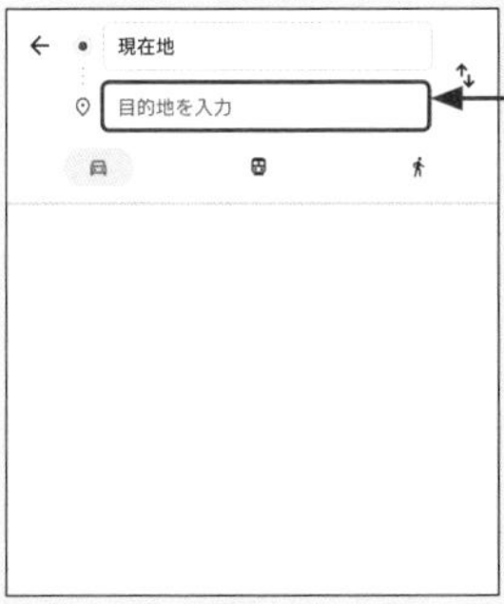

2 目的地を入力し、🔍をタップすると、

3 現在地から目的地までのルートが表示されます。

マップ

バージョン 9.0 10.0　ドコモ ソフトバンク au SIMフリー

Q 408 » ルート検索で移動手段を変更したい！

A 別の移動手段を選択しましょう。

ルート検索を行うと、同時に複数の検索結果が表示されます。状況に応じて、移動手段を選びましょう。たとえば、🚶をタップすると「徒歩」に切り替わります。また、各アイコンの右側には、その手段で移動してかかる時間が表示されています。

1 Q.407を参考にルート検索をして、変更したい移動手段をタップします。

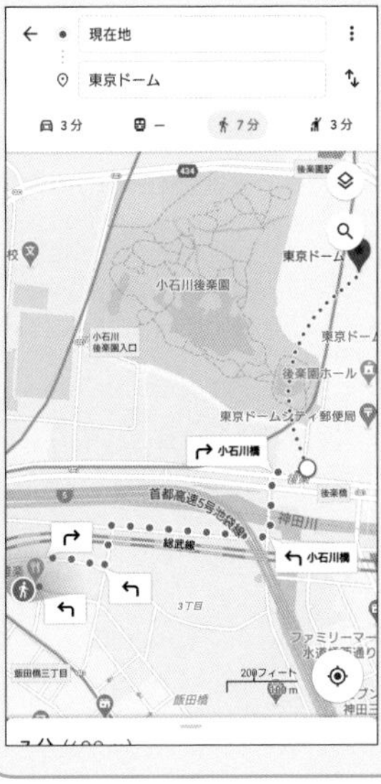

2 手順1でタップした移動手段に変更されます。

Q マップ

バージョン 9.0 10.0 ドコモ ソフトバンク au SIMフリー

409 » 経路の詳細を表示したい！

A 検索結果から経路の詳細を表示できます。

マップでは、ルート検索を行うと複数のルートを検索結果として表示します。公共交通機関を使うルートの場合、どの路線を使い、駅までどれくらい歩くかなど詳しい経路の詳細を表示して見比べることができます。

1 Q.407を参考にルート検索をして、表示されたルートの1つをタップすると、

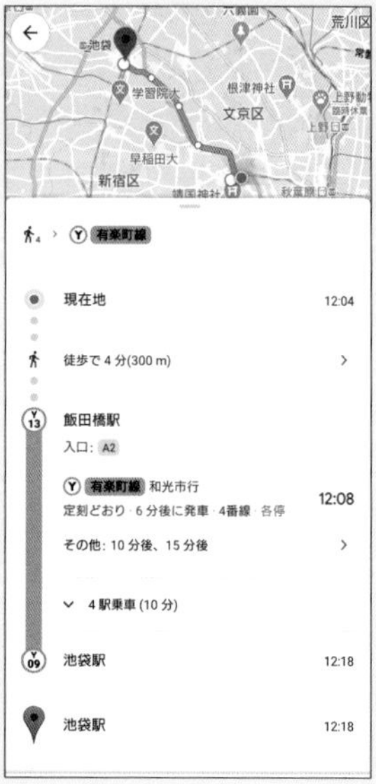

2 詳しい経路の内容を見ることができます。

Q マップ

バージョン 9.0 10.0 ドコモ ソフトバンク au SIMフリー

410 » よく行く場所をすぐに表示したい！

A お気に入りを登録しましょう。

Googleマップには、よく行く場所や行きたい場所を保存してすぐに呼び出すことができる機能があります。保存した場所は、＜保存済み＞ですぐに表示することができます。

1 ＜マップ＞アプリを起動して、＜保存済み＞をタップします。

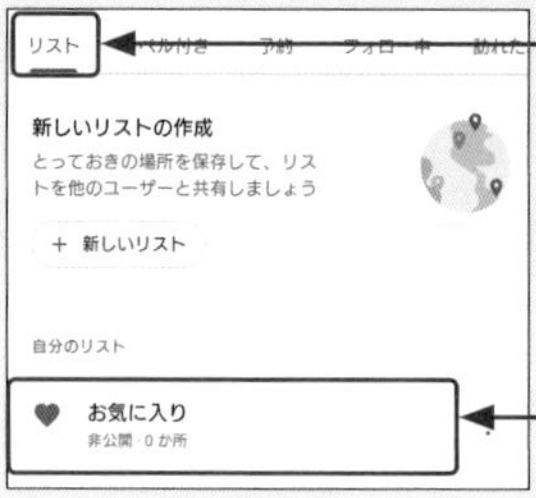

2 ＜リスト＞をタップして、

3 ＜お気に入り＞をタップします。

4 ＜編集＞→●の順にタップして、よく行く場所を入力します。

5 ＜保存＞をタップすると、よく行く場所が登録されます。

マップ

バージョン 9.0 10.0

ドコモ ソフトバンク au SIMフリー

Q 411 ≫ 自宅や職場を登録したい！

A 自宅や職場を登録しましょう。

自宅や職場を保存しておくと、経路検索を行うたびに自宅の住所や職場を入力する手間が省けます。

1 ＜マップ＞アプリを起動して、＜保存済み＞をタップします。

2 ＜ラベル付き＞をタップします。

3 登録したい住所を選択します。ここでは、＜職場の住所を設定＞をタップします。

4 住所を入力し、＜完了＞をタップすると、登録されます。

マップ

バージョン 9.0 10.0

ドコモ ソフトバンク au SIMフリー

Q 412 ≫ ナビを使いたい！

A ルート検索後に、＜開始＞をタップします。

＜マップ＞アプリでナビを利用したい場合、ルート検索後、電車以外の移動方法を選択して＜開始＞をタップすると、ナビが開始します。なお、スマートフォンの位置方法は電波状況や周辺環境によって誤差が生じる場合があります。あまりにも誤差が大きい場合は、「位置情報サービス」を「高精度」に設定しましょう（Q.136参照）。

1 Q.407を参考にルート検索をして、＜ナビ開始＞をタップします。

2 ＜OK＞をタップします。

3 ナビが開始されます。

Q マップ

バージョン 9.0 10.0 | ドコモ ソフトバンク au SIMフリー

413 ≫ ストリートビューを利用したい！

A 画面左下のサムネイルをタップします。

<マップ>アプリでは、「ストリートビュー」を利用できます。ストリートビューでは、Googleによって各地で撮影された周囲360度の画像を、立体的に見渡すことが可能です。インターネットを通じて、実際に道を歩いているような疑似体験が楽しめます。なお、地域によってはストリートビューが表示されないこともあります。

1 <マップ>アプリを起動してストリートビューをしたい地点をロングタッチし、

2 画面左下に表示されるサムネイル画像をタップすると、

3 ストリートビューが表示されます。

任意の方向へドラッグすることで、見る方向を変えることができます。

Q マップ

バージョン 9.0 10.0 | ドコモ ソフトバンク au SIMフリー

414 ≫ フロアマップが見たい！

A フロアマップを見たい建物を拡大表示しましょう。

一部の建物では、フロアマップを見ることができます。建物のフロアマップを見るには、<マップ>アプリで、フロアマップを見たい建物を拡大表示します。すると建物内のマップが表示されます。左に数字が表示された場合は、数字をタップすると、タップした数字の階のフロアマップを見ることができます。

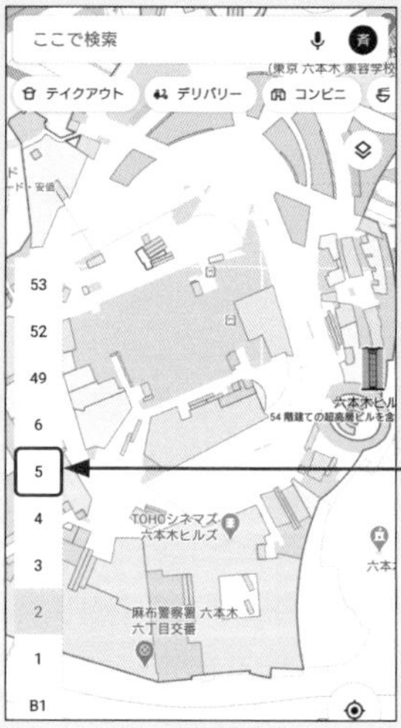

1 <マップ>アプリを起動して、建物を拡大表示すると、フロアマップが表示されます。

2 左に表示された数字をタップすると、

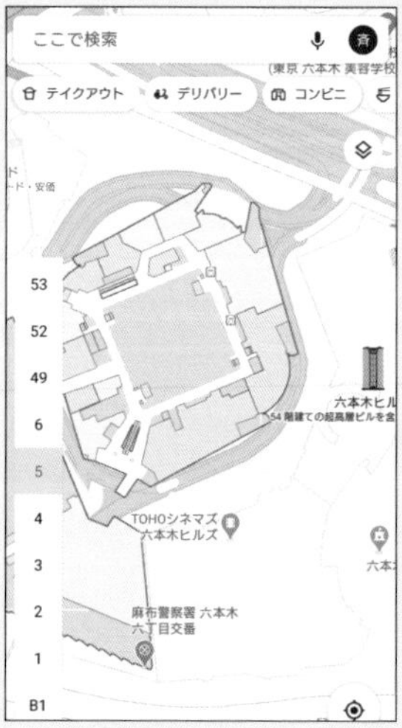

3 手順2でタップした数字の階のフロアマップが表示されます。

415 » 電波が届かないところでもマップを使いたい!

A 地図を表示してダウンロードの操作を行います。

<マップ>アプリでは、あらかじめマップデータを保存し、オフラインで使用することができます。海外旅行などでインターネットに接続できない場合に備えて、保存しておくとよいでしょう。なお、一部の国のマップはライセンスの関係上、ダウンロードすることができません。

1 ダウンロードしたい場所を検索し、

2 画面下の詳細情報をタップして、

3 <ダウンロード>をタップします。

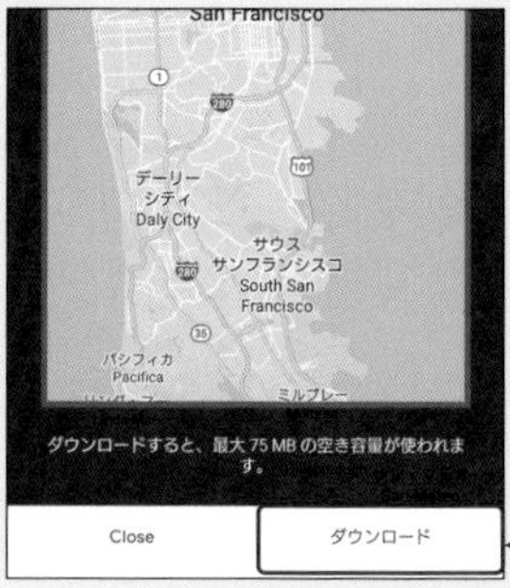

4 <ダウンロード>をタップします。

5 バックグラウンドでマップがダウンロードされます。

6 ダウンロードしたマップを見るには、Googleアカウントの自分のアイコン(ここでは斉)→<オフラインマップ>の順にタップします。

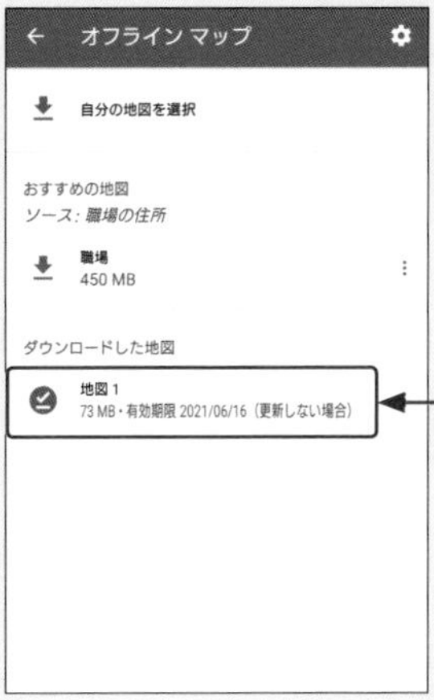

7 確認したい地図をタップすると、確認できます。

Q YouTube

バージョン 9.0 10.0 ドコモ ソフトバンク au SIMフリー

416 » 無料でいろいろな動画を見たい!

A <YouTube>アプリを使いましょう。

「YouTube」とは、世界的に人気の動画サイトです。10億人以上もの人々に利用されており、動画を視聴するだけでなく、動画をアップロードして全世界に公開することもできます。なお、<YouTube>アプリで再生中の動画は、アプリを切り替えると自動的に停止します。

1 アプリ一覧画面で<YouTube>をタップすると、

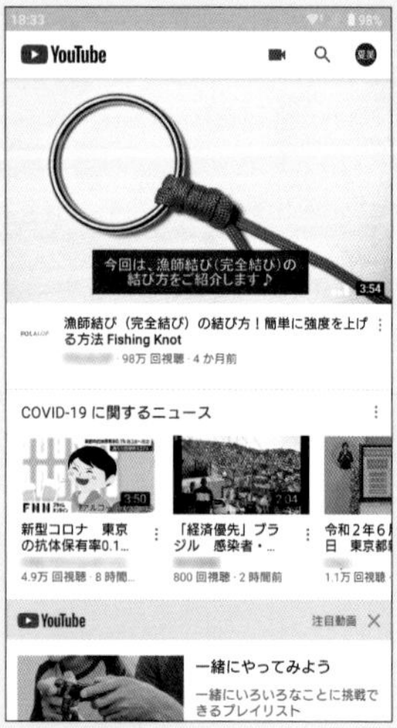

2 <YouTube>アプリが起動します。

Q YouTube

バージョン 9.0 10.0 ドコモ ソフトバンク au SIMフリー

417 » YouTubeで見たい動画をかんたんに見つけたい!

A 🔍をタップして探します。

YouTubeにはとてつもない数の動画が公開されているので、見たい動画は検索して探すとよいでしょう。<YouTube>アプリを起動したら、🔍をタップし、見たい動画のキーワードを入力して、検索します。キーワードに対応した動画が一覧表示されるので、見たい動画をタップすると、動画が再生されます。

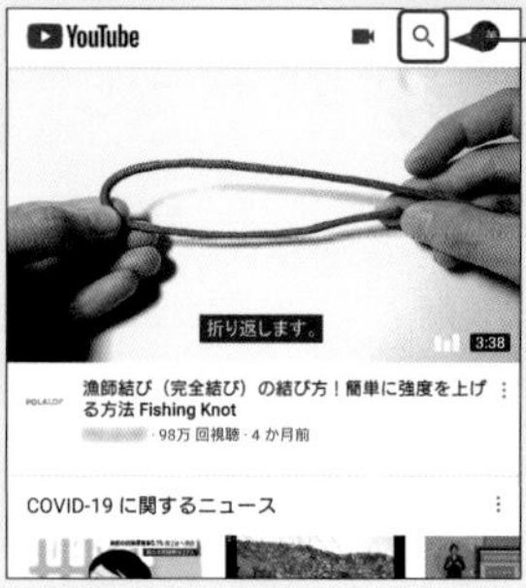

1 <YouTube>アプリを起動して、🔍をタップします。

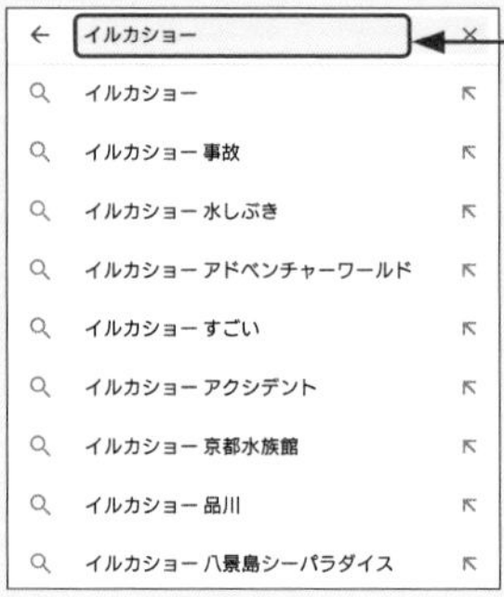

2 キーワードを入力して、検索すると、

3 検索結果が表示されます。動画をタップすると、動画を視聴できます。

Q YouTube バージョン 9.0 10.0 ドコモ ソフトバンク au SIMフリー

418 ≫ YouTubeのチャンネルに登録したい！

A 動画の＜チャンネル登録＞をタップします。

もっと見たいと思える投稿者や動画を見つけたときは、チャンネルに登録しておくと、新着の動画が追加されたときに通知されたり、すぐに動画を見たりすることができます。登録したチャンネルは、手順3の画面に表示されます。

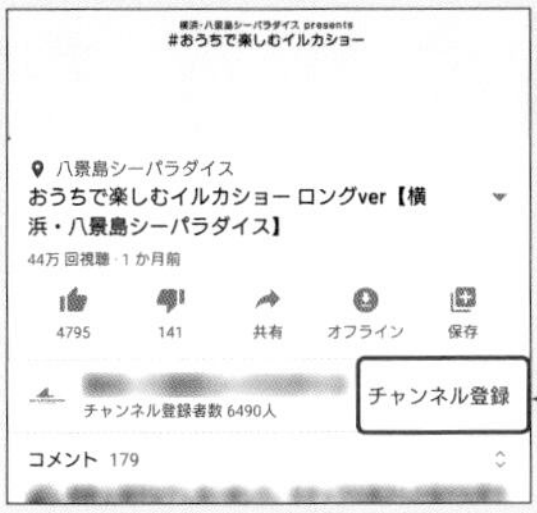

1 Q.417を参考に動画の視聴画面を表示して、＜チャンネル登録＞をタップします。

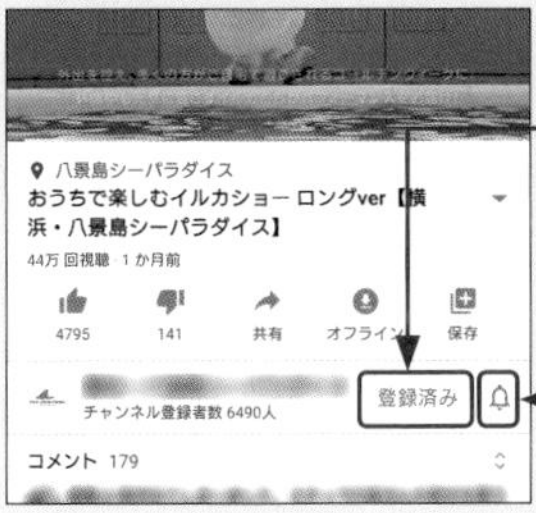

2 「登録済み」に変わると、チャンネル登録が完了します。

🔔をタップすると、登録したチャンネルの新着動画の通知を受け取れます。

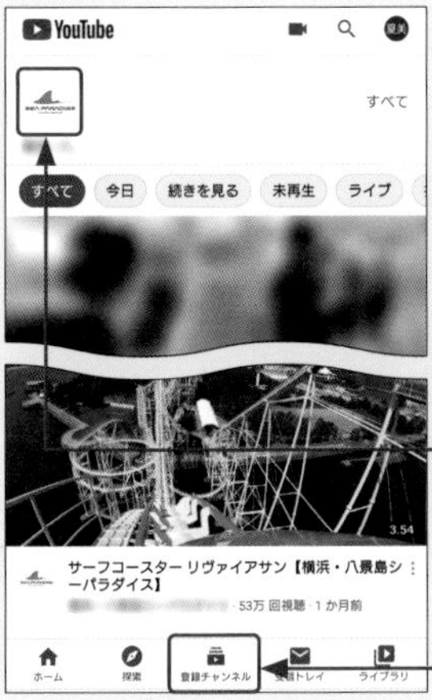

3 ＜登録チャンネル＞をタップすると、登録したチャンネルのアイコンが上部に表示されます。

4 チャンネルのアイコンをタップすると、そのチャンネルの動画が一覧で表示されます。

Q YouTube バージョン 9.0 10.0 ドコモ ソフトバンク au SIMフリー

419 ≫ 以前見た動画をまた見たい！

A 「ライブラリ」画面の＜履歴＞をタップします。

おもしろかった動画をもう一度見たいを思ったら、視聴履歴を利用しましょう。視聴履歴は「ライブラリ」画面から表示できます。なお、履歴は最新のものがいちばん上に表示されます。

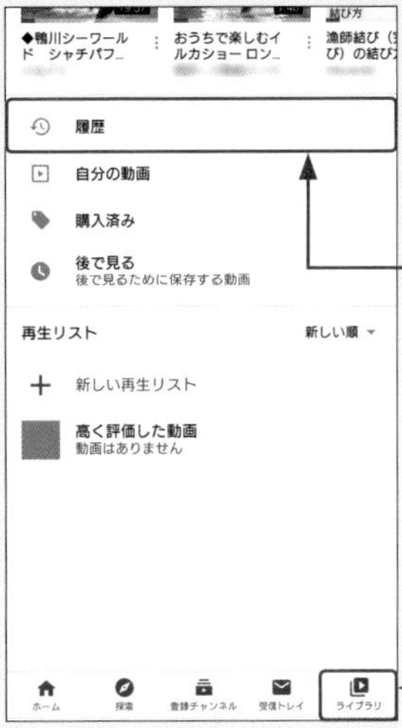

1 ＜YouTube＞アプリを起動して、＜ライブラリ＞をタップし、

2 ＜履歴＞をタップします。

3 再生した動画の履歴が一覧表示されます。

Q YouTube

バージョン 9.0 10.0 ドコモ ソフトバンク au SIMフリー

420 » 気になる動画を あとで見たい！

A ＜［後で見る］に保存＞をタップしましょう。

気になる動画をあとで見たい場合は、見たい動画の⋮をタップして、＜［後で見る］に保存＞をタップしましょう。追加した動画は、「ライブラリ」画面の＜後で見る＞をタップすると、確認することができます。

1 あとで見たい動画の⋮をタップして、

2 ＜［後で見る］に保存＞をタップします。

Q YouTube

バージョン 9.0 10.0 ドコモ ソフトバンク au SIMフリー

421 » 動画を見ながらほかの 動画を探したい！

A 再生中の動画を最小化します。

動画を見ながら、ほかの動画を探したい場合は、今見ている動画を最小化しましょう。動画の画面を下方向へドラッグすると、画面が小さくなり、ほかの操作をすることができます。この状態でほかの動画を検索することができますが、ほかの動画をタップして再生すると、最小化して再生した動画の画面が消えてしまいます。

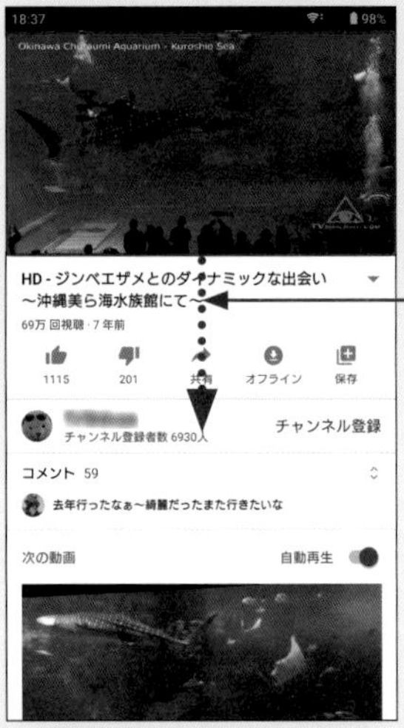

1 動画の再生画面で、動画の画面を下方向にドラッグします。

2 画面が最小化され、ほかの動画を検索することができます。

最小化した画面でも、動画の一時停止と再生を操作することができます。

Q そのほかのアプリ

バージョン 9.0 10.0 | ドコモ au ソフトバンク SIMフリー

422 » スマホに話しかけて操作したい！

A 「Googleアシスタント」を使いましょう。

「Googleアシスタント」とは、音声でさまざまな操作ができる音声アシスタントアプリです。ホームボタンをロングタッチ、もしくは画面下左右どちらかから上方向にスワイプすると起動します。インストールされていない場合は、＜Playストア＞アプリからインストールしましょう。なお、「OK Google」でGoogleアシスタントを利用するには、＜Googleアシスタント＞アプリを起動して◎→画面右上の●→＜設定＞→＜アシスタント＞→＜スマートフォン＞→＜使ってみる＞→＜次へ＞→＜同意する＞の順にタップして声を登録します。

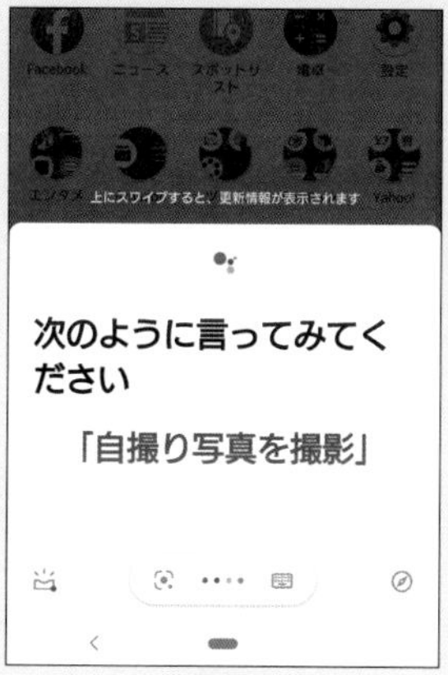

1 ＜Googleアシスタント＞アプリを起動して、

2 「Chromeを起動して」と声をかけると、

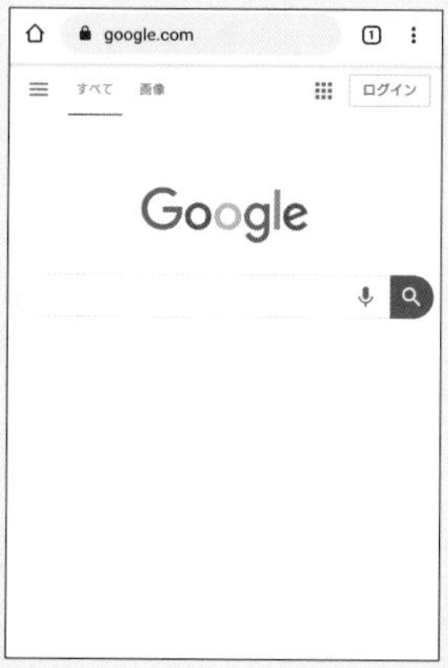

3 ＜Chrome＞アプリが起動します。

Q そのほかのアプリ

バージョン 9.0 10.0 | ドコモ au ソフトバンク SIMフリー

423 » スマホをアラーム代わりに使いたい！

A ＜時計＞アプリで設定できます。

Androidには、初期状態で＜時計＞アプリがインストールされています。時刻の設定はもちろん、アラームやタイマー機能も搭載しています。タイマーの通知はバイブレーションや着信音を設定することもできます。また、曜日ごとに毎週設定することも可能です。

1 ＜時計＞アプリを起動して、＜アラーム＞をタップし、

2 ●をタップします。

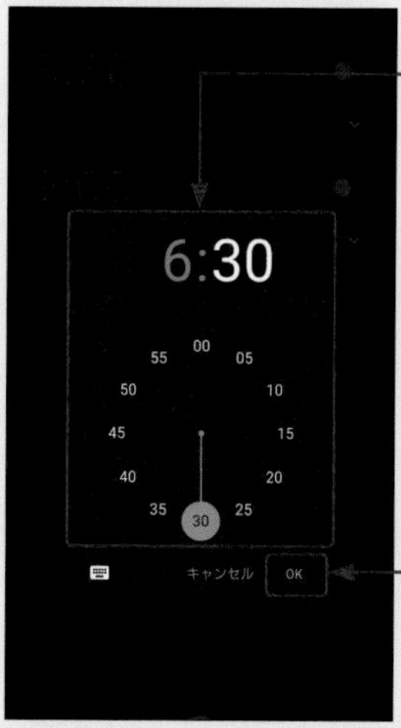

3 時刻を設定して（画面は機種によって異なります）、

4 ＜OK＞をタップすると、アラームが設定されます。

Q そのほかのアプリ

バージョン 9.0 10.0 | ドコモ ソフトバンク au SIMフリー

424 » タイマー機能を使いたい！

A ＜時計＞アプリから使えます。

＜時計＞アプリを起動し、＜タイマー＞をタップすると、かんたんにタイマーをセットできます。また、＜ストップウォッチ＞をタップすると、ストップウォッチ機能を利用することもできます。

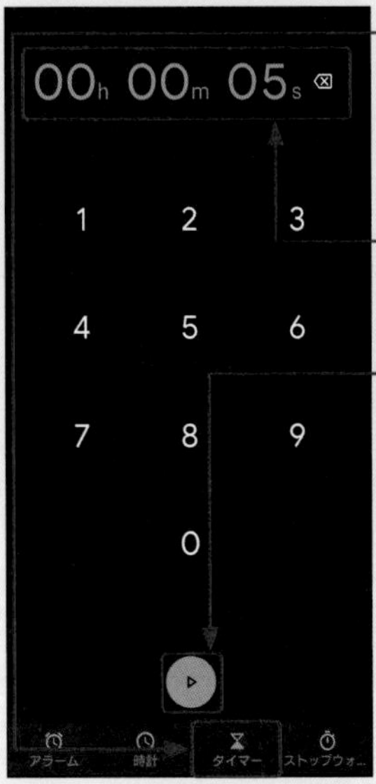

1 ＜時計＞アプリを起動して、＜タイマー＞をタップします。

2 時刻を設定して、

3 をタップすると、タイマーが開始されます。

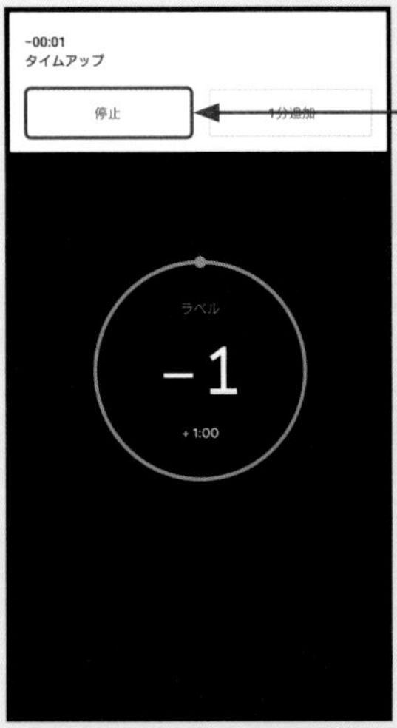

4 タイマーが終了すると、音と通知でお知らせしてくれます。＜停止＞をタップすると、音が止まります。

Q そのほかのアプリ

バージョン 9.0 10.0 | ドコモ ソフトバンク au SIMフリー

425 » アプリの利用時間を知りたい！

A ＜設定＞アプリから確認します。

アプリをどれくらいの時間利用したか知りたいときは、＜設定＞アプリから確認することができます。手順**3**の画面で＜をタップすると、前日のアプリの利用時間を調べることも可能です。

1 ＜設定＞アプリを起動して＜アプリと通知＞をタップします。

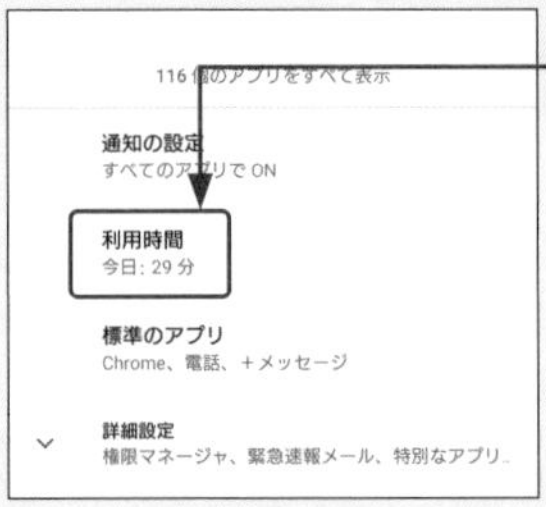

2 ＜利用時間＞をタップします。

3 各アプリの利用時間が表示されます。

Q Googleドライブ

バージョン 9.0 10.0 ドコモ ソフトバンク au SIMフリー

426 » Googleドライブで何ができるの？

A 文書やスライドなどのファイルを共有できます。

Google ドライブには、動画、写真、ドキュメントなど、さまざまなデータを保存できます。また、スマートフォン、タブレット、パソコンなどインターネット接続が利用できる端末であれば、どこからでもドライブにアクセスして保存したデータを閲覧したり、編集、ダウンロードしたりすることができます。Google ドライブのデータをほかのユーザーと共有したい場合は、作業スペースに招待しましょう。データの閲覧、編集、コメントを共有できます。共同作業を行う場合、データはリアルタイムで自動保存されます。なお、オフライン作業をオンにするか、ファイルを端末に保存すれば、オフライン環境でもファイルを利用可能になります。

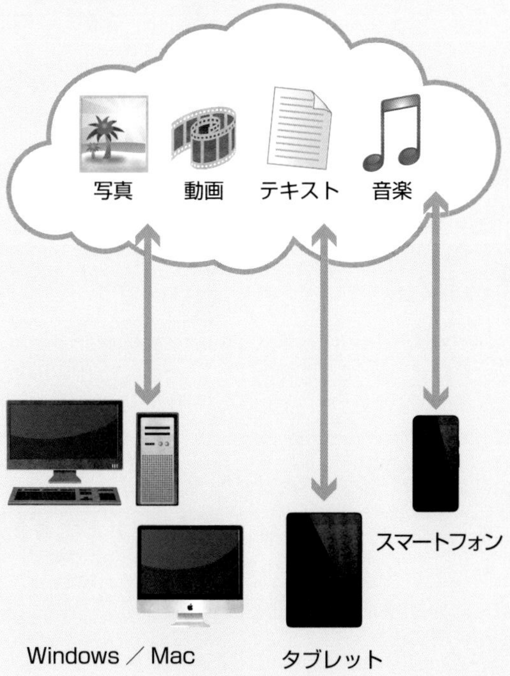

Q Googleドライブ

バージョン 9.0 10.0 ドコモ ソフトバンク au SIMフリー

427 » ファイルをドライブにアップロードしたい！

A ＜ドライブ＞アプリを使って、アップロードできます。

Androidには、＜ドライブ＞アプリがインストールされています。＜ドライブ＞アプリを使うと、かんたんにスマートフォンに保存されているファイルをGoogle ドライブにアップロードできます。

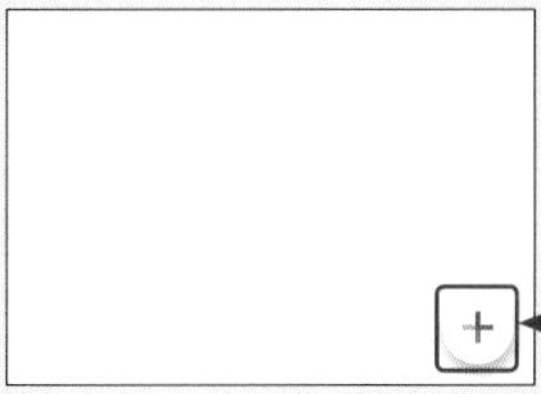

1 ＜ドライブ＞アプリを起動して、＋をタップし、

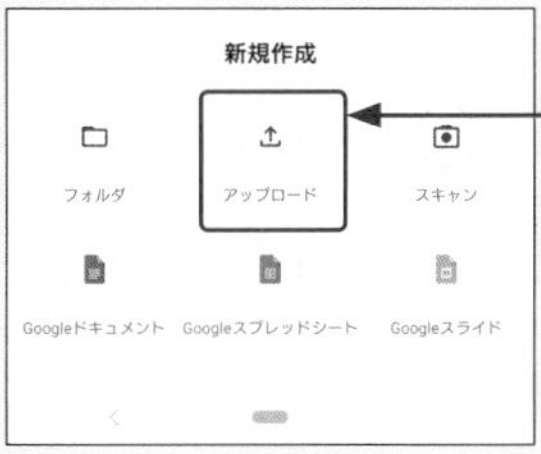

2 ＜アップロード＞をタップします。

3 本体内のファイルが表示されるので、アップロードしたいファイルをタップすると、

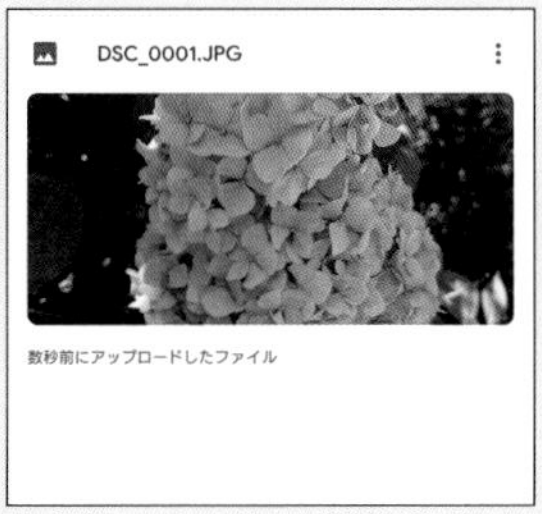

4 ファイルがドライブにアップロードされます。

Q Googleドライブ

バージョン 9.0 10.0 ドコモ ソフトバンク au SIMフリー

428 ファイルをドライブからダウンロードしたい!

A Googleドライブに保存されているデータは、必要なときにダウンロードできます。

Google ドライブにアップロードされているファイルや画像は、ドライブにアクセスできる環境であれば、いつでもかんたんにダウンロードできます。

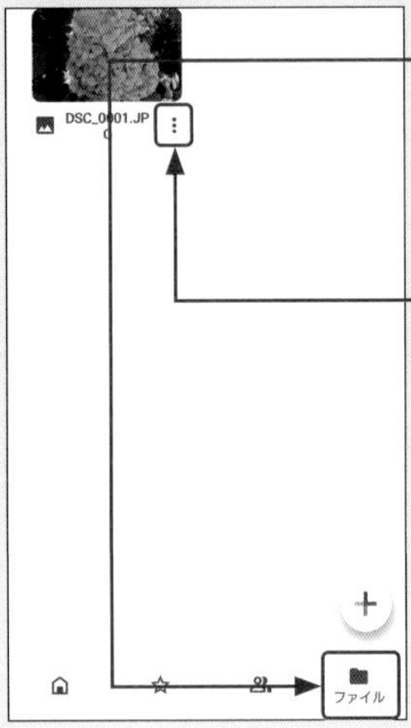

1 <ドライブ>アプリを起動し、□(<ファイル>)をタップして、

2 ダウンロードしたいファイルの ⋮ をタップします。

3 <ダウンロード>をタップすると、

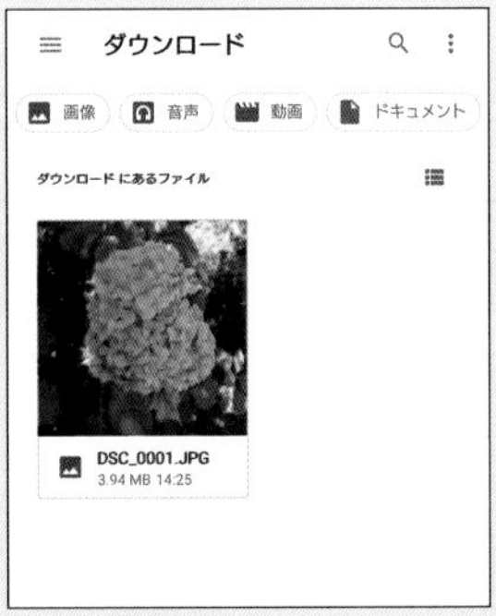

4 ファイルをダウンロードできます。

ダウンロードされたファイルは、スマートフォン本体の「ダウンロード」フォルダに保存されます。

Q Googleドライブ

バージョン 9.0 10.0 ドコモ ソフトバンク au SIMフリー

429 Officeファイルを作成したい!

A <ドキュメント>や<スプレッドシート>といったアプリを使いましょう。

Androidスマートフォンでは、文書を作成できる<ドキュメント>や、表計算ができる<スプレッドシート>、プレゼンテーション作成の<スライド>といったアプリが利用でき、それぞれ文書作成、表計算、プレゼン作成が可能です。また、Word形式やExcel形式といったMicrosoft Officeのファイル形式を指定してダウンロードすることもできます。作成したファイルは、Googleドライブに保存されるので、ほかのユーザーと共有して同時に編集することも可能です。ここでは例として、<ドキュメント>アプリの使い方を解説します。

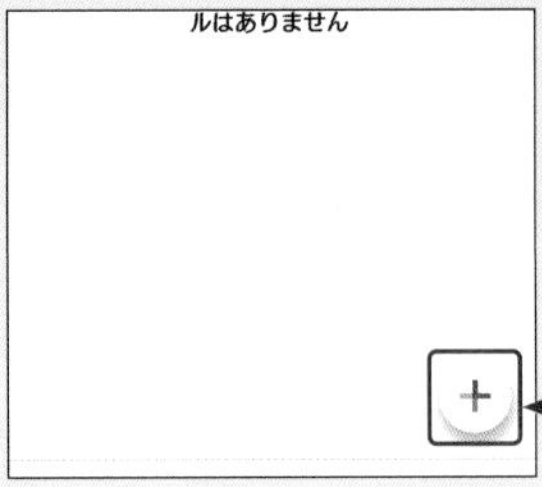

1 <ドキュメント>アプリを起動して、＋→<新規ドキュメント>の順にタップします。

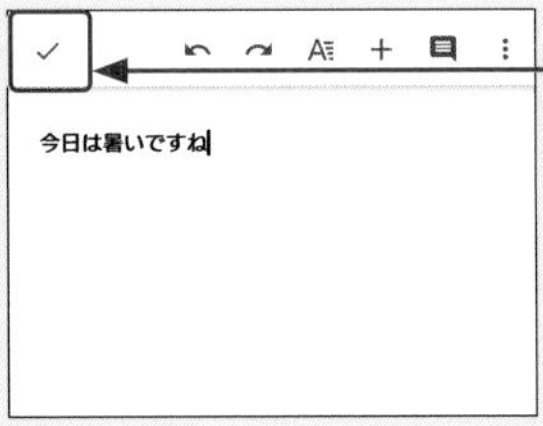

2 文書を作成し、✓→←の順にタップすると、

3 作成した文書がGoogleドライブに保存されます。

Q Googleドライブ

バージョン 9.0 10.0 ドコモ ソフトバンク au SIMフリー

430 » ファイルを共有したい！

A <共有>をタップして、共有したい相手を選択しましょう。

Google ドライブにあるファイルは、ほかのユーザーと共有することができます。共有することで、同時に編集することが可能となり、作業の効率が上がります。共有するには、<共有>をタップして、共有する相手を選択します。

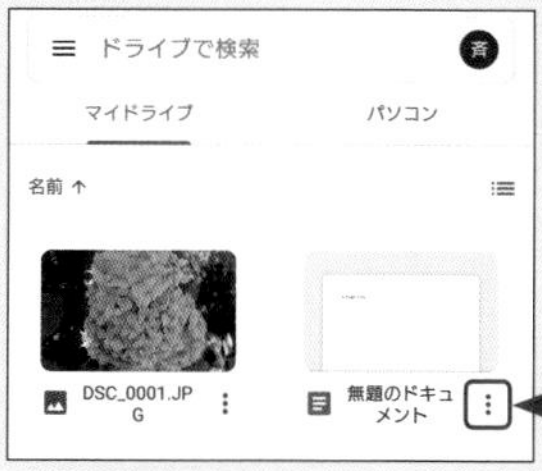

1 <ドライブ>アプリを起動して、共有したいファイルの⋮をタップします。

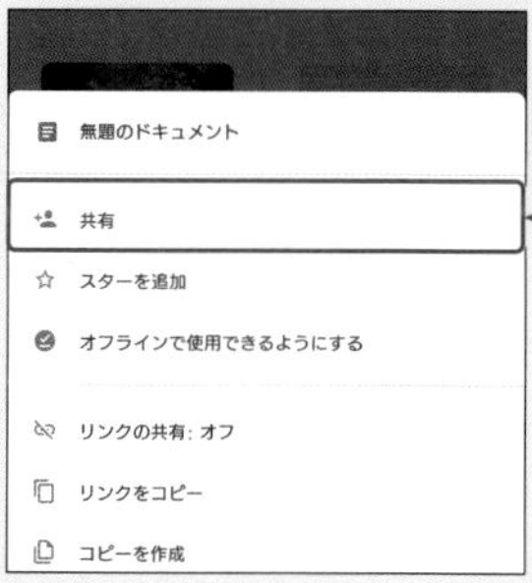

2 <共有>をタップして、

3 共有する相手を選択し、

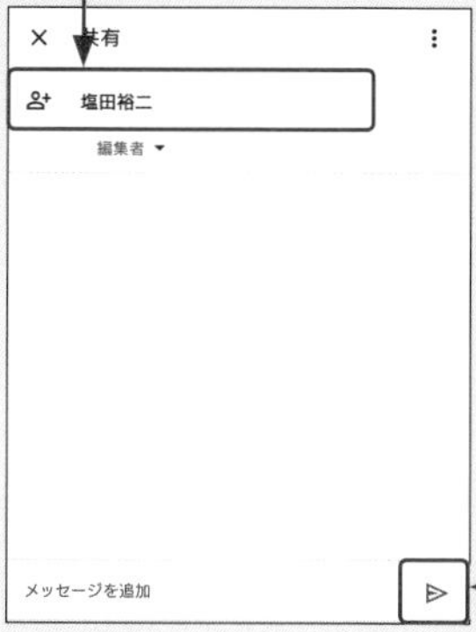

4 ▷をタップすると、共有相手に通知が届き、ファイルを共有できます。

Q Googleドライブ

バージョン 9.0 10.0 ドコモ ソフトバンク au SIMフリー

431 » 文書を保存したい！

A 文書はGoogleドライブに自動保存されます。

<ドキュメント><スプレッドシート><スライド>アプリでは、タイトルや文書を入力し始めた時点で随時ファイルがGoogle ドライブに自動保存されます。突然の作業中断でもデータが消えてしまう心配がありません。

1 <ドキュメント>アプリで、文書を作成中にホームボタンなどを押して作業を中断します。

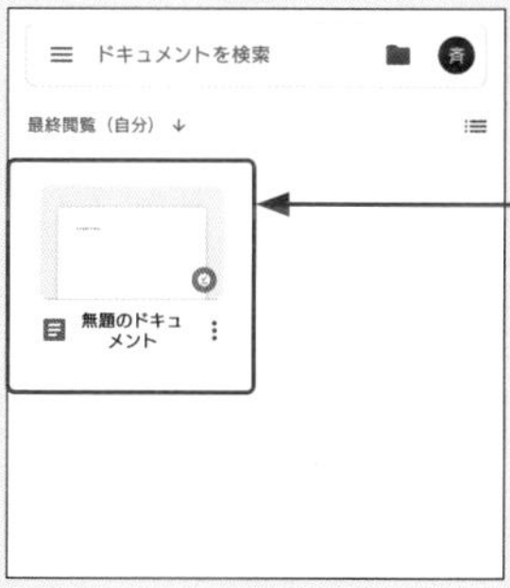

2 再度<ドキュメント>アプリを起動して、作業途中のファイルをタップすると、

3 続きから作業を再開できます。

Q Googleドライブ

バージョン 9.0 10.0 ドコモ ソフトバンク au SIMフリー

432 » 文書を別のファイル形式で保存したい！

A ＜共有とエクスポート＞から保存できます。

＜ドキュメント＞＜スプレッドシート＞＜スライド＞アプリで作成した文書は、Word形式やPDF形式など、複数のファイル形式から指定して保存することができます。

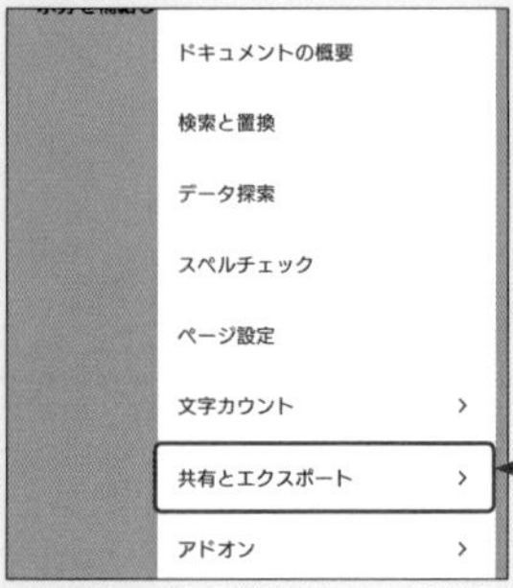

1 アプリ（ここでは＜ドキュメント＞アプリ）を起動して、保存したい文書を開き、⋮→＜共有とエクスポート＞の順にタップし、

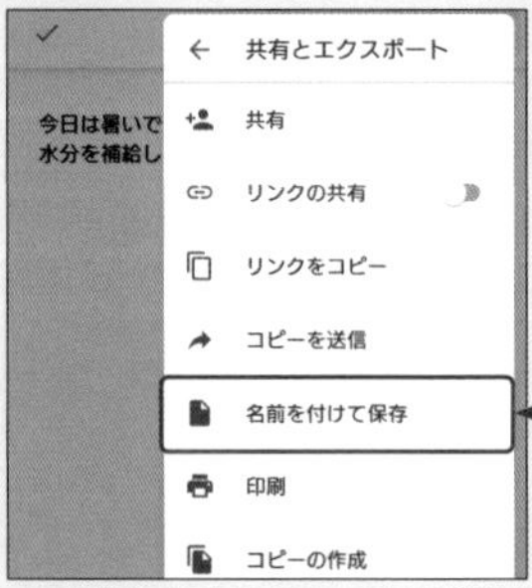

2 ＜名前を付けて保存＞をタップします。

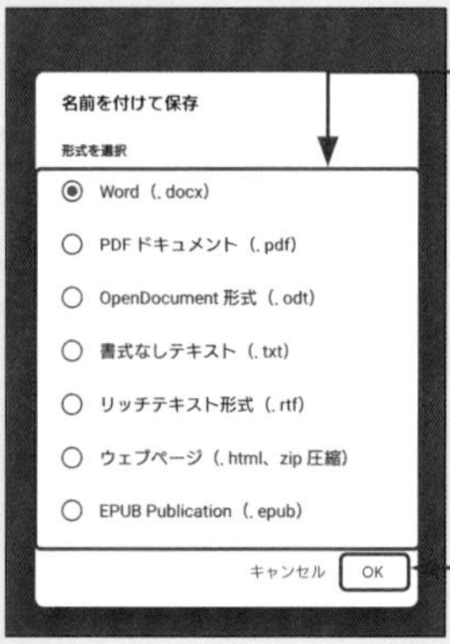

3 保存形式をタップして選択し、

4 ＜OK＞をタップすると、指定した形式で文書が保存されます。

Q Googleドライブ

バージョン 9.0 10.0 ドコモ ソフトバンク au SIMフリー

433 » ドライブ内を整理したい！

A 新規でフォルダを作成しましょう。

ドライブ内にあるファイルは、増えてくると見にくくなってしまいます。フォルダを作成して、整理をすると管理がしやすくなります。フォルダを作成したら、フォルダに移動したいファイルの⋮→＜移動＞の順にタップして、フォルダに移動させましょう。

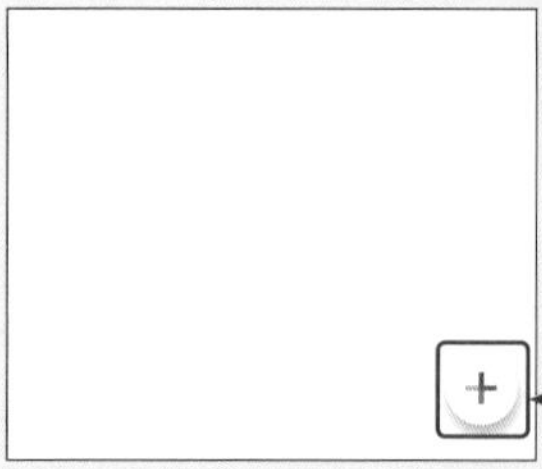

1 ＜ドライブ＞アプリを起動して、＋をタップします。

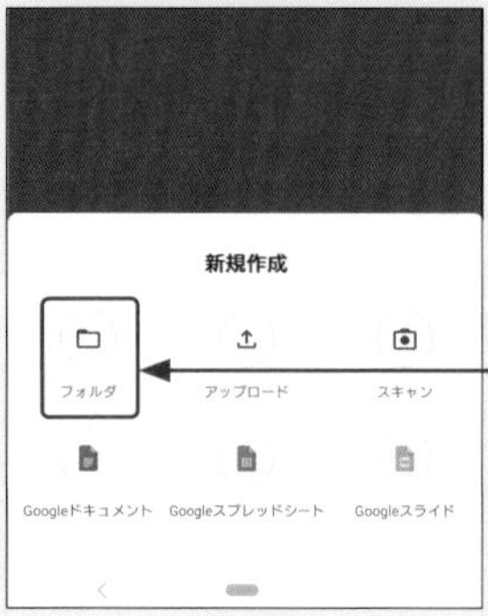

2 ＜フォルダ＞をタップして、

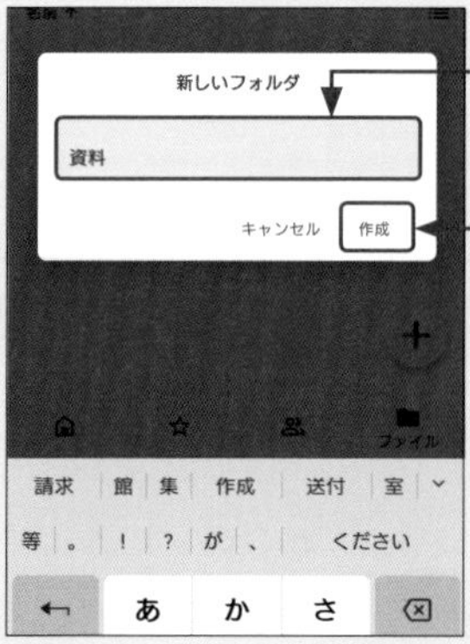

3 フォルダ名を入力し、

4 ＜作成＞をタップすると、新規でフォルダが作成されます。

Q Googleドライブ

バージョン 9.0 10.0 ドコモ ソフトバンク au SIMフリー

434 » ファイル名を変更したい！

A <名前を変更>をタップして、変更しましょう。

<ドキュメント>アプリなどで作成したファイルは、通常では「無題のドキュメント」という名前でドライブに保存されます。このままだと何のファイルかわからなくなってしまうので、名前を変更して管理しましょう。

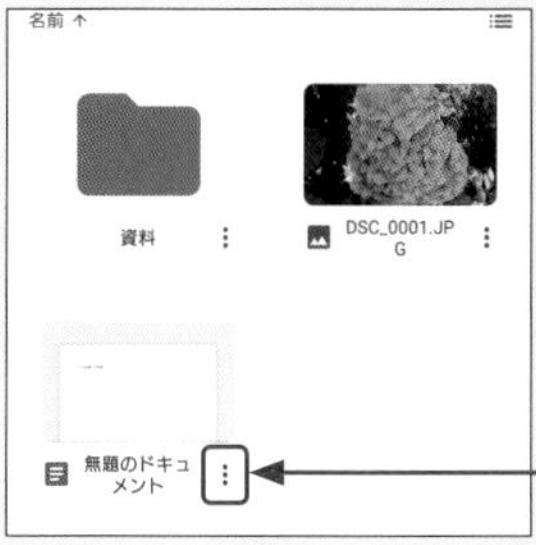

1 <ドライブ>アプリを起動して、名前を変更したいファイルの ⋮ をタップします。

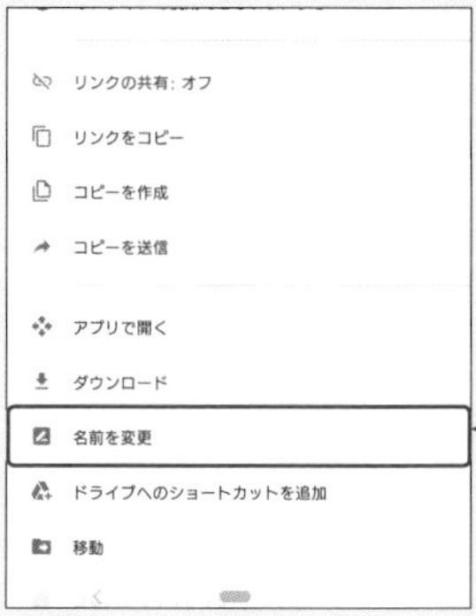

2 <名前を変更>をタップして、

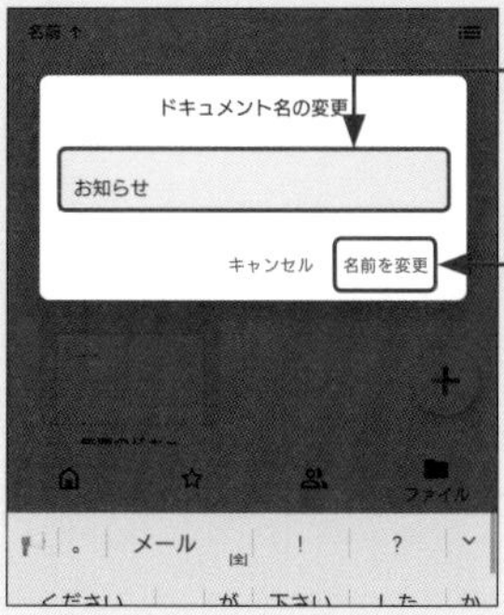

3 新しい名前を入力し、

4 <名前を変更>をタップすると、名前が変更されます。

Q Googleドライブ

バージョン 9.0 10.0 ドコモ ソフトバンク au SIMフリー

435 » ファイルを検索したい！

A <ドライブで検索>をタップして検索します。

ドライブのファイルがたくさん増えると、見たいファイルを探すのに時間がかかってしまいます。そういうときは、ドライブの検索機能を使いましょう。<ドライブで検索>をタップして、キーワードを入力すると、該当するファイル名のファイルが一覧で表示されます。

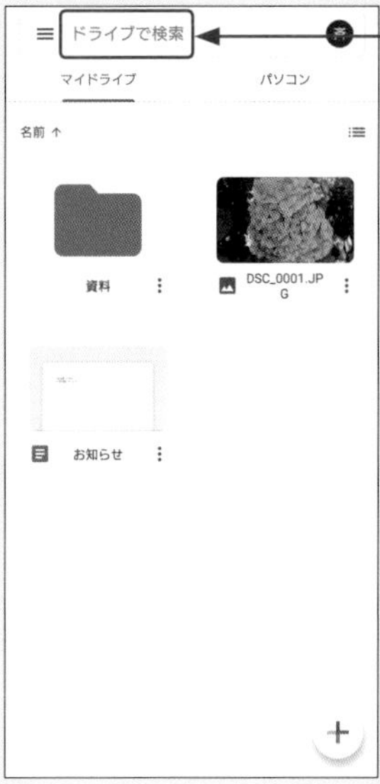

1 <ドライブ>アプリを起動して、<ドライブで検索>をタップします。

2 検索エリアをタップして、キーワードを入力すると、検索結果が表示されます。

436 » 書類をスキャンしてPDF保存したい！

A Googleドライブでできます。

Googleドライブでは、専用の機器がなくても文書などのスキャン（取り込み）ができます。書類をスキャンするには、スマートフォンのカメラで書類を撮影し、Googleドライブ上にPDFで保存します。保存したPDFは<ドライブ>アプリから閲覧できます。なお、スキャンしたPDFは、パソコンのブラウザを使って<Googleドキュメント>を表示すると、OCR（光学式文字認識）機能でテキスト化することができます。テキスト化されたファイルは編集することも可能です。

1 <ドライブ>アプリを起動して、＋をタップします。

2 <スキャン>をタップして、

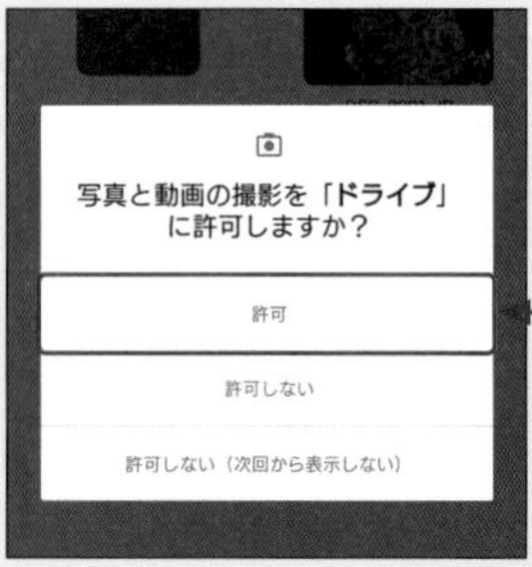

3 確認が表示されたら<許可>をタップします。

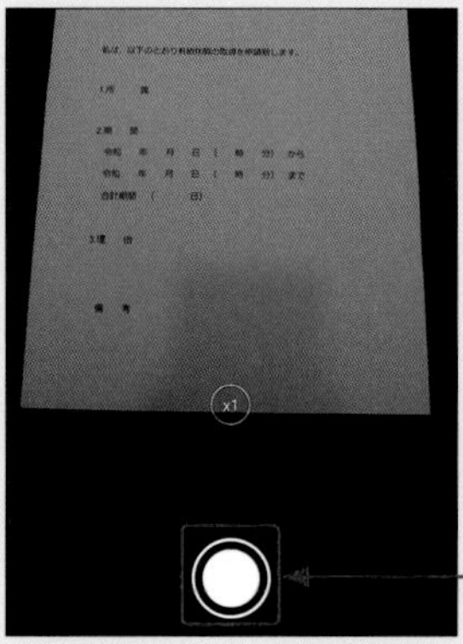

4 カメラが起動するので、書類を映してをタップし、撮影します。

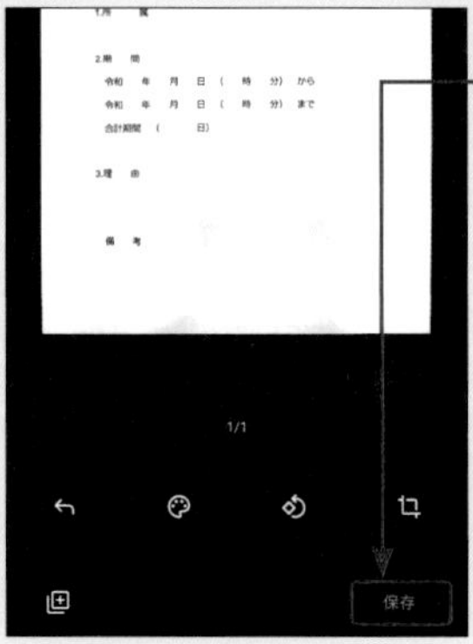

5 <OK>→<保存>の順にタップします。

をタップすると、ほかのページを追加スキャンできます。

6 <保存>をタップすると、スキャンしたデータがPDFファイルで保存されます。

第10章

無料で使える便利アプリの「こんなときどうする？」

Q テレビ

バージョン 9.0 10.0 ドコモ ソフトバンク au SIMフリー

437 » スマホでテレビは見られないの？

A 付属のテレビアンテナケーブルを端末に接続します。

日本の携帯電話会社から発売されているスマートフォンには、テレビ視聴機能を利用できるものがあります。付属のテレビアンテナケーブル（もしくはアンテナ代わりになるイヤホンやヘッドフォン）をヘッドセット接続端子（もしくはUSB Type-C端子）に接続することで、視聴可能です。

1 テレビアンテナケーブルを接続し、

2 アプリ一覧画面で<テレビ>をタップします。

地域によって、視聴できる番組（放送局）は異なります。

Q 電子書籍

バージョン 9.0 10.0 ドコモ ソフトバンク au SIMフリー

438 » 電子書籍を利用したい！

A 電子書籍アプリを利用します。

電子書籍アプリをインストールすると、かんたんに電子書籍を購入したり、購入した電子書籍を読んだりすることができます。また、購入した電子書籍以外にPDF形式のファイルも閲覧することが可能です。なお、購入した電子書籍は、購入先のアプリ以外では読むことができません。

<Playブックス>アプリは、Googleが提供する電子書籍サービスです。

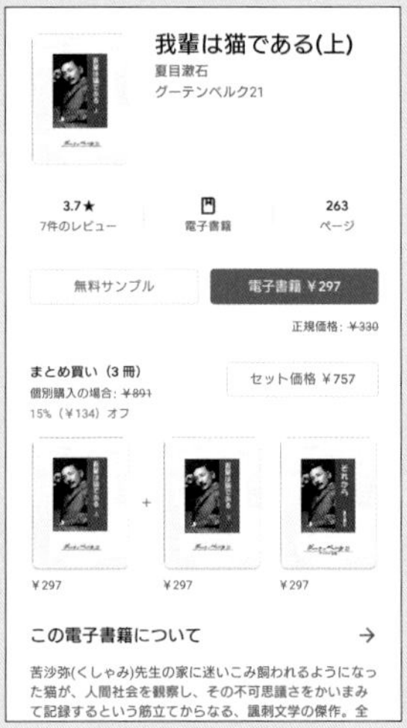

サンプルを読んで、購入できる電子書籍や無料の電子書籍もあります。

439 » Amazon Kindleを利用したい!

A <Amazon Kindle>アプリを起動して、Amazonアカウントでサインインします。

「Amazon Kindle」では、Amazonで購入した電子書籍を読むことができます。<Kindle>アプリをインストール後に起動し、Amazonアカウントでサインインをすると、利用可能です。購入した電子書籍は、ライブラリに保存されているので、タップして選択し、左右にスワイプすることで、読み進めることができます。

Kindleで電子書籍を購入する

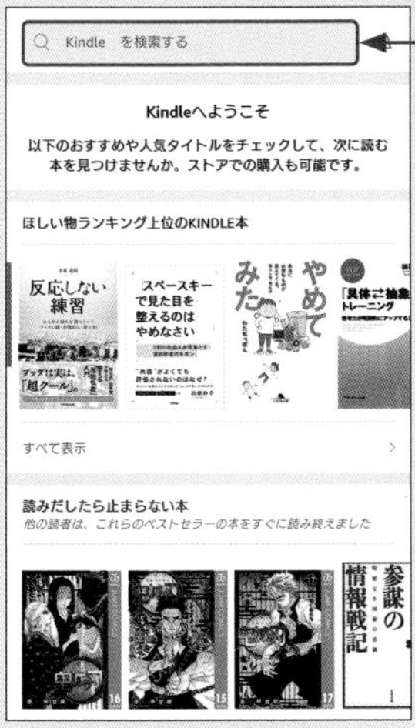

1 <Kindle>アプリを起動して、画面上部の検索ボックスをタップし、

2 キーワードを入力して検索します。

3 <読み放題で読む>、<注文を確定する>または<今すぐ無料で取得>をタップします。

サンプルを読んで、購入できる電子書籍や無料の電子書籍もあります。

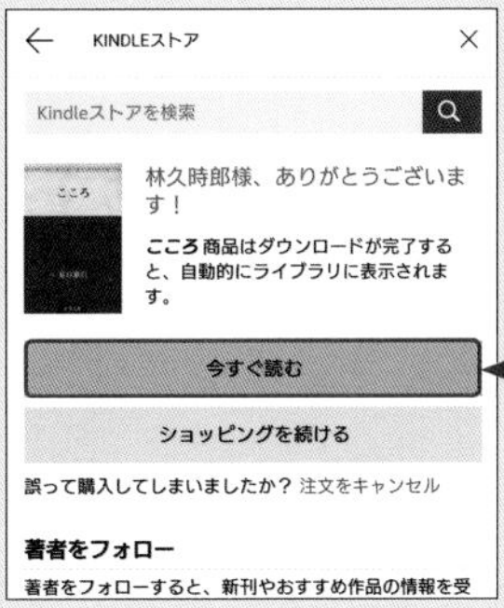

4 <今すぐ読む>をタップすると、すぐに読めます。

購入した電子書籍を読む

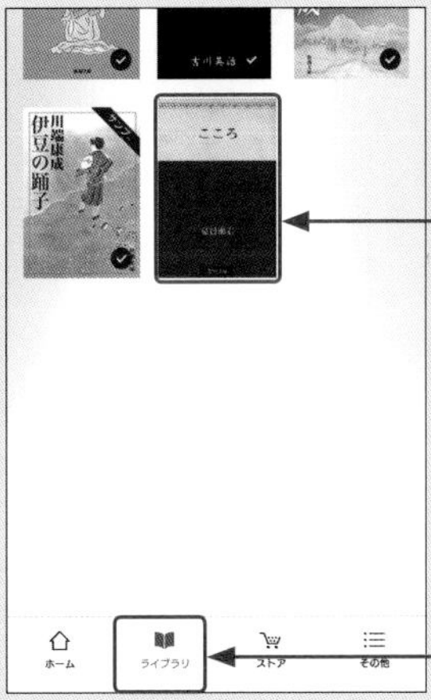

1 <ライブラリ>をタップして、

2 表紙をタップすると、

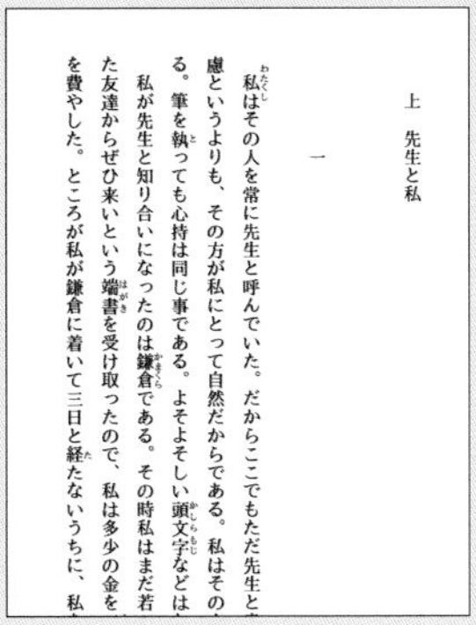

3 本文が表示されます。

Q LINE

バージョン 9.0 10.0 ドコモ ソフトバンク au SIMフリー

440 » LINEを利用したい！

A <LINE>アプリを起動して、新規登録しましょう。

＜LINE＞アプリでは、無料で相手とメッセージの送受信や通話ができます。ユーザーどうしであれば、国内外・携帯電話会社を問わず、通信機能さえあれば、いつでもコミュニケーションをとることが可能で自分が使いやすいように利用できます。＜LINE＞アプリを起動し、アカウントを作成しましょう。

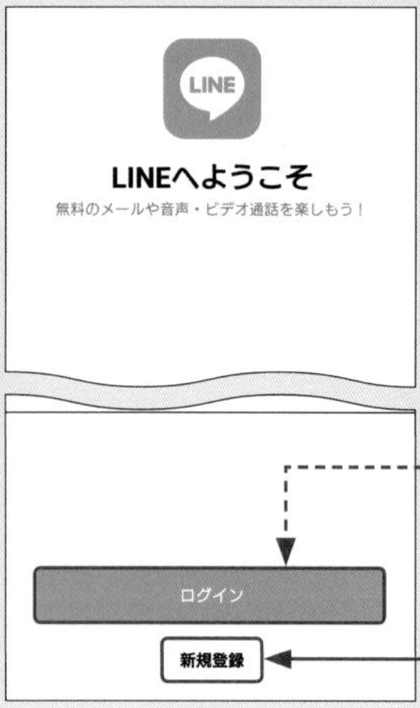

1 <LINE>アプリを起動して、<新規登録>をタップします。

すでにアカウントを持っている場合は、<ログイン>をタップします。

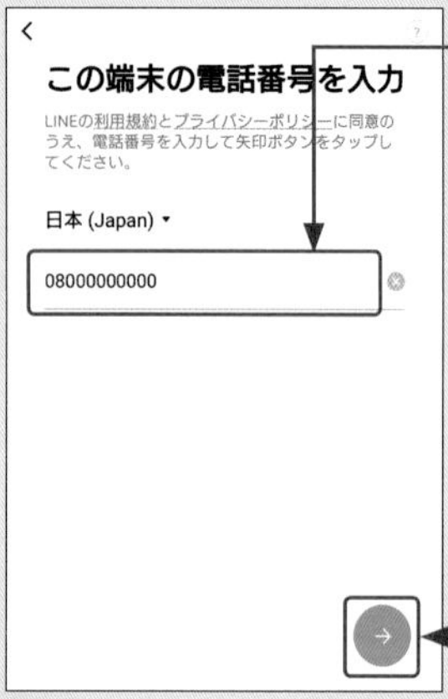

2 使用している携帯電話番号を入力して、

3 →<OK>の順にタップします。

4 SMSで受信した認証コードを入力します。このとき、Wi-Fiを切っておくと、自動で認証が行われます。

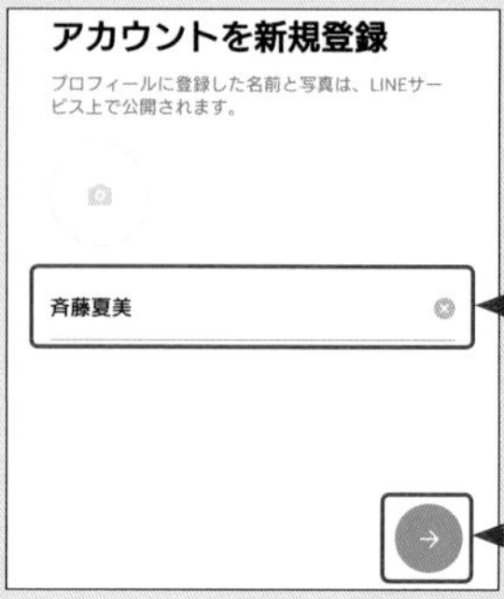

5 登録する名前を入力して、

6 をタップします。

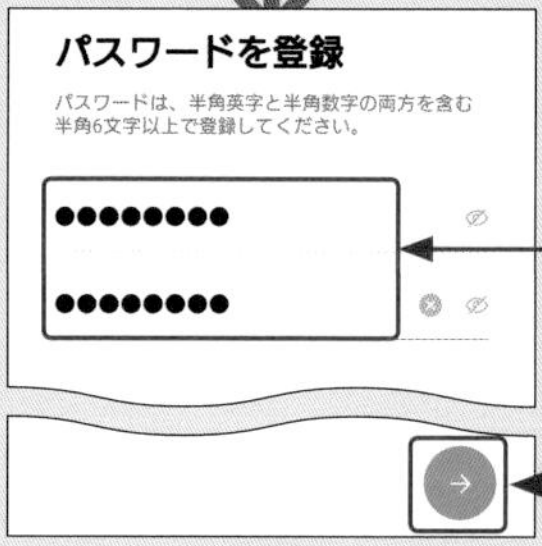

7 パスワードを入力して、

8 をタップします。

9 友だち追加設定画面が表示されたら、をタップし、

10 「年齢確認」画面が表示されたら、<あとで>をタップします。

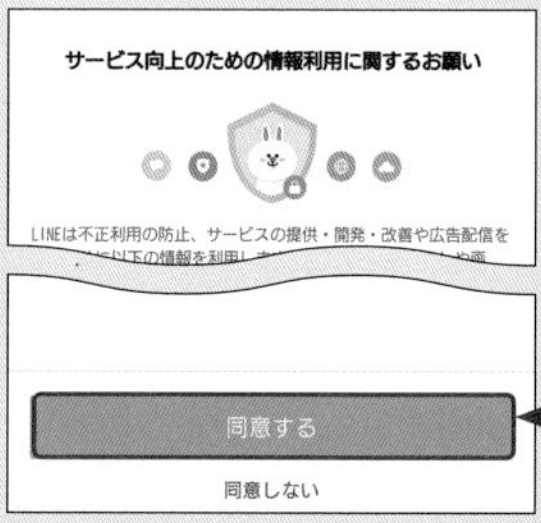

11 <同意する>をタップし、画面の指示に従って、アカウントを作成します。

441 » 相手を「友だち」に追加したい！

A 相手のQRコードを読み取りましょう。

＜LINE＞アプリでは、「友だち」に追加する方法がいくつかあります。追加したい相手と対面している場合や相手が離れた場所にいる場合、相手が＜LINE＞アプリを利用していない場合など、さまざまなシチュエーションに合った方法があります。ここでは、「QRコード」を使用したかんたんな方法を紹介します。

相手と対面している

1 <LINE>アプリを起動して、をタップし、

2 <QRコード>をタップします。

3 相手のQRコードを読み取り、

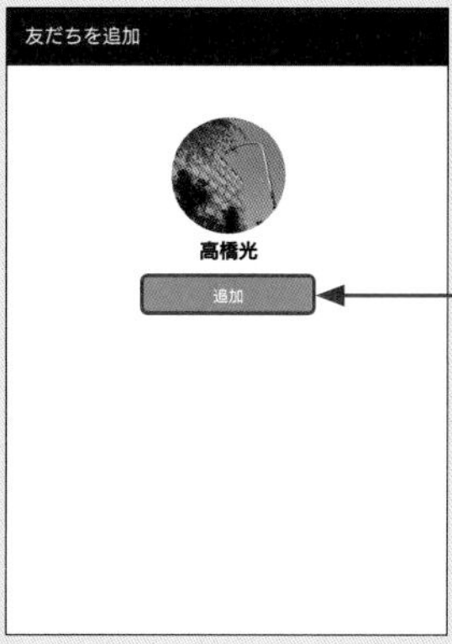

4 <追加>をタップします。

相手が離れた場所にいる

1 左の手順3の画面で、<マイQRコード>をタップして、

2 →<他のアプリ>の順にタップします。ここでは<Gmail>をタップします。

3 自分のQRコードをメールで送信し、読み取ってもらいます。

Q LINE

バージョン 9.0 10.0 ドコモ ソフトバンク au SIMフリー

442 » メッセージを送りたい！

A トークルームからメッセージを送信します。

＜LINE＞アプリのトーク機能では、メッセージのほかにもスタンプや写真、動画、位置情報、音声メッセージ、音楽などを相手に送信することができます。また、個人間での気軽な送金や割り勘も、トーク機能で利用できます。コミュニケーションツールとして、幅広く活用してみましょう。

1 <LINE>アプリを起動して、画面下部の<ホーム>をタップします。

2 メッセージを送りたい相手をタップし、

3 <トーク>をタップします。

4 メッセージを入力し、

5 ▶をタップすると、送信できます。

Q LINE

バージョン 9.0 10.0 ドコモ ソフトバンク au SIMフリー

443 » 通話を利用したい！

A <音声通話>タップします。

＜LINE＞アプリの通話機能では、相手も＜LINE＞アプリを利用していれば、国内外・携帯電話会社を問わず、無料で通話を行うことができます（通信料はかかるため、Wi-Fi環境で行うことをおすすめします）。また、ビデオ通話やグループ通話も利用可能です。ぜひ活用してみましょう。

1 友だちをタップして、

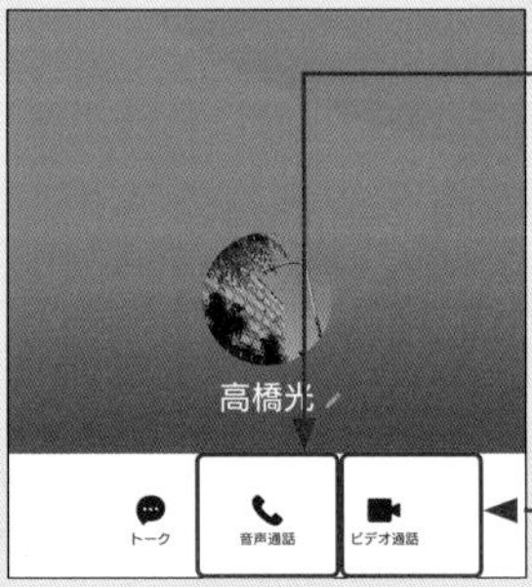

2 <音声通話>をタップすると、

<ビデオ通話>をタップすると、ビデオ通話が発信されます。

3 発信中画面が表示されます。

444 » スタンプを送りたい！

A トーク画面で☺をタップします。

トーク画面では、メッセージを送信するほかに、スタンプを送信することができます。スタンプには、さまざまな種類があり、無料と有料のものがあります。有料スタンプは、スタンプショップで購入し、ダウンロードすることで利用できます。ここでは、無料スタンプの利用方法を紹介します。

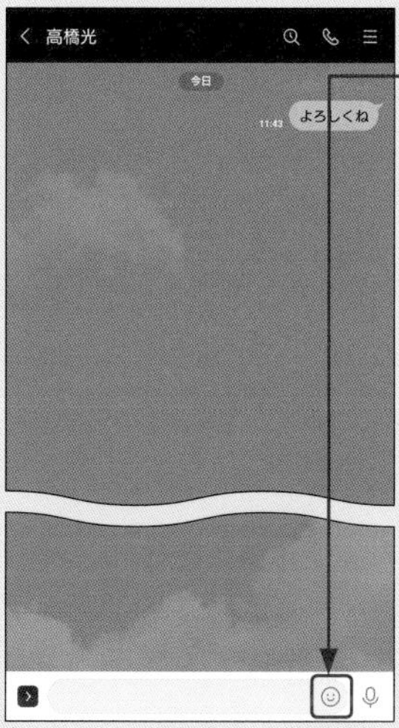

1 トーク画面で、☺をタップします。

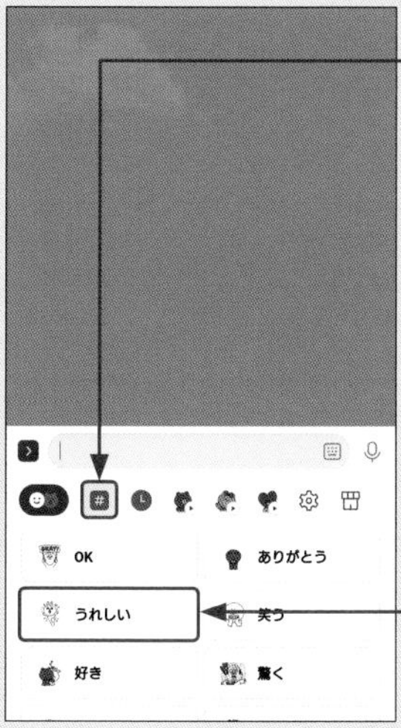

2 ＜#＞をタップして、

3 シチュエーションをタップし、

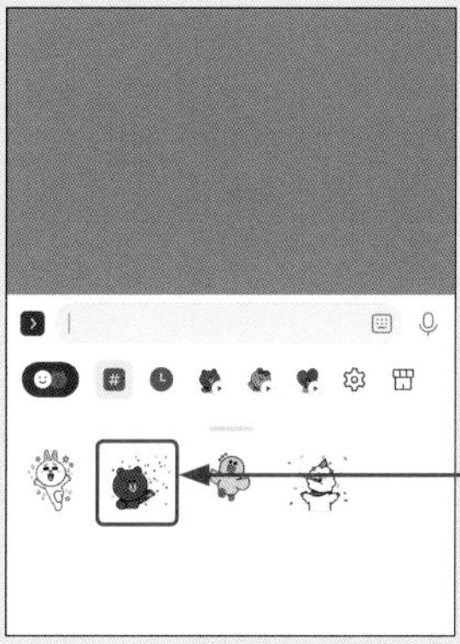

4 送信したいスタンプをタップします。

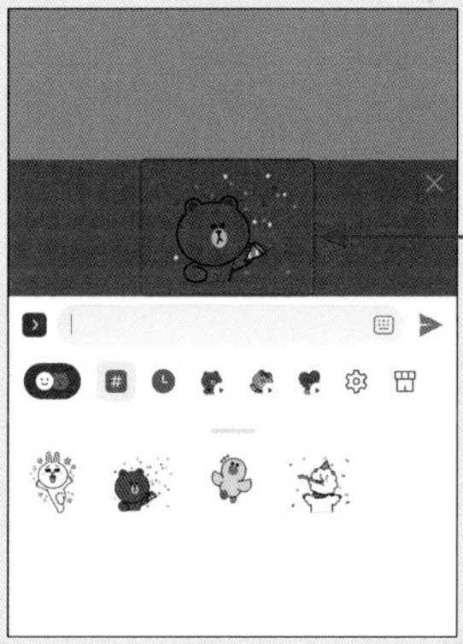

5 プレビュー表示されたスタンプをタップすると、

6 送信されます。

445 » Facebookを利用したい！

A <Facebook>アプリを起動して、新規登録しましょう。

＜Facebook＞アプリでは、実名でアカウントを登録し、世界中の多くのユーザーがコミュニケーションツールや情報収集ツールとして利用しています。趣味を共有したり、ビジネスに活用したり、幅広い楽しみ方があります。＜Facebook＞アプリを起動し、アカウントを作成しましょう。

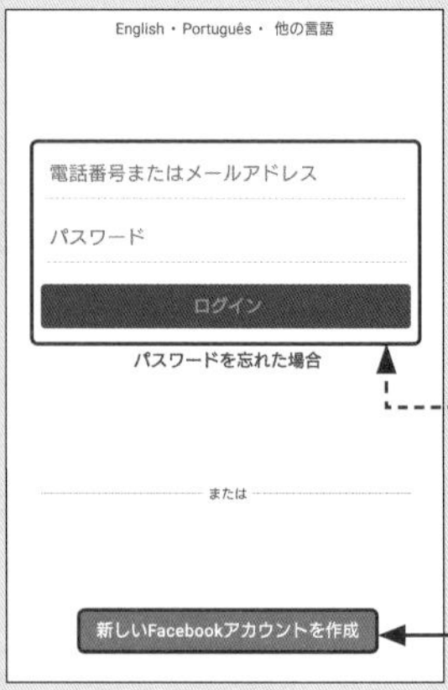

1 <Facebook>アプリを起動して、<新しいFacebookアカウントを作成>をタップします。

すでにアカウントを持っている場合は、アカウントとパスワードを入力して<ログイン>をタップします。

2 <次へ>→<許可>→<許可>の順にタップします。

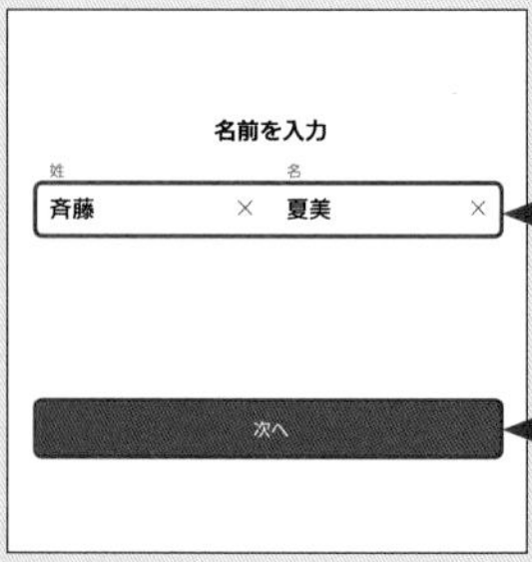

3 登録する名前を入力し、

4 <次へ>をタップします。

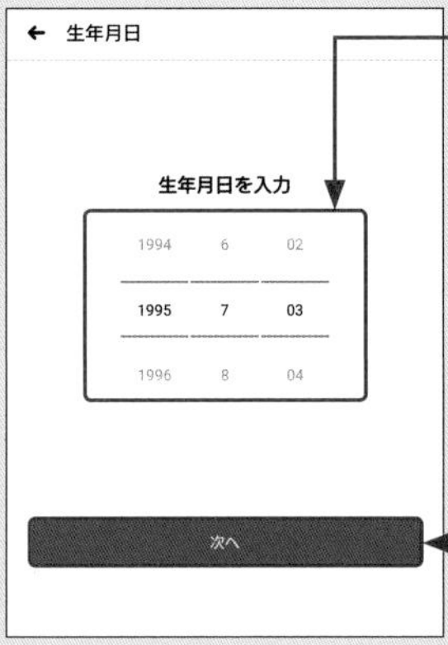

5 生年月日を設定し、

6 <次へ>→<はい>の順にタップします。

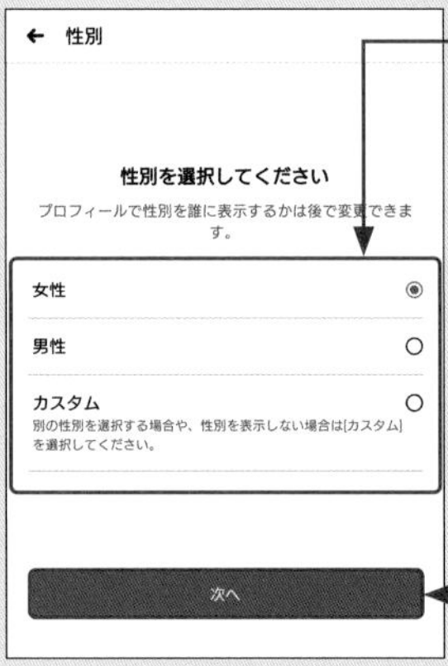

7 性別を選択し、

8 <次へ>をタップします。

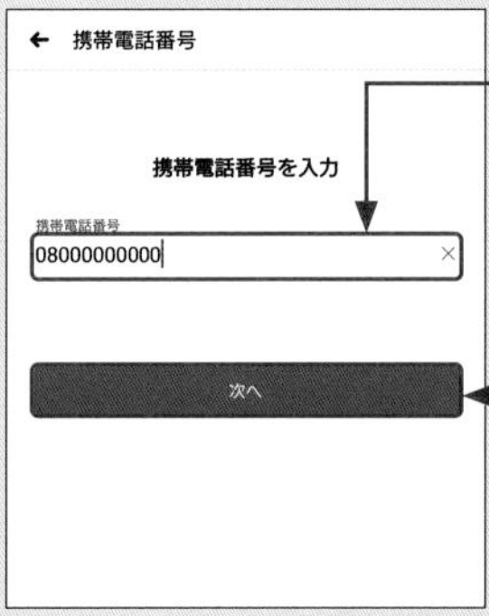

9 電話番号を入力し、

10 <次へ>をタップし、画面の指示に従ってアカウントを作成します。

Q Facebook

バージョン 9.0 10.0 ドコモ ソフトバンク au SIMフリー

446 » 投稿したい！

A オリジナルの投稿ができます。

＜Facebook＞アプリの投稿機能では、自分の近況や予定を報告したり、友達や家族の近況を確認したりすることができます。また、世界のニュースや気になる記事などにコメントを付けて投稿、共有することも可能です。背景を変更したり、写真や動画を追加したりして、オリジナルの投稿をしましょう。

1 ＜その気持ち、シェアしよう＞をタップします。

2 投稿する内容を入力し、

3 ＜投稿＞をタップすると、

をタップすると、背景を変更できます。

をタップすると、写真や位置情報などを追加できます。

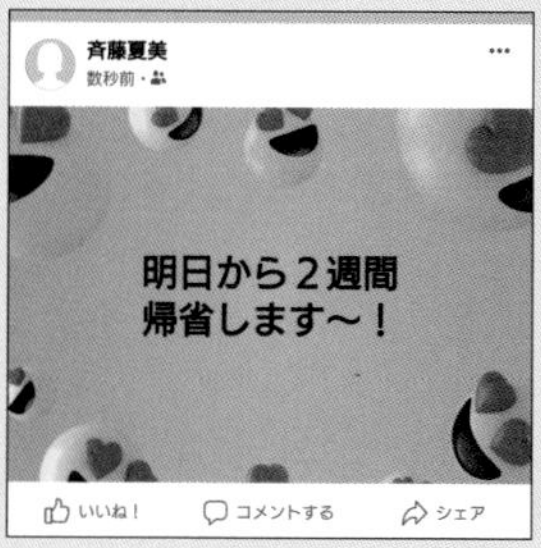

4 タイムラインに投稿されます。

Q Facebook

バージョン 9.0 10.0 ドコモ ソフトバンク au SIMフリー

447 » 相手の投稿に「いいね！」したい！

A ＜いいね！＞をタップします。

友達や企業などの投稿に「いいね!」をすることでコミュニケーションをとったり、情報を共有することができます。「いいね!」を取り消したい場合には、再度＜いいね!＞をタップします。をタップして、キーワード検索をすると、キーワードに関する投稿やアカウントが多く表示されるので、気軽に「いいね!」をしてみましょう。

1 記事を表示して、

2 ＜いいね!＞をタップすると、

3 投稿に「いいね!」ができます。

4 ＜いいね!＞を再度タップすると、

5 「いいね!」が取り消されます。

Q Facebook

バージョン 9.0 10.0 ドコモ ソフトバンク au SIMフリー

448 » 投稿にコメントしたい!

A <コメントする>をタップします。

「いいね!」と同じように、投稿へのコメントもコミュニケーションに欠かせない機能です。送信したコメントは、投稿の閲覧範囲に基づいて、公開されます。また、あとから編集や削除することが可能です。なお、自分の投稿へのコメントに不適切なものがあった場合は、そのコメントを削除することができます。

1 <コメントする>をタップして、

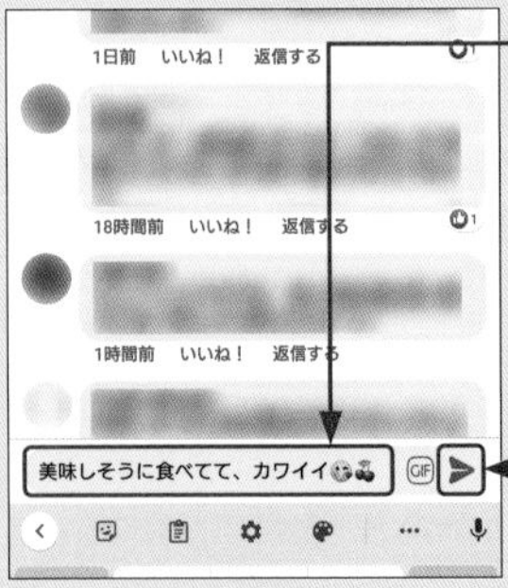

2 コメントを入力し、

3 ➤をタップすると、

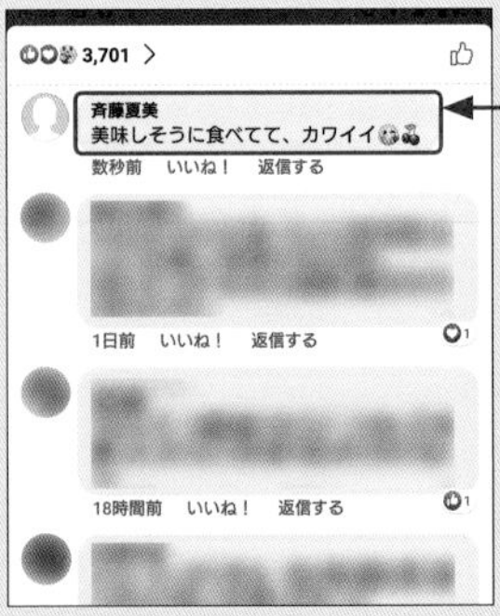

4 コメントが投稿されます。

Q Facebook

バージョン 9.0 10.0 ドコモ ソフトバンク au SIMフリー

449 » 写真を投稿したい!

A <写真>をタップします。

<Facebook>アプリの投稿機能では、文字だけではなく、複数の写真を投稿することができます。また、位置情報や時間、気温などをスタンプとして挿入できるツールや文字を挿入できるツールなど、写真を編集する機能が豊富にあります。オリジナルの写真を投稿しましょう。

1 <写真>をタップし、

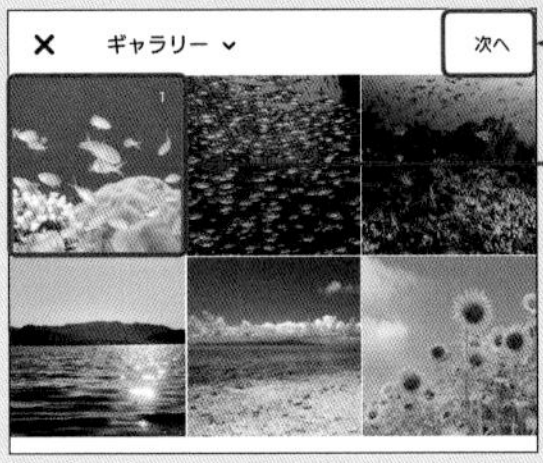

2 投稿する写真をタップして選択したら、

3 <次へ>をタップします。

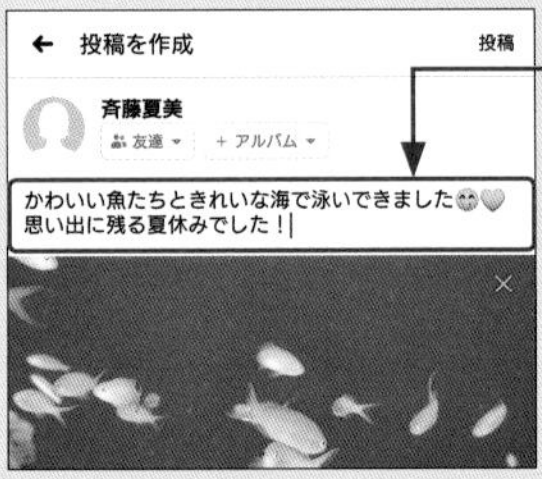

4 投稿する内容を入力して、

<編集>をクリックすると、写真を編集できます。

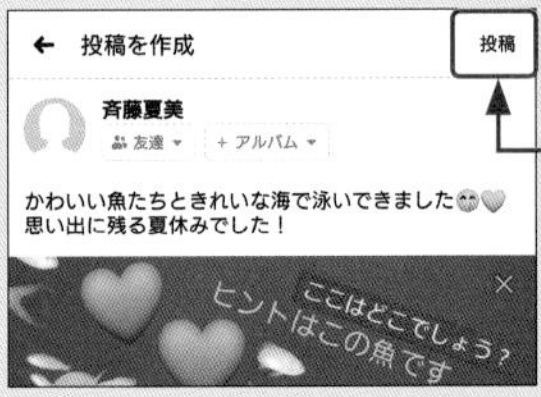

5 <投稿>をタップすると、投稿されます。

450 » Facebook Messengerって何？

A チャットや通話を利用できるアプリです。

「Facebook Messenger」では、チャットアプリとして、Facebookの友達とメッセージや写真、動画、ファイルなどの送受信を無料で行うことができます。また、音声通話やビデオ通話、SMSも利用可能です。利用するには、Facebookのアカウントと＜Messenger＞アプリをインストールしておく必要があります。

1 ＜Facebook＞アプリを起動して、をタップします。

2 ＜○○としてログイン＞をタップして、ログインをします。

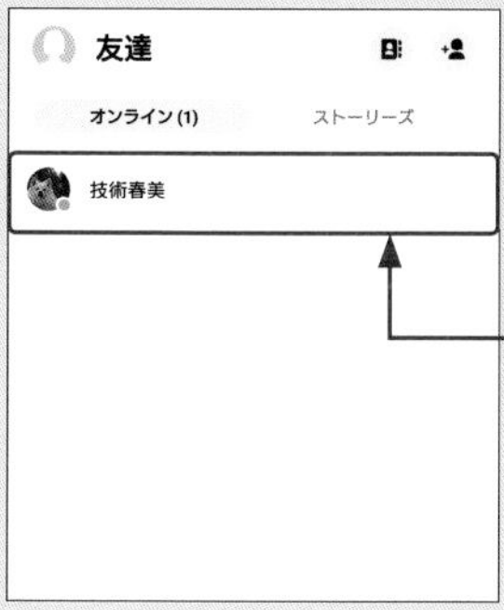

3 「連絡先の検索」画面が表示されたら、＜後で＞→＜OK＞の順にタップして、

4 メッセージを送信する相手をタップします。

5 画面下部の入力欄をタップして、

6 メッセージを入力し、

7 ➤をタップすると、

8 メッセージが送信されます。

451 » Twitterを利用したい！

A <Twitter>アプリを起動して、新規登録しましょう。

＜Twitter＞アプリでは、日本や世界の最新ニュース、話題のトレンドなどをリアルタイムで知ることが可能です。また、140文字以内で自分の近況や気持ちを投稿（ツイート）することで、コミュニケーションツールとしても利用できます。＜Twitter＞アプリを起動し、アカウントを作成しましょう。

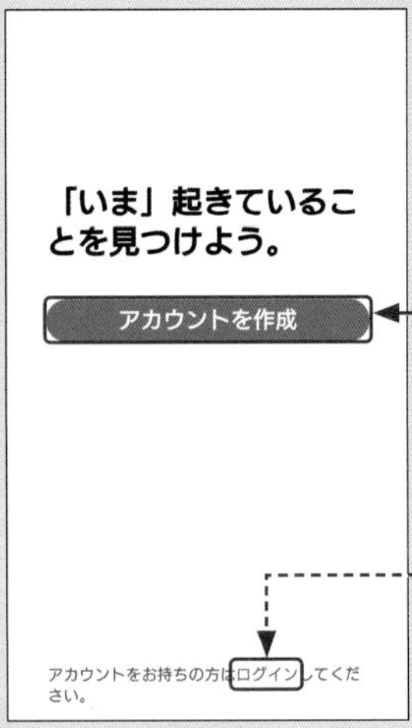

1 <Twitter>アプリを起動して、<アカウントを作成>をタップします。

すでにアカウントを持っている場合は、<ログイン>をタップします。

2 名前、電話番号またはメールアドレス、生年月日を入力し、

3 <次へ>→<次へ>の順にタップします。

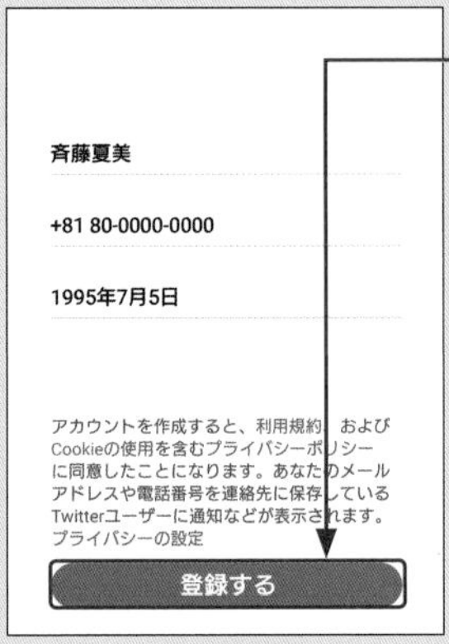

4 <登録する>をタップします。

手順**2**で電話番号を入力した場合は、SMSで送信される認証コードを入力します。

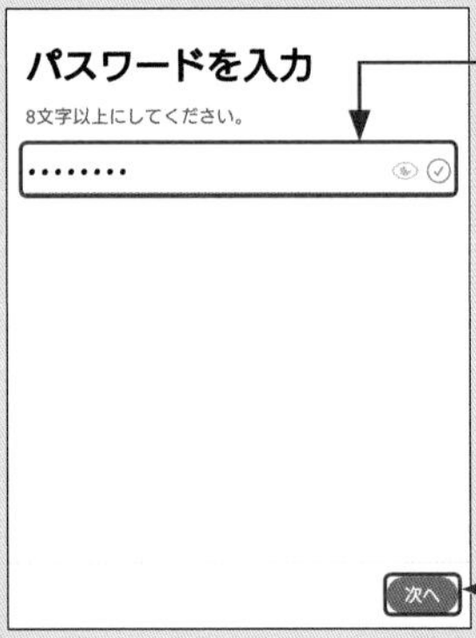

5 パスワードを入力し、

6 <次へ>をタップします。

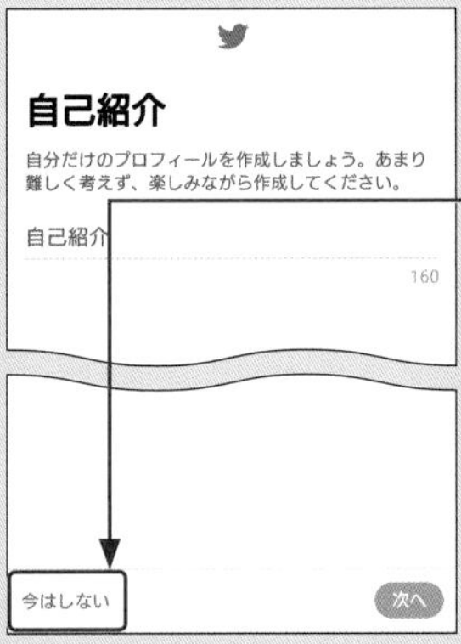

7 プロフィール画像の設定や自己紹介作成画面が表示されたら、<今はしない>をタップし、

8 画面の指示に従って、アカウントを作成します。

Q Twitter

バージョン 9.0 10.0 ドコモ ソフトバンク au SIMフリー

452 » ユーザーをフォローしたい！

A <フォローする>をタップします。

知り合いや有名人の投稿をチェックしたい場合には、相手のアカウントを「フォロー」します。フォローすることで、複数の投稿が時系列で並ぶ「タイムライン」に、その相手の投稿が表示されるようになります。なお、相手が投稿を非公開にしている場合は、フォローリクエストを送信し、承認されなければなりません。

1 をタップして、

2 <キーワード検索>をタップします。

3 キーワードを入力して、をタップし、

4 フォローしたいアカウントをタップします。

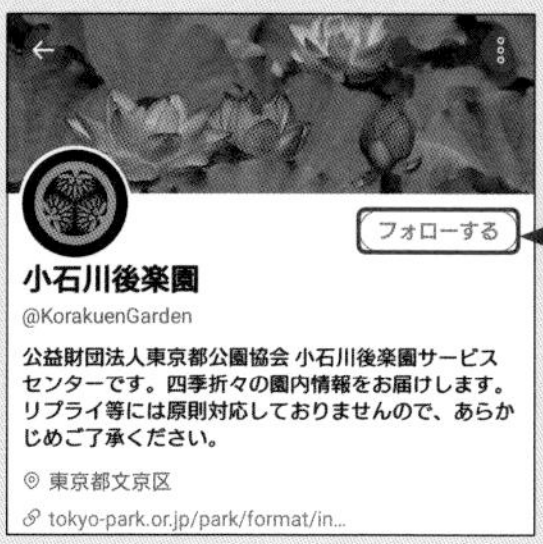

5 <フォローする>をタップすると、フォローが完了します。

Q Twitter

バージョン 9.0 10.0 ドコモ ソフトバンク au SIMフリー

453 » 投稿したい！

A をタップします。

<Twitter>アプリの投稿機能では、自分の近況や気持ちをリアルタイムで自由に投稿できます。140文字以内の短い文章で発信することで、読みやすくわかりやすいソーシャルメディアツールとされています。位置情報やGIF画像、投票機能もあるので、オリジナルの投稿をしてみましょう。

1 をタップします。

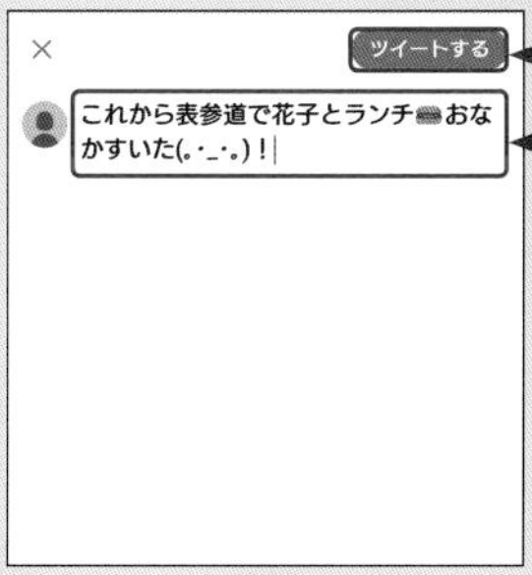

2 投稿する内容を入力して、

3 <ツイートする>をタップすると、

4 投稿されます。

Q Twitter バージョン 9.0 10.0 ドコモ ソフトバンク au SIMフリー

454 » 写真を投稿したい！

A 🖼をタップします。

＜Twitter＞アプリの投稿機能では、文字だけではなく、複数の写真を投稿することができます。投稿時に＜カメラ＞アプリを起動し、その場で撮影した写真やあらかじめ撮影し保存している写真を添付する方法があります。また、写真を編集する機能もあるので、オリジナルの写真を投稿しましょう。

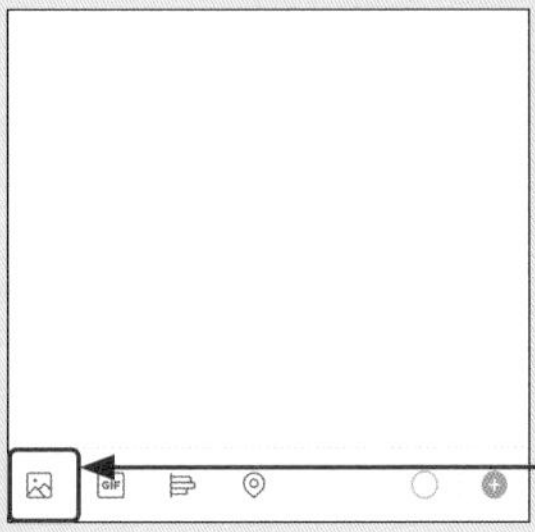

1 投稿内容の入力画面で、🖼をタップします。

2 写真をタップして選択し、

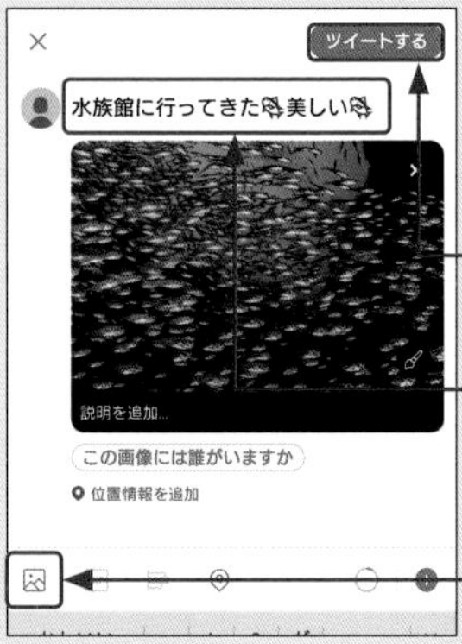

3 投稿する内容を入力して、

4 ＜ツイートする＞をタップします。

複数枚（4枚まで）投稿する場合は、再度🖼をタップします。

Q Twitter バージョン 9.0 10.0 ドコモ ソフトバンク au SIMフリー

455 » 投稿に「いいね!」したい！

A ♡をタップします。

相手の投稿には、リアクションを返すことができます。コメントを送信したり、「いいね!」をしたり、自分のフォロワーに共有するリツイートをしたりすることができます。「いいね!」をすると、あとでそのツイートを見直すことができ、リツイートをすると、自分のタイムラインにそのツイートを表示することができます。

1 相手の投稿の♡をタップすると、

🔁をタップするとリツイート、🗨をタップするとコメントを送信することができます。

2 投稿に「いいね!」ができます。

3 ♥を再度タップすると、

4 「いいね!」が取り消されます。

456 » Instagramを利用したい！

A <Instagram>アプリを起動して、新規登録しましょう。

<Instagram>アプリでは、スマートフォンで撮影した写真や動画をかんたんにシェアすることができます。さらに、「ハッシュタグ」を利用することで、いま気になる話題や人気の投稿を発見することも可能で、楽しみ方が広がります。<Instagram>アプリを起動し、アカウントを作成しましょう。

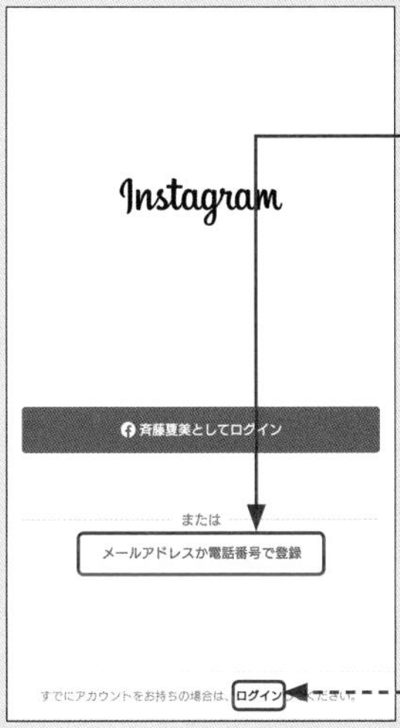

1 <Instagram>アプリを起動して、<メールアドレスか電話番号で登録>をタップします。

すでにアカウントを持っている場合は、<ログイン>をタップします。

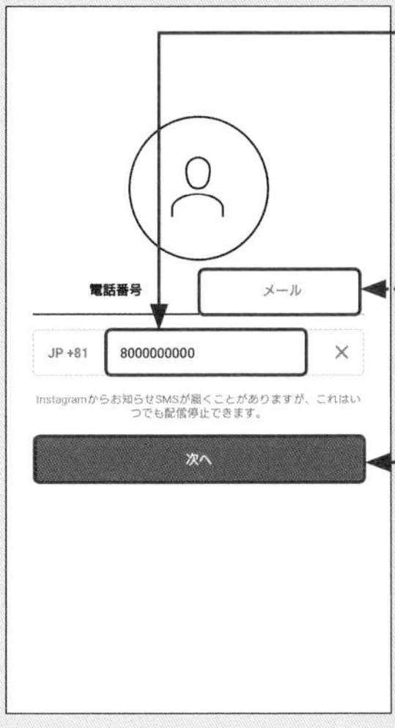

2 電話番号を入力し、

メールアドレスで登録する場合は、<メール>をタップします。

3 <次へ>をタップします。

4 名前とパスワードを入力し、

5 <次に進み連絡先を同期する>→<許可>の順にタップします。

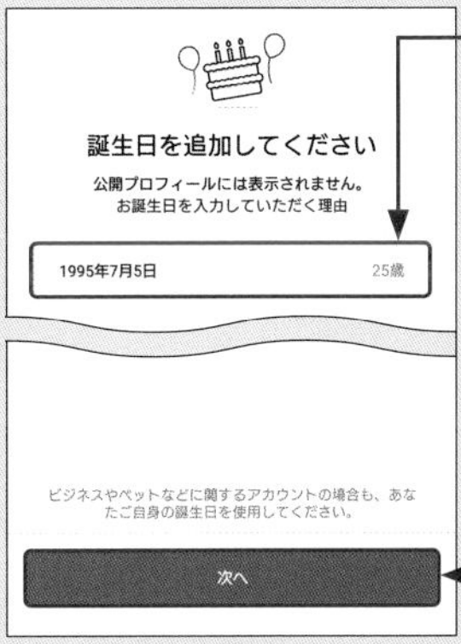

6 誕生日を入力して、

7 <次へ>をタップします。

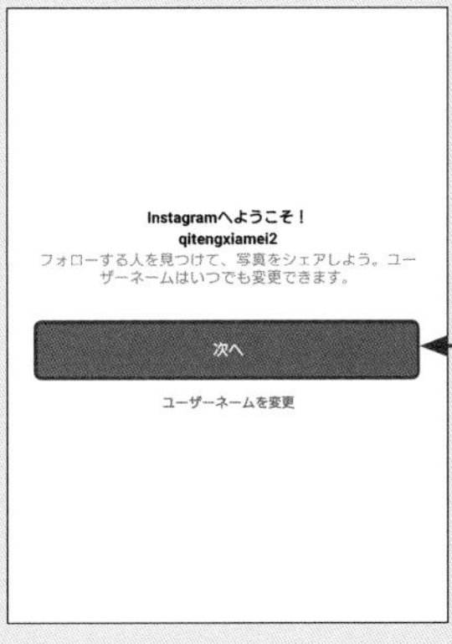

8 <次へ>をタップし、画面の指示に従って、アカウントを作成します。

Q Instagram

バージョン 9.0 10.0　ドコモ ソフトバンク au SIMフリー

457 » 投稿したい！

A ⊕をタップします。

<Instagram>アプリの投稿機能では、<カメラ>アプリを起動し、その場で撮影した写真や動画、あらかじめ撮影し保存している写真や動画をフィルター加工や編集をして投稿できます。また、「ストーリー」機能では、投稿した写真や動画が24時間経過すると、自動的に削除されるリアルタイムな投稿ができます。

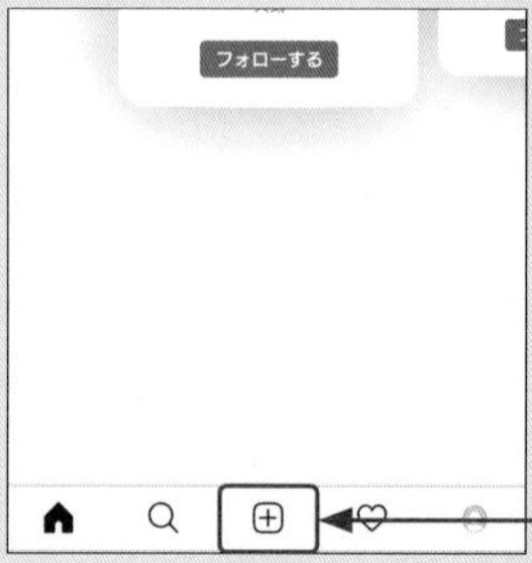

1 ⊕→<許可>→<ギャラリー>の順にタップします。

2 写真をタップして選択し、

3 <次へ>→<次へ>の順にタップします。

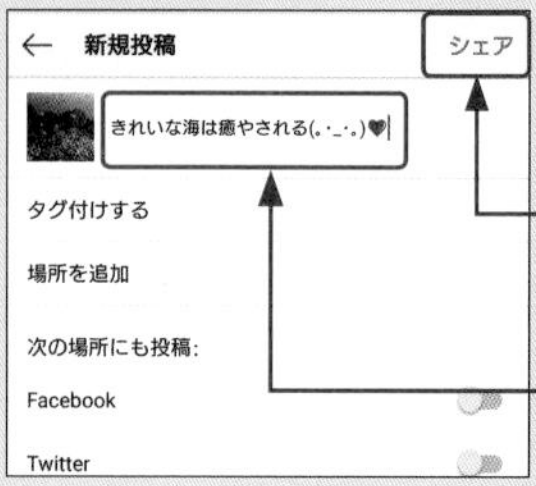

4 コメントを入力し、

5 <シェア>をタップすると、投稿されます。

Q Instagram

バージョン 9.0 10.0　ドコモ ソフトバンク au SIMフリー

458 » ユーザーをフォローしたい！

A <フォローする>をタップします。

知り合いや有名人の投稿をチェックしたい場合には、相手のアカウントを「フォロー」します。フォローすることで、複数の投稿が時系列で並ぶ「タイムライン」に、その相手の投稿が表示されるようになります。なお、相手が投稿を非公開にしている場合は、フォローリクエストを送信し、承認されなければなりません。

1 🔍をタップします。

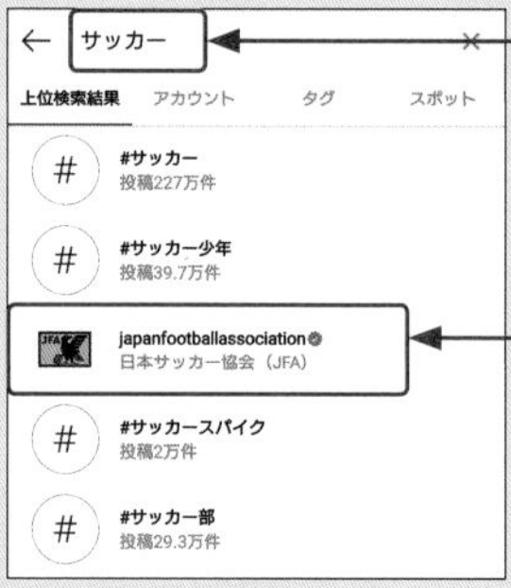

2 キーワードを入力し、

3 フォローしたいアカウントをタップします。

4 <フォローする>をタップすると、フォローが完了します。

Q 459 » 投稿に「いいね!」したい!

Instagram　バージョン 9.0 10.0　ドコモ ソフトバンク au SIMフリー

A ♡をタップします。

相手の投稿には、リアクションを返すことができます。コメントを送信したり、「いいね!」をしたり、メッセージを加えてストーリーに投稿したりすることで、気軽に日々の出来事を共有できます。また、気に入った投稿は、ブックマークして保存できるので、あとでその投稿を見直すことができます。

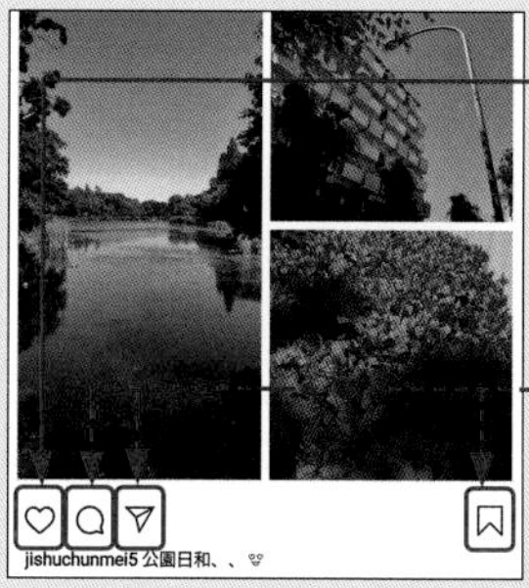

1 相手の投稿の♡をタップします。

□をタップするとブックマーク、▽をタップするとストーリー投稿、○をタップするとコメントを送信することができます。

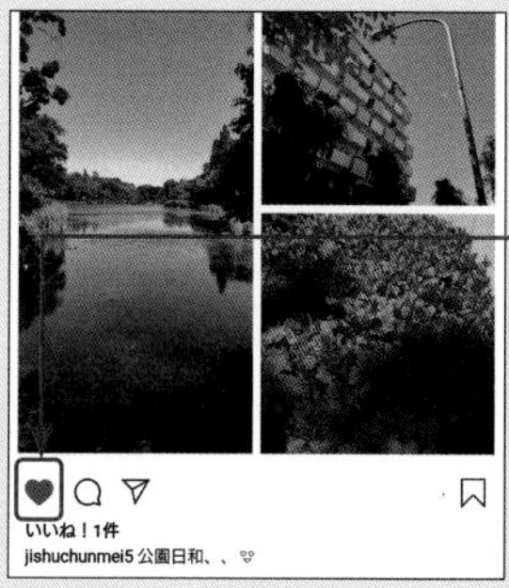

2 投稿に「いいね!」ができます。

3 ❤を再度タップすると、

4 「いいね!」が取り消されます。

Q 460 » ハッシュタグを利用したい!

Instagram　バージョン 9.0 10.0　ドコモ ソフトバンク au SIMフリー

A ハッシュマーク「#」を付けて投稿や検索をします。

たくさんの写真や動画の投稿から興味のある投稿を見つけるには、「ハッシュタグ」で検索をしてみましょう。ハッシュタグとは、ハッシュマークの「半角シャープ(#)」とキーワードを組み合わせた検索語句です。ハッシュタグで検索すると、そのハッシュタグが付いた投稿のみを一覧で表示することができます。

1 🔍をタップします。

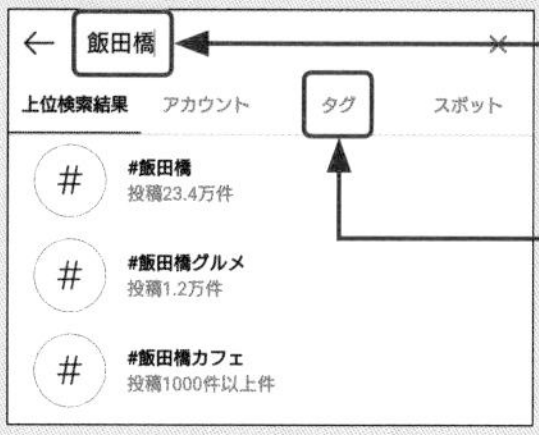

2 キーワードを入力して、

3 <タグ>をタップすると、

4 キーワードに基づいたハッシュタグが表示されます。気になるハッシュタグをタップすると、

5 ハッシュタグの付いた投稿が一覧で表示されます。

Q 461 » キャリアアプリって何？

A 各携帯電話会社の提供するサービスのアプリです。

キャリアアプリとは

スマートフォンには、標準搭載されているアプリやスマートフォンメーカーが搭載したアプリのほかに、ドコモ・au・ソフトバンクの各携帯電話会社がそれぞれ提供するサービスのアプリがインストールされています。このアプリは、「キャリアアプリ」といい、各携帯電話会社によって利用方法や料金が異なります。

便利なキャリアアプリ

ドコモ

「dマーケット」
映画・音楽・アニメ・ゲショッピング・旅行など、さまざまなコンテンツ情報が満載

au

「auスマートパス」
エンタメ情報に加え、データ復旧、紛失補償、ウィルス対策など、あんしんサービスが満載

ソフトバンク

「Yahoo!プレミアム」
全特典が使い放題、PayPayによる支払いでの還元ポイントなど、お買い得キャンペーンが満載

dマーケット

1 アプリ一覧画面で＜dマーケット＞をタップします。

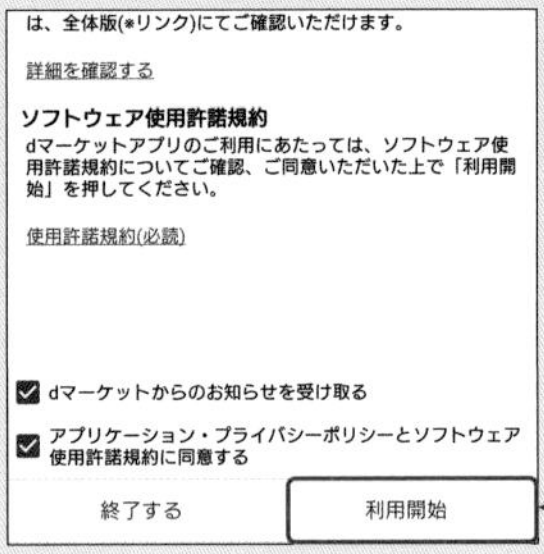

2 利用規約に同意し、

3 ＜利用開始＞をタップすると、

4 ホーム画面が表示されます。

5 ＜もっと見る＞をタップすると、

6 さらにコンテンツが表示されます。

au スマートパス

1 アプリ一覧画面で<auスマートパス>をタップします。

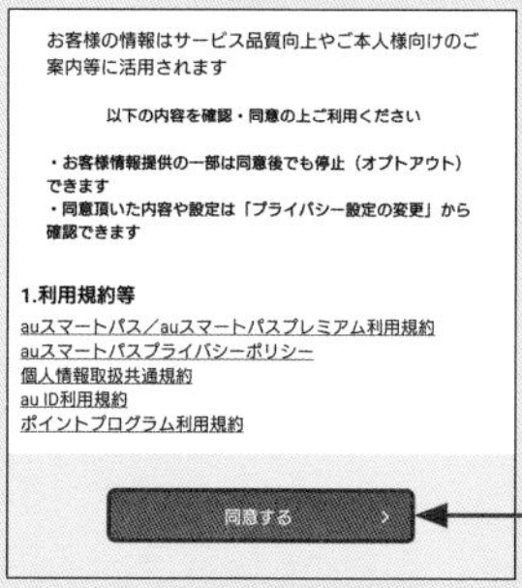

2 <同意する>→<スキップ>の順にタップすると、

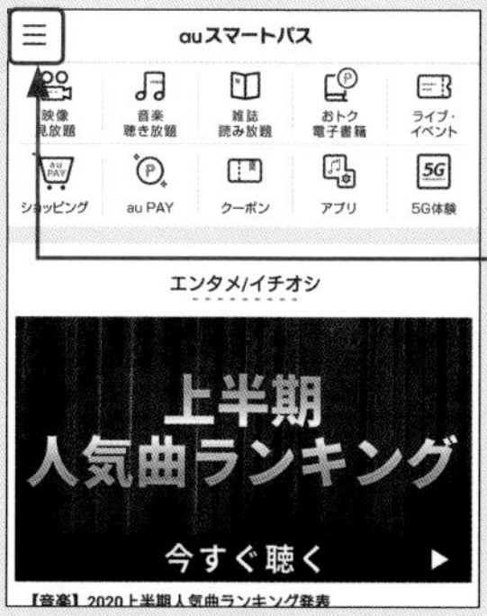

3 ホーム画面が表示されます。

4 ☰→<あんしんサポート>の順にタップすると、

5 「あんしんサポート」サービスが表示されます。

Yahoo! プレミアム

1 アプリ一覧画面で<My SoftBank>をタップします。

2 <メニュー>→<アカウント管理>の順にタップし、

3 <確認する>→<設定する>の順にタップします。

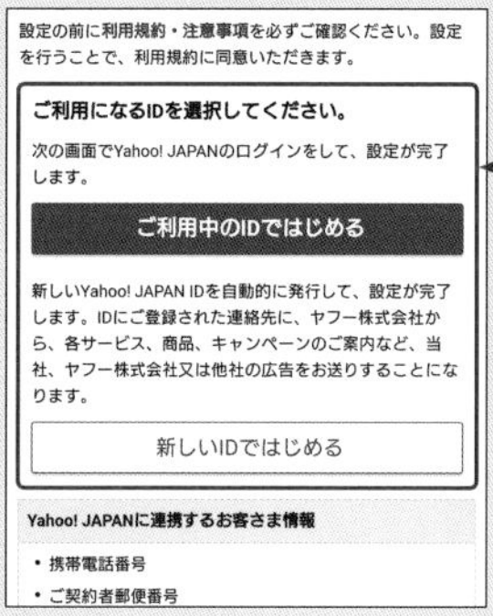

4 Yahoo!JAPAN IDでログインすると、

5 Y!ショッピングなどで特典を利用できます。

Q そのほかのアプリ

バージョン 9.0 10.0 ドコモ ソフトバンク au SIMフリー

462 ≫ おサイフケータイを利用したい！

A ＜おサイフケータイ＞アプリを利用します。

「おサイフケータイ」とは、Felica搭載のスマートフォンを利用した電子決済サービスです。電子マネーを利用できるほか、乗車券や航空券として利用したり、会員証やポイントカードとして利用したりすることもできます。なお、それぞれのサービスを利用する場合には、各サイトへアクセスして、サービス登録を行う必要があります。

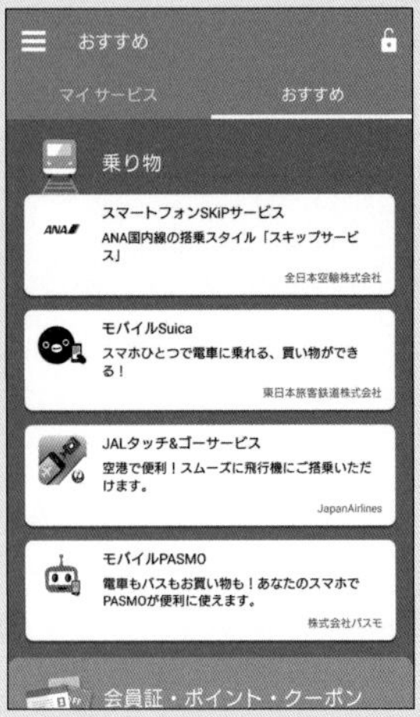

電子マネーや電子乗車券などのサービスをスマートフォン1つで管理できます。

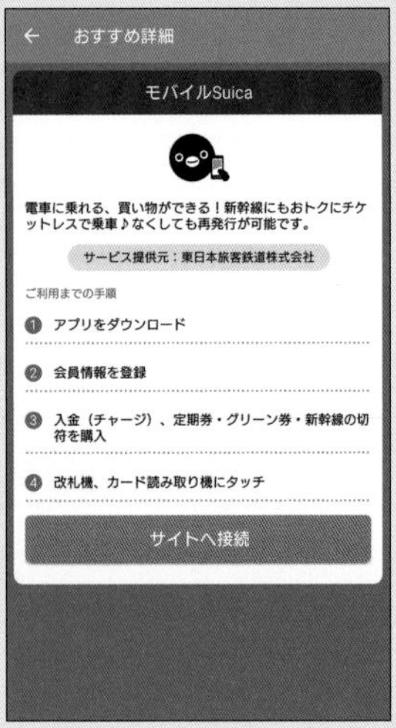

それぞれのサービスをタップすると、利用方法やサイトへの接続を確認できます。

Q そのほかのアプリ

バージョン 9.0 10.0 ドコモ ソフトバンク au SIMフリー

463 ≫ QRコード決済を利用したい！

A QRコード決済対応アプリを利用します。

「QRコード決済」とは、スマートフォンにインストールした決済アプリで、店舗が提示するQRコードを読み取る、もしくは決済アプリに表示されるQRコードやバーコードを店舗が読み取ることで、支払いが完了するキャッシュレス決済サービスです。なお、支払元としてクレジットカード、もしくは銀行口座の登録が必要です。

スマートフォンをQRコードにかざすと自動で読み取り、決済が完了します。

QRコードやバーコードを表示しスキャナーで読み取ってもらうと、決済が完了します。

Q そのほかのアプリ

バージョン 9.0 10.0 ｜ ドコモ ソフトバンク au SIMフリー

464 » ネットTVを見たい!

A <ABEMA>アプリがおすすめです。

「ネットTV」とは、一般のテレビとは異なり、インターネットを通じて放送されているインターネットテレビというメディアです。<ABEMA>アプリでは、生放送番組やニュース、過去の番組の再放送などを見ることができます。プレミアムプランにアップグレードすることで、番組のダウンロード視聴などが可能になります。

ニュース、音楽、スポーツなど、20チャンネル以上を無料で視聴することができます。

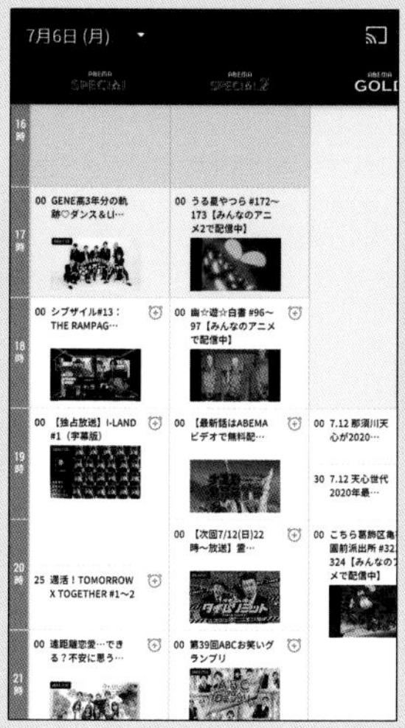

番組表でチャンネル情報を確認したり、番組開始通知を受け取ることも可能です。

Q そのほかのアプリ

バージョン 9.0 10.0 ｜ ドコモ ソフトバンク au SIMフリー

465 » QRコードを読み取りたい!

A <カメラ>アプリを利用します。

「QRコード」とは、正方形の読み取りコードで、通常のバーコードよりも多くの情報を格納することができます。QRコードを読み取りたい場合には、スマートフォンに標準搭載されている<カメラ>アプリを利用するか、バーコードリーダーアプリをインストールします。ここでは、<カメラ>アプリで読み取る方法を紹介します。

1 アプリ一覧画面で<カメラ>アプリを起動します。

2 をタップし、

機種によっては、QRコードにかざすだけで読み取り可能です。

3 QRコードに合わせると、

4 Webサイトのリンクが表示されるので、タップします。

Q そのほかのアプリ

バージョン 9.0 10.0 ドコモ ソフトバンク au SIMフリー

466 ≫ 電卓を使いたい！

A ＜電卓＞アプリを利用します。

多くのスマートフォンには、標準搭載されている＜電卓＞アプリがあります。＜電卓＞アプリは通常の計算のほかにも、%やπ、sinなどの計算をすることもできます。また、一般計算機の機能だけではなく、通貨計算機や割引計算機の機能を備えた＜万能電卓＞アプリなどをインストールして、利用することもできます。

電卓

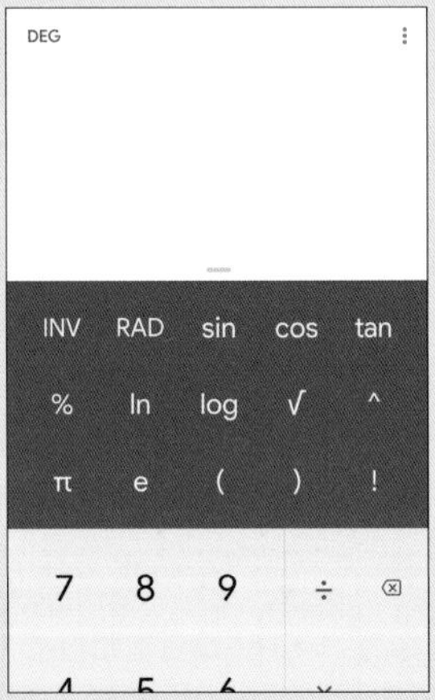

使いやすい画面で、基本的な計算や高度な演算を行うことができます。

万能電卓

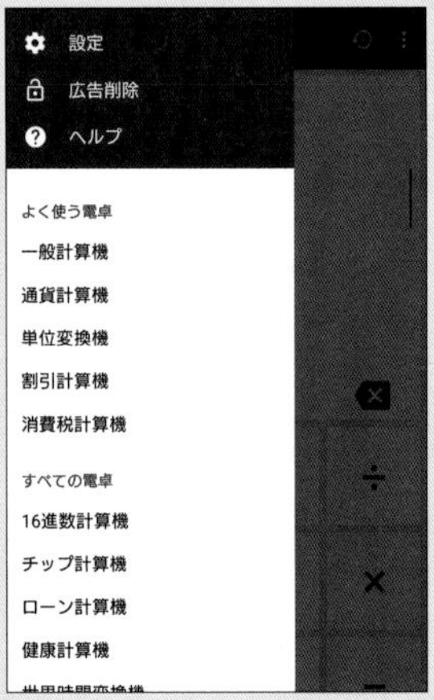

多機能で、仕事の効率化につながる計算をかんたんに行うことができます。

Q そのほかのアプリ

バージョン 9.0 10.0 ドコモ ソフトバンク au SIMフリー

467 ≫ ウイルス対策アプリは必要？

A インストールしておくと安心です。

ウイルス対策アプリをインストールしておくと、有害なアプリやWebサイトにアクセスしたとき、リアルタイムで警告を受信することができます。ウイルス対策アプリは、容量や処理の速さなどが異なります。使いやすさやレビューなどを確認して、適切なアプリを利用しましょう。

LINE アンチウイルス

アプリやWebサイトのスキャンに加え、スマートフォンやWi-Fiの最適化も行います。

Safe Security

Androidスマートフォン用のセキュリティアプリです。ワンタップで、容量整理も行います。

第11章

使いこなしの「こんなときどうする？」

Q 端末情報 バージョン 9.0 10.0 ドコモ ソフトバンク au SIMフリー

468 » スマートフォンを最新の状態に保つには？

A ソフトウェアアップデートをします。

スマートフォンを最新の状態に保つためには、都度配信される「アップデート」を適用する必要があります。アップデートを行うことで、最新版のアプリの利用環境を整えたり、セキュリティを強化したりすることができます。アップデートには、通信量と時間を要するので、「Wi-Fi接続」と「十分な充電」を事前に確認しておきましょう。

1 アプリ一覧画面で<設定>をタップし、

2 <システム>→<詳細設定>の順にタップします。

3 <ソフトウェアアップデート>→<OK>の順にタップすると、

4 アップデートの有無を確認できます。

Q 端末情報 バージョン 9.0 10.0 ドコモ ソフトバンク au SIMフリー

469 » 購入時の状態に戻したい！

A データの初期化を行います。

スマートフォンの動作が不安定だったり、不具合が生じたりする場合には、スマートフォンを初期化し、購入時の状態に戻すことが有効です。不要なアプリを削除したり、内部ストレージを圧迫している写真や動画を削除したりしても、改善されなければ、データをバックアップして、初期化を行いましょう。

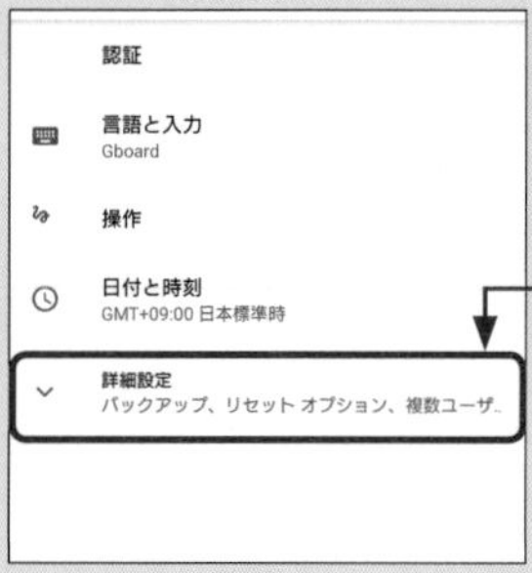

1 アプリ一覧画面で<設定>をタップし、

2 <システム>→<詳細設定>の順にタップします。

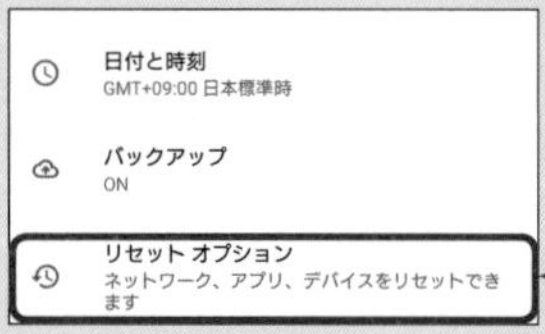

3 <リセットオプション>をタップします。

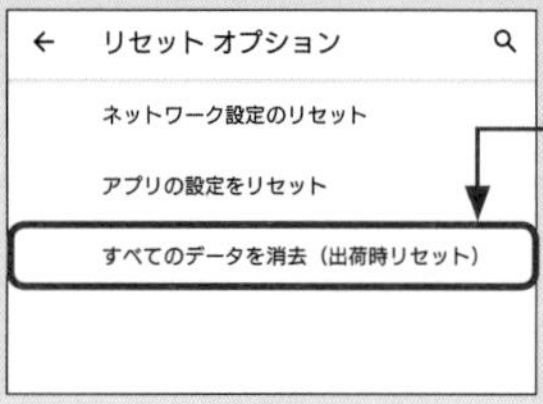

4 <すべてのデータを消去（出荷時リセット）>をタップし、

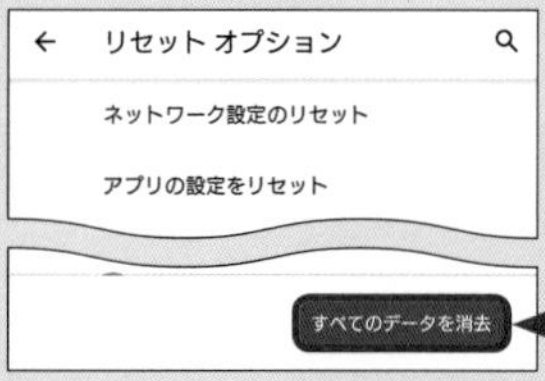

5 <すべてのデータを消去>を2回タップします。

Q 端末情報 バージョン 9.0 10.0 ドコモ ソフトバンク au SIMフリー

470 » リセットと復元の違いは？

A リセットはデータの初期化、復元はバックアップデータが戻ります。

Q.469の手順でスマートフォンをリセットすると、初期化されます。これに対し、復元を行うと、事前にバックアップしていたデータを、スマートフォンに戻すことができます。なお、バックアップ方法は、クラウドサービスや携帯電話会社のバックアップサービスなどがあります。

リセット

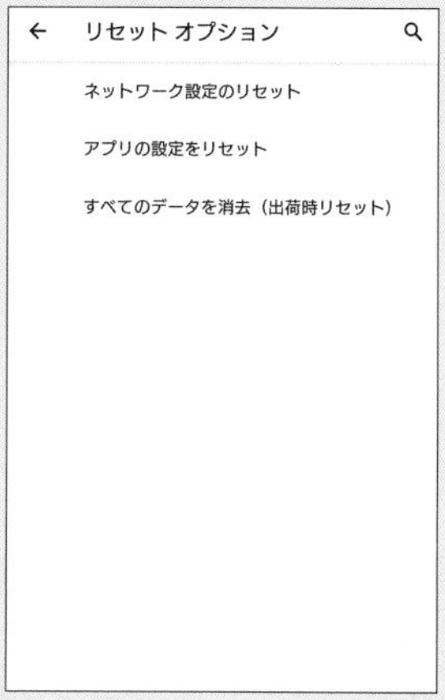

ネットワークとアプリそれぞれのみ初期化する方法もあります。

復元

バックアップデータと最新バックアップ日時を確認できます。

Q 接続 バージョン 9.0 10.0 ドコモ ソフトバンク au SIMフリー

471 » タッチ操作ができない！

A マウスやキーボードを接続して、操作を行います。

スマートフォンにマウスやキーボードを接続すると、パソコンの操作と同じように矢印のポインターが表示されたり、操作や文字の入力を行ったりすることができます。接続方法は、Bluetoothを利用してワイヤレスで行う方法と、USBケーブルを利用して有線で行う方法があります。

M-TP10BBSBK（ELECOM ／ http://www.elecom.co.jp/）

Bluetooth接続対応、静音タイプ、BlueLED搭載の3ボタンマウスです。

TK-FBM093SBK（ELECOM ／ http://www.elecom.co.jp/）

Bluetooth接続対応、静音タイプ、最大3台とペアリング可能のミニキーボードです。

Q 接続

バージョン 9.0 10.0　ドコモ ソフトバンク au SIMフリー

472 » Bluetooth機器を接続したい！

A Bluetoothをオンにします。

スマートフォンには、Bluetooth機器を接続することが可能です。Bluetoothとは、ワイヤレス接続に使われる通信規格の名称です。USBケーブルでの接続とは異なり、ワイヤレスで周辺機器を接続することができます。Bluetooth機器をスマートフォンで利用するために、接続することを「ペアリング」といいます。

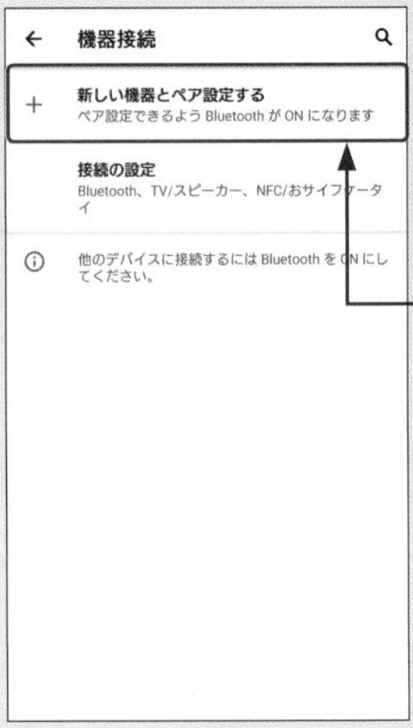

1 アプリ一覧画面で＜設定＞→＜機器接続＞の順にタップし、

2 ＜新しい機器とペア設定する＞をタップしたら、

3 「使用可能なデバイス」に表示されたBluetooth機器をタップし、＜ペア設定する＞をタップすると、

4 ペアリングが完了します。

Q 接続

バージョン 9.0 10.0　ドコモ ソフトバンク au SIMフリー

473 » Bluetooth機器の接続を解除したい！

A Bluetoothをオフにします。

Bluetooth機器の接続を解除したい場合には、Bluetoothをオフにします。ただし、複数のBluetooth機器がつながっている場合、Bluetoothをオフにすると、すべての機器の接続が解除されてしまいます。どれか1つの機器と接続を解除したい場合は、以下の手順でペアリングを解除しましょう。

1 Q.472手順4の画面で、接続を解除したい機器の⚙をタップします。

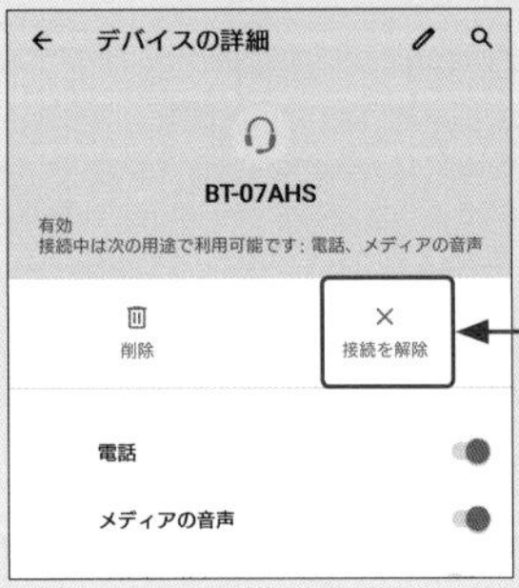

2 ＜接続を解除＞をタップします。

3 ペアリングが解除されます。

Q 接続 バージョン 9.0 10.0 ドコモ ソフトバンク au SIMフリー

474 » NFCって何？

A 機器をかざして近距離で通信する方法です。

NFCとは、機器をかざすだけで通信することができる近距離無線通信規格の名称でです。なお、通信範囲は0〜10cmほどです。NFC機能を利用することで、おサイフケータイや電子乗車券などのサービスを、スマートフォンをかざすだけで利用できます。スマートフォンのNFC機能をオンにしてみましょう。

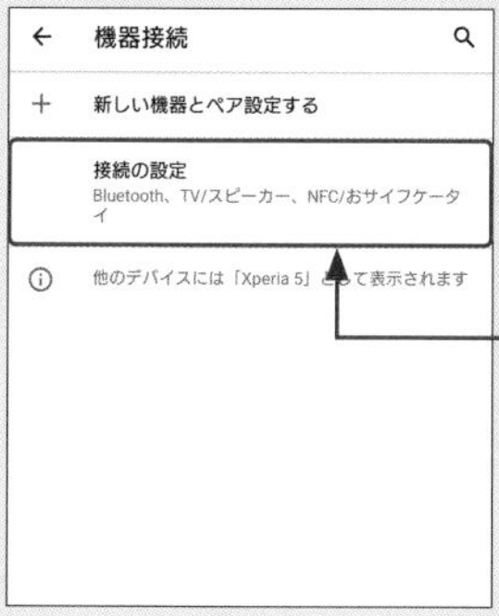

1 アプリ一覧画面で＜設定＞→＜機器接続＞の順にタップし、

2 ＜接続の設定＞をタップしたら、

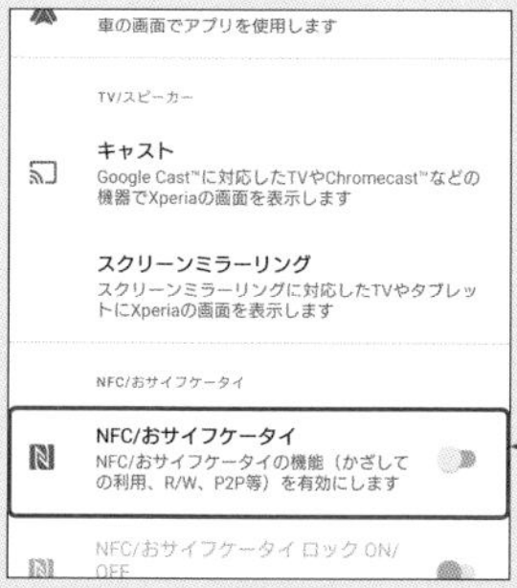

3 ＜NFC/おサイフケータイ＞をタップして、オンにします。

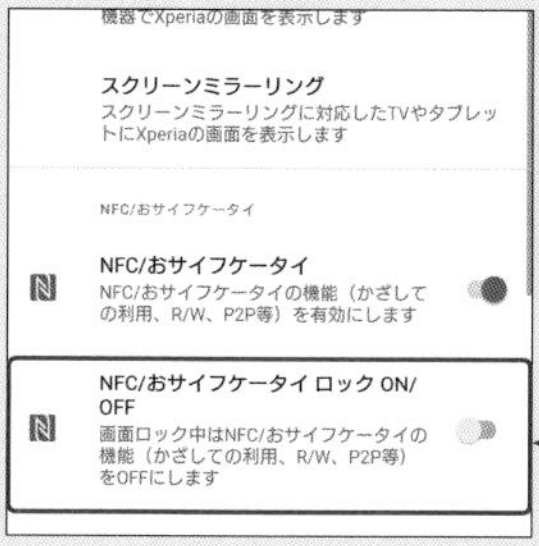

4 ＜NFC/おサイフケータイ ロックON/OFF＞をタップすると、画面ロック中はNFC機能をオフにできます。

Q 接続 バージョン 9.0 10.0 ドコモ ソフトバンク au SIMフリー

475 » NFC対応機器を利用したい！

A ヘッドセットやオーディオレシーバーなどがあります。

スマートフォンでNFC対応機器を利用するには、Q.474を参考にNFC機能をオンにしたうえで、接続を行います。接続時には、スマートフォンと機器それぞれの「NFCマーク」を近づけて、かざすことがポイントです。なお、機器よってはスマートフォンを近づけるだけで、ペアリングされます。

LBT-HS50WPMPBK（ELECOM／https://www.elecom.co.jp/）

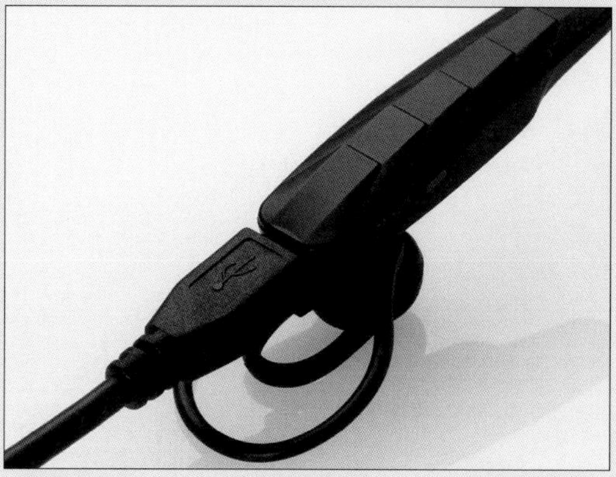

NFC接続対応、Bluetooth接続対応、防水機能対応のハンズフリーヘッドセットです。

LBT-AVWAR501XBK（ELECOM／https://www.elecom.co.jp/）

NFC接続対応、Bluetooth接続対応、AI機能対応のオーディオレシーバーです。

Q 接続

バージョン 9.0 10.0 | ドコモ ソフトバンク au SIMフリー

476 » 有線で接続したい！

A USBケーブルを利用します。

スマートフォンのデータをパソコンに転送したり、パソコンやモバイルバッテリーでスマートフォンを充電したりする場合には、有線接続を利用します。スマートフォンのUSB端子に、USBケーブルを挿すことで、接続されます。USB端子や対応するUSBケーブルは、スマートフォン端末によって種類が異なります。

micro USB Type-B

従来利用されていた端子です。

micro USB Type-C

Type-Bよりデータ転送や充電の速度が向上しています。端子は楕円形です。

変換アダプタ

「USB Type-B」対応端末から「USB Type-C」対応端末にスマートフォンを買い替えた際などには、「変換アダプタ」を「USB Type-B」に付けることで、「USB Type-C」として利用することも可能ですが、あまりお勧めしません。

Q 接続

バージョン 9.0 10.0 | ドコモ ソフトバンク au SIMフリー

477 » スマートフォンの画面をテレビ画面に映したい！

A 有線またはワイヤレス接続を行います。

スマートフォンの画面をテレビ画面に映す場合には、ケーブルで接続する有線接続と、Wi-Fiを利用して接続するワイヤレス接続の2つの方法があります。なお、有線接続は、対応していないスマートフォンがあったり、接続に必要なケーブルや機器が機種によって異なったりするので、確認が必要です。一方、ワイヤレス接続は、かんたんに接続可能です。

有線接続

MHLケーブルを利用します。

ワイヤレス接続

ミラーリング機能を利用します。

テレビ

有線接続の場合、テレビ側にHDMI端子が搭載されている必要があります。無線接続の場合、スマートフォンと同じネットワークに接続できるネットワーク対応テレビである必要があります。なお、テレビが「MiraCast」と呼ばれる規格に対応しているか、テレビにMiraCast機能を付加するアダプターを接続することで、ネットワークを介さずに、スマートフォンと直接接続することもできます。

Q 接続 バージョン 9.0 10.0 ドコモ ソフトバンク au SIMフリー

478 » デバイス名って何？

A スマートフォンの端末名です。

デバイス名は端末の名称です。一般に「XPERIA 1 II」や「Galaxy A41」といった製品名と同じになります。また、製品名のほかに、「SO-51A」や「SOG01」といった、携帯電話会社ごとの型番があります。<設定>アプリでは、これらのほかに、各端末に個別に割り当てられるIMEI番号（識別番号）や、シリアル番号（製造番号）を確認することができます。

デバイス名やIMEI番号を確認する

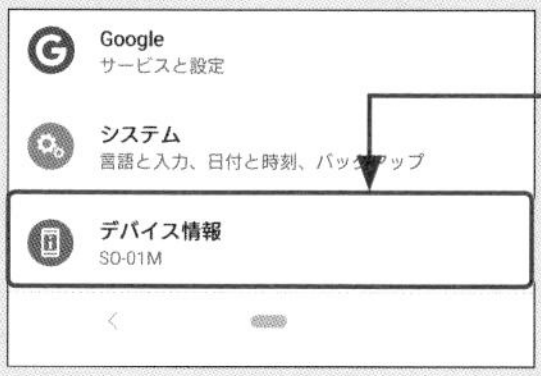

1 アプリ一覧画面で<設定>→<デバイス情報>の順にタップします。

2 デバイス名やIMEI番号を確認できます。

シリアル番号を確認する

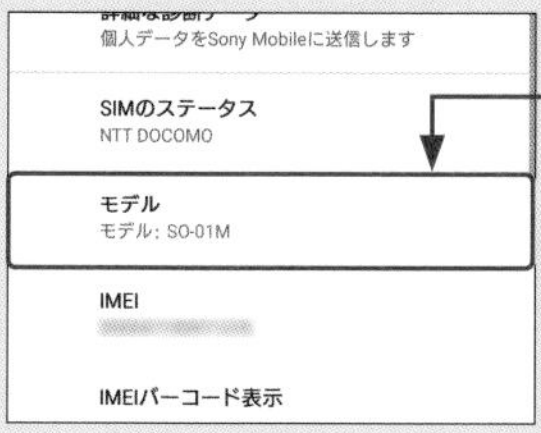

1 上の手順2の画面で<モデル>をタップすると、

2 シリアル番号を確認できます。

Q 接続 バージョン 9.0 10.0 ドコモ ソフトバンク au SIMフリー

479 » デバイス名を変更したい！

A BluetoothとWi-Fiの接続時のデバイス名を変更できます。

スマートフォンのデバイス名（端末名）を変更すると、Bluetooth接続時や公共の場でのデザリング利用時に、自分のスマートフォンを見つけやすく便利です。わかりやすく、かんたんなデバイス名に変更してみましょう。なお、デザリング利用時には、ほかの人にデバイス名が表示されることもあります。

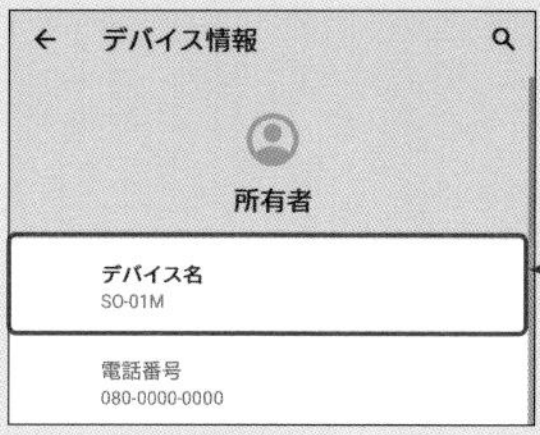

1 Q.478の上の手順2の画面で<デバイス名>をタップし、

2 デバイス名を変更して、

3 <OK>をタップします。

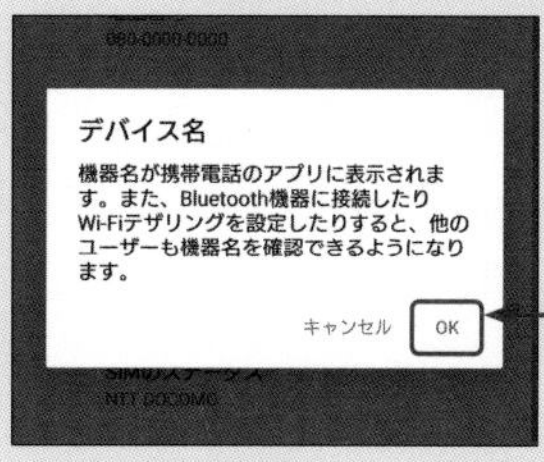

4 <OK>をタップすると、

5 デバイス名が変更されます。

Q ‖アクセシビリティ‖ バージョン 9.0 10.0 ドコモ ソフトバンク au SIMフリー

480 » アクセシビリティって何？

A 操作補助機能です。

スマートフォンでのアクセシビリティ（accessibility）とは、年齢や障害の有無に関わらず、製品や情報、サービスなどを誰でも問題なく利用できるように、視覚や聴覚をサポートする機能を指します。スマートフォンには、アクセシビリティ機能として「音声入力」や「読み上げ機能」が搭載されています。必要に応じて、さまざまな機能を詳細に設定できます。

1 アプリ一覧画面で＜設定＞をタップし、

2 ＜ユーザー補助＞をタップします。

3 任意の項目（ここでは＜テキスト読み上げの設定＞）をタップします。

4 詳細に設定できます。

Q ‖アクセシビリティ‖ バージョン 9.0 10.0 ドコモ ソフトバンク au SIMフリー

481 » 画面を拡大表示したい！

A 「拡大操作」をオンにします。

アクセシビリティ機能には、「拡大操作」があります。「拡大操作」をオンにすると、使用中のアプリに画面の拡大／縮小操作がない場合でも、スマートフォンの画面を拡大して表示できます。拡大したい画面を表示したら、画面を3回タップして、拡大します。再度、3回タップすると、もとの大きさの画面表示に戻ります。

1 アプリ一覧画面で＜設定＞をタップし、

2 ＜ユーザー補助＞をタップします。

3 ＜拡大操作＞→＜トリプルタップで拡大＞の順にタップし、

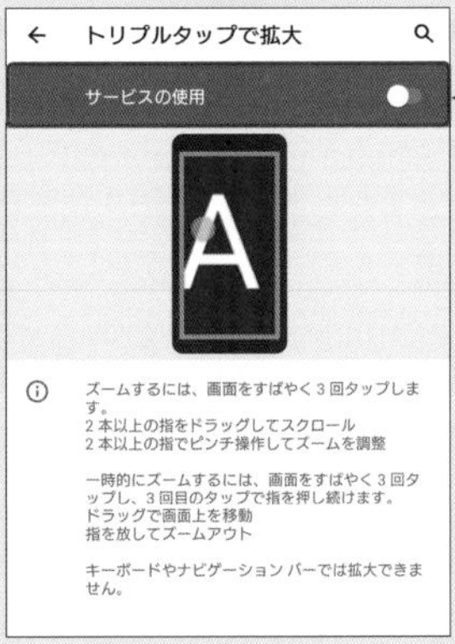

4 ＜サービスの使用＞をタップしてオンにします。

Q バックアップ　バージョン 9.0 10.0　ドコモ ソフトバンク au SIMフリー

482 » Googleドライブにデータをバックアップしたい！

A 「Googleドライブへのバックアップ」をオンにします。

Googleアカウントを利用して、Wi-Fiのパスワードや通話履歴、アプリの設定やファイルなどをバックアップできます。初期設定では、Googleアカウントに自動的にバックアップを行う設定になっています。なお、バックアップが行われるGoogleアカウントは、スマートフォンに設定したアカウントです。

1 アプリ一覧画面で<設定>→<システム>→<詳細設定>の順にタップし、

2 <バックアップ>をタップします。

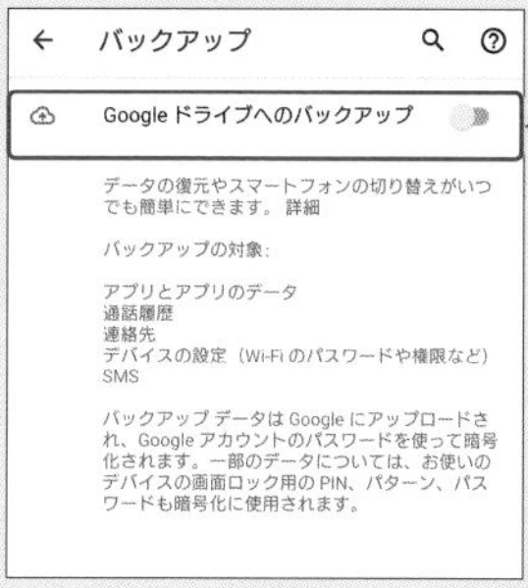

3 <Googleドライブへのバックアップ>をタップします。

4 <今すぐバックアップ>をタップすると、バックアップが開始されます。

Q バックアップ　バージョン 9.0 10.0　ドコモ ソフトバンク au SIMフリー

483 » バックアップしたデータを復元したい！

A Googleドライブからデータを復元できます。

Q.482の方法でデータをGoogleドライブにバックアップしておくと、設定したGoogleアカウントに定期的に自動でバックアップされます。機種変更をして新しい端末になった場合や端末を初期化した場合には、バックアップを行っていたGoogleアカウントにログインすることで、データが復元されます。

1 <クラウドからバックアップ>をタップし、

2 バックアップを行っていたGoogleアカウントにログインします。

3 <同意する>→<復元>の順にタップし、

4 画面の指示に従って、復元を完了します。

セキュリティ

バージョン 9.0 10.0　ドコモ au ソフトバンク SIMフリー

Q 484 » 提供元不明のアプリをインストールしたい！

A インストール提供元を許可します。

提供元不明のアプリとは、「Playストア」や携帯電話会社以外が配信しているアプリのことです。一般的には、提供元不明のアプリをインストールすることはありませんが、どうしても提供元不明のアプリをインストールしたい場合には、スマートフォン端末の設定を変更しなければなりません。

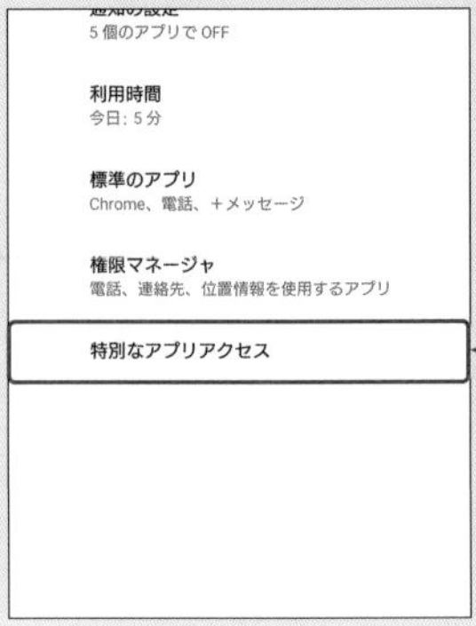

1 アプリ一覧画面で<設定>→<アプリと通知>の順にタップし、

2 <詳細設定>→<特別なアプリアクセス>の順にタップします。

3 <不明なアプリのインストール>をタップし、

4 インストール提供元のアプリ（ここでは<Chrome>）をタップします。

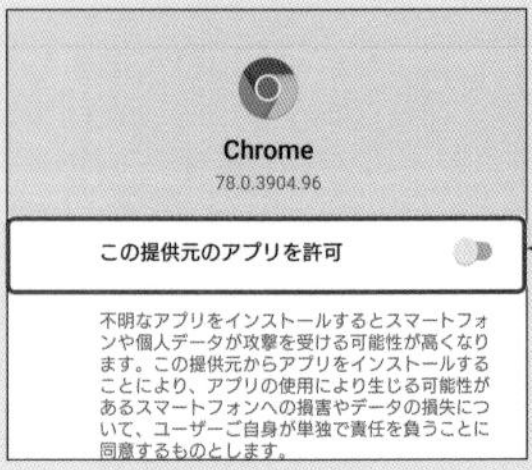

5 <この提供元のアプリを許可>をタップしてオンにします。

セキュリティ

バージョン 9.0 10.0　ドコモ au ソフトバンク SIMフリー

Q 485 » 画面ロックをかんたんに解除したい！

A Smart Lock機能を利用します。

スマートフォンの画面ロック設定には、パスワードやパターン、指紋認証を利用した方法があります。これらを設定していても、かんたんに画面ロックを解除するには、「Smart Look」機能を設定しましょう。スマートフォンの位置情報や近くにあるデバイス情報、持ち運びの検知によって、画面ロックを解除できます。

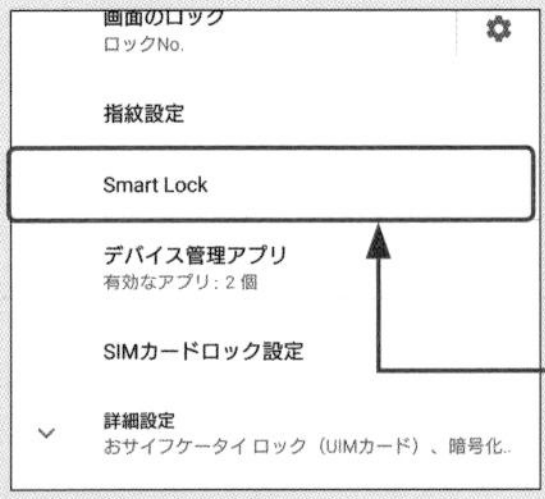

1 アプリ一覧画面で<設定>→<セキュリティ>の順にタップし、

2 <Smart Lock>をタップします。

3 設定している画面ロックを解除し、

4 利用するロック機能（ここでは<持ち運び検知機能>）をタップします。

5 <OFF>をタップして、オンにします。

Q セキュリティ

バージョン 9.0 10.0 ／ ドコモ ソフトバンク au SIMフリー

486 » Bluetooth機器に接続中は画面ロックを解除したい！

A Smart Look機能を利用します。

Smart Lockの機能（Q.485参照）には、スマートフォンにBluetooth機器を追加し、そのデバイスと接続中はロックを解除したままにできる機能があります。あらかじめ信頼できるBluetooth機器を設定しておき、その機器と接続したときには、スマートフォンのロックが解除されるように設定しましょう。

1 Q.485の手順**4**の画面で＜信頼できるデバイス＞をタップします。

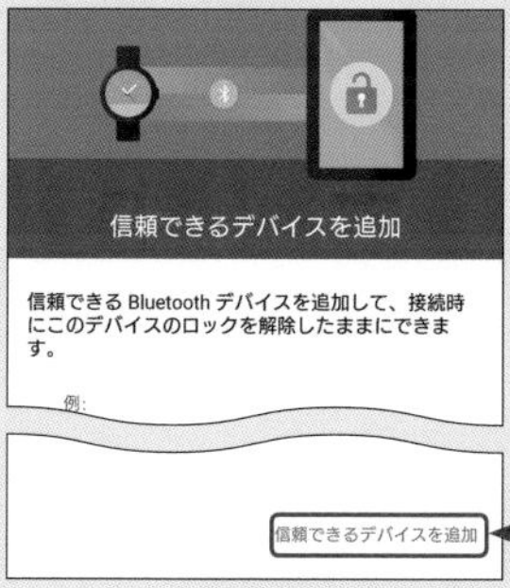

2 ＜信頼できるデバイスを追加＞をタップします。

3 追加するデバイスをタップし、＜追加します＞をタップします。

機器が表示されない場合、Bluetoothがオンになっているか、事前にペアリングが完了しているかを確認します。

Q セキュリティ

バージョン 9.0 10.0 ／ ドコモ ソフトバンク au SIMフリー

487 » SIMカードにロックをかけたい！

A PINコードを設定します。

スマートフォンの中に挿入されているSIMカードを抜かれ、ほかのスマートフォンで使用されるのを防ぐために、SIMカードの利用にロックをかけることができます。ロックをかけると、スマートフォンの電源を入れた際に、設定したPINコードの入力が求められます。設定したPINコードの入力には、回数制限があります。

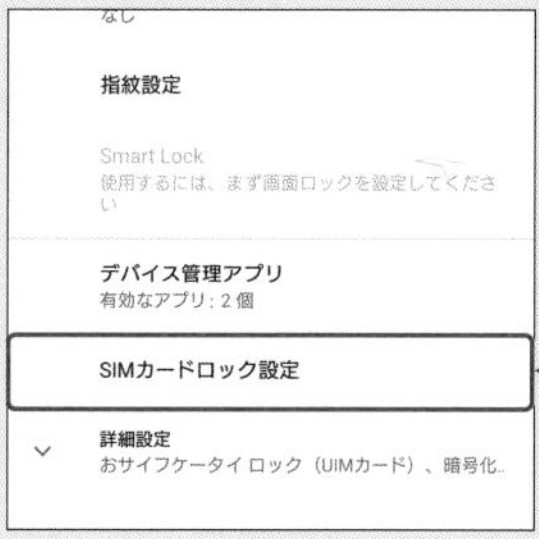

1 アプリ一覧画面で＜設定＞→＜セキュリティ＞の順にタップし、

2 ＜SIMカードロック設定＞をタップします。

3 ＜SIMカードをロック＞をタップし、

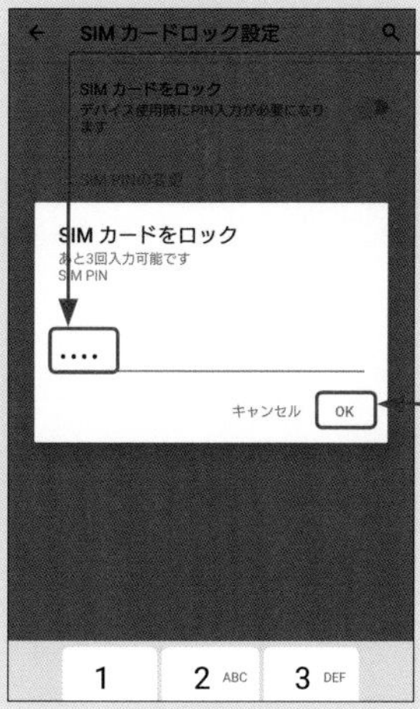

4 PINコードを入力して、

5 ＜OK＞をタップします。

使いこなし 11

Googleアカウント

バージョン 9.0 10.0 ドコモ ソフトバンク au SIMフリー

Q 488 » Googleアカウントの同期状況を確認したい！

A アカウント別に同期状況を確認できます。

スマートフォンでログインしているアカウントと同期しているアプリを確認することができます。＜Gmail＞アプリでメールの送受信に不具合が生じたり、スマートフォンの初期化や機種変更を行ったりする場合には、確認しましょう。なお、同期項目をタップすることで、同期のオン／オフを変更できます。

1 アプリ一覧画面で＜設定＞→＜アカウント＞の順にタップし、

2 Googleアカウントをタップします。

3 ＜アカウントの同期＞をタップします。

4 アカウントの同期状況が確認できます。

Googleアカウント

バージョン 9.0 10.0 ドコモ ソフトバンク au SIMフリー

Q 489 » 複数のGoogleアカウントを利用したい！

A アカウントを追加できます。

1つのスマートフォンで、複数のGoogleアカウントを利用することができます。アプリのみに複数のアカウントを追加することも可能ですが、スマートフォンに追加する方法を紹介します。なお、アカウントをスマートフォンから削除したい場合には、Q.488の手順3の画面で＜アカウントを削除＞をタップします。

1 アプリ一覧画面で＜設定＞→＜アカウント＞の順にタップし、

2 ＜アカウントを追加＞をタップします。

3 ＜Google＞をタップし、

4 追加したいアカウントにログインします。

Q Googleアカウント

バージョン 9.0 10.0　ドコモ　ソフトバンク　au　SIMフリー

490 » Googleアカウントの2段階認証を使いたい！

A 2段階認証プロセスをオンにします。

2段階認証とは、ログインをID／パスワードのほかに別の認証を組み合わせてセキュリティを強化することです。2段階認証をオンにするには、Googleアカウントにログインし、セキュリティの設定で、2段階認証プロセスをオンにします。設定が完了すると、Googleアカウントへのログイン時には、パスワードの入力とSMSなどで取得した認証コードの入力が必要になります。

1 アプリ一覧画面で<設定>→<Google>の順にタップし、

2 <Googleアカウントの管理>をタップします。

3 <セキュリティ>をタップし、

4 <2段階認証プロセス>をタップします。

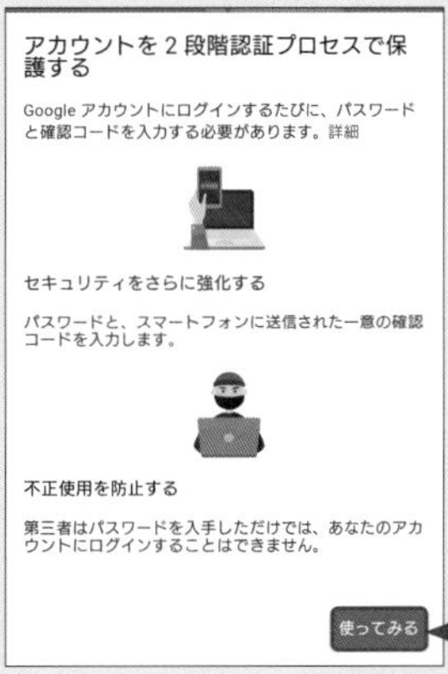

5 <使ってみる>をタップし、

6 <今すぐ送信>をタップしたら、画面の指示に従って、設定します。

Q ストレージ

バージョン 9.0 10.0 ドコモ ソフトバンク au SIMフリー

491 » ストレージの容量を確認したい！

A 各アプリの使用容量を確認できます。

ストレージ容量とは、スマートフォンに音楽や写真などのデータ、アプリなどを保存するためのメモリの容量で、機種によって異なりますが、上限が決まっています。膨大なデータやアプリによって、容量が不足している場合には、不要なデータやアプリを削除したり、データをパソコンに移動させたりすることで、容量不足を解消しましょう。

1 アプリ一覧画面で＜設定＞→＜ストレージ＞の順にタップすると、

2 ストレージが表示されます。確認したい項目をタップすると、

3 詳細な使用容量を確認できます。

Q ストレージ

バージョン 9.0 10.0 ドコモ ソフトバンク au SIMフリー

492 » 空き容量を増やしたい！

A ストレージ機能から確認します。

スマートフォンの容量が不足し、新たに写真や動画を保存できなかったり、アプリをインストールできなかったりする場合には、ストレージの空き容量を増やす必要があります。なお、ストレージ管理のアプリをインストールして、容量の整理をかんたんに行う方法もあります。

1 Q.491の手順**2**の画面で＜空き容量を増やす＞→＜最近のアイテムを確認＞の順にタップし、

2 削除したいデータをタップしてチェックを付け、

3 ＜○○MBを解放＞をタップします。

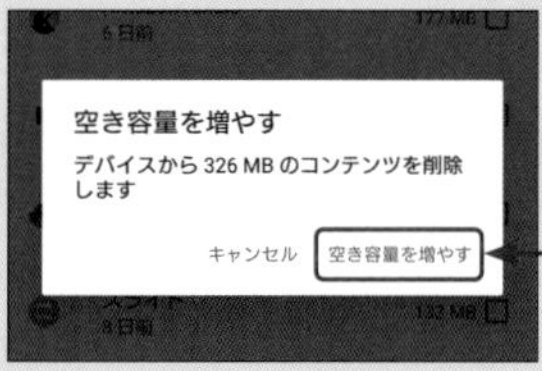

4 ＜空き容量を増やす＞をタップします。

Q 493 ≫ 充電残量や充電消費状況を確認したい！

バッテリー

バージョン 9.0 10.0 ／ ドコモ ソフトバンク au SIMフリー

A バッテリー機能から確認します。

スマートフォンの充電残量は、ステータスバーのバッテリーアイコンでも確認できますが、より詳細な充電残量や使用状況を確認することもできます。消費電力を抑えるモードとして、「STAMINAモード」や「緊急省電力モード」などがあり、自由に切り替えることが可能です。

1 アプリ一覧画面で＜設定＞→＜バッテリー＞の順にタップすると、

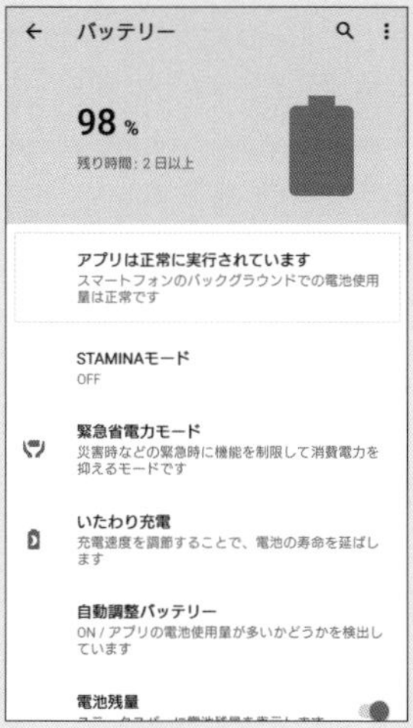

2 充電状況や使用状況を確認できます。

Q 494 ≫ 充電消費量が多いアプリを探したい！

バッテリー

バージョン 9.0 10.0 ／ ドコモ ソフトバンク au SIMフリー

A バッテリー機能から確認します。

スマートフォンの充電が急速に消費される場合には、利用しているアプリがどれだけ充電を消費しているのかを確認し、アンインストールもしくは、アプリ内の設定を変更します。また、アプリを含むスマートフォン全体の充電消費の状況も確認できるので、あわせて確認しましょう。

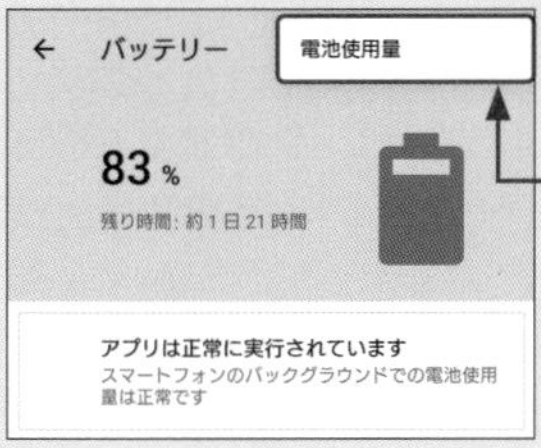

1 Q.493手順**2**の画面で⋮→＜電池使用量＞の順にタップすると、

2 充電消費量が多い順にアプリが表示されます。

3 ⋮→＜デバイス全体での使用状況を表示＞の順にタップすると、

4 スマートフォン全体の充電消費状況が表示されます。

Q バッテリー　バージョン 9.0 10.0　ドコモ ソフトバンク au SIMフリー

495 » バッテリー消費を抑えたい

A さまざまな方法があります。

バッテリー消費を抑えたい場合には、アプリやデータの情報取得にかかる通信や同期の頻度を抑えたり、電力消費モードを変更するなど、いくつかの方法があります。

通信の頻度を抑える

メールやメッセンジャー系のアプリや、TwitterといったSNS系のアプリは、バックグラウンドでも新着メッセージやお知らせを確認するために、常に通信を行っており、バッテリーを消費しています。消費を抑えるには、設定などで頻度を減らすのがお勧めです。また、Wi-FiやBluetoothも、ある程度バッテリーを消費するので、使わないときはオフにしましょう。

画面の明るさを落とす

スマートフォンでバッテリーをもっとも消費するのは、ディスプレイです。画面の明るさを自動調節にすることで、常に周りの環境に合わせた最適な輝度にでき、必要以上に明るくして電力を消費するのを防ぐことができます。また、Android 10.0から標準で利用できるダークモードは、画面を暗い色調に変更できる機能で、目に優しいだけでなく、ディスプレイのバッテリー消費を抑えることができます。

低消費電力モードを利用する

機種によって呼び方や設定方法は異なりますが、通常より消費電力を抑えることができる低消費電力モードがあります。普段の使いかたでは、あまり使っていないアプリを自動終了して、消費電力を抑える軽い低消費電力モードを利用することができます。また、災害時などいつ充電できるかわからないようなとき用に、最低限の機能のみ利用できるようにする強力な低消費電力モードもあります。

Q 通信　バージョン 9.0 10.0　ドコモ ソフトバンク au SIMフリー

496 » データ通信量が多いアプリを探したい！

A モバイルネットワーク機能から確認します。

アプリを利用したり、インターネットサービスを利用したりする場合には、「モバイルネットワーク」または「Wi-Fiネットワーク」のいずれかの接続が必要です。「モバイルネットワーク」の通信量が毎月契約した容量ギリギリになったり、超えてしまったりするような場合は、アプリごとのデータ通信量を確認してみましょう。

1 アプリ一覧画面で＜設定＞をタップし、

2 ＜ネットワークとインターネット＞→＜モバイルネットワーク＞の順にタップします。

3 ＜アプリのデータ使用量＞をタップすると、

4 データ通信量が多い順にアプリが表示されます。

通信

バージョン 9.0 10.0 ドコモ ソフトバンク au SIMフリー

Q 497 » アプリごとに通信を制限したい！

A アプリ起動時以外の通信を制限できます。

アプリによっては、アプリ起動時以外でもモバイルネットワークで、データ通信が常に行われていることがあります。このようなデータ通信を「バックグラウンドデータ」といいます。バックグラウンドデータをオフにすることで、アプリの通信量を制限することができます。

1 アプリ一覧画面で＜設定＞をタップし、

2 ＜アプリと通知＞→＜○○○個のアプリをすべて表示＞の順にタップします。

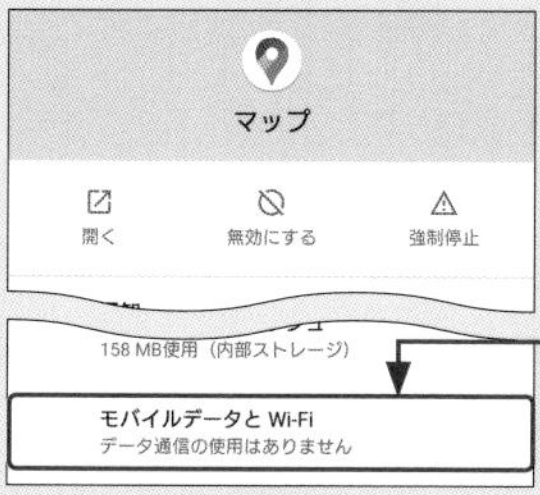

3 通信を制限したいアプリ（ここでは＜マップ＞）をタップし、

4 ＜モバイルデータとWi-Fi＞をタップします。

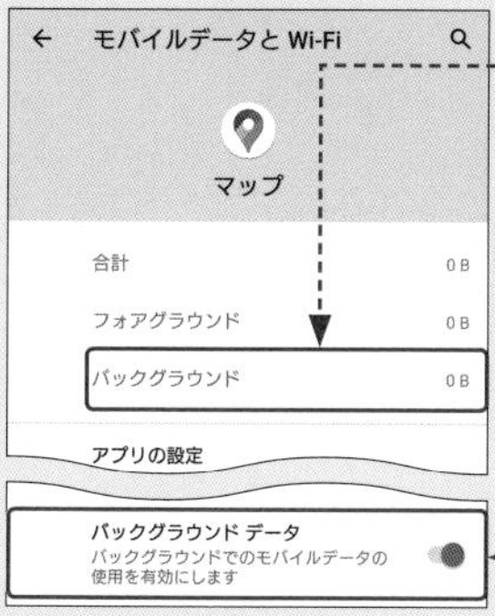

バックグラウンドのデータ通信量がわかります。

5 ＜バックグラウンドデータ＞をタップし、オフにします。

トラブル

バージョン 9.0 10.0 ドコモ ソフトバンク au SIMフリー

Q 498 » 詐欺サイトって何？

A 不正Webサイトです。

詐欺サイトとは、スマートフォン利用者の個人情報を収集したり、金銭を要求したりするために誘導される不正Webサイトです。送られてくるメッセージや誘導先のWebサイトを見ただけでは、真偽の判断が難しく、スマートフォンでアクセスしてしまう件数が増えています。代表的な手口と対処方法を紹介します。

代表的な手口

当選詐欺

「あなたはラッキーな当選者です」などのメッセージから誘導、プレゼントを受け取るために必要であると個人情報を要求します。

アンケート詐欺

「簡単なアンケートに答えていただくと○○をプレゼント」などの公式アンケートを装ったメッセージから誘導、個人情報を要求します。

ワンクリック詐欺

不明な宛先からのメールに記載されたURLや成人向けWebサイト上の年齢認証ボタンなどをクリックすると、金銭の支払いを要求されます。

偽メッセージ詐欺

Webサイトの画面に突然「コンピューターウイルスを検出しました」などの警告メッセージが表示され、不正アプリのインストールへ誘導されます。

対処方法

詐欺サイトを表示してしまった場合には、情報を入力せず、ページを閉じましょう。なお、Webブラウザの閲覧履歴データ（キャッシュ）を消去し、端末を再起動して完全に閲覧履歴を消去しましょう。

Q トラブル

バージョン 9.0 10.0　ドコモ ソフトバンク au SIMフリー

499 » 子どものスマートフォン利用を制限するには？

A ＜ファミリーリンク＞アプリを利用しましょう。

＜ファミリーリンク＞アプリは、Googleが提供する安全にインターネットを利用できるようにするアプリです。子ども用のGoogleアカウントを作成し、子どもが使用しているスマートフォンを管理することができます。アプリの利用時間やYouTubeの閲覧、アプリの購入を制限したり、Webサイトやコンテンツの年齢制限を設定したりすることができます。

1 ＜ファミリーリンク＞アプリをインストールし、起動したら、●を3回タップし、＜試してみる＞をタップします。

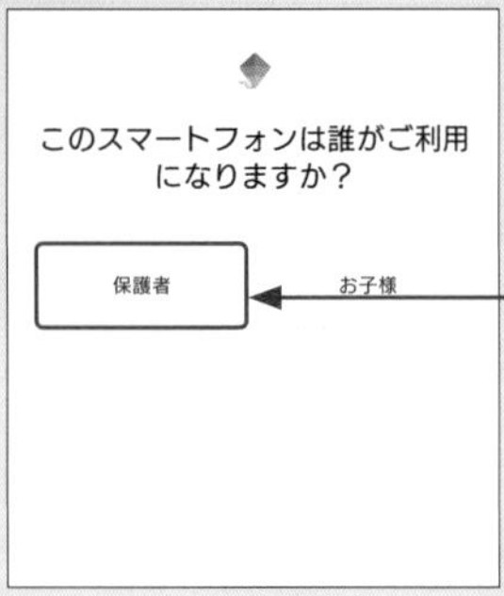

このスマートフォンは誰がご利用になりますか？
保護者
お子様

2 保護者となるGoogleアカウントをタップし、

3 ＜保護者＞をタップします。

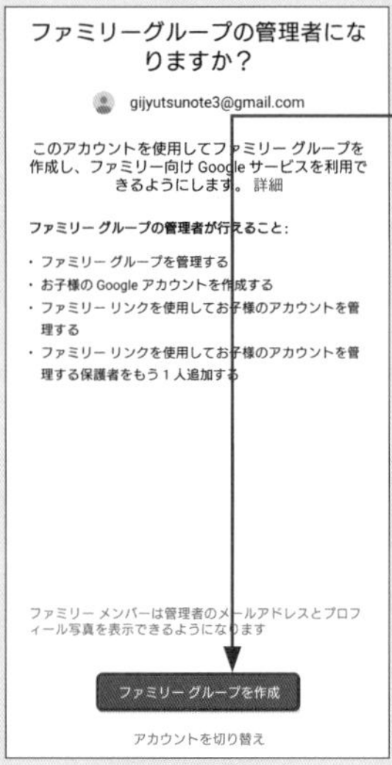

ファミリーグループの管理者になりますか？
gijyutsunote3@gmail.com
このアカウントを使用してファミリー グループを作成し、ファミリー向け Google サービスを利用できるようにします。 詳細
ファミリー グループの管理者が行えること：
・ファミリー グループを管理する
・お子様の Google アカウントを作成する
・ファミリー リンクを使用してお子様のアカウントを管理する
・ファミリー リンクを使用してお子様のアカウントを管理する保護者をもう 1 人追加する
ファミリー メンバーは管理者のメールアドレスとプロフィール写真を表示できるようになります
ファミリー グループを作成
アカウントを切り替え

4 ＜次へ＞→＜ファミリーグループを作成＞の順にタップし、

5 生年月日を入力したら、

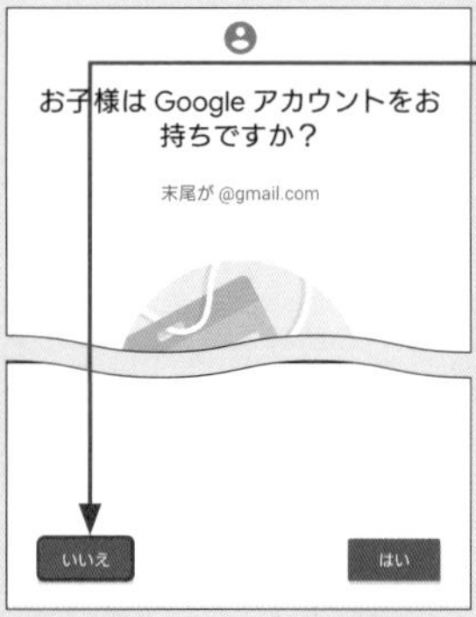

お子様は Google アカウントをお持ちですか？
末尾が @gmail.com
いいえ
はい

6 ＜いいえ＞をタップします。

Google
保護者によるログイン
13 歳未満のお子様の Google アカウントは保護者にリンクする必要があります。
保護者のメールアドレスまたは電話番号
次へ

7 子ども用Googleアカウントの情報を設定したら、

8 保護者となるGoogleアカウントにログインします。

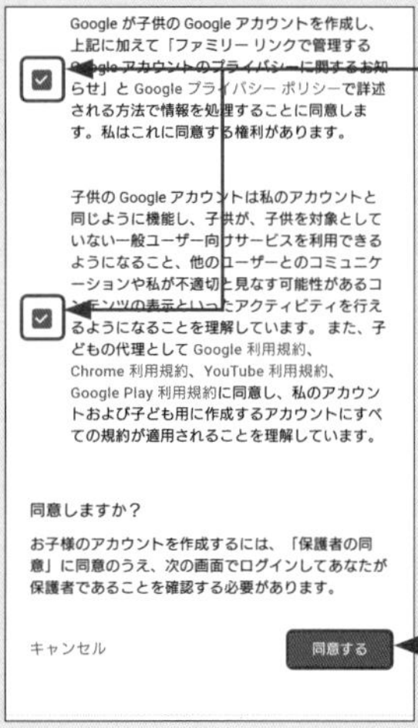

Google が子供の Google アカウントを作成し、上記に加えて「ファミリー リンクで管理する Google アカウントのプライバシーに関するお知らせ」と Google プライバシー ポリシーで詳述される方法で情報を処理することに同意します。私はこれに同意する権利があります。
子供の Google アカウントは私のアカウントと同じように機能し、子供が、子供を対象としていない一般ユーザー向けサービスを利用できるようになること、他のユーザーとのコミュニケーションや私が不適切と見なす可能性があるコンテンツの表示といったアクティビティを行えるようになることを理解しています。また、子どもの代理として Google 利用規約、Chrome 利用規約、YouTube 利用規約、Google Play 利用規約に同意し、私のアカウントおよび子ども用に作成するアカウントにすべての規約が適用されることを理解しています。
同意しますか？
お子様のアカウントを作成するには、「保護者の同意」に同意のうえ、次の画面でログインしてあなたが保護者であることを確認する必要があります。
キャンセル
同意する

9 タップしてチェックを付け、

10 ＜同意する＞をタップし、画面の指示に従って、設定します。

Q トラブル

バージョン 9.0 10.0　ドコモ ソフトバンク au SIMフリー

500 » 緊急時のための情報を追加しておきたい!

A 医療に関する情報、緊急連絡先を追加できます。

交通事故に遭ってしまったり、持病で倒れてしまったりしたときなどには、スマートフォンの「緊急時情報」から、自分の個人情報をはじめ、医療に関する情報を第三者に知らせることができます。また、緊急連絡先を追加しておくと、情報とともに表示され、通話を発信することができます。

医療に関する情報を追加する

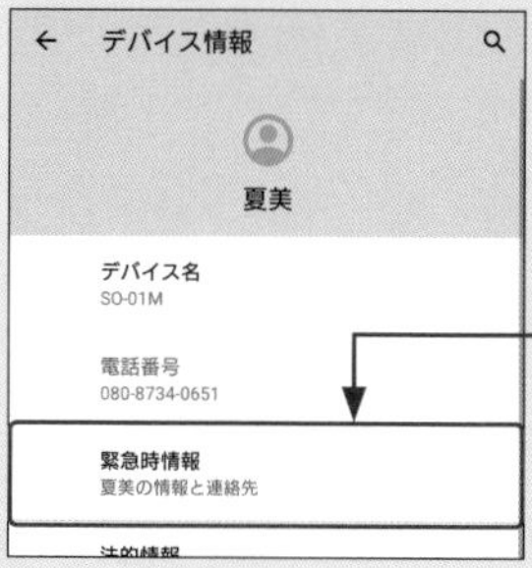

1 アプリ一覧画面で<設定>→<デバイス情報>の順にタップし、

2 <緊急時情報>をタップします。

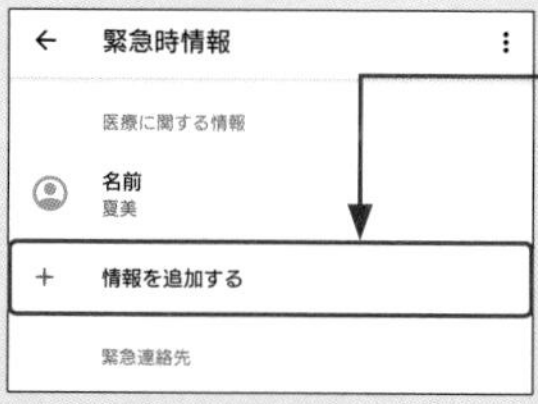

3 <情報を追加する>をタップし、

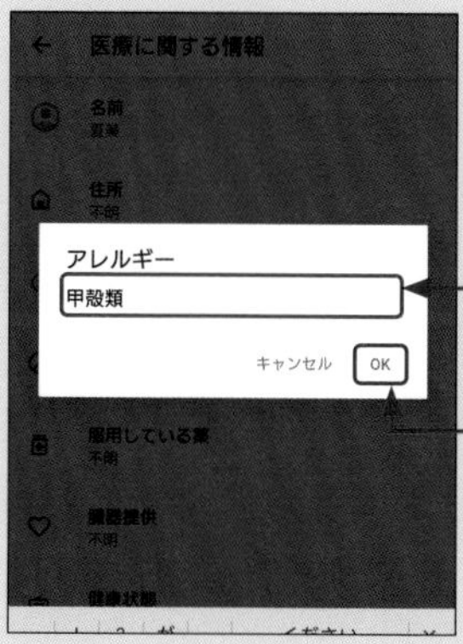

4 追加したい情報(ここでは<アレルギー>)をタップします。

5 情報を入力し、

6 <OK>をタップします。

緊急連絡先を追加する

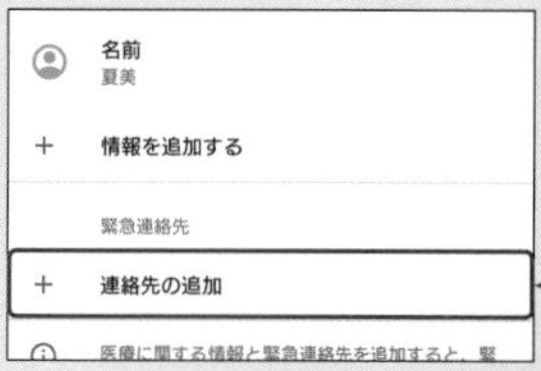

1 左の手順3の画面で<連絡先の追加>をタップし、

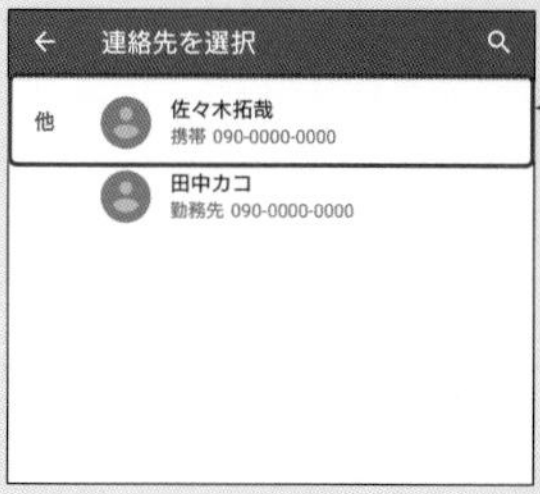

2 追加する連絡先をタップします。

緊急情報を確認する

1 ロック画面で<緊急通報>をタップし、

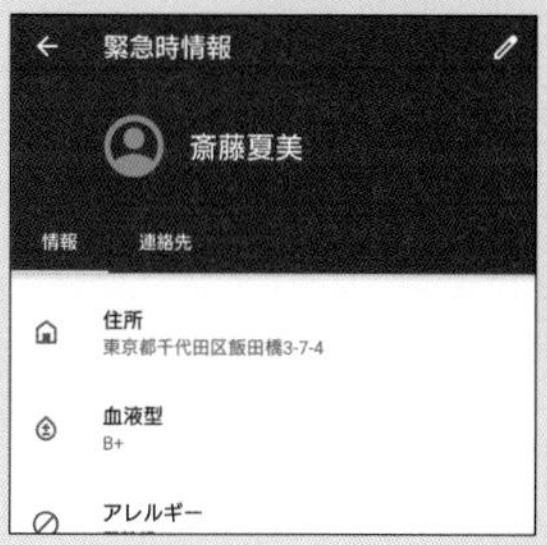

2 <緊急時情報>を2回タップすると、

3 緊急時情報が表示されます。

Q トラブル

バージョン 9.0 10.0 | ドコモ ソフトバンク au SIMフリー

501 » インターネットに接続できない！

A 電波の状況やWi-Fiの設定を確認します。

インターネットに接続できない場合には、機内モードをオン／オフしたり、Wi-Fiをオフ／オンしたりしてみましょう。それでも接続できない場合は、電波の状況やWi-Fiの設定をもう一度確認し、スマートフォンを再起動してみましょう。それでも、インターネットに接続できない場合は、故障の可能性があります。

クイック設定ツールを表示して<機内モード>をタップします。

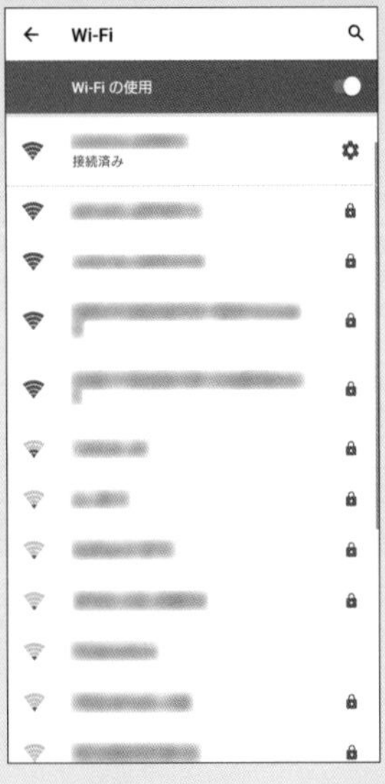

<設定>→<ネットワークとインターネット>→<Wi-Fi>の順にタップします。

Q トラブル

バージョン 9.0 10.0 | ドコモ ソフトバンク au SIMフリー

502 » 画面が反応しなくなった！

A 再起動を行います。

スマートフォンの画面をタップしても反応しなくなってしまった場合には、電源をオフにしたのち、再び電源をオンにして、再起動しましょう。しかし、画面が反応しない状況では、電源をオフにする操作さえできない場合もあります。そんなときは、強制的に再起動を行いましょう。なお、操作は機種によって異なります。

Xperia

音量キーの上部と電源キーを同時に長押しします。バイブレーションが3回振動しても押し続けると、自動的に再起動します。

Galaxy

音量キーの下部と電源キーを同時に長押しすると、自動的に再起動します。

AQUOS

電源キーを長押しすると、電源がオフになるので、通常の操作と同様に電源をオンにします。

arrows

音量キーの上部と電源キーを同時に長押しすると、電源がオフになるので、通常の操作と同様に電源をオンにします。

ZenFone

電源キーを長押しすると、電源がオフになるので、通常の操作と同様に電源をオンにします。

503 » スマートフォンを紛失してしまった！

A ＜デバイスを探す＞機能を利用しましょう。

スマートフォンを紛失してしまった場合には、「デバイスを探す」機能や「位置情報」機能、紛失してしまったスマートフォンと同期しているGoogleアカウントを利用して、探すことができます。なお、あらかじめ以下の条件を満たしていなければ、探すことができないので確認しましょう。

紛失してしまったスマートフォンの状態

- 電源がオンになっている
- 「位置情報」がオンになっている
- 「デバイスを探す」がオンになっている
- 「Google Play」での表示がオンになっている
- Googleアカウントにログインしている
- インターネットに接続している

「デバイスを探す」をオンにする

1 アプリ一覧画面で＜設定＞→＜セキュリティ＞の順にタップし、

2 ＜デバイスを探す＞をタップします。

3 ＜OFF＞をタップし、「ON」にします。

スマートフォンの位置を表示する

1 Webブラウザで「https://www.google.com/android/find?u=0」にアクセスし、スマートフォンと同期しているアカウントにログインします。

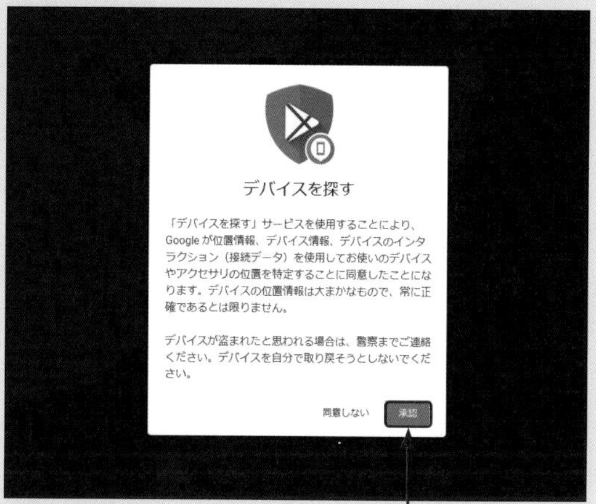

2 ＜承認＞をクリックすると、

3 スマートフォンの位置が地図上に表示されます。

Q トラブル

バージョン 9.0 10.0 ドコモ ソフトバンク au SIMフリー

504 » 紛失したスマートフォンを操作できる？

A 「音を鳴らす」「デバイスを保護」「デバイスデータを消去」の3操作ができます。

スマートフォンを紛失してしまった場合には、スマートフォンの位置を表示できるほか（Q.503参照）、3種類の操作を行うことができます。「音を鳴らす」は、スマートフォンがマナーモードであっても、着信音を5分間鳴らし続けることができます。「デバイスを保護」は、パスワードを設定し、スマートフォンの操作をロックすることが可能です。「デバイスデータを消去」は、スマートフォンの全データを削除することになるので、最後の手段として利用しましょう。

音を鳴らす

1 スマートフォンの位置表示画面で、

2 ＜音を鳴らす＞をクリックします。

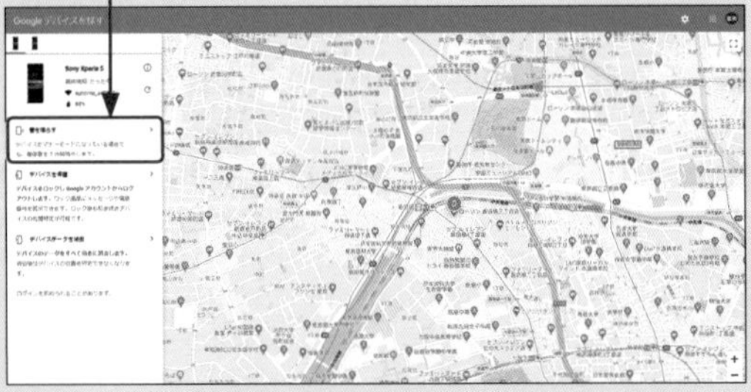

3 スマートフォンがマナーモードであっても、着信音が5分間鳴ります。

デバイスを保護

1 スマートフォンの位置表示画面で、

2 ＜デバイスを保護＞をクリックします。

3 パスワードを2回入力し、

4 ＜次へ＞→＜OK＞の順にクリックします。

5 見つけてくれた人へのメッセージと連絡先を入力し、

6 ＜デバイスを保護＞をクリックします。

デバイスデータを消去

1 スマートフォンの位置表示画面で、

2 ＜デバイスデータを消去＞をクリックし、

3 ＜デバイスデータを消去＞をクリックします。

Q トラブル

バージョン 9.0 10.0　ドコモ ソフトバンク au SIMフリー

505 » スマートフォンを修理に出したい！

A 各携帯電話会社の修理・保障サービスを利用します。

スマートフォンが故障してしまった場合には、購入した携帯電話会社のサポートページにアクセスし、修理・保障サービスを利用しましょう。各携帯電話会社のサポートページでは、トラブル診断を受けることもできるため、修理せずに問題が解決することもあります。確認してみましょう。

ドコモ

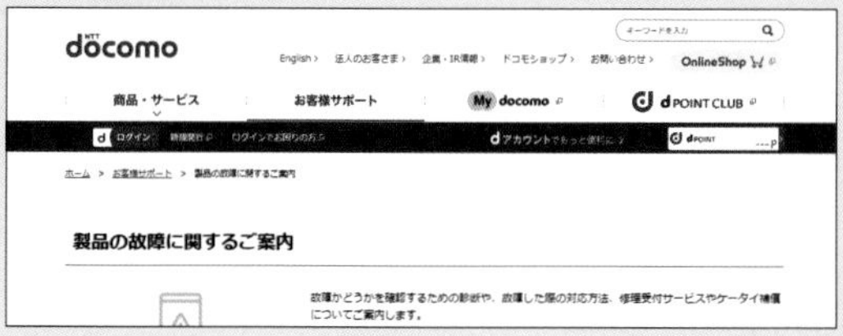
docomo
商品・サービス
お客様サポート
My docomo
d POINT CLUB
製品の故障に関するご案内
故障かどうかを確認するための診断や、故障した際の対応方法、修理受付サービスやケータイ補償についてご案内します。

https://www.nttdocomo.co.jp/support/repair.html

au

au
サポート
商品・サービス
Android™ スマートフォン/タブレットの故障・修理

https://www.au.com/support/service/mobile/trouble/repair/

ソフトバンク

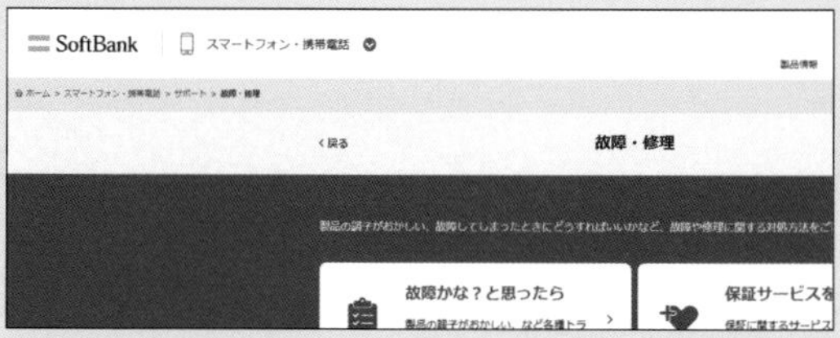
SoftBank
スマートフォン・携帯電話
故障・修理
故障かな？と思ったら
保証サービス

https://www.softbank.jp/mobile/support/repair/

Q トラブル

バージョン 9.0 10.0　ドコモ ソフトバンク au SIMフリー

506 » スマートフォンを処分したい！

A 初期化してから処分しましょう。

スマートフォンには、メールや連絡先、アカウント情報などの重要な個人情報が多く含まれています。そのため、処分の際には、必ずスマートフォンの初期化を行ってください（Q.469参照）。また、スマートフォンには、取り扱いに注意が必要なバッテリーや精密機器が多く使われています。個人で処分をするより、回収や売却をおすすめします。

専用の回収ボックス

各市区町村の自治体や家電量販店などには、スマートフォンなどの不要になった小型家電を対象にした専用の回収ボックスが設置されています。

各携帯電話会社への持ち込み

ドコモ、au、ソフトバンクの3社では、機種や通信会社を問わず、無償で回収を行っています。なお、機種によっては、買い取りを行っている場合もあります。

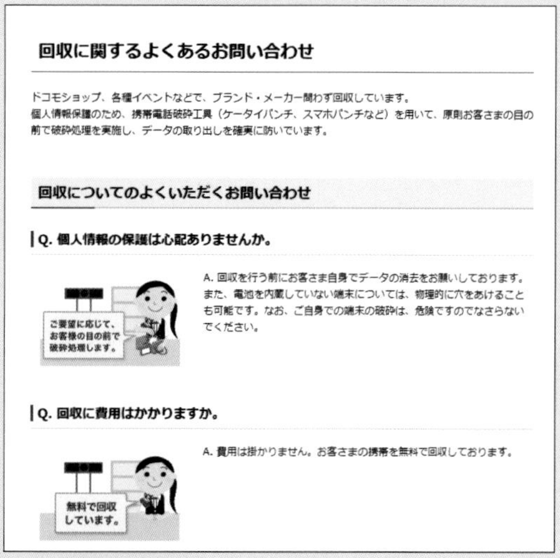
回収に関するよくあるお問い合わせ
ドコモショップ、各種イベントなどで、ブランド・メーカー問わず回収しています。
個人情報保護のため、携帯電話破砕工具（ケータイパンチ、スマホパンチなど）を用いて、原則お客さまの目の前で破砕処理を実施し、データの取り出しを確実に防いでいます。
回収についてのよくいただくお問い合わせ
Q. 個人情報の保護は心配ありませんか。
ご要望に応じて、お客様の目の前で破砕処理します。
A. 回収を行う前にお客さま自身でデータの消去をお願いしております。また、電池を内蔵していない端末については、物理的に穴をあけることも可能です。なお、ご自身での端末の破砕は、危険ですのでなさらないでください。
Q. 回収に費用はかかりますか。
無料で回収しています。
A. 費用は掛かりません。お客さまの携帯を無料で回収しております。

中古販売店への売却

中古販売店では、基本的に内部データの消去を行ってくれますが、念のため売却前に自分で初期化をしましょう。

用語集

3G
第３世代移動通信システム。電波が届く範囲が 4G(LTE) よりも広く、さまざまな場所で通信できるという特徴がある反面、通信速度が低速というデメリットがある。

4G (LTE)
第４世代移動通信システム。3G よりも通信速度が高速。LTE は本来 4G ではなかったが、現在は 4G とされている。

5G
第５世代移動通信システム。4G (LTE) で提供してきた高速・大容量な通信をさらに進化させ、遅延を減らし、複数の接続を可能にするという特徴がある。

AC アダプタ
充電などの給電時にコンセントから目的の電力を得るための機器。スマートフォンの AC アダプタは、ケーブルと一体のものと、USB ケーブルを挿して使用するものがある。

Android
Googleが提供しているスマートフォン用の基本ソフト。「Android」を搭載しているスマートフォンやタブレットを Android スマートフォンと呼ぶこともある。Google のサービスとの親和性が高い。

Apple Pay
Apple が提供する電子マネーなどの決済サービス。クレジットカードやプリペイドカードを登録することで、アプリ内の課金や実店舗での支払いができる。

Bluetooth
10 メートル程度までの距離で機器と機器を接続するのに用いられる近距離（短距離）無線通信技術。スマートフォンでは、ワイヤレスイヤホンなどを使用するときに使われる。

Cookie
閲覧している Web ページから自分のスマートフォンやタブレットなどの端末に保存される情報。Cookie を有効にすることでログイン情報などが保存される。

CPU
スマートフォン内部に搭載されている処理や動作を行う装置。「頭脳」や「エンジン」の役割を担う。スマートフォンの性能にもっとも関係する部分である。

eSIM
情報を書き換え可能な SIM。一般的にはスマートフォンに内蔵され、利用する通信事業者に合わせ、利用者が情報を書き換えることができる。

Exif
撮影した画像に撮影時の状況や設定などを表すさまざまな情報を添付して保存する形式。添付される情報を編集したり、削除したりすることができる。

Facebook
家族や友人の詳細な情報、コラムなどを読んだり、自分の近況を投稿したりすることが可能な SNS。アカウントは原則実名登録で、信頼性が高い。

Felica
ソニーが開発した非接触型 IC カードのための近距離無線通信技術。スマートフォンに搭載された Felica の IC チップにより、Suica や Edy などの決済サービスが利用できる。

Google Play
Google 社が提供するアプリやコンテンツの配信、販売サービス。Android スマートフォンからは、＜Play ストア＞アプリから利用できる。

IMEI
電話番号や携帯電話会社とは関係なく、端末が持つ固有の番号。契約手続きや修理のときに必要となる場合がある。＜設定＞アプリから確認できる。

Instagram

写真や動画をかんたんにシェアすることが可能なSNS。気になる情報を検索したり、ハッシュタグを利用したりすることで人気の投稿を見つけることができる。

iPhone

Appleが製造するスマートフォン。「iOS」という基本ソフトを搭載している。

LINE

ユーザー同士で、音声通話やビデオ通話、メッセージや画像の送受信が可能なコミュニケーションアプリ。データ定額の契約であれば、基本無料で利用できる。

MHLケーブル

スマートフォンなどのモバイル機器向けの高速映像伝送用ケーブル。テレビやビデオレコーダーとAndroid端末の接続を中心に利用されている。

microSDカード

データを保存するためのSDメモリーカードのうち、現在もっとも小さいもの。スマートフォンの本体記憶容量を補うために、利用することができるが、対応していないスマートフォンもある。

MVNO

ドコモなどの携帯電話会社から通信回線を借り受け、通信サービス料金の安い「格安SIM」を提供している事業者。OCN モバイルONEなどが一例。

my daiz

ドコモとパートナー企業が提供する生活支援情報サービス。パーソナルデータやAI機能から、個人に沿った情報が配信される。マーケティングツールという一面もある。

nanaco

セブン＆アイ・ホールディングスが提供する、非接触型決済方式の電子マネー。

OCR

印刷された文字や手書きの文字などをカメラやスキャナといった光学的な手段でデータとして取り込み、文字コードに変換する技術。さまざまな分野で活用されている。

PINコード

機器やサービスの盗難や紛失、第三者による不正利用を防ぐために用いられる暗証番号。端末やSIMカードに関連付けられる。「パスコード」ともいわれる。

QRコード

バーコードの10～100倍の大容量データを収納することができる二次元コード。アプリをかざすだけで、かんたんにすばやく情報を読み取れる。

RAM

スマートフォン内部で扱われる様々な作業を行うための一時的データを保存する装置。作業領域のようなもので、RAMが大きいと、多くのアプリを同時に起動しておくことができる。

ROM

スマートフォン内部に搭載されている情報記録装置。「内部ストレージ」ともいわれる。数値が大きいほど、容量が大きいことを表し、写真や動画など保存できるデータ量が多くなる。

SIMカード

携帯電話サービスの契約者の識別番号が記録されたカード。スマートフォンに装着することで、電話やデータ通信を利用することができるようになる。

SMS

電話番号を利用して、メッセージを送受信できるサービス。電話番号に紐づけられているため、アカウントの2要素認証などに利用される。

SNS

インターネットを介して、人と人との社会的なつながりを構築できるWebサービス。「ソーシャル・ネットワーキング・サービス」の略。

SSID

Wi-Fi利用時に使用される識別名。「ネットワーク名」ともいわれる。

Twitter

写真や動画とともに、自分の気持ちや状況をリアルタイムで発信することが可能なSNS。国内外のニュースやトレンド、興味のあるトピックの情報を得られる。

VoLTE
従来のスマートフォンの音声通話がアナログデータであったのに対し、LTE 回線を使用してデジタルデータで通話を行う技術。

WAON
イオングループが主導する前払い式の電子マネー。モバイル WAON は、FeliCa 搭載のスマートフォンで利用できる。

Wi-Fi
スマートフォンやパソコンなどのネットワークに対応した機器を無線で接続する技術。Wi-Fi を利用することで、物理ケーブルに制限されずに通信環境が整う。

Wi-Fi ルーター
Wi-Fi（無線 LAN）を利用するときに、電子機器を無線でインターネットに接続するための機器。無線で接続できることから無線ルーターともいわれる。

アクセシビリティ
身体や能力の違いにかかわらず、スマートフォンを利用できるようにするための支援機能。読み上げ機能や画面の拡大など、運動・視聴覚機能を支援する。

アップデート
インストールされているアプリや OS を新しいバージョンに上書きすること。セキュリティ向上や新機能の追加などの更新があると、通知される。

アップロード
スマートフォンなどの端末からインターネットを介して SNS や Web ページなどに写真や動画などのファイルを送信すること。「アップする」ともいわれる。

アドレスバー
閲覧中の Web ページの URL が表示されている箇所。閲覧したい Web ページの URL を入力したり、検索ボックスとしても利用することができる。

アプリ
スマートフォンで利用できるソフトウェア。メールやゲーム、音楽プレイヤーなど多様なアプリがある。無料または有料でインストールし、利用する。アプリケーションの略。

アンインストール
特定のアプリやソフトウェアを削除し、インストールする前の状態にすること。アンインストールにともない、アプリ内のデータや個人情報も削除される場合が多い。

アンビエント表示
スマートフォンがスリープモードであっても、時刻や通知などの情報を常に表示する機能。有機 EL ディスプレイのスマートフォンに搭載されている。

位置情報
GPS を使って測定したスマートフォンの位置に関する情報。位置情報を利用するアプリは多く、地図アプリでの現在地表示など情報を提供することで、便利な機能を利用できる。

インストール
スマートフォンなどの端末でアプリやソフトウェアを利用できる状態にすること。インストールされたアプリはホーム画面に表示され、タップもしくはクリックすると起動する。

インターネット
さまざまな情報やサービス、システムが構築・提供されている地球規模の通信ネットワーク。電子メールサービスや Web ページなどもインターネットを利用したサービス。「ネット」ともいわれる。

ウィジェット
天気予報や時計、充電残量などの情報がホーム画面に常に表示されるショートカット機能。必要な情報をカスタマイズして表示することができる。

ウェアラブルデバイス
時計やリストバンド、メガネなどのように身に着けられる端末。VR や AR との連携機能、他端末と連携した通信機能は健康管理やトレーニングにも活用されている。

おサイフケータイ
FeliCa チップを搭載したスマートフォンをかざすことで決済可能なサービスの総称、およびこのサービスに対応したスマートフォン。名称はドコモの登録商標である。

オフライン
インターネットなどのネットワーク通信が行われていない状態、もしくは SNS やオンラインゲームなどの Web サービスからログアウトした状態。

オンラインストレージ
スマートフォンなどの端末からインターネットを介してアクセス可能なデータ共有サービス。データの保存場所としても利用可能。「クラウドストレージ」ともいわれる。

外部ストレージ
スマートフォンやタブレット標準の記憶装置(内部ストレージ) 以外の、あとから付加する記憶装置。SD カードや、USB 接続のハードディスクなどがある。

格安 SIM
携帯電話会社よりも格安の料金でネットワーク通信や音声通話を行うことができる MVNO、または MVNO が提供する契約や SIM。

機内モード
ネットワーク通信や音声通話などの通信をすべて遮断した状態。飛行機の離着陸時や充電の消費を抑えたい場合利用する。

キャッシュ
再利用のために一時的に保存されるデータ。再度読み込む必要がなくなり、すばやい処理ができるようになる。

キャリア
「電気通信事業者」の別称。スマートフォンでは、設備を保有する「NTT ドコモ」「KDDI (au)」「ソフトバンク」を指すことが多い。

キャリアアグリゲーション
3～4つの周波数帯の電波で高速かつ安定したネットワーク通信を行う技術。対応スマートフォンであれば、対応エリアにおいて利用できる。

クイック設定ツール
Wi-Fi や Bluetooth などのオン／オフ切り替えがかんたんにできるショートカット画面。＜設定＞アプリを起動せずとも、ステータスバーから操作ができる。

グループ通話
複数人で音声通話もしくはビデオ通話を行うこと。最大数百人で通話が可能なアプリなどもある。

検索演算子
検索キーワードに付加することで特殊な検索や範囲の絞り込みなどができる文字列や記号。インターネット検索などの検索機能全般で利用される。

公衆 Wi-Fi
携帯電話会社が提供する Wi-Fi やコンビニエンスストアが提供する不特定多数が利用できる Wi-Fi。無料もしくは有料で利用可能。「公衆無線 LAN」や「Free Wi-Fi」ともいわれる。

国際ローミングサービス
携帯電話会社または通信事業会社のサービスを、国外でもその国 (地域) の通信事業会社を介して受けること。

自動調整バッテリー
使用頻度の低いアプリの充電消費を減らす機能。スマートフォンがアプリの使用パターンを学習し、ユーザーに合わせて充電消費を節約する。

自動ロック
スマートフォンを一定時間操作しない場合に充電の消耗を抑えるために自動的にスリープ状態になる機能。自動ロックまでの時間は、＜設定＞アプリから変更できる。

指紋認証
自分の指紋を登録し、スマートフォンが読み取ることで、画面ロックの解除やパスワードの入力を省略できる生体認証機能。

ショートカット
Web ページやよく利用する連絡先情報などをホーム画面に設置する機能。作成したショートカットをタップするだけでアクセスまたは表示できる。

署名
差出人の名前やメールアドレス、連絡先などのメール本文の末尾に入力する情報。雛形として事前に作成し、新規メール作成時に自動で挿入することもできる。

シリアル番号
製造工場や製造年、バージョン情報などの端末情報を得ることができる番号。手続きや修理のときに必要となる場合がある。＜設定＞アプリから確認できる。

ストリーミング
音楽や動画をまとめてダウンロードせず、ネットワーク通信を利用して逐次ダウンロード再生する方式。スマートフォンの容量を節約できるが、品質や再生速度は通信環境に依存する。

スリープモード
画面が消灯している状態。アプリなどは動いている。電源ボタンを押し、画面ロックの解除などの指定された操作を行うことで画面が表示され、操作が可能になる。

ソフトウェア（OS）
スマートフォンのタッチ操作や文字入力操作などの基本となる操作システム。スマートフォンでは「Android」や「iOS」、パソコンでは「Windows」などがある。Operating System の略。

ダウンロード
インターネットを介して自分のスマートフォンなどの端末に写真や動画、アプリなどのデータを保存すること。「落とす」や「DL」ともいわれる。

タブ
複数の Web ページを同時に開くことができる機能。タブをタップもしくはクリックすることで、かんたんに閲覧する Web ページを切り替えることができる。

通信速度
データを送受信する速度。数値が大きいほど、速度が高速であることを表し「bps」という単位が使われる。通信環境によって速度は異なる。

通知スヌーズ
設定した時間に通知を再度通知する機能。＜設定＞アプリから＜通知のスヌーズの許可＞をオンにすると通知ごとに時間を設定し利用できる。

データセーバー
バックグラウンドで起動しているアプリによるネットワーク通信を制限する機能。モバイルデータ通信量や充電の消費を節約することができる。

デザリング
スマートフォンなどの端末を Wi-Fi ルーターとして利用し、その端末を中継して、ほかの端末をネットワーク通信回線に接続する機能。

電子書籍
オンライン書店で販売されているデジタル媒体の書籍。ダウンロードした電子書籍は、スマホやタブレットなどを使い、時間や場所を選ばず読むことができる。

同期
2 つ以上の異なる端末同士や、端末とインターネット上に保存されているデータを一致させること。一方にデータの変更がある場合は共通の状態に書き換え、最新の状態を保つ。

トグル入力
キーボード上で指をタップして、文字を入力する方法。フリック入力と比べて、規則性がシンプルで入力しやすい。

トラブル診断
携帯電話会社が提供するサポートサービス。故障時や修理が必要か判断したいとき、操作に困った場合に利用する。項目別に案内されるため、初心者でも利用しやすい。

内部ストレージ
スマートフォンやタブレットの内部に搭載されている情報保存装置。数値が大きいほど、容量が大きいことを表し、「B（バイト）」という単位が使われる。

ナビゲーションバー
「戻る」や「ホーム画面の表示」、「タスク（アプリ履歴）の表示」といった操作に利用できる表示。画面下部中央にバーとして表示されている。

バーコードリーダー
QR コードやバーコードを読み取り、検知する機能。スマートフォンでバーコードを読み取る場合は QR コードリーダーアプリまたはカメラを利用する。

バージョン
OS やアプリの更新に付けられる管理番号。一般的に番号が大きいほど新しいことを表す。セキュリティ向上のため、新バージョンは速やかに更新をしておきたい。

バックグラウンド
スマートフォンなどの端末の画面上では操作していなくとも常時動作している状態。スマートフォンでは、メールアプリやセキュリティアプリなどが常にバックグラウンドで動作している。

バッテリー
スマートフォンに搭載されている蓄電池。充電が0になると、スマートフォンは使用できない。充電の残量は画面右上のアイコンまたは＜設定＞アプリで確認できる。

ピクチャインピクチャ
動画を端末画面の隅に別ウィンドウで再生する機能。動画の再生と同時に、他ウィンドウの操作を行うことができる。

ビデオ通話
カメラを利用して、相手の顔を見ながら会話ができる通話方法。「テレビ電話」ともいわれる。

ブックマーク
Webページをマークして保存することで、次回以降、URLの入力などせずにかんたんにアクセスすることができる機能。「お気に入りに登録する」ともいわれる。かんたんな操作で利用できる。

フリック入力
キーボード上で指を上下左右に払う（フリック）することで、文字を入力する方法。慣れると、トグル入力より速く入力できる。入力方法は、＜設定＞アプリから変更できる。

ブルーライト
可視光線の中でもっとも強いエネルギーを持つ青色光。スマートフォンやパソコンの画面から放出され、目の疲れや睡眠不足を引き起こすといわれている。

ペアリング
スマートフォンとBluetooth機器をワイヤレスで接続するために必要な設定。初回のペアリングが完了すると、以降はかんたんに接続され、利用できる。

ホーム画面
スマートフォンのすべての操作の基本となる画面。

マナーモード
スマートフォンの着信音や通知音が鳴らない、またはバイブレーションのみ振動する状態。機種によっては、さらに詳細な設定をすることもできる。

マルチウィンドウ
2つのアプリを同時に上下（縦画面）・左右（横画面）に分けて、2分割表示する機能。 サイズ調整や各画面の切り替えを1画面で処理することができる。

ミラーリング
スマートフォンの画面をテレビやパソコンの画面に表示する機能。有線接続または無線接続、アプリを利用する方法がある。対応していない機種もあるため確認が必要。

モバイルデータ通信
携帯電話会社または通信事業会社が提供するネットワークを利用しデータ通信を行うこと。通信量には通常契約上の上限があり、上限を超えてしまうと通信速度が低速になってしまう。

ライセンス
著作権保護されたコンテンツを再生するために必要なデータ。また、ライセンス認証とは不正利用や不正ダウンロードを防ぐためのしくみ。

留守番電話サービス
着信時に応答ができなかった場合に電話をかけてきた相手が音声でメッセージを録音できるサービス。

リンク
閲覧しているWebページで表示されるほかのWebページのURL。タップもしくはクリックすることで、Webページにアクセスすることができる。

ロック画面
スリープ時に、電源キーを押すと表示される画面。ロック画面であってもカメラを起動したり、アプリの設定によっては通知を確認したりすることができる。

ワンセグ／フルセグ
スマートフォンでテレビの地上デジタル放送を視聴できる機能。以前は多くのスマートフォンで利用できたが、最近は対応していない製品も多い。

記号・数字・アルファベット

あ行

か行

さ行

た行

な行

は行

ま行

や行

ら・わ行

お問い合わせについて

本書に関するご質問については、本書に記載されている内容に関するもののみとさせていただきます。本書の内容と関係のないご質問につきましては、一切お答えできませんので、あらかじめご了承ください。また、電話でのご質問は受け付けておりませんので、必ずFAXか書面にて下記までお送りください。

なお、ご質問の際には、必ず以下の項目を明記していただきますようお願いいたします。

1 お名前
2 返信先の住所またはFAX番号
3 書名（今すぐ使えるかんたん　Androidスマートフォン完全ガイドブック　困った解決＆便利技［Android 10/9対応版］）
4 本書の該当ページ
5 ご使用のOSのバージョン
6 ご質問内容

なお、お送りいただいたご質問には、できる限り迅速にお答えできるよう努力いたしておりますが、場合によってはお答えするまでに時間がかかることがあります。また、回答の期日をご指定なさっても、ご希望にお応えできるとは限りません。あらかじめご了承くださいますよう、お願いいたします。

問い合わせ先

〒162-0846
東京都新宿区市谷左内町21-13
株式会社技術評論社　書籍編集部
「今すぐ使えるかんたん　Androidスマートフォン完全ガイドブック　困った解決＆便利技［Android 10/9対応版］」質問係
FAX番号　03-3513-6167
URL：https://book.gihyo.jp/116

■お問い合わせの例

FAX

1 お名前

技術　太郎

2 返信先の住所またはFAX番号

03-XXXX-XXXX

3 書名

今すぐ使えるかんたん
Androidスマートフォン
完全ガイドブック
困った解決＆便利技
［Android 10/9対応版］

4 本書の該当ページ

65ページ、Q.077

5 ご使用のOSのバージョン

Xperia SO-01M ドコモ版
Android 10

6 ご質問内容

手順3の画面が
表示されない

質問の際にお送り頂いた個人情報は、質問の回答に関わる作業にのみ利用します。回答が済み次第、情報は速やかに破棄させて頂きます。

今《いま》すぐ使《つか》えるかんたん
Android《アンドロイド》スマートフォン　完全《コンプリート》ガイドブック
困《こま》った解決《かいけつ》＆《アンド》便《べん》利《り》技《わざ》［Android《アンドロイド》 10/9対応版《たいおうばん》］

2020年9月19日　初版　第1刷発行

著　者●リンクアップ
発行者●片岡　巌
発行所●株式会社 技術評論社
東京都新宿区市谷左内町21-13
電話　03-3513-6150　販売促進部
03-3513-6160　書籍編集部
カバーデザイン●志岐デザイン事務所（岡崎　善保）
本文デザイン／DTP●リンクアップ
編集●リンクアップ
担当●宮崎　主哉
製本／印刷●大日本印刷株式会社

定価はカバーに表示してあります。

ISBN978-4-297-11542-5 C3055
Printed in Japan